大兴安岭林火与碳循环

孙　龙　胡海清　胡同欣　著

科学出版社

北　京

内 容 简 介

本书总结了近年来笔者对大兴安岭林火与碳循环研究的成果，系统阐述了大兴安岭森林火灾的时空变化规律，对大兴安岭森林火灾碳排放量进行了估算，论述了火干扰对土壤碳循环的影响机制及火后固碳恢复机制，并对不同防火措施条件下火干扰对碳排放的影响进行了定量评价。本书系统地从生态学角度对火干扰对大兴安岭区域碳循环的影响机制进行了全新的探讨，学术观点新颖，内容丰富。

本书可供生态学工作者和林业科研、教学、生产部门工作人员参考。

图书在版编目（CIP）数据

大兴安岭林火与碳循环/孙龙，胡海清，胡同欣著. —北京：科学出版社，2018.4
 ISBN 978-7-03-056912-7

 Ⅰ. ①大… Ⅱ. ①孙… ②胡… ③胡… Ⅲ. ①大兴安岭–森林火–关系–碳循环–研究 Ⅳ. ①S762.3 ②X511

中国版本图书馆 CIP 数据核字(2018)第 049722 号

责任编辑：张会格 陈 新 / 责任校对：郑金红
责任印制：张 伟 / 封面设计：刘新新

科学出版社 出版
北京东黄城根北街 16 号
邮政编码：100717
http://www.sciencep.com

北京京华虎彩印刷有限公司 印刷
科学出版社发行 各地新华书店经销
*
2018 年 4 月第 一 版 开本：B5 (720×1000)
2018 年 4 月第一次印刷 印张：18 1/4
字数：367 000
定价：**150.00 元**
（如有印装质量问题，我社负责调换）

前　言

　　大兴安岭是我国唯一的寒温带地区，其森林植被是世界范围的寒温带森林的一部分。这一地区在气候、土壤、干扰状况和植被等方面与我国其他林区相比有着许多独特之处。该地区的主要林型为兴安落叶松林（*Larix gmelinii*），占整个大兴安岭地区的 70% 以上。这一地区同时是森林火灾（可简称林火）的高发、频发区域，1995～2010 年黑龙江大兴安岭地区共发生 1614 次森林火灾，森林总过火面积达 352 万 hm^2。森林火灾是影响这一地区碳循环的主要影响因子，目前对火干扰对该区域森林碳循环的影响还缺乏系统的研究。本书系统深入地介绍了火干扰对该区域碳循环的影响机制，将有助于其他研究者了解在全球气温升高的背景下火干扰在北方森林生态系统碳循环中所起的作用，从而为在该区域建立火干扰条件下碳循环模型提供数据基础。

　　本书共分为五章。第一章是大兴安岭森林火灾特征，阐述了大兴安岭森林火灾的时间变化规律、空间变化规律，各林型*森林火灾面积等。第二章是大兴安岭森林火灾碳排放量估算，包括大兴安岭北方林单位面积可燃物载量、可燃物含碳率、不同火干扰强度下的燃烧效率、森林火灾碳排放量，并进行了不确定性分析。第三章是火干扰对土壤碳循环的影响，介绍了火干扰对生长季与非生长季土壤呼吸的影响，不同强度火干扰对土壤微生物生物量的影响，火干扰后不同时间对土壤微生物生物量的影响，火干扰对土壤活性碳组分的影响。第四章是火后固碳恢复机制，包括不同林龄兴安落叶松人工林群落生物量估算，不同林龄兴安落叶松人工林土壤有机碳储量研究，不同林龄兴安落叶松人工林碳汇研究等。第五章是防火措施对林火碳排放影响的定量评价，包括大兴安岭森林防火措施对林火碳排放的影响，大兴安岭森林火灾减灾效益估算分析。在每一章中，不仅详细地介绍了自己的研究结果，还对该章内容的国内外研究概况做了综述，对研究方法也做了系统的介绍。

　　在此要特别感谢东北林业大学胡海清教授在本书撰写过程中提出的宝贵意见。感谢在外业科研工作和本书写作过程中我的研究生给予的很大帮助，和我一起工作过的学生包括胡同欣博士、陆昕博士、魏书精博士、谭稳稳硕士、张富山硕士、关岛硕士、赵彬清硕士等，他们都为本书的完成贡献了力量。同时，我也要感谢国家自然科学基金（No. 31470657；No. 31070544）、中央高校基本科研基金（No. 2572015DA01）为本书的出版所提供的资助，感谢南瓮河自然保护区、阿

---

　　* 基于调查统计数据，本书所提及的针叶林是指各种针叶林混交林、阔叶林是指各种阔叶林混交林。

里河林业局、塔河林业局、漠河林业局提供的数据支持。

　　对大兴安岭林火与碳循环的研究是一个长期的过程，我们的工作仅是这个漫长过程中的一个起点。未来我们还要持续开展火干扰对生态系统影响的系统研究，也寄希望于未来科研工作者同我们共同完成这些研究。对于本书，由于成书时间仓促，加之笔者水平有限，不免存在不足之处，诚恳欢迎广大读者批评指正。

孙　龙

2017 年 10 月 25 日

目　　录

第一章　大兴安岭森林火灾特征

大兴安岭是我国北方森林的典型集中分布区，同时又是森林火灾最频繁的地区。森林火灾次数和面积的时空分布格局，作为森林火灾管理的重要基础数据，对于估算森林火灾碳排放量及含碳气体排放量具有重要意义，同时对指导森林火灾预防扑救等工作及实施科学合理的森林火灾管理策略具有重要指导意义。

第一节　森林火灾时间变化规律

一、森林火灾次数年际变化

黑龙江省大兴安岭北方林 1965～2010 年 46 年间森林火灾次数和过火林地面积分布如图 1-1 所示，从中可知，46 年间森林火灾发生次数为 1614 次，年均森林火灾次数约为 35 次。森林火灾的高发年份主要是 1972～1976 年、1978 年、1979年、1981 年、1982 年、1986 年、1987 年、1998 年、2000 年、2002 年、2003 年、2005 年和 2008 年等，其中 2000 年的森林火灾次数最多，达 107 次，其次是 1979年，为 94 次。森林火灾次数较少的年份是 1966 年、1968 年、1977 年、1983 年、1984 年及 1988～1997 年、2001 年和 2004～2007 年，其中 1966 年的森林火灾次数最少（仅为 1 次），其次是 1993 年（只有 5 次）。从以上的分析可得出，森林火灾高发期主要集中在 20 世纪 70 年代末和 80 年代及 21 世纪初，而森林火灾低发期主要集中在 20 世纪 60 年代、80 年代末、90 年代及自 2006 年以来的最近几年。

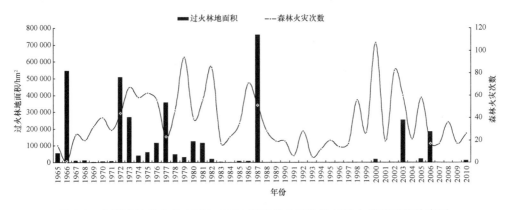

图 1-1　大兴安岭北方林 1965～2010 年森林火灾次数与过火林地面积分布图

黑龙江省温带林 1953～2012 年森林火灾次数与过火林地面积分布如图 1-2 所示，从中可知，60 年间共发生森林火灾 9450 次，年均约 157.5 次。黑龙江省温带林森林火灾的高发年份主要是 1954 年、1961 年、1967 年、1970～1987 年、1989 年、1995 年、1996 年、1998～2004 年。其中，1976 年的森林火灾次数最多，达 907 次；其次是 1977 年，为 722 次。森林火灾次数较少的年份主要集中于 1955～1960 年、1968 年、1969 年、1988 年和 2010 年。其中，2010 年的森林火灾次数最少，仅为 4 次；其次是 1955 年，只有 5 次。从以上的分析可得出，森林火灾高发期主要集中在 20 世纪 70 年代（特别是中后期）、80 年代和 21 世纪初，而森林火灾低发期主要集中在 20 世纪 50 年代、60 年代、90 年代前期及自 2008 年以来的最近几年。

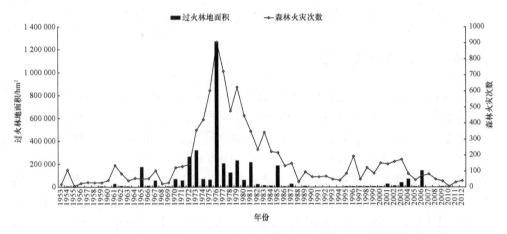

图 1-2　黑龙江省温带林 1953～2012 年森林火灾次数与过火林地面积分布图

由上述分析可知，森林火灾的多发期均有准周期的变化规律，这对指导森林防火工作及实施科学合理的林火管理策略和优化林火管理路径具有重要指导意义。由图 1-1 和图 1-2 可见，以 1987 年为界，森林火灾次数和面积总体上呈下降趋势，这说明自震惊中外的 1987 年大兴安岭"5·6"大火发生以来，森林防火工作的加强及相应林火管理策略与措施的实施，对减少森林火灾次数和面积发挥着重要的作用。

二、森林火灾次数年代际变化

通过对整个黑龙江省森林火灾的年代际变化分析表明，在 20 世纪 50～60 年代，森林火灾高发地区主要分布在大兴安岭地区、小兴安岭地区（伊春市）和佳木斯市，在牡丹江市、鸡西市、双鸭山市、七台河市、哈尔滨周边县市、绥化市等地有零星分布，有些地、市可能缺乏森林火灾数据的统计资料而表现为无火灾分布。到

20世纪70年代，森林火灾主要分布在大兴安岭地区（加格达奇、松岭、塔河）、黑河市的嫩江县、五大连池市、孙吴县，小兴安岭地区（特别是嘉荫县和铁力市）、鹤岗市，佳木斯市的西南部，绥化市的东北部，鸡西市，双鸭山市，七台河市和牡丹江市。到20世纪80年代，森林火灾高发地区主要分布在大兴安岭地区（加格达奇和松岭）、黑河市、小兴安岭地区、鹤岗市、佳木斯市和双鸭山市。到20世纪90年代，森林火灾次数与80年代相比大幅度减少，主要是因为1987年大兴安岭"5·6"大火发生后加大了森林防火投入，实施了较为严格的森林防火措施。火灾高发地区主要分布在黑河市、小兴安岭地区、鸡西市、双鸭山市和七台河市。而到了21世纪森林火灾又有增加的趋势，但空间上主要分布在黑河市，其次是大兴安岭地区和小兴安岭地区，其他各地均为零星分布。

从上述分析可得出，总体上森林火灾次数年代际的变化趋势：20世纪70年代森林火灾次数最多，80年代森林火灾次数有所下降，90年代森林火灾次数最少，21世纪以来森林火灾次数又有上升的趋势。20世纪50~60年代由于受森林火灾统计数据的影响，变化规律不明显。黑龙江省森林火灾次数从全省的分布来看，主要在全国重点火险区——黑龙江省西北部、中北部的大兴安岭、黑河市和小兴安岭，其次为黑龙江省东南部、东北部的牡丹江市、佳木斯市、鹤岗市、鸡西市、双鸭山市和七台河市，森林火灾发生次数最少的是大庆市。

三、森林火灾面积年际变化

从图1-1可知，黑龙江省大兴安岭北方林1965~2010年46年间过火林地面积约为352万hm^2，年均过火林地面积为7.65万hm^2。大兴安岭森林火灾面积较大的年份主要是1966年、1972年、1973年、1976年、1977年、1980年、1981年、2003年和2006年等。其中，1987年的森林火灾面积最大，约为80万hm^2，这主要是因为受大兴安岭"5·6"大火的影响；其次是1966和1972年，森林火灾面积较小的年份是1967~1971年、1982~1986年、1988~2002年、2007~2010年，其中2008年和2009年的森林火灾面积最小。从上述分析可得出，大兴安岭46年间森林火灾大面积发生主要集中于几个特殊的年份，在20世纪70年代森林火灾面积较大，21世纪初有增加趋势。受大兴安岭"5·6"大火的影响，1987~2002年这段时期内森林火灾面积均较小。

黑龙江省温带林1953~2012年60年间森林火灾次数与过火林地面积分布如图1-2所示，从中可知，60年间森林过火林地面积约为380万hm^2，年均过火林地面积为6.33万hm^2。黑龙江省温带林森林火灾面积较大的年份主要是1965年、1972年、1973年、1976~1979年、1981年、1985年、2006年等，其中1976年的森林火灾面积最大，达127万hm^2，其次是1972年和1973年，分别为26.4万hm^2

和 32.1 万 hm²。森林火灾面积较小的年份是 1953～1960 年、1963 年、1964 年、1968 年、1969 年、1983 年、1984 年、1986 年、1988～2002 年、2005 年及 2007～2012 年。其中 2010 年森林火灾面积最小，为 0hm²，其次是 1958 年和 1960 年，分别为 27.68hm² 和 28.46hm²。从以上的分析可得出，60 年间森林火灾面积在 20 世纪 70 年代至 80 年代初期，特别是 70 年代中后期较大，至 21 世纪初又有增加趋势。

从上述分析可得出，大兴安岭北方林和黑龙江省温带林大面积发生森林火灾均主要集中在几个特殊的年份，这些特殊年份的森林火灾面积是多年森林火灾面积的好几倍甚至上百倍。结合图 1-1 和图 1-2 进行综合分析，可得出黑龙江省森林火灾面积的分布亦有准周期的变化规律，这些规律均对指导森林防火工作及实施科学合理的林火管理策略和优化林火管理的路径具有重要指导意义。同时研究发现，森林火灾的次数和面积相关性不显著（$P>0.05$），特别是 1987 年之后，我国加大了森林防火投入，实施了较为严格的森林防火政策，推行了一系列行之有效的森林防火措施，不仅从火源管理上入手来控制森林火灾的发生，还进一步完善了基础设施及提升了森林防火综合能力，使得森林火灾发生后能及时扑救，从而使得森林火灾次数和面积大大减少。

四、森林火灾面积年代际变化

通过对黑龙江省森林火灾面积年代际变化状况研究表明，在 20 世纪 50～60 年代，森林火灾大面积发生主要分布在大兴安岭地区和小兴安岭地区。到 20 世纪 70 年代，森林火灾大面积发生主要分布在大兴安岭地区、黑河市、小兴安岭地区、鹤岗市、佳木斯市、绥化市的东北部、鸡西市、双鸭山市、七台河市和牡丹江市。到 20 世纪 80 年代，森林火灾大面积发生主要分布在大兴安岭地区（漠河、塔河、加格达奇和松岭）和黑河市，在小兴安岭地区、佳木斯市、双鸭山市和鸡西市也有较多分布。到 20 世纪 90 年代，森林火灾大面积发生与 80 年代相比大幅度减少，主要分布在黑河市。而到了 21 世纪森林火灾大面积发生主要分布在黑河市和大兴安岭地区，其他各地均为零星分布。

从上述分析可得出，总体上黑龙江省森林火灾面积的年代际变化趋势与火灾次数的年代际变化趋势呈正相关关系：20 世纪 70 年代森林火灾次数和面积最多，80 年代森林火灾次数和面积有所下降，90 年代森林火灾次数和面积最少，21 世纪以来森林火灾次数和面积又有上升的趋势。同样，20 世纪 50～60 年代由于受森林火灾统计数据的影响，变化规律不明显。黑龙江省森林火灾大面积发生从全省的分布来看，主要分布在全国重点火险区——黑龙江省西北部、中北部的大兴安岭、黑河市和小兴安岭。

第二节 森林火灾空间变化规律

一、森林火灾次数空间变化

从图 1-3 可知，46 年间大兴安岭北方林森林火灾高发地区主要分布在森林火灾多发区的松岭林业局管辖范围内，其次为韩家园林业局管辖范围，再次为加格达奇林业局管辖范围，森林火灾次数最少的为图强林业局管辖范围。大兴安岭中西部地区森林火灾次数较多。从图 1-4 可知，60 年间黑龙江省温带林森林火灾高发地区主要分布在森林火灾多发区的伊春市，其次为黑河市，再次为牡丹江市和哈尔滨市，森林火灾次数最少的为大庆市，其次为绥化市。通过对黑龙江省 1953～2012 年森林火灾次数空间分布状况研究表明，60 年间黑龙江省森林火灾主要分布在森林火灾易发多发区的全国重点火险区大兴安岭和伊春地区，其次为黑河地区。森林火灾在空间上主要分布在西北部和中北部，其次分布在东南部、东北部及西南部和中南部等。以上分析表明，森林火灾的空间分布具有明显的空间异质性，森林火灾多发区主要在研究区域的特定地区，而且这些森林火灾多发区火灾次数所占的比例也较大。在大兴安岭北方林中，松岭林业局管辖范围内的森林火灾次数占大兴安岭火灾次数的 22.37%；伊春市和黑河市的火灾次数分别占黑龙江省温带林火灾次数的 23.17% 和 21.44%。

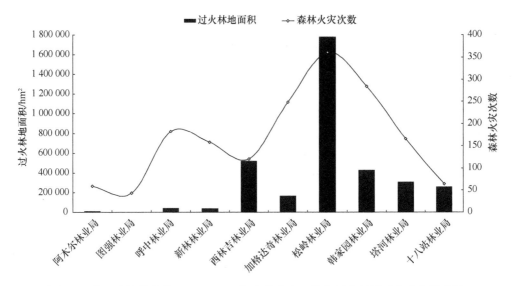

图 1-3 大兴安岭北方林 1965～2010 年森林火灾次数与过火林地面积在各林业局
管辖范围内的分布图

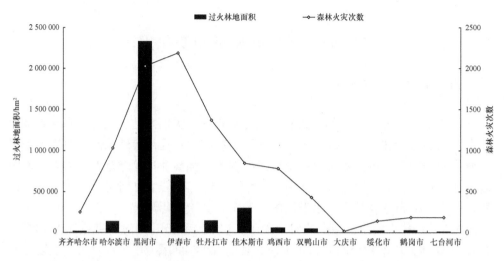

图 1-4 黑龙江省温带林 1953～2012 年森林火灾次数与过火林地面积在各市的分布图

二、森林火灾面积空间变化

从图 1-3 可知，46 年间大兴安岭北方林森林火灾大面积发生地区主要分布在森林火灾多发区的松岭林业局管辖范围内，森林火灾面积达 178 万 hm^2，占研究区总过火林地面积的 50.57%，其次为西林吉林业局管辖范围，再次为韩家园林业局管辖范围，森林火灾面积最少的为图强林业局管辖范围。从图 1-4 可知，60 年间黑龙江省温带林森林火灾大面积发生地区主要是森林火灾多发区的黑河市，森林火灾面积达 233 万 hm^2，占研究区总过火林地面积的 66.19%；其次为伊春市，再次为佳木斯市和哈尔滨市，森林火灾面积最小的是大庆市，仅为 67.43hm^2，主要是因为该市林地最少；另外是绥化市、七台河市和齐齐哈尔市。大兴安岭北方林和黑龙江省温带林的森林火灾面积在各研究区域的分布存在较大的空间变异性，如大兴安岭松岭林业局管辖范围内森林火灾面积占总过火林地面积的 50.57%，黑河市森林火灾面积占黑龙江省温带林总过火林地面积的 66.19%。

通过对黑龙江省 1953～2012 年森林火灾面积空间分布状况研究表明，60 年间黑龙江省森林火灾面积主要分布在全国重点火险区大兴安岭、伊春市和黑河市，其次为牡丹江市、哈尔滨市西部、鸡西市、七台河市、双鸭山市、佳木斯市和鹤岗市。2009 年 1 月实施的《森林防火条例》中规定了受害森林面积的划分标准，一般森林火灾受害森林面积为 1hm^2，较大森林火灾受害森林面积为 1～100hm^2，重大森林火灾受害森林面积为 100～1000hm^2，特别重大森林火灾受害森林面积为 1000hm^2 以上。黑龙江省森林火灾的发生以一般森林火灾为主，尤其是在小兴安岭地区分布最多；其次是较大森林火灾，全省各地均有分布；再次是重大森林火灾；特别重大森林火灾最少，主要分布在大兴安岭、小兴安岭、佳木斯市、哈尔滨市西部。同时研究发现，重大森林火灾和特别重大森林火灾在中俄边境分布较大，这应该引起森林防火部门的重视。

通过对 46 年间大兴安岭北方林和 60 年间黑龙江省温带林森林火灾历史资料的研究，结果表明：该省的森林火灾分布具有明显的时空分布规律，年际之间和年代际之间森林火灾面积与森林火灾次数波动较大，在时间分布格局中森林火灾次数和火灾面积相关性不显著（$P > 0.05$），而在空间分布格局上森林火灾次数与面积基本上呈正相关关系。这主要是因为影响森林火灾面积的因子较多，除了森林火灾次数以外，森林可燃物载量、可燃物的燃烧性及干燥状况、立地条件、气候状况、道路网密度、森林防火的现代化水平、扑救装备、人员配备、资金和技术投入，以及政府部门对森林防火的重视程度等均对森林火灾的次数和面积产生较大的影响。

第三节　各林型森林火灾面积

一、大兴安岭北方林各林型森林火灾面积

根据大兴安岭历次森林资源调查资料，结合 1965～2010 年黑龙江省森林火灾统计资料及外业实际调查数据，大兴安岭 46 年间总过火林地面积为 352 万 hm²，年均过火林地面积为 7.65 万 hm²。从图 1-5 可看出，大兴安岭不同林型的过火林地面积由大到小依次为杜鹃-兴安落叶松林＞针阔混交林＞草类-兴安落叶松林＞白桦林＞杜香-兴安落叶松林＞樟子松林＞针叶林＞阔叶林＞偃松-兴安落叶松林＞蒙古栎林。其中，过火林地面积最大的杜鹃-兴安落叶松林大约为 93 万 hm²，占总过火林地面积的 26.42%，其次为针阔混交林，其过火林地面积接近 75 万 hm²，占总过火林地面积的 21.31%，再次为草类-兴安落叶松林，其过火林地面积为 43 万 hm²，占总过火林地面积的 12.22%，过火林地面积最小的蒙古栎林为 11.5 万 hm²，只占总过火林地面积的 3.27%。4 种兴安落叶松林的面积为 180 万 hm²，占总过火林地面积的 51.42%。同时研究发现，针叶林（包括杜鹃-兴安落叶松林、杜香-兴安落叶松林、草类-兴安落叶松林、偃松-兴安落叶松林和樟子松林）的过火林地面积为 220 万 hm²，占森林火灾总过火林地面积的 62.50%，而阔叶林（包括白桦林和蒙古栎林）的过火林地面积为 56 万 hm²，占森林火灾总过火林地面积的 15.91%。单因素方差分析结果表明，虽然 10 种林型的过火林地面积之间差异较大，但在总体上林型对过火林地面积的影响并不显著。

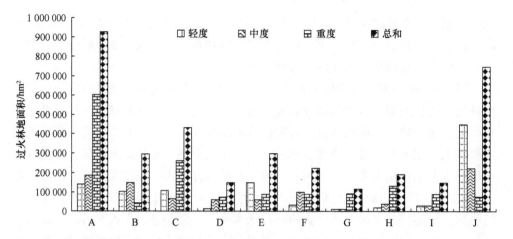

图 1-5　大兴安岭北方林 1965～2010 年各林型过火林地面积及火干扰强度等级分布图

A. 杜鹃-兴安落叶松林；B. 杜香-兴安落叶松林；C. 草类-兴安落叶松林；D.偃松-兴安落叶松林；E. 白桦林；
F. 樟子松林；G. 蒙古栎林；H. 针叶林；I. 阔叶林；J. 针阔混交林

二、黑龙江省温带林各林型森林火灾面积

根据黑龙江省森林资源调查资料，结合 1953～2012 年黑龙江省森林火灾统计资料及外业实际调查数据，黑龙江省温带林 1953～2012 年 60 年间森林总过火林地面积达 380 万 hm²，年均过火林地面积约为 6.33 万 hm²。从图 1-6 可看出，各林型森林火灾总面积由大到小依次为阔叶红松林＞针阔混交林＞兴安落叶松-白桦林＞阔叶林＞白桦林＞针叶林＞兴安落叶松林＞杨桦林＞硬阔林＞云冷杉林＞樟子松林＞蒙古栎林。其中，过火林地面积最大的阔叶红松林为 96 万 hm²，占总

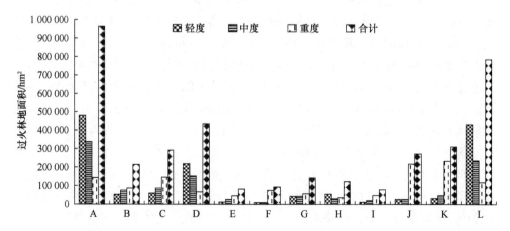

图 1-6　黑龙江省温带林 1953～2012 年各林型过火林地面积及火干扰强度等级分布图

A. 阔叶红松林；B. 兴安落叶松林；C. 白桦林；D. 兴安落叶松-白桦林；E. 樟子松林；F. 云冷杉林；G. 杨桦林；
H. 硬阔林；I. 蒙古栎林；J. 针叶林；K. 阔叶林；L.针阔混交林

过火林地面积的 25.26%，其次为针阔混交林，其面积为 78 万 hm^2，占总过火林地面积的 20.53%，再次为兴安落叶松-白桦林，其面积为 44 万 hm^2，占总过火林地面积的 11.58%，过火林地面积最小的蒙古栎林为 8 万 hm^2，只占总过火林地面积的 2.11%。同时研究发现，针阔混交林（包括阔叶红松林和兴安落叶松-白桦林）的过火林地面积达 219 万 hm^2，占森林火灾总过火林地面积的 57.63%；而阔叶林（包括白桦林、杨桦林、蒙古栎林和硬阔林）的过火林地面积为 95 万 hm^2，占森林火灾总过火林地面积的 25.00%；针叶林（包括兴安落叶松林，樟子松林，云、冷杉林）的过火林地面积为 66 万 hm^2，占森林火灾总过火林地面积的 17.37%。单因素方差分析结果表明，虽然 12 种林型过火林地面积之间差异较大，但在总体上林型对森林火灾面积的影响并不显著。

第二章　大兴安岭森林火灾碳排放量估算

第一节　引　　言

气候变化是人类共同面临的一个复杂、系统的科学问题，是事关人类生存和经济社会可持续发展的战略问题，已引起国际社会的广泛关注。当前气候变化问题并不是单纯的生态与环境问题，而是已演变为国际社会普遍关注的政治与外交问题，为此，世界各国政府、学者及社会公众均为减缓全球变化的负面影响而努力。近年来，气候变化、火干扰与生态系统碳循环之间的因果循环关系受到科学界的普遍重视，并成为学者研究的热点问题。森林是陆地生态系统的主体，其植被和土壤中储存的碳在陆地生态系统的碳平衡中具有重要地位，在全球的碳循环和碳平衡中发挥重要作用。林火是森林生态系统的重要组成部分，其与气候、植被、生物地球化学循环及人类活动密切相关。火干扰作为森林生态系统重要的干扰因子，亦是森林生态系统碳减排增汇效应的重要驱动因子，改变着生态系统的碳循环过程与碳分配格局，调节着生态系统的物质循环、能量流动及信息传递，对森林生态系统的碳收支产生重要影响，进而对陆地生态系统的生物地球化学循环产生直接和间接影响。随着全球气候变化（如高温、干旱）的进一步加剧，其对森林火灾状况（森林火灾频率、面积、强度、发生季节、类型与烈度）产生重要影响，尤其是森林火灾频率、强度和面积剧增，导致大量的碳排放，从而进一步改变了碳分配格局与碳循环过程，调控着生态系统的碳收支与碳平衡，进而对气候变化产生重要影响。森林火灾碳排放的定量评价方法作为计量森林碳减排增汇效应的基础研究方法，其在科学评价森林防火碳减排增汇效应中具有独特而重要的作用。

一、研究背景

（一）国际背景

1992 年《联合国气候变化框架公约》及 1997 年《京都议定书》的签订并分别于 1994 年和 2005 年生效，使得各国政府、国际组织、科学界及社会公众越来越关注全球气候变化问题（胡海清等，2012a，2013a；魏书精等，2013a）。2007年，联合国政府间气候变化专门委员会（IPCC）第四次评估报告认为全球气候发生变化是个不争的事实，同时认为在未来 100 年，全球气候还将持续变暖，并对自然生态系统和人类生存发展产生影响。由大气中 CO_2 浓度升高造成的温室效应及气候变化已成为国际社会广泛关注的热点问题，全球变化是人类共同面临的一个复杂系统的科学问题（Bousquet et al.，2000；Sundquist，1993；Prentice and Fung，1990），随着全球变暖日益显著，气候变化及其影响越来越受到学者的广泛关注。碳循环作为生物地球化学循环的主要内容，尤其在全球气候变暖背景下，随着全球碳源、碳汇问题而广泛开展研究，学者在全球碳平衡研究中发现，约 2Pg C/年为"迷失的碳汇"（吕爱锋和田汉勤，2007）。为了应对气候变化的挑战，减缓气候变化速率，全球环境变化人文因素计划（HDP）与世界气候研究计划（WCRP）均把碳循环的合理调控及限制温室气体浓度上升作为主要研究内容。同时《京都议定书》提出了通过增加生态系统碳库的碳储量来抵消经济发展中的碳排放量，允许通过实施森林管理等措施来增加森林生态系统储存的碳量，以此来抵消本国承诺的温室气体减排指标。森林作为陆地生态系统巨大的碳库（Dixon et al.，1994），加强对其碳通量与碳循环过程及机制的研究，对了解全球碳源、碳汇的数量及位置具有重要作用。火干扰作为森林生态系统不可或缺的重要干扰因子及生态过程，森林火灾排放的含碳温室气体（如 CO_2 和 CH_4）正是目前全球最为关注的三大温室气体。随着气候变暖，学者通过各种模型预测火干扰对温室气体的影响，火干扰发生的频率和强度进一步加剧，防火期延长，火干扰面积不断扩大，从而排放更多的含碳温室气体进入大气碳库（Wong，1978，1979；Crutzen et al.，1979；Crutzen and Andreae，1990；Clark，1988；Neary et al.，1999），进而使得火干扰对生态系统碳循环的影响不仅成为各国科学界的研究重点，而且是各国政府及有关国际组织关注的热点。

　　工业革命后，煤炭、石油和天然气等化石燃料被人类大量消耗，同时森林生态系统遭受前所未有的破坏，导致向大气中排放的 CO_2 平均浓度急剧上升。研究发现，化石燃料的消耗导致全球每年所排放的 CO_2 约为 270 亿 t，从而造成最近10 年来大气中 CO_2 浓度以年均 1.8μmol/L 的速率加速升高，远高于过去 50 年每年 1μmol/L 的平均增幅（IPCC，2007）。根据南极冰盖中冰岩芯资料，冰期大气中 CO_2 浓度在 200μmol/L 左右，而间冰期达 270μmol/L，在过去 42 万年中 CO_2浓度的波动范围为 180～300μmol/L，而在过去 100 年，大气中 CO_2 浓度的变化范围为 250～310μmol/L，1991 年全球大气中 CO_2 浓度就达到 355μmol/L，比工业化前的 280μmol/L 增加了约 27%，而且高于 16 万年以来任何时期的值。2002 年大气中 CO_2 的浓度为 372μmol/L，2004 年的浓度为 377.5μmol/L，2005 年的浓度为380μmol/L，2007 年的浓度为 385μmol/L，2009 年在哥本哈根世界气候变化大会上报道的 CO_2 浓度上升到 387μmol/L，2000～2005 年，全球 CO_2 的排放量增加了3.2%，是过去 10 年增长量的 4 倍（IPCC，2007）。在过去的几十年里，大气 CO_2

浓度增加的 70%～90%均来自化石燃料的燃烧，其余 10%～30%主要由土地利用形式的变化所致，特别是森林的破坏（森林火灾、病虫害及砍伐）成为继化石燃料燃烧之后的第二大排放源。大气 CO_2 浓度增加，导致了明显的温室效应，并影响到全球碳循环，特别是森林生态系统碳循环，因此，相关研究已经引起了学者的广泛关注。2007 年，联合国政府间气候变化专门委员会（IPCC）第四次气候变化评估报告指出（IPCC，2007）：近 100 年（1906～2005 年）全球平均地表温度上升了 0.74℃，近 50 年的增温速率为 0.13℃/年，1850 年以来最暖的 12 个年份中有 11 个出现在 1995～2006 年，升温幅度大于过去 1000 年以来的任何时候，气候变暖的事实不容置疑，过去 30 年的人类活动使气候变暖已在全球尺度上产生了较大影响。未来 100 年，全球地表温度亦可能上升 1.6～6.4℃。

气候学家预测 2100 年 CO_2 浓度为 540～1000μmol/L，受温室气体影响的全球气温亦将增加，随着 CO_2 浓度的增长，温室效应更为明显，从而将产生各种异常的气候现象，诱发更多灾难性的气象灾害。全球变暖通过改变可燃物的分布格局及森林生态系统结构，从而对林火发生产生重要影响，进而影响森林生态系统的碳循环过程。近年来，伴随着气候变暖不断明显，许多极端天气（如干旱、高温）出现的频率越来越高。因而作为世界上七大自然灾害之一的火干扰亦不例外，其发生的频率和强度不断加剧，防火期延长，从而进一步影响生态系统的碳平衡和碳收支状况。学者通过模型模拟火干扰对森林生态系统的影响得出以下结论：随着全球气候变暖，森林火灾发生的频率和强度将进一步加剧，火干扰面积将进一步扩大（Clark，1988；Neary et al.，1999）。我国碳排放规模大，按照国际能源机构（International Energy Ageney）的估算，我国碳排放量在 2007 年已超过美国而成为全球第一的碳排放大国。2007 年，联合国大会通过的"巴厘路线图"要求发展中国家应采取积极措施进一步应对气候变化，控制温室气体的排放，减少由于毁林与森林退化造成的碳排放，同时把包括森林保护在内的森林生态系统可持续经营管理等碳增汇政策与相应举措纳入了气候谈判进程。2009 年，联合国大会发表了不具法律约束力的《哥本哈根协议》，提出了减少滥伐森林和森林退化造成的碳排放。2010 年，坎昆气候大会把火干扰等自然干扰纳入发展中国家减少碳排放的政策方法中。我国作为负责任的发展中大国，面临履约的严峻形势，急需研究森林生态系统的碳减排增汇效应，森林火灾作为碳排放源之一，加强森林火灾碳排放的定量评价方法研究，对完善碳排放的计量方法，更为准确地计量估算碳排放量，积累碳排放量的基础数据均有重要意义。据此，进一步加强气候变化背景下森林火灾碳排放的定量评价方法研究，有利于人们进一步认识气候变化、火干扰与森林生态系统碳循环之间因果循环的逻辑关系，揭示气候变化对火干扰作用的机制及变化规律，更好地预测气候变化情景下火干扰的动态变化状况，从而进一步明确火干扰在生态系统碳循环与碳平衡中的地位与作用，促使人们选择合理的生态系统可持续管理方式和优化生态系统管理水平。同时进一步明确气候变化、火干扰与森林生态系统碳循环之间因果循环的逻辑关系，亦为人们选择合理的火干扰管理策略及优化火干扰管理路径提供理论基础，从而进一步发挥火干扰管理在森林生态系统碳减排、碳增汇中的独特作用，使森林发挥碳汇效应，实现森林生态系统的可持续管理，增加森林碳汇功能，进而有利于减缓全球变暖的速率。

（二）国内背景

根据 IPCC（2001a）的估计，北半球 20 世纪 80 年代平均温度比 60 年代升高 0.4℃，近百年来我国气候变化的趋势与全球气候变化的总趋势基本一致，气温上升了 0.4～0.8℃（王遵娅等，2004），全球升温在我国各地表现极为显著，许多学者使用不同方法对地面气温变化进行研究，揭示了气候变暖的事实，并阐述了其对我国生态环境产生的影响。IPCC 最近得出的结论是：未来我国气候变化呈暖干化。为应对全球变化的挑战，我国政府采取了积极行动。《国家中长期科学和技术发展规划纲要（2006—2020 年）》（以下简称《规划纲要》）中把农林生态安全与现代林业作为优先主题，明确指出要重点研究森林生态系统综合调控技术。2007年我国发布《中国应对气候变化国家方案》（以下简称《方案》），成为发展中国家第一个制定应对气候变化方案的国家。《方案》指出在全球变暖背景下，近百年来我国气温年均升高 0.5～0.8℃，略高于同期全球增温平均值，近 50 年变暖现象尤其明显。同时《方案》进一步指出，我国未来的气候变暖趋势将进一步加剧。该方案把林业定为我国减缓和适应气候变化的重点领域。为有效落实《规划纲要》确定的重点任务，同时为《方案》的实施提供科技支撑，我国出台了《中国应对气候变化科技专项行动》，其中就将控制温室气体排放和减缓气候变化的技术开发作为重点任务提出来。森林防火作为控制与处置 CO_2、CH_4 等温室气体排放的重要手段，在减排温室气体、提升应对环境变化及履约能力、发展生物固碳技术及固碳工程技术方面具有重要作用。

为积极配合《方案》的实施，国家林业局于 2009 年发布了《应对气候变化林业行动计划》（国家林业局，2009），该计划确定了包括坚持增加碳汇和控制碳排放相结合的原则及保持森林碳汇能力相对稳定在内的阶段性目标。《京都议定书》呼吁"保护和加强温室气体的汇集和储存"，要求所有国家监测和了解影响生物圈和大气层之间碳交换的主要因素。森林生态系统中的所有火干扰均会影响碳库和全球碳循环，从而影响生态系统的碳收支状况，同时进一步影响区域乃至全球碳循环与碳平衡。

近年来，火干扰与气候变化的交互作用关系成为碳循环与碳收支研究的热点（吕爱锋和田汉勤，2007）。火干扰通过使可燃物燃烧排放大量的含碳温室气体进入大气碳库来影响大气中含碳气体的浓度。同时火干扰改变森林生态系统的结构

（物种组成、生物量、营养结构等）和功能（生物多样性、能量平衡、碳氮水循环等），进而对生态系统恢复过程中的碳效应产生重要作用，并影响着生物地球化学循环。我国国土面积居世界第三，随着气候变暖，我国森林生态系统同样遭受着严重的火干扰。然而，由于森林生态系统的复杂性与异质性，我国有关火干扰对碳循环影响的研究起步较晚，人们对森林火灾与生态系统碳循环之间相互作用关系的认识仍较匮乏，对火干扰对森林生态系统的影响机制及过程了解较少，对气候变暖背景下有关森林火灾碳排放与生态系统碳循环关系的认识更为缺少，这严重阻碍了区域碳循环及其对全球变化的响应等相关研究的进一步深入开展。据我国第七次森林资源清查数据显示，我国森林面积为 1.95 亿 hm^2，森林覆盖率为 20.36%，森林活立木总蓄积量为 149.13 亿 m^3，森林植被总碳储量为 78.11 亿 t，是碳汇增量较多的国家。同时，我国"十二五"规划明确提出到 2015 年末，新增森林面积达 1250 万 hm^2，森林覆盖率从 2010 年的 20.36% 提高到 21.66%，而且十八大报告全面阐述了建设美丽中国、生态文明建设的内涵，因而随着森林面积的扩大及生态文明建设要求的提高，对森林防火提出新的挑战。为了更好地理解全球变化背景下火干扰对生态系统碳循环的作用，需定量评价火干扰对生态系统碳平衡的影响，开展森林火灾碳排放定量评价方法研究，有利于进一步量化气候变化、火干扰对生态系统的影响和生态系统碳循环三者间的交互作用关系。

二、研究目的与意义

随着全球变暖的日益显著，气候变化及其影响越来越受到学者的广泛关注。特别是《联合国气候变化框架公约》及《京都议定书》的生效，使得政府决策层进一步关注森林火灾与大气中温室气体浓度变化之间的关系问题（吕爱锋和田汉勤，2007）。森林生态系统是陆地生态系统最为重要的碳吸收汇，在维护生态系统的碳平衡、应对气候变化方面具有独特作用，而火干扰作为碳排放的一个主要来源，在气候变暖背景下火干扰排放的碳量将增加，从而消减森林生态系统的碳汇功能。在《中国应对气候变化国家方案》体系架构下，深入研究如何定量评价森林火灾的碳排放，对为实现碳减排增汇效应提供辅助决策支持有重要意义。为了提高森林生态系统碳吸收能力，促进碳增汇，减少碳排放，发挥森林生态系统的碳效应，就需加强森林生态系统的可持续经营与管理。火干扰作为森林生态系统碳循环的一个重要组成部分，对全球的碳循环及气候变化产生重要作用。森林火灾引起的碳排放及含碳气体排放对大气碳平衡及全球气候变化具有重要影响。构建科学有效的森林火灾碳排放定量评价方法，准确合理地计量估算森林火灾碳排放量和主要含碳气体排放量，不仅可以定量化地评估火干扰对生态系统碳循环的直接影响，而且为火干扰迹地恢复过程中碳平衡研究提供背景值，从而对进一步了解火干扰在区域乃至全球碳循环和碳收支中的地位和作用具有重要意义。同时，森林火灾碳排放量的科学计量，尤其是单位面积不同林型森林火灾碳排放量的科学计量估算，对定量评价森林火灾对大气碳平衡的影响具有重要意义，以及在国际碳汇贸易中为科学评价森林防火措施在碳减排中的效应提供参考数据。

虽然从 20 世纪 60 年代开始，国外就有学者对森林火灾碳排放量及含碳气体排放量进行研究，随后许多国内外学者对森林火灾排放的温室气体努力地进行定量化计量，并关注火干扰对全球气候变化的影响。但真正开展火干扰与碳排放、火干扰与碳减排、火干扰与碳增汇及火干扰与碳效应的关系，尤其是森林火灾碳排放定量评价方法的相关研究工作还十分有限，而且只在全球或区域等大尺度上开展一些研究，而关于省区等中小尺度的研究鲜见报道。目前，林火管理中亦尚未开展碳减排相关技术措施的研究。森林防火策略与措施是现代林火管理的基础，在减少 CO_2 排放和增加 CO_2 吸收两方面均有重要作用，有利于减缓气候变化的速率，对实现碳减排具有重要的意义。森林防火中的计划烧除、生物防火、营林抚育等可燃物管理措施不但可实现碳减排，而且具有重要的碳汇效应。通过优化森林可燃物的可持续管理，合理控制森林火灾的频率、强度和面积，减少森林生态系统的碳排放，从而达到森林生态系统碳储量的节流目的，增加森林碳汇。因此，开展森林火灾碳排放定量评价研究具有重要的理论价值和实践意义。

在气候变化背景下，学者通过模型模拟得出以下结论：随着全球气候变暖，森林火灾发生的频率和强度将进一步加剧，火干扰面积将进一步扩大（Wong，1978，1979；Crutzen et al.，1979，Clark，1988；Neary et al.，1999）。因此，伴随着气候变暖，森林防火措施的积极推行，森林可燃物的积累将大大增加，森林火灾频率将不断升高，森林火灾所排放的碳量亦不断增加，从而进一步影响森林生态系统的碳循环。据此，了解火干扰与森林生态系统碳循环之间的交互作用关系，正确认识火干扰对生态系统碳过程的影响及对全球变化的响应，将有效推动全球变化背景下区域碳收支的研究。通过研究森林火灾直接碳排放的计量方法，进一步量化森林火灾对大气碳平衡的贡献，正确评价森林生态系统在碳平衡中的作用，为减少全球变化研究中碳平衡测算的不确定性提供科学依据，为森林火灾碳排放量与全球碳平衡研究提供基础数据。同时，对正确评价火干扰在全球碳循环和碳平衡中的地位，加深对火干扰对碳循环影响机理及作用机制的了解，以及通过科学合理的火干扰管理措施优化森林碳汇管理、提升森林生态系统碳增汇水平等均有重要意义。另外，对政府部门在全球气候变暖背景下制定科学有效的现代林火管理策略和优化林火管理路径，实现森林生态系统的可持续经营管理，提高生态系统管理水平，执行合理可行的林火管理政策措施，维护森林生态系统碳平衡，减少碳排放，促进碳增汇，减缓大气 CO_2 浓度上升速率、全球变化速率，优化森林碳汇管理及实现碳汇效应等均有重要意义。

本研究在对大兴安岭地区森林火灾历史分布格局及其动态研究的基础上，研究火干扰与森林生态系统碳平衡的相互作用机制及关系，揭示火干扰与碳收支的相互关系，并通过研究森林火灾碳排放定量评价方法，提出以减排为目的的森林防火策略与林火管理的科学方法，在林火管理和森林生态系统可持续经营与管理方面探索碳减排增汇效应的定量评价方法，对定量评价不同时期大兴安岭地区森林防火措施的碳减排增汇效应具有重要意义，为加强森林可燃物的可持续管理提供数据支持。同时，为防控森林火灾，制定大气污染控制对策及进行大气污染模拟研究，改善大气环境等具有重要意义。另外，为应对全球气候变化、实现大兴安岭地区森林生态系统碳减排与持续增汇提供基础数据，为国家履约谈判提供科学技术支持。

三、研究方法和技术路线

（一）研究方法

本研究以大兴安岭地区典型森林生态系统为研究对象，以探讨森林火灾碳排放定量评价方法为目的，根据森林火灾统计资料，结合森林资源调查数据、林相图、植被分布图和行政区划图，采用 GIS（geographic information system）技术，经过大量的野外实地调查与室内实验，进行多次野外的点、线、面调查采样与定位观测，针对森林生态系统的异质性与复杂性，通过野外实地科学实验与室内控制环境实验和分析相结合，定量分析与定性分析相结合，空间代替时间，空间分析方法与多种数学统计、生物统计方法相结合，历史数据分析与现场观察相结合的方法，以及模型方法对黑龙江省大兴安岭地区森林火灾碳排放进行定量估算。

通过对大量野外火干扰迹地调查采样，结合室内控制环境实验和分析，测定森林火灾碳排放的各种计量参数和含碳气体排放因子。从林分水平上，通过模型方法和排放因子法，经两个步骤对黑龙江省大兴安岭林区森林火灾碳排放量和含碳气体排放量进行计量估算：①根据野外火干扰迹地调查与室内控制环境实验，确定森林火灾碳排放的各种计量参数，从林分水平上估算森林火灾的碳排放量；②从林分水平上，采用排放因子法，通过室内控制环境实验得出排放因子，估算黑龙江省大兴安岭地区森林火灾所排放的 4 种含碳气体 [CO_2、CO、CH_4 和非甲烷烃（nonmethane hydrocarbon，NMHC）] 的排放量。通过分析森林火灾碳排放的时空分布状况，揭示森林火灾碳排放对生态系统碳循环影响的时空规律，提出科学合理的林火管理策略和优化林火管理路径。

（二）技术路线

具体的研究技术路线如图 2-1 所示。

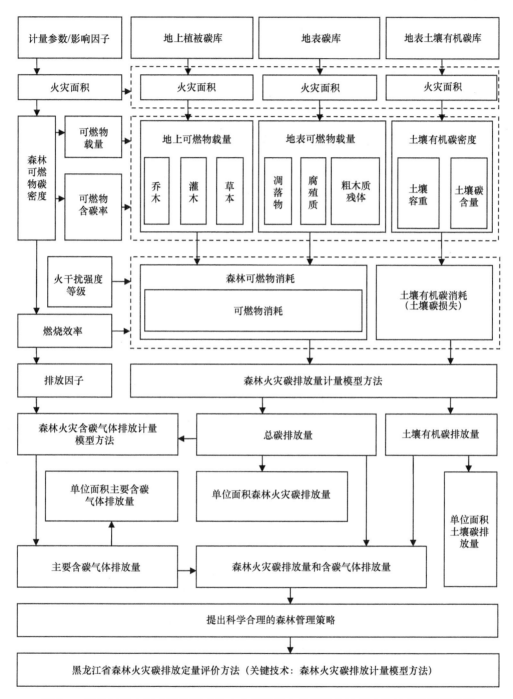

图 2-1 黑龙江省大兴安岭地区森林火灾碳排放定量评价方法研究的技术路线示意图

第二节 国内外研究进展

近年来，由温室气体增加引起的温室效应导致以气候变暖为主要特征的全球气候变暖，引起学者对生态系统碳平衡的极大关注。然而，全球的碳平衡研究发现的"迷失的碳汇"现象仍无法解释，主要原因是尚不知道碳在生物地球化学循环中被固定的数量及去向（IPCC，2001b）。因此，针对解释"迷失的碳汇"现象的研究日益增加，对陆地生态系统的碳固定及碳排放的研究成为生物地球化学循环研究的热点问题。学者研究发现，北半球尤其是高纬度地区的森林生态系统是主要的碳汇贡献区，在全球碳平衡中具有重要地位和作用。黑龙江省地处北半球的高纬度地区，森林资源丰富，按照气候类型主要可划分为寒温带针叶林和温带针阔混交林。在气候变化背景下，火干扰的频率和强度进一步加剧，使得火干扰对生态系统碳循环的影响作用明显。为此，科学准确地计量黑龙江省森林火灾碳排放，对进一步量化森林火灾对大气碳平衡的贡献、正确评价火干扰在区域碳循环中的作用意义重大。同时，火干扰作为森林生态系统碳增汇的重要驱动力，森林防火作为碳减排与增汇的主要策略与手段，加强对其研究有利于定量评价黑龙江省区域森林生态系统的碳收支，这对制定科学合理的林火管理策略和优化林火管理路径具重要指导意义。

一、火干扰对森林生态系统碳循环的影响

火干扰对森林生态系统碳循环的影响可以概括为碳元素在生态系统各个碳库的再分配过程。火干扰消耗的植被碳库以各种含碳气体和烟尘的形式进入大气碳库，而未完全燃烧的剩余物部分则进入凋落物碳库，同时由于植被碳库被破坏，对大气碳库和凋落物碳库产生影响，进而对土壤碳库产生重要干扰。生态系统各碳库的关系及火干扰对生态系统各碳库的影响如图 2-2 所示。火干扰通过影响森林生态系统的三大碳库进而影响大气碳库，形成火干扰—温室气体排放（森林生态系统各碳库的动态变化）—大气的碳循环关系，从而影响生态系统碳循环。火干扰作为森林生态系统碳循环的重要驱动因子（田晓瑞，2003a，2003b），改变了整个森林生态系统的格局与演替过程，对全球的碳循环产生重要影响，进而对气候变化产生重要作用。火干扰过程中的碳损失直接排放到大气中，是直接的碳损失过程（吕爱锋等，2005），但对于整个生态系统而言，火干扰的影响分为直接影响和间接影响。本研究探讨的火干扰对生态系统碳循环的直接影响主要是指森林火灾过程中直接排放的碳量，通过计量估算森林火灾的碳排放，为研究森林火灾对碳平衡的影响提供基础数据与理论依据。

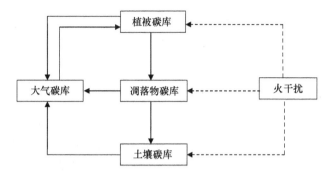

图 2-2 生态系统各碳库的关系及火干扰对生态系统各碳库的影响

实线表示碳元素流动；虚线表示火干扰下碳元素流动

二、火干扰对植被碳库的影响

森林生态系统是陆地生态系统最大的植被碳库（Dixon et al.，1994），其碳通量对全球碳收支具有重要影响，在全球碳循环和碳平衡中发挥重要作用（Lü et al.，2006）。火干扰过程中植被可燃物燃烧所产生的大量碳及含碳温室气体（Wong，1979；Crutzen et al.，1979）进入大气碳库后将破坏大气碳平衡，对区域乃至全球碳循环和碳平衡产生重要的影响（Wong，1979）。植被碳库一般是指植物体部分，其主要包括植物的地上部分（干、枝、叶和皮）和地下的活根。按照一个比例（可燃物的干重中碳所占的比例）可将植被生物量转换为植被碳储量，对森林碳储量的计量，一般用直接或间接测定的植被生物量的现存量乘以生物含碳率进行推算。作为生态系统的生产者，植物体每天都要进行光合作用以固定大气中的 CO_2，维持生态系统的正常运转。全球植被所储存的碳为 550～950Pg C，与大气碳库差不多，但其活性非常高，其与大气碳库间的交换是碳循环的主要过程，因此其变化对大气碳库产生非常重要的影响（徐小锋等，2007）。

火干扰过程是森林植被燃烧的过程，即植被碳库的碳排放过程。火干扰消耗掉大量木材，其造成的木材损失反映了火干扰带来的碳损失。火干扰消耗生物量的估计存在很大的不确定性，由于统计方法的不统一及资料的缺乏，以及各地火干扰中行为、强度及烈度等特性的差异，导致估计值的幅度范围相差很大（王效科等，1998）。Crutzen 等（1979）通过研究估算全球植被碳库由于森林火灾而造成的碳损失为 947Tg C/年。Levine 等（1995）对由森林火灾导致的全球植被碳库损失进行了估算，结果发现损失量为 1540Tg C/年。Crutzen（1990）估算了热带森林火灾造成的植被碳库损失，为 1100～2200Tg C/年。Dixon 和 Krankina（1993）对俄罗斯森林火灾造成的植被碳库损失量进行估测，估算的结果为 286Tg C/年。Joshi（1991）估算了印度森林火灾造成的植被碳库损失，为 102.60Tg C/年。据统计，20 世纪 60 年代美国平均每年因森林火灾损失的木材量为 2 亿 m³，占林木生长量的 35%（舒立福等，1998）。意大利 1990 年由森林火灾造成的经济损失为 8248 万美元，其中损耗 13.21 万 m^3 木材。在 1991~1993 年俄罗斯的森林火灾导致的木材损失量分别为 999.8 万 m^3、11 139.7 万 m^3 和 12 259.2 万 m^3（田晓瑞等，2003a）。田晓瑞等（2003b）的研究结果显示，我国森林火灾年均消耗森林生态系统地上生物量 5~7Tg C。孙龙等（2009）研究发现，大兴安岭林区在 1987 年森林火灾中，乔木生物量损失约为 460 万 t。杨国福等（2009）研究发现，浙江省年均森林火灾消耗生物量为 8.61 万 t，碳损失量为 3.87 万 t。黄麟等（2010）的研究显示，江西省 1950~2008 年森林火灾导致的生物量总损失约为 61.16Tg C。从以上研究可知，火干扰作为植被碳库损失的主要途径之一，其对生态系统的碳循环与碳平衡产生重要的影响。

三、火干扰对森林凋落物碳库及周转的影响

凋落物碳库是森林生态系统的三大碳库之一，虽然在森林生态系统中是最小的碳库，但在生态系统的碳循环中亦发挥重要作用。凋落物是指森林生态系统中由生物（植物、动物和土壤微生物）各组分的残体所构成的，是为分解者提供物质和能量的有机物质的总称，包括枯立木、倒木、枯草、地表凋落物和地下枯死生物量等（徐小锋等，2007）。凋落物作为植被在其生长发育过程中新陈代谢的产物，是森林生态系统生物量的重要组成部分，是维系植物地上碳库与土壤碳库形成循环的主要通道之一，在森林生态系统碳循环中起着重要作用（李正才等，2008）。火干扰改变了凋落物的微气候和微环境，对凋落物的影响表现为直接影响（如凋落物数量的变化）和间接影响（如凋落物的分解速率）。直接影响是指高强度火干扰后地上部分的植被被烧死，地表不具有热绝缘属性的凋落物亦被燃烧，直接烧毁了凋落物碳库并减少凋落物碳库的碳来源，使得凋落物碳库碳储量锐减（O'Neill et al.，2003；Certini，2005）。而在中、低强度火干扰后，由于许多森林可燃物在森林火灾中被烧伤而未被消耗，许多森林可燃物发生凋落或风倒，造成森林地表可燃物的积累增加，从而提高了发生火干扰的可能性，进而使火险等级升高，导致火干扰后再次发生火灾的概率提高，从而进一步对凋落物碳库产生破坏作用而影响凋落物碳库。

间接影响是指火干扰后林分郁闭度降低，使得林内通透性增强，而且通风条件较好，林内温度增加，湿度下降，林内可燃物干燥易燃，造成凋落物的分解速率改变，影响凋落物碳库的周转和变化，从而影响森林碳循环与碳平衡。同时，火干扰迹地上的灰烬等黑色物质，使得土壤吸收太阳辐射的能力增强，地表温度升高，地表凋落物更容易干燥，进而改变凋落物的分解速率，影响森林凋落物的动态变化、森林生态系统物质循环和能量流动过程。凋落物的分解是物理、化学

及生物反应综合作用的生态过程，而温度和湿度对各种反应均有不同程度的促进作用，所以火干扰可加速凋落物的分解（彭少麟和刘强，2002）。火干扰后土壤有机碳含量的增减取决于火干扰强度（火干扰时的热量释放速率、温度和持续时间），低强度的火干扰可能增加土壤有机碳，高强度的火干扰亦可能增加土壤有机碳（舒立福等，1999）。同时，火干扰后局部地区及地表温度升高，从而影响地表凋落物的分解速率，进而对地表凋落物碳库起重要的调控作用（Certini，2005）。火干扰后地表的枯枝落叶等遮阴物被烧毁，并且火干扰后土壤表层的灰烬物质具有吸热功能，引起地表温度升高，这将对地表凋落物和表层土壤的微生物活性产生重要影响。Pausas（2004）对地表和不同土层凋落物分解速率的研究表明，相对较高的地表温度更有利于凋落物的分解。Liski 等（2003）开发了一个基于温度和积温的简单模型，用来描述凋落物的分解速率，发现温度增加可显著提高凋落物的分解速率，加速凋落物碳库的周转，且这一作用在所有生态系统中表现一致。Moore等（1999）研究表明，气温升高可使凋落物分解速率增加 4%～7%。总之，火干扰通过改变环境温度、水分等水热条件影响凋落物分解速率，进而影响凋落物碳库的周转速率。

四、火干扰对土壤碳库及周转的影响

土壤是陆地生态系统最大的碳库，其碳储量相当于大气碳库的 3.3 倍和植被碳库的 4.5 倍（Knicker，2007；Lal，2004；Schulze and Freibauer，2005）。土壤碳储量的动态变化反映了陆地生态系统碳输入和输出之间的平衡关系（Davidson et al.，2006）。由于土壤碳库巨大，土壤碳循环过程的微小变化都将对 CO_2 等温室气体的排放产生显著影响（Burton et al.，2003），从而影响到碳向大气中的排放，并以温室效应的形式对全球气候变化产生重要影响（Knicker，2007）。森林土壤碳循环作为陆地碳循环研究的重要内容，土壤碳库在全球变化研究中的地位日益突出，火干扰改变森林生态系统中土壤与大气间的碳素交换，从而使火干扰通过土壤呼吸速率的变化来影响土壤碳库，因此研究火干扰对森林生态系统土壤的影响，有助于揭示土壤碳库动态机理。许多研究发现（Certini，2005），火干扰对土壤碳库作用程度的大小，主要取决于火强度高低、可燃物载量分配、气候条件及火干扰频率等因子，因此，火干扰状况对森林生态系统的土壤碳循环与碳平衡将产生重要作用。

火干扰主要通过改变森林生态系统凋落物数量和分解速率、土壤有机质分解速率等来影响森林生态系统的土壤碳库。从短期看，火干扰后土壤有机碳含量会大幅度下降，原因是火干扰致使土壤表层有机碳大量分解（周瑞莲等，1997）。由于火强度的不同，火干扰对土壤有机碳的影响程度相差较大，研究发现高强度森林火灾使得土壤有机碳遭到严重破坏，而中、低强度森林火灾仅仅是改变了土壤有机碳的分配方式（胡海清，2005；孙龙，2011；Kirschbaum，1995；Ogee，and Brunet，2002；姜勇等，2003）。孙龙等（2011）对大兴安岭中强度火干扰后土壤有机碳进行研究，发现火干扰后 A 层（表土层）和 B 层（亚土层）土壤有机碳含量均呈降低趋势。谷会岩等（2010）研究了火干扰对大兴安岭兴安落叶松林土壤有机碳的影响，发现火干扰严重影响土壤表层有机碳含量，且随火强度的增加而减少。崔晓阳等（2012）研究发现，高强度火干扰后土壤有机碳含量下降明显。王海淇等（2011）研究发现，火干扰后土壤有机碳含量明显下降。郭爱雪等（2011）研究发现，土壤有机碳含量随着火强度的增加而降低。从以上的研究结果可知，火干扰对森林生态系统土壤碳库的动态变化有重要影响。

火干扰对森林生态系统土壤碳库的影响主要表现在 4 个方面：一是改变土壤有机碳的分解速率；二是改变土壤呼吸的碳释放速率；三是减少地上植被输入土壤的碳含量；四是增加黑碳的碳汇功能。火干扰通过以上 4 个过程不仅能够影响土壤碳库的碳储量，还可改变土壤碳库的周转时间，主要原因是土壤呼吸和土壤碳分解作用的加强导致土壤碳库的周转时间缩短。Kirschbaum（1995）综述了大量研究结果，认为土壤温度升高可以加快土壤碳库的周转速率，减少周转时间。火干扰打破了大气、植被、地表凋落物和土壤之间的水热平衡，进而改变了土壤的水热状况（Ogee and Brunet，2002）。火干扰对土壤有机质的破坏程度取决于森林火灾的强度、频率和持续时间等。研究发现地表温度在 700℃时，所有的枯枝落叶层被烧毁，在土层 25cm 处，温度达到 200℃，腐殖质被破坏。在灌木林中，地上灌木 2/3 被烧毁，地表枯枝落叶 50%被烧毁，土层 1cm 处的腐殖质损失 20%，土层 2cm 处损失 10%。低强度的火干扰虽然使土壤表层有机质含量减少，但下层土壤有机质含量增加。因此，不同强度森林火灾对森林生态系统土壤有机质的影响相差较大。总之，火干扰对土壤有机质含量短期影响的研究表明，有机质含量下降，然而从长期影响的研究结果看，其对有机质含量的影响并不仅仅表现为数量上的增减变化，更是造成土壤有机质成分的改变，特别是在火干扰后形成的黑碳，是森林生态系统重要的碳汇（姜勇等，2003）。

五、火干扰对大气碳库及碳循环的影响

火干扰排放的大量痕量气体引起的大气组成成分改变，以及由此造成的大气污染和对全球生态环境的影响已受到国际社会的普遍关注，是研究当今国际社会全球性问题的热点。火干扰过程中森林可燃物燃烧排放的温室气体对大气中温室气体浓度产生重要作用（Seiler and Crutzen，1980；Andreae and Merlet，2001；Langenfelds et al.，2002；van der Werf et al.，2003，2006；Ito and Penner，2004；Schultz et al.，2008）。Langenfelds 等（2002）在研究 1992~1999 年大气主要气体浓度变化时发现，气体浓度变化幅度与火干扰具有很强的相关性。火干扰过程中

可燃物燃烧排放大量含碳温室气体（Wong，1979；Crutzen et al.，1979），是导致植被和土壤碳储量动态变化的重要途径之一（Dixon et al.，1994），可影响生态系统的碳循环过程。森林火灾中森林可燃物燃烧排放的气体是大气中温室气体的来源之一（吕爱锋，2005），而且其排放的 CO_2 和 CH_4 均为三大主要温室气体，对全球的温室效应产生重要作用。全球森林火灾排放的 CO_2、CO、CH_4 总量分别为 3135Tg C/年、228Tg C/年和167Tg C/年，分别占全球森林火灾碳排放量（Levine et al.，1995）的45%、21%和44%（王效科等，1998）。由此可知，森林火灾碳排放在生态系统碳循环和碳平衡中具有重要地位与作用。表 2-1 为全球主要地区森林火灾直接碳排放量和主要含碳气体排放量。

表 2-1　全球主要地区森林火灾直接碳排放量和含碳气体排放量　（单位：Tg C/年）

主要地区	碳总量	二氧化碳	一氧化碳	甲烷	非甲烷烃	数据来源
全球排放	4300[a]	13 400	690	39	49	Andreae and Merlet，2001
全球排放	2460	8903	433	21		van der Werf et al.，2006
全球排放	2078 (1410～3140)		330	15.4		Schultz et al.，2008
全球排放	2807[a]	2290	496	32.2	38	Ito and Penner，2004
全球排放	2000	2000～4000				Seiler and Crutzen，1980
稀树草原与草地	1580[a]	5096	206	7.4	10.7	Andreae and Merlet，2001
热带森林	2600					van der Werf et al.，2006
热带森林	665[a]	2101	139	9.0	10.8	Andreae and Merlet，2001
非热带森林	320[a]	1004	68	3.0	3.6	Andreae and Merlet，2001
全球排放	1741	5716	271	12.52	9.09	Hoelzemann et al.，2004
热带森林	120～250	2000～4000	240～1660	25～110		Crutzen et al.，1979
温带森林和北方林	258	235	21	1.4	0.7	Laursen et al.，1992
亚洲		1100	67	3.1		Streets et al.，2003
中国	11.31	40.66	2.71	0.112	0.113	Lü，2006
中国	2.24～2.86	7.42～10.47	0.445～0.628	0.180～0.254	0.086～0.121	田晓瑞等，2003b
大兴安岭北方林	0.68	2.12	0.21	0.012	0.005	孙龙，2014
黑龙江省温带林	0.98	3.14	0.18	0.011	0.007	魏书精，2014

a 按照含碳率 0.5 进行计算

森林植被在其生长过程中通过光合作用吸收大气中的 CO_2，并将其固定在森林生态系统的生物体中，森林每产生 1t 生物量可吸收并储存 CO_2 中 0.5t 的碳（每生长 1m³ 木材，大约需要吸收 1.83t 的 CO_2，放出 1.62t 的 O_2），但遭受森林火灾后，森林植被不但失去吸收 CO_2 的功能，而且其自身亦被燃烧，储存的碳以含碳气体等方式排放到大气中，1t 森林可燃物干重在森林火灾中可排放 1.76t 的 CO_2，火干扰向大气中排放 CO_2、CO、CH_4 等含碳痕量气体，这些温室气体一般在大气中存在较长时间（如 CO_2 和 CH_4 可存在几十年至数百年），从而导致大气温室气体的浓度不断上升，造成温室效应。另外，CH_4 和 CO 将对平流层中臭氧的浓度产生较大的影响。森林火灾主要通过影响大气空气质量（如 O_3、SO_2 和 NO_x 等气体浓度的变化）来影响森林生态系统的碳平衡（Mouillot et al.，2002；Akimoto，2003）。20 世纪 90 年代，许多学者通过各种方式对森林火灾所排放的气体进行取样测定，确定了其成分（Hank and Michael，1997；Kasischke et al.，2000），发现森林火灾过程中排放大量的 CO_2、CH_4、N_2O 等温室气体，这些气体均对大气碳平衡有重要影响。随着气候变化研究的深入，国内外针对森林火灾排放温室气体的研究越来越多，特别是美国、加拿大和俄罗斯等发达国家通过室内控制环境实验和野外采样观测相结合的方法，测定计量参数，估算了森林火灾所排放的温室气体排放量（Levine et al.，1995）。Hoelzemann 等（2004）结合森林火灾碳排放模型估算了全球森林火灾的碳排放量。Andreae 和 Merlet（2001）估算了全球森林火灾的碳排放量及主要痕量气体排放量。Kasischke 等（2005）研究了北方林森林火灾的碳排放量及 CO 气体排放量。Lü 等（2006）结合森林资源清查资料、遥感影像与模型模拟方法，估测了我国 1950～2000 年 51 年间森林火灾的碳排放量和主要含碳气体排放量。胡海清等（2007）采用排放因子法，研究了大兴安岭 1980～1999 年 20 年间森林火灾的碳排放量。Sun 等（2011）估算了大兴安岭 1980～1999 年 20 年间森林火灾的碳排放量。通过以上的研究工作，可获得森林火灾碳排放量或主要含碳气体排放量，有利于人们进一步了解森林火灾碳排放对大气碳平衡的影响。

六、森林火灾碳排放研究进展

（一）国外研究概况

森林火灾排放大量的痕量气体，对大气的化学组成、环境和质量及地球气候系统产生重要的影响（Adams et al.，1977；Robinson，1989；Cofer et al.，1990，1998；Auclair and Carter，1993；Cahoon et al.，1994；Kasischke et al.，1995a；Andreae and Merlet，2001；Conard et al.，2002；Isaev et al.，2002；Kasischke and Bruhwiler，2003；French et al.，2003，2004；Sinha et al.，2004；Soja et al.，2004；van der Werf et al.，2004；Ito and Penner，2004；Choi et al.，2006；Campbell et al.，2007；De Groot et al.，2009；Lavoue and Stocks，2011）。森林火灾排放的各种污染物包括温室气体（如 CO_2、CH_4、N_2O 等）和光化学反应化合物（如 CO、NO_x、

NMVOC 等），其排放的含碳气体中，90%～95%为 CO_2 和 CO，其他由 CH_4 与挥发性有机碳化合物组成，这些排放物均对生物地球化学循环及大气生态环境产生重要影响（Andreae and Merlet，2001）。因此，国外较早就有学者研究森林火灾的气体排放计量估算问题。早在 20 世纪 60 年代，就有学者开始探索计量估算森林火灾碳排放及气体排放（Adams et al.，1977）。到 70 年代，有一批研究者进一步研究如何定量化地计量森林火灾排放的温室气体（SMIC，1971；Wong，1978，1979；Crutzen et al.，1979；Seiler and Crutzen，1980）。Adams 等（1977）通过一些非常简单的计算，证明了森林火灾是潜在的大气中大量 CO_2 的来源。

随着对全球变化研究的深入，发现近年来大气中温室气体浓度剧增，温室效应造成的全球气候变暖越来越引起学者的广泛关注。森林火灾是导致温室气体产生的主要原因之一，为温室效应的重要驱动力之一。随着研究的广泛深入，国外许多学者通过不同方法对森林火灾碳排放进行研究，尤其集中在北方林地区（加拿大、俄罗斯、美国阿拉斯加州、北欧等）。按照研究方法进行分类：①室内控制环境实验和样地实测相结合。Levine 等（1995）估算了全球森林火灾的碳排放量；Auclair 等（1993）研究了全球北方林森林火灾的碳排放量；Amiro 等（2001）估算了加拿大森林火灾的碳排放量；Campbell 等（2007）研究了美国俄勒冈州森林火灾的碳排放量。②利用统计资料数据及借鉴他人计量参数或通用参数的方法。Kasischke 和 Bruhwiler（2003）研究了北方林森林火灾主要痕量气体（CO_2、CO 和 CH_4）的排放量；Choi 等（2006）对韩国近 40 年历史森林火灾的碳排放量进行计算并对其时空变化规律进行研究；French 等（2003）研究了美国阿拉斯加州长时间尺度的森林火灾主要含碳气体的排放量；Lavoue 和 Stocks（2011）利用森林火灾资料对加拿大 2000～2004 年森林火灾主要含碳气体的排放量进行了计算。③采用排放比或排放因子的方法。De Groot 等（2009）研究了加拿大地被可燃物森林火灾的碳排放量；Kasischke 等（2005）估算了全球北方林森林火灾的碳排放量与 CO_2 排放量；Andreae 和 Merlet（2001）研究了全球森林火灾的碳排放量及主要含碳气体的排放量；Crutzen 和 Andreae（1990）估算了热带地区森林火灾的碳排放量。④通过空中采样实测排放因子或燃烧效率。Cofer 等（1990）研究了森林火灾的燃烧过程，并对燃烧效率进行测定；Cofer 等（1998）通过直升机在森林火灾发生的上空进行采样，对采集的样品进行分析，测定排放因子；French 等（2004）研究了森林火灾碳排放计量估算中导致不确定性产生的原因；Sinha 等（2004）利用飞机对森林火灾上空的烟雾实时收集采样，通过分析样品测定排放因子。这些研究工作，有助于人们了解森林火灾的碳排放计量参数及碳排放量。但由于计量参数来源的多样性，而且许多参数没有经过实测而仅通过模型模拟或估测，有些甚至直接由小尺度的简单分析外推到大尺度上，造成估算结果的不确定性增加。

近年来，遥感平台与算法进一步得到完善，许多学者把其应用到森林火灾碳排放计量参数的测定中，主要是利用遥感影像测定森林火灾面积、森林可燃物载量、燃烧效率，以及对包括火干扰强度和火烈度在内的林火行为进行了估测（Kasischke et al.，1995a；Cahoon et al.，1994）。目前，在不同尺度上通过具不同分辨率与不同时相的遥感影像对森林火灾碳排放的计量参数进行了估测。①在大尺度上利用 NOAA（美国国家海洋与大气管理局）卫星的 AVHRR（高级甚高分辨率辐射仪）影像估测森林火灾碳排放计量参数及碳排放量方面：Kaufman 等（1992）研究了亚马孙森林火灾的燃烧效率；Kasischke 等（1995b）估算了美国阿拉斯加州森林火灾的碳排放计量参数及碳排放量；Soja 等（2004）对俄罗斯西伯利亚森林火灾中地上及地下可燃物的碳排放量进行了估测；Conard 等（2002）估算了俄罗斯西伯利亚森林火灾的碳排放量；Cahoon 等（1994）对俄罗斯西伯利亚森林火灾碳排放量进行了估算。②在中尺度上采用 MODIS（中分辨率成像光谱仪）影像估测有关森林火灾碳排放量的研究：Hoelzemann 等（2004）研究了全球森林火灾的碳排放量；van der Werf 等（2003）研究了热带及亚热带森林火灾的碳排放量；Turquety 等（2007）对北美森林火灾的碳排放量进行了估算；Korontzi 等（2004）对南非森林火灾的碳排放量进行了估算。③在小尺度上通过 SPOT（地球观测系统）影像估测森林火灾碳排放量方面：Zhang 等（2003）对俄罗斯森林火灾燃烧区域与森林火灾碳排放的关系进行了研究；Fraser 和 Li（2002）对北方林森林火灾的碳排放量进行了估测；Isaev 等（2002）对俄罗斯森林火灾的碳排放量进行了估测。④在小尺度上利用 TM/ETM$^+$影像估测森林火灾碳排放计量参数及碳排放量方面：Page 等（2002）对印度尼西亚森林大火的碳排放量进行了估测；Michalek 等（2000）对美国阿拉斯加州森林火灾的碳排放量进行了估测；Brandis 和 Jacobson（2003）对澳大利亚森林火灾的碳排放计量参数进行了估测；Mitri 和 Gitas（2004）对地中海森林火灾的碳排放计量参数进行了估测；Hudak 等（2007）研究了森林火灾碳排放计量参数之间的交互作用关系。⑤在利用多时相遥感影像估测森林火灾碳排放量方面的研究：Lewis 等（2011）对美国阿拉斯加州森林火灾的碳排放量进行了估测；Ito 和 Penner（2004）研究了生物质燃烧的碳排放量；van der Werf 等（2004）研究了全球森林火灾的碳排放量；De Groot 等（2007）对加拿大森林火灾的碳排放量进行了估测。⑥在利用高分辨率遥感影像估测森林火灾碳排放计量参数方面：Lambin 等（2003）对非洲中部森林火灾的燃烧效率进行研究；French 等（2008）研究了碳排放计量参数之间的关系。由于遥感影像具实时性、宏观性和客观性等优点，通过遥感影像来估测森林火灾碳排放计量参数，是获取计量参数较好的方法与途径。目前，国际上亦有许多学者通过遥感手段获取森林火灾的碳排放计量参数，如在通过遥感影像估测森林可燃物载量方面，遥感有实时快速性与宏观性等优势，可以大大减少地面实际调查的工作量，通过结合实测数据可较为客观地估测森林可燃物载量,然而由于存在时空分辨率等限制,估测精度仍然需不断地提升和完善(王效科等,1998;殷丽,2009)。

(二)国内研究概况

近年来,随着对气候变化问题的普遍关注,国内学者亦对森林火灾的碳排放量进行了研究(王效科等,1998,2001;曹国良等,2005;焦燕和胡海清,2005;吕新双,2006;田晓瑞等,2006b,2009a,2009b;李玉昆和邓光瑞,2006;邓光瑞,2006;胡海清和孙龙,2007;胡海清等,2007;胡海清和郭福涛,2008;胡海清和李敖彬,2008;殷丽,2009;殷丽等,2009;单延龙和张姣,2009;郭福涛等,2010;Song et al.,2010;王明玉,2011;陆炳等,2011;刘斌和田晓瑞,2011;田贺忠等,2011),主要有以下几种方法。①规则可燃物计量参数法:Lü 等(2006)通过模型模拟,并结合遥感影像研究了森林火灾的碳排放量和主要含碳气体的排放量;王效科等(2001)研究了森林火灾主要含碳气体的排放量。②排放比或排放因子法:杨国福等(2009)研究了浙江省森林火灾主要痕量气体的排放量;田晓瑞等(2003b)研究了森林火灾的碳排放量;单延龙和张姣(2009)估算了吉林省森林火灾的碳排放量。③遥感影像估测计量参数法:黄麟等(2010)研究了江西省森林火灾的碳排放量;Song 等(2010)利用遥感及经验参数对森林大火中包括土壤有机碳的气体排放量进行了估测;田晓瑞等(2006a)研究了 2000 年中国森林火灾的碳排放量。④有关生物质燃烧排放气体方面:曹国良等(2005)研究了中国生物质燃烧的碳排放量;陆炳等(2011)对中国生物质燃烧的碳排放量进行了分省区研究;田贺忠等(2011)对我国生物质的碳排放量进行了研究。⑤森林火灾碳排放研究不确定性分析方面:吕爱锋和田汉勤(2007)、吕爱锋等(2005)计量了森林火灾主要含碳气体的排放,研究了森林火灾碳排放与森林生态系统碳平衡的关系;王效科等(1998)研究了森林火灾碳排放及主要含碳气体排放等存在的不确定性。通过以上的研究虽可得出森林火灾的碳排放量或主要含碳气体的排放量,然而许多计量参数未经实验测定,而是采用经验推测或模型模拟等方法来推测大尺度森林火灾的碳排放量或主要含碳气体的排放量,因而具有较大的不确定性。

随着国内学者对森林火灾碳排放研究的进一步深入,研究方法不断被创新,主要包括以下几种。①室内控制环境实验与野外调查相结合:吕新双(2006)研究了黑龙江省大兴安岭 20 年间因森林火灾排放的碳量;焦燕和胡海清(2005)研究了黑龙江省 20 年间森林火灾的碳排放量及主要气体的排放量;李玉昆和邓光瑞(2006)对黑龙江省大兴安岭典型森林类型含碳气体排放量的计量参数进行了实测研究。②排放比或排放因子法:胡海清等(2007a)研究了大兴安岭 1980~1999 年森林火灾的碳排放量;邓光瑞(2006)研究了大兴安岭森林火灾的碳排放量及主要含碳气体的排放量；胡海清等（2007b）在对大兴安岭森林火灾时空变化分布规律研究的前提下，估算了大兴安岭 20 年间乔木层的碳排放量；胡海清等（2008a）研究了小兴安岭乔木和灌木层森林火灾的碳排放量，并对森林火灾排放的主要痕量气体进行分析，从而确定主要含碳气体的排放量。③把遥感影像与森林火灾历史资料相结合：孙龙等（2009）对大兴安岭 1987 年森林火灾的碳排放量进行了估算；殷丽（2009b）和田晓瑞等（2009a）对大兴安岭森林火灾的碳排放量进行了估算；刘斌和田晓瑞（2011）采用 MODIS 影像估算了大兴安岭呼中区森林大火的碳排放量；王明玉等（2011）采用遥感影像对森林火灾碳排放的计量参数燃烧效率因子进行了估测。④采用实测方法确定森林火灾碳排放计量因子方面：胡海清等（2008b）研究了黑龙江省大兴安岭乔木森林火灾主要含碳气体排放的计量参数；郭福涛等（2010）对黑龙江省大兴安岭 26 年间森林火灾的碳排放量进行了估算；Sun 等（2011）估算了大兴安岭 20 年间森林火灾的碳排放量。⑤森林火灾碳排放与气候变化的关系方面：胡海清等（2012a）对气候变暖背景下森林火干扰对森林生态系统碳循环的影响进行了全面阐述；胡海清等（2013b）对气候变化、火干扰与生态系统碳循环三者之间的因果逻辑关系进行详细阐明。通过以上研究，有利于人们进一步了解如何计量森林火灾的碳排放量及主要含碳气体的排放量，然而为了使计量参数的测定可靠有效，测定方法尚需进一步完善。

目前，国内外有关森林火灾碳排放量及主要含碳气体排放量的计量估算主要专注于大尺度大范围的研究，而且主要集中于森林火灾易发多发区，针对小尺度的森林火灾碳排放方面的研究不多。对森林火灾碳排放量的估算主要应用平均森林可燃物载量数据，并不是采用每次森林火灾实际的消耗量，由于林型或组分不同，森林火灾碳排放计量参数存在较大的差异，但许多研究并未考虑，对碳排放计量参数的测定尚未形成一套比较量化的操作规范，主要是通过实地调查进行估测。目前。在森林火灾碳排放的计量估算中，计量参数缺乏实测值，大多数参数是估测或直接借鉴他人的参数，这必然会影响碳排放计量的精度。因此，需要通过小尺度研究进行实验测定，把野外实验和室内实验相结合来确定计量参数。许多森林火灾碳排放计量参数的测定还需进一步地量化与标准化，尤其要注意实测数值的积累，建立丰富翔实的森林火灾碳排放计量参数数据库。同时，进一步注重尺度的扩展问题，利用遥感数据的优点提高估测精度，进一步量化森林火灾碳排放和含碳气体排放。

七、模型模拟方法在研究火干扰对生态系统碳循环影响中的应用

模型模拟方法尽管存在不确定性问题，却是研究区域及全球等大尺度上碳循环较为可行的方法。随着全球气候变暖，火干扰的频率和强度将剧增，影响亦将

加剧（罗菊春，1995；Clark，1988；Burgan et al.，1998；吕爱锋和田汉勤，2007；Bonnicksen，2009）。因此，定量评价火干扰对森林生态系统碳循环的影响及其对全球气候变暖的响应，将促进全球气候变暖背景下区域碳收支研究。气候变化—火干扰—生态系统碳循环之间复杂的因果关系与逻辑循环关系，使得很多学者已意识到，在研究生态系统对全球变化的响应时，必须注重火干扰造成的影响（Tian et al.，1998；Fosberg et al.，1999；吕爱锋，2006）。

火干扰对森林生态系统碳循环的影响具有复杂性与长期性，目前对火干扰对森林生态系统碳循环产生影响的很多过程很难进行详细研究，尤其是机制问题，对其进行定量评价还需进一步深入研究，为了定量描述火干扰对森林生态系统碳循环的影响，模型成为未来的重要研究手段，具有简单有效、快速实用等特点。同时，模型不但可对当前火干扰过程进行研究，还可揭示历史条件下的火干扰对碳循环的影响及未来气候变暖背景下火干扰对碳循环的影响。生态系统机制模型是量化和预测碳通量的最有效手段，近几十年来，碳循环模型已经从经验模型发展到考虑多种因素的动态过程模型。目前已有许多模型被用来研究火干扰对森林生态系统碳循环的影响，主要包括森林火灾碳排放的计量模型（森林火灾直接碳排放模型），以及基于年龄结构的碳循环模拟（Kurt and Apps，1999；Chen et al.，2000）、基于遥感方法的碳循环模拟（Amiro et al.，2003；Hicke et al.，2003）、基于火干扰引起的生态系统功能变化的生物地球化学模拟（Mcguire et al.，2001；Lucht et al.，2002；Zhuang et al.，2003b；Bonnicksen，2009）。其中，以生物地球化学模型为主（徐小锋等，2007）的森林火灾间接碳排放模型，准确计量了火干扰过程中森林可燃物燃烧排放的碳量及主要含碳气体的排放量，能有效地提高人们对气候变化与生态系统碳循环之间关系的理解。虽然近年来许多学者对森林火灾的碳排放量及主要含碳气体的排放量进行了估算（Lü et al.，2006），但目前主要是对森林火灾直接碳排放进行估算，森林火灾对森林生态系统碳循环的间接影响的研究仍处于起步阶段。

（一）森林火灾碳排放计量模型

森林火灾碳排放量及含碳气体排放量的计量方法、土壤有机碳的碳排放量的计量方法见森林火灾碳排放计量模型。

（二）火干扰对碳循环产生影响的模拟研究

模型模拟方法是生态系统碳循环研究的重要方法。目前研究火干扰对森林生态系统碳循环的间接影响的方法主要包括基于年龄结构、基于遥感方法及基于生物地球化学的模型模拟方法，其中以生物地球化学模型为主（吕爱锋，2006）。通过各种数据来源得到各生态系统的碳循环状况，从而构建基于年龄特征的模型模拟方法（Kurt and Apps，1999；Chen et al.，2000）。但该方法精度较低，所以很难在较大的时间尺度上应用及广泛推广。近年来，各种遥感平台与算法不断地被应用到森林生态系统碳平衡研究中，收到了较好效果。遥感作为重要的信息获取途径，可提供较客观实时的全球植被信息和进行周期性监测，这为火干扰的研究提供了较好的条件，尤其是随着现代科学技术的发展，其精度不断提高，为碳循环的模型模拟提供便利条件。基于遥感的碳循环模型，通常利用火干扰区域植被特征的变化信息来揭示火干扰对碳循环的影响（Amiro et al.，2000；Hicke et al.，2003）。Amiro 等（2003）以 AVHRR 数据为数据源，基于过程模型进行火干扰后 NPP（net primary productivity，净初级生产力）随时间变化的研究。Potter 等（1993）利用生物地球化学模型中的 CASA（carnegie ames stanford approach，区域植被净生产力的模型）植被动态模型，研究了火干扰对 NPP 与 NEP（net ecosystem productivity，净生态系统生产力）的影响，并揭示了 NPP 的恢复周期。Mouillot 等（2006）利用 CASA 碳循环模型，研究了全球 20 世纪森林火灾的碳排放量。Hicke 等（2003）通过 CASA 碳循环模型，研究了火干扰对 NPP 与 NEP 的影响，并揭示了 NPP 的恢复周期。Kasischke 等（2005）基于生态过程模型对北方林火干扰后 NPP 的变化进行了研究。基于遥感估测森林火灾碳排放是当前国际上普遍运用的方法，但由于空间分辨率等问题，其精度需进一步提高。同时，应注意尺度扩展问题，利用遥感数据的优点提高估测精度。

生物地球化学模型是采用数学模型来研究化学物质从环境到生物然后再回到环境的生物地球化学循环过程，是研究生态系统物质循环的重要方法（Tian et al.，1998；van der Werf et al.，2003）。随着对火干扰认识的不断加深，许多生物地球化学模型引入火干扰因子来模拟火干扰对生态系统碳循环的影响（吕爱锋，2006）。自从 Melillo 等（1993）利用生物地球化学模型 TEM（transmission electron microscopy，透射电子显微镜）研究全球植被 NPP 对气候变化的影响以来，大量的模型被用来研究火干扰对森林生态系统碳循环的影响。利用 TEM 模型，并集成火干扰造成的土壤温度与湿度变化，Zhuang 等（2003a）研究了阿拉斯加州火干扰对碳循环的影响。van der Werf 等（2003）采用生物地球化学模型 CASA 对森林火灾的碳排放进行了模拟。Bachelet 等（2001）利用 MAPSS（mapped atmosphere-plant-soil system，大气-植物-土壤系统）结合 CENTURY（soil organic matter formation model，土壤有机质形成模型）研究了美国陆地生态系统在气候变化背景下对火干扰的响应。Cao 等（2005）利用 CESVA（carbon exchanges in the soil-vegetation-atmosphere system，土壤-植被-大气系统碳交换）模型研究 20 世纪 80~90 年代全球碳动态时，考虑了火干扰对碳动态的影响。Bonnicksen（2009）利用 FCEM（forest carbon and emissions model，森林碳排放模型）研究了森林火灾对加利福尼亚州森林碳循环的影响。吕爱锋（2006）利用生态系统模型（DLEM）模拟输出的燃料数据及栅格化的气象数据，对 1980～2000 年中国森林生态系统火干扰的发生、行为进行了模拟研究，较好地再现了火干扰的空间分布格局。虽然与前两类模型相比，生物地球化学模型具有较高的时空分辨率，更能反映各种影响因子的相互作用。但当前的模型（TEM、CASA、CENTURY、CESVA 等）绝大多数是在区域或全球尺度上应用，缺少对一些机制过程在微小尺度上进行相应研究与验证，因此针对以上不足，耦合火干扰和碳循环双向反馈机制，采用真正合理的尺度扩展方法来揭示森林生态系统碳循环与火干扰的相互作用是未来的主要研究方向之一。

八、计量森林火灾碳排放的影响因子及测定方法

在计量森林火灾碳排放和含碳气体排放时涉及一系列的计量参数，如何更精确地测定这些计量参数，获得较为有效可靠的计量参数，使森林火灾碳排放的计量更加定量化与科学，是森林火灾碳排放计量模型研究所关心的核心问题。对于小尺度的定量化计量采用实地调查测量法比较可行，而且能够定量化，但把小尺度的碳排放计量方法外推到大尺度的火灾碳排放计量中，将产生许多不能定量化的问题。计量碳排放的影响因子（计量参数）主要包括森林火灾面积、可燃物载量、可燃物含碳率、燃烧效率、排放因子或排放比（图 2-3）。同时，实际计量中还受森林类型、气象条件、立地条件、火行为、火干扰强度等影响，因此大尺度碳排放计量中的每一个参数都存在如何定量化的问题，从而影响碳排放计量精度。

（一）森林火灾面积

森林火灾面积是计量碳排放的重要计量参数。估测小尺度森林火灾面积的方法包括航空地图勾绘法和地面实地调查法。地面实地调查法虽然较精确，但工作量大、成本高，不适合在大尺度上应用，所以大尺度一般用航空地图勾绘法进行估测。通常在大尺度上估测森林火灾面积有 3 种方法：①源于统计资料，包括各政府部门和世界粮食及农业组织的统计资料（王效科等，1998）。②根据经验公式估算森林火灾面积。例如，Conard 等（2002）利用森林火灾的周期估算了俄罗斯火灾每年平均的燃烧面积。各个国家或地区出于政治、经济等方面的考虑，对森林火灾面积的估算往往表现出较大的不确定性（王效科等，1998；Hoelzemann et al.，2004）。经验公式估算法虽然方便快捷，但缺少时空信息。这两种方法得到的森林火灾面积不能很好地与以时空信息为基础的计量模型相结合，因此存在较大的局限性。③根据遥感影像估测森林火灾面积。随着遥感技术的进步，图

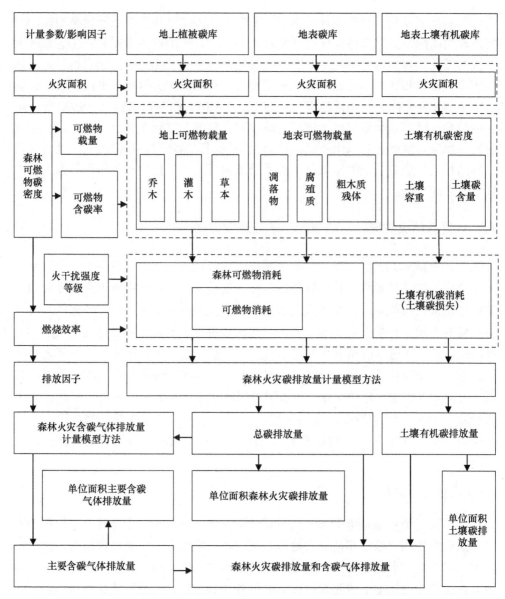

图 2-3　森林火灾碳排放量和含碳气体排放量计量模型流程图

像分辨率不断提高，估测森林火灾面积的精度有了较大提高。在大尺度上NOAA 卫星以其时间分辨率高、空间覆盖范围广、资料获取成本低等优势，在森林火灾面积估算方面获得了广泛应用。例如，Kasischke 等（1995b）用 AVHRR数据估测了 1990～1991 年美国阿拉斯加州森林火灾的面积；Fraser 和 Li（2002）利用 AVHRR 数据估测了森林火灾的面积；Cahoon 等（1994）用 AVHRR 影像估测了 1987 年中国东北和西伯利亚森林火灾的面积。在中、小尺度上用遥感影像估测森林火灾面积方面：Zhang 等（2003）应用 SPOT 卫星数据估算俄罗斯火灾每月的燃烧区域；Isaev 等（2002）应用 SPOT 数据估测俄罗斯森林火灾的面积；Justice 等（2002）用 MODIS 数据估测了全球森林火灾的面积；Hoelzemann 等（2004）用 MODIS 数据并结合森林火灾碳排放模型估测了全球森林火灾面积，并对其不确定性进行分析；Turquety 等（2007）采用 MODIS 数据研究了 2004 年北美的森林火灾面积；Page 等（2002）通过 TM/ETM$^+$ 数据对印度尼西亚 1997 年森林大火面积进行了估算；Mitri 和 Gitas（2004）通过 TM 数据估测了地中海森林火灾的面积。用遥感估测森林火灾面积、不断提高估测精度是火灾面积估测研究的发展方向。

（二）单位面积可燃物载量

植被作为陆地生态系统不可或缺的一部分，是生物圈计划的核心内容之一。估算森林植被生物量是进行陆地生态系统碳循环和碳动态分析的基础，已成为全球生态学研究的重要内容之一。作为森林燃烧的三要素之一，森林可燃物载量计量是森林火灾碳排放计量的基础。目前获取可燃物载量信息的方法有地面调查法和遥感图像法（金森，2006）。地面调查法通过大量的地面调查，可以比较准确地获得可燃物载量信息，但费用太高。遥感图像法相对于地面调查法成本较低，是当前使用最广泛的方法，所使用的遥感图像从航空照片、NOAA-AVHRR、Landsat TM（Brandis and Jacobson，2003），发展到 MSS（多光谱扫描仪）、LISSII（线性扫描相机）、LIDAR（激光雷达）等（Riano et al.，2003）。

遥感影像估测森林可燃物载量的核心问题是确定每一像元所代表的可燃物载量。TM 影像的高空间分辨率在可燃物载量估测中具有广泛的应用前景（Michalek et al.，2000）。例如，Brandis 和 Jacobson（2003）用 TM/ETM$^+$ 数据估测了澳大利亚森林火灾消耗的可燃物载量；彭少麟等（2000）基于 TM 数据，应用逐步回归技术估测了广东省西部地区的可燃物载量；国庆喜和张峰（2003）利用 TM 影像对小兴安岭的森林可燃物进行研究。利用 SPOT 影像估测可燃物载量的精度在不断提高，如 Fraser 和 Li（2002）使用 SPOT 影像估测北方林火灾可燃物的消耗量；Ito 和 Penner（2004）采用多光谱遥感影像估测了 2000 年全球生物质燃烧的可燃物载量；Lewis 等（2011）利用多光谱遥感影像估测了 2004 年美国阿拉斯加州森林火灾可燃物的消耗量；De Groot 等（2007）使用多时相遥感数据对加拿大森林火灾消耗的可燃物载量进行了估算。遥感技术的进步和遥感分辨率的提高，为利用遥感技术在大尺度上估测森林可燃物载量提供了条件。

（三）可燃物含碳率

按照一个比例（可燃物干重中碳所占的比例）可将森林可燃物的生物量转换

为森林可燃物的碳储量。对森林碳储量的计量，无论是在森林群落还是在森林生态系统尺度上，一般用直接或间接测定的植被生物量现存量乘以生物量含碳率进行推算。因此，森林群落的生物量及其组成树种的含碳率是研究森林碳储量的关键因子，是准确测定计量区域森林生态系统碳储量的基础。目前，国内外对不同区域森林群落组成树种的含碳率报道较多，但在区域与国家尺度上对碳储量的精确测定仅见几例报道（吴仲民等，1998），这相对于森林生态系统的多样性来说就很难满足精确估算的要求。在区域或国家尺度上对森林植被碳储量进行估测时，由于植被类型、林龄、组成等具有差异，碳转换率变化较大，且获取的各种植被类型的碳转换率有限，因此一般采用国际上常用的含碳率50%，国内外学者大多亦采用50%作为所有森林类型的平均含碳率（王效科等，1998，2001；吴仲民等，1998），亦有采用45%作为所有树种的平均含碳率进行转换计算的（王效科等，2001；田晓瑞等，2003b；孙龙等，2009），为了获取更为准确的数据，极少数学者通过实际测定的方法获取各林型的含碳率（胡海清，2007a）。例如，Birdsey（1992）对美国的森林碳储量进行计量时，就是对针叶林按照52.10%的含碳率进行计算的，而阔叶林是按照49.10%的含碳率进行计算的；Shvidenko等（1996）对俄罗斯北方林的碳储量进行研究时，采用的方法是把所有可燃物分成木质部分和非木质部分，木质部分按照50%的含碳率标准进行计量，非木质部分按照45%的含碳率标准进行计量。

事实上由于森林生态系统的异质性与复杂性，森林生态系统的各物种之间及同一物种不同部分之间，其含碳率均存在较大差异。马钦彦等（2002）为了确定华北地区主要植被的含碳率，选择该地区主要森林类型建群种进行含碳率分析。阮宏华等（1997）对江苏省南部地区丘陵主要森林类型的次生栎树、杉木人工林和国外松人工林的含碳率进行测定。可靠的可燃物含碳率应分树种乃至林型进行实际测定（胡海清，2007a）。森林火灾的碳排放计量中，对可燃物碳含量的估算，普遍采用的方法是直接或间接测定样地或小尺度可燃物的碳含量，然后外推到大尺度上，如胡海清等（2007b）通过测定大兴安岭各树种地上部分含碳率平均数值，然后外推到大兴安岭的主要乔木树种，采用干烧法，测定大兴安岭不同林型可燃物的含碳量，以此估算不同森林类型中灌木层、草本层和地被物层的单位碳储量。由于森林生态系统的异质性与复杂性，用小尺度的测量数据直接外推到大尺度的碳储量计量中，往往易产生误差，因此根据前人的研究结果，中国乔木树种平均含碳率均大于45%，以45%作为平均含碳率无论对针叶树、阔叶树或全部乔木树种都明显偏小，在估算中国森林乔木层的碳储量或碳通量时可能出现误差，更准确地计量估算森林的碳储量应该是分森林类型而采用不同的含碳率。

（四）燃烧效率

燃烧效率是指森林火灾所消耗的可燃物量占未燃烧时总可燃物量的比例，是决定可燃物消耗量的主要因子，其影响森林火灾碳排放的计量估算（Wong，1979；Crutzen and Andreae，1990）。目前可供参考的燃烧效率较少，实际调查资料亦不多，比较可靠的燃烧效率应来自于火干扰迹地大量的实际调查资料，并结合有效的室内控制环境燃烧实验进行测定（Campbell et al.，2007）。Kasischke 等（2000）研究认为，不同的生态系统燃烧效率存在很大差异，热带、亚热带或稀树大草原地上物质燃烧效率最高，为 0.8～1.0，而赤道或北方针叶林的燃烧效率较低，为 0.2～0.3，热带雨林的燃烧效率为 0.2～0.25。Sinha 等（2004）估算了赞比亚稀树草原火灾的燃烧效率，为 50%～90%。Kasischke 和 Bruhwiler（2003）通过测定不同植被的燃烧效率，确立了燃烧效率与土壤排水等级的关系。

室内控制环境燃烧实验能够观测焰燃阶段和阴燃阶段的气体排放状况，因而得到了广泛应用。Cofer 等（1990）把燃烧过程分为焰燃和阴燃，其测定的燃烧效率为 0.03～0.90。然而实验成本很高，许多学者采用遥感等方法来研究燃烧效率。Michalek 等（2000）利用 TM 数据估测了低强度、中强度和高强度火干扰燃烧效率分别为 23%、57%和 70%。Lambin 等（2003）应用遥感影像研究了中非地区森林火灾的燃烧效率，发现不连续燃烧面积比连续燃烧面积的燃烧效率低。French 等（2008）利用遥感影像建立了森林火灾面积与燃烧效率的相关关系。Soja 等（2004）采用 AVHRR 影像结合实地调查确定西伯利亚森林火灾的燃烧效率为 21%。Kaufman 等（1992）使用 AVHRR 影像估测了亚马孙森林火灾的燃烧效率（97%）高于其他热带地区。王明玉等（2011）通过遥感影像估测了大兴安岭草甸火灾的燃烧效率为 64.5%。遥感技术的进步为应用遥感估测森林火灾的燃烧效率创造了条件，是未来研究的发展方向，但估算方法需进一步完善。

（五）排放比

排放比是指森林火灾排放气体中扣除相应气体背景浓度的某种含碳气体量与 CO_2 释放量的比值。目前，用于测定含碳气体排放比的方法可分为 5 种（王效科等，1998）：微型燃烧实验、受控环境燃烧实验、地面采样实验、空中采样实验、卫星遥感技术。这 5 种方法各有优缺点，均可用来测定排放比。Ito 和 Penner（2004）的研究表明，CO、CH_4 和 NMHC 对 CO_2 排放比的范围分别为 4.7%～25%、0.3%～2.2%和 0.3%～23.4%。由于森林火灾的发生区域、燃烧阶段和燃烧组分不同，其排放的含碳气体的排放比亦不同，如阴燃阶段处于一种不完全燃烧状态，有较多的 CO、CH_4 和 NMHC 气体释放出来，而在焰燃阶段则有较多的碳被氧化成 CO_2 排放出来。王效科等（1998）建立了动态与静态燃烧室，对暖温带主要森林类型的乔木、灌木与草本进行规模不同的燃烧实验，测得痕量气体的排放比。Hoelzemann 等（2004）利用森林火灾模型测定了森林火灾排放气体的排放比及排放因子。焦燕和胡海清（2005）通过控制环境实验得出各含碳气体的排放比。要想得到较为有效的排放比，应通过多次测定求均值的方法。

（六）排放因子

排放因子是指单位质量干可燃物在燃烧过程中所排放的某种气体量（Lü et al.，2006）。排放因子主要通过控制环境燃烧实验进行测定，即在实验过程中取少量样品，通过控制环境的方法得到森林火灾中某种含碳气体的排放量与森林火灾碳排放量之比（胡海清和孙龙，2007）。另一种方法为用烟气中某一组分的量除以所有含碳气体组分的总碳量。这两种方法各有优缺点，第一种方法可获得整个燃烧过程中不同时期和总的排放因子；第二种方法可从空中进行实时采样，得到各气体浓度组成后，再计算各气体的排放因子。Cofer 等（1998）用直升机采样对北方林森林火灾的排放因子进行测定。Kasischke 和 Bruhwiler（2003）对 1998 年北方林含碳气体的排放因子进行测定。Campbell 等（2007）对俄勒冈 2002 年森林大火的排放因子进行测定。王效科等（2001）测定了 CO_2、CO、CH_4 和 NMHC 的排放因子，分别为 82%～91%、2.2%～9.1%、0.1%～0.5%和 0.04%～1%。Korontzi 等（2004）利用室内控制实验测定森林火灾的排放因子。排放因子的测定受各种因素影响，要获取比较准确的排放因子，应对不同可燃物的不同燃烧阶段进行实验测定。

第三节 研究区域概况

一、地理位置

黑龙江省大兴安岭地区位于祖国最北部边陲，东部与松嫩平原相邻，西以大兴安岭山脉为界与内蒙古接壤，与呼伦贝尔草原相接，南濒广阔的松嫩平原，北以黑龙江主航道中心线与俄罗斯为邻。全区南北向的距离超过东西向，且北宽南窄，是东北松嫩平原和呼伦贝尔大草原的天然保护屏障。位于东经 121°12′～127°00′，北纬 50°10′～53°34′。面积为 835 万 hm²。黑龙江省大兴安岭地区是我国面积最大的林区，也是我国少有的原始林分布区之一。

二、地质地貌

大兴安岭属于西褶皱带，燕山运动中又发生强烈活动，有大量的花岗岩侵入，以及有斑岩、安山岩、粗面岩与玄武岩喷出。新近纪末的喜马拉雅运动，使大兴安岭沿东侧的走向断层掀升翘起，造成东西两坡的斜度不对称，东坡以较陡的梯阶向松辽平原降落，西坡则和缓地斜向内蒙古高原，同时古近纪夷平面也抬升到1000m 左右。不过，也见有 500~600m 的夷平面，可能形成于上新世末期。上新世晚期到更新世初期的构造变动，引起火山喷发和熔岩溢流，故大兴安岭南部多有火山。大兴安岭山脉走向主要为北北东及北东，而伊勒呼里山则横卧于北部呈东西向分布。地势西北高，东南低。全区海拔为 300~1500m。西北部伊勒呼里山至黑嫩分水岭为中低山地形，海拔为 550~1500m（黑龙江森林编辑委员会，1993）。

大兴安岭的地貌类型可以分为山地地貌和苔原地貌两类。地貌特征是山势和缓，地面切割不强烈。山地地貌分布普遍，呈有规律的变化，由松嫩平原向山地发展，由东向西可划分为浅丘、丘陵、低山和中山，西侧多为波状丘陵。即使在低山或中山部分，15°以内的缓坡占到 80%以上。阳坡比较陡峭，阴坡比较平缓。不过阳坡和阴坡的差别在坡的上部明显，在下部因为平缓而差别不大。在伊勒呼里山以北到黑龙江畔为一面积不大的台原。地形破碎，但山顶尚保存有平坦面，相对高差较小。山区岩屑较多，山坡坡度平缓，大部分为连续的平岭，到处可见平顶山。

该区域河谷宽阔，也是其地貌的一大特点。这种宽河谷的形成是与土壤永冻层的普遍分布密切相关的。由于永冻层的存在，河流的下切作用受阻，而侧方侵蚀有所加强。同时，河谷两侧一般不对称，向阳侧多为悬崖，向阴侧比较缓平。河流多弯曲，河谷地区多分布有牛轭湖和水泡子。因此，在溪流上游的河谷地区，沼泽地很普遍。至于较大的河流，则普遍分布有 2~4 级的阶地，阶地上排水较好，多为草甸，沼泽不发达。

构成大兴安岭轴部地区最主要的岩石是花岗岩，多分布于北部和中部，其次是流纹岩和石英粗面岩，广泛分布于南部的低山地带。此外，沿博克图以至满洲里，乌兰浩特至阿尔山一带，还分布有侏罗纪、白垩纪砂岩和页岩，并伴有安山岩和斑岩。在哈拉河上游特尔莫山一带及博克图以有玄武岩分布。

三、气候特征

大兴安岭地区属寒温带季风区，又具有明显的山地气候特点。冬季（候平均气温<10℃）长达 9 个月，夏季（候平均气温为 22℃）最长不超过 1 个月，绝大部分地区几乎无夏。日温持续≥10℃的时期（生长季）自 5 月上旬开始，至 8 月末结束，长 70~100 天。全年的平均温度为–4~–2℃，≥10℃的积温为 1100~2000℃。年温差较大，1 月平均气温为–30~–20℃，极端最低气温在漠河为–52.3℃，在免渡河为–50.1℃。7 月平均气温为 17~20℃，极端最高气温在漠河为 35.5℃，在免渡河 39℃。在北部和海拔较高的地方，生长季还时有霜冻发生。

大兴安岭地区冬季，寒冷而干燥，在蒙古高压的控制下很少降水，只有在强烈的冷锋过境时才会降雪，但降水量不大，每年 11 月到翌年 4 月的降水量尚不足全年的 10%。与此相反，在一年中的暖季，该区域东南季风活跃，南来的海洋湿润气流在北方气流的冲击下可形成多量降水，造成这一时期的降水达全年降水的85%～90%。降水多的季节，正好与温暖季节一致，这对林木生长显然是有利的。全年降水量为 350～500mm，相对湿度为 70%～75%。积雪期达 5 个月，林内雪深达 30～50cm。

由于地域辽阔，林区各地的水热条件亦有一定的差异。主脉东侧因为可以接受较多的东南湿气流，降水量比西坡大，而西侧因直接受蒙古-西伯利亚气流的影响，较东侧干冷。南部较北部温暖，地理位置大体相同时，则气温随海拔的增高而降低。除了山脉两侧有区别，纬度不同也是造成地区温度差异的因素。

四、植被状况

在中国的植被区系中，大兴安岭林区属于寒带针叶林区，是横贯欧亚大陆北部的"欧亚针叶林区"的东西伯利亚明亮针叶林向南延伸的部分，并沿着大兴安岭的山体继续向南进入南部的森林植物亚区（徐化成，1998）。木本植物区域位于东经 127°20′（黑河附近）以西、北纬 49°20′（牙克石附近）以北的大兴安岭北部及其分支伊勒呼里山的山地，是我国最北的一个植物区系。代表植被类型是以兴安落叶松（*Larix gmelinii*）为优势建群种的寒温带针叶林，分布极广，约占该地区森林面积的 55%，蓄积量占整个林区的 75%，除局部较陡阳坡、塔头沼泽地外，几乎所有地区都有兴安落叶松分布。寒温带针叶林在结构上具有树种组成简单、以兴安落叶松占绝对优势的特点。在垂直结构上，林下常有一个生长低矮的灌木丛，其构成树种的叶子较小，并且多是常绿或革质的。

除了兴安落叶松，分布在大兴安岭的针叶树种还有偃松［*Pinus pumila*（Pall.）Regel.］、鱼鳞云杉［*Picea jezoensis* var. *microsperma*（Lindl.）Cheng et L. K.］、红皮云杉（*Picea koraiensis* Nakai.）和樟子松（*Pinus sylvestris* L. var. *mongolica* Litv.）。不过，它们的分布面积都很小。在大兴安岭分布的阔叶树种有岳桦（*Betula ermanii* Cham.）、白桦（*Betula platyphylla* Suk.）、黑桦（*Betula dahurica* Pall.）、蒙古栎（*Quercus mongolica* Fisch. ex Ledeb.）、山杨（*Populus davidiana* Dode.）、甜杨（*Populus suaveolens* Fisch.）、钻天柳［*Chosenia arbutifolia*（Pall.）A. Skv］。除白桦以外，其他的树种分布比较局限，这说明它们的生态位较窄。灌木主要有越橘（*Vaccinium vitis-idaea* Linn.）、笃斯越橘（*V. uliginosum* Linn.）、杜香（*Ledum palustre* Linn.）和杜鹃（*Rhododendron simsii* Planch.）等，几乎全部属于东西伯利亚植物，但受小兴安岭-长白山森林植物区系的影响，如紫椴（*Tilia amurensis* Rupr.）、水曲柳（*Fraxinus mandschurica* Rupr.）及黄檗（*Phellodendron amurense* Rupr.）等典型树种在该地区也有分布。

该地区主要代表林型有杜鹃-兴安落叶松林，分布于海拔较高的山坡中上部，海拔为 450～820m；杜香-兴安落叶松林，分布于阴坡、半阴坡下部缓平地段；草类-兴安落叶松林，分布在阳坡或半阳坡，海拔为 350～750m；蒙古栎-兴安落叶松林，分布在地势较低的东南部，海拔<450m；藓类（云杉）-兴安落叶松林，分布于高海拔地段，处于北部 820～1100m 和南部 1050～1380m；偃松-兴安落叶松林，分布在山的上部；溪旁兴安落叶松林，分布在地势低洼的河流沿岸。兴安落叶松林通常为纯林，主要伴生树种为白桦，但白桦所占组成比例不超过 20%。在东南部呼玛海拔 500m 以下地区，有蒙古栎伴生，以次林层出现。在伊勒呼里山北侧的阳坡、半阳坡有樟子松林混交。另外，该区域还有部分白桦林、蒙古栎林等（韩铭哲，1987）。

五、土壤条件

大兴安岭地区的土壤主要有棕色针叶林土、暗棕壤、灰色森林土、草甸土、沼泽土和冲积土等（刘寿坡等，1986；刘永春等，1987）。棕色针叶林土或称棕色泰加林土，它的形成除了与气候、地质母岩、植被等条件有关外，还与土壤永冻层有密切关系。可以说，形成永冻层是棕色针叶林土的重要特性，又是它的重要形成条件。大兴安岭地区永冻层的分布是比较普遍的，不同的林型和植物群落，永冻层的发育状况也不同。在有永冻层存在的条件下，林木的生长条件显然发生了很大的改变，特别是整个土温降低，同时土壤的可利用空间减少了。永冻层对土壤成土过程的影响也是很大的。永冻层阻碍了土壤中物质的移动，也阻碍了表层的融化水向下渗透，从而在表层容易形成滞水层，造成潜育现象（刘寿坡等，1986）。

棕色针叶林土是大兴安岭地区最具有代表性的土壤类别。它主要分布于海拔为 500～1000m 的兴安落叶松、樟子松林和白桦林中。棕色针叶林土的土壤剖面发生层次由 A_0（半分解有机质层）、A_1（暗色的腐殖层）、B（淀积层）和 BC（淀积层与质层的过渡层）构成。表层有较厚的枯枝落叶层，达 5～8cm。表层的黑土层很薄，一般在 10cm 左右，腐殖质含量为 10%～30%。在腐殖质层下面没有灰化层（A_2）。B 层土层较薄，为 20～40cm，呈棕色，结构紧密，含大量的石砾。土壤呈酸性，pH 为 4.5～6.5，盐基饱和度较高，代换性盐基总量达 10～40mg当量/100g 土。暗棕壤分布于大兴安岭山地外围海拔为 300～650m 地带的阔叶林如蒙古栎林、黑桦林和山杨林下。生物积累和成土过程十分活跃，凋落物丰富，盐基含量高，具有较高的土壤肥力。灰色森林土也称灰黑土，主要分布于大兴安岭西坡海拔 1200～1400m 内，这类土壤具有某些草原土壤的特点。除枯枝落叶层以外，其下类似黑土，腐殖质层的厚度在 0.5m 以上，整个剖面特别是中下部，有白色的 SiO_2 粉末。盐基饱和度大，土壤呈中性反应，土壤肥力高。草甸土分布于开阔的谷地两侧的冲积阶地上，腐殖质含量高，黑土层厚，有时超过 1m。结构良好，质地疏松，土壤肥沃。沼泽土分布于山间谷地和河漫滩上面，水分过多，泥炭发达。根据泥炭层的发育状况，可分为草甸沼泽土、腐殖质沼泽土和泥炭沼泽土，沼泽化较轻的地段有时也生长着兴安落叶松林。冲积土分布于河流沿岸的现代冲积物上，表层多壤土，中层为砂质，下层为卵石。表层的腐殖质含量和土层厚度常因距离河流远近、地下水深浅和微地形的差异而有所区别，从而造成土壤肥力的差别。

六、河流水系

黑龙江省大兴安岭林区是黑龙江、嫩江的主要发源地，支流中除甘河为过境河外，其他大小河流均可上溯到源头。

1. 河流

该区域河流可分为黑龙江和嫩江两大水系，黑龙江水系有大小河流 30 余条，嫩江水系有大小河流 10 余条。区域内河流密布，有着丰富的水资源，全区流域面积在 $50km^2$ 以上的河流有 178 条。全区年径流量为 149.1 亿 m^3，水资源贮量为 164 亿 m^3，占全省水资源总量的 18%，水能理论蕴藏量为 86 万 kW。水资源开发潜力较大，已开发利用的水资源为 3 亿 m^3，开发利用率为 1.83%。

2. 地下水资源

全区地下水为连续多年冻土和岛状冻结层上水和冻结层下水，但主要是冻结层下水和非多年冻土孔隙水。就埋藏条件看，上层滞水较少，主要是潜水和承压水，全区地下水蓄水程度为中等偏弱，但也存在蓄水程度较强的地带。

七、历史火灾

历史上大兴安岭为火灾多发区，近百年内的活立木存在的火干扰痕迹随处可以见到，地面土壤泥炭层中的焦黑夹层做剖面时经常观测到。大兴安岭北部干冷的气候条件及大风使该林区森林火灾频繁发生，林内枯枝落叶的长年累积造成林内可燃物数量增多，林内高大枯立木是造成雷击火主要的原因。

在开发以前，其火干扰状况具有一定的特点，即从火干扰种类来说，主要是地表火，但也有少量树冠火；从火干扰强度来说，主要为低强度火和中强度火；火场面积通常很大；火干扰轮回期通常较短，一般仅 30 年左右。树种的林分不同和兴安落叶松的林型不同，火干扰状况有一定的差别，主要表现在比较干燥的立地火干扰更频繁，强度较小一些。

当森林由原始状态过渡为人为管理状态时，一方面，由于开展了护林防火工作，减少了火灾发生的可能性，即使发生，也会由于能得到及时的扑灭而使火灾面积减少；另一方面，由于林区人口的大量增加，生产用火和生活用火均显著增加，从而又增加了火灾发生的概率。在人为对森林进行开发以后，火源方面的重要特点是人为火源和雷击火源共同存在。从次数来说，前者约占 2/3，后者约占 1/3。从面积来说，前者占到绝大多数，后者占的比例很小。面积比和次数比相差之大说明，自然雷击火多与降水同时发生，这显然可缩小火灾蔓延的势头。从火灾种类方面来说，大多数火为地表火，很少为树冠火。大兴安岭地区火干扰轮回期的特点是北部轮回期长，南部短；北部（伊勒呼里山以北）为 110～120 年，中部（包括克一河、甘河、阿里河、松岭等地）为 30～40 年，南部（包括加格达奇、大杨树和南瓮河等地）为 15～20 年。

第四节 材料与方法

计量参数的准确测定是计算森林火灾碳排放量及主要含碳气体排放量的基础，提高计量参数的精度、可靠性对科学计量森林火灾碳排放量具有决定性作用。本节主要阐述森林火灾碳排放计量参数的获取方法与途径、标准样地的设置与调查取样方法、室内实验方法及操作规程等。

一、森林火灾数据

森林火灾统计资料作为林火管理的重要基础数据，对森林火灾碳排放量及含碳气体排放量的研究具有重要作用。本研究采用的森林火灾统计资料（1965～2010年大兴安岭北方林森林火灾统计资料）来自于黑龙江省人民政府森林草原防火指挥部办公室。统计数据主要包括每次森林火灾起火点的地理坐标、行政区域、起火原因、过火林地面积、林型、扑救信息和森林火灾损失等相关内容。1965～2010年大兴安岭北方林共发生森林火灾 1614 次，年均约为 35.09 次，森林总过火林地面积达 352 万 hm^2，年均过火林地面积为 7.65 万 hm^2。

二、森林可燃物载量调查

森林可燃物是森林火灾发生、发展的物质基础与前提条件，是森林燃烧的三要素之一。森林可燃物载量是计算森林火灾碳排放量的基础数据。采用 GIS 技术，结合森林火灾资料、森林资源调查资料、林分生长状况、林相图、植被分布图、土壤类型图和黑龙江省行政区划图，选择森林火灾的易发多发区与典型分布区，在大兴安岭北方林设置标准固定样地，并进行野外调查与采样。大兴安岭北方林的采样地点与时间：大兴安岭北部的塔河林业局、漠河林业局和南部的松岭林业局、呼中林业局管辖范围内，选择森林防火期，即分别于 2010 年 5 月、9 月，2011年 5 月、9 月进行外业调查和样品采集。其中漠河林业局管辖范围的采样时间为2012 年 5 月、9 月，呼中林业局管辖范围的采样时间为 2010 年 7 月（选择非防火期是因为在该林业局管辖范围内连续发生了几次森林大火）。为了更为有效地获得各林型不同组分的可燃物载量，根据森林火灾所烧林型的分布特征与采样时可采样品的具体实际情况，选择有代表性的 10 种林型进行调查采样。10 种林型分别为杜鹃-兴安落叶松林、杜香-兴安落叶松林、草类-兴安落叶松林、偃松-兴安落叶松林、白桦林、樟子松林、蒙古栎林、针叶林、阔叶林和针阔混交林，将各林型的乔木、林下的灌木、草本、凋落物（litter）、腐殖质（duff）和粗木质残体（coarse woody debris，CWD）组分作为研究对象，采用随机布点法，在每种林型设置20m×20m 的 3 个重复样地作为标准固定样地（相对火干扰迹地就是对照样地）。同时在当年火干扰迹地上根据 3 种不同火强度（重度、中度和轻度）等级分别设置重复样地 3 个，每种林型的火干扰迹地上设置 9 个标准样地。共设置对照标准样地 120 块（10 种林型×3 个重复×4 次采样），火干扰迹地标准样地 320 块（10种林型×3 种火强度等级×3 个重复×4 次采样）。

（一）乔木层生物量调查

根据乔木的分布特点和生长状况，在设置好的标准样地内，以 5cm 起测胸径，调查因子主要包括胸径、树高、树种、郁闭度、林龄、枝下高、冠幅和林分生长状况等，并分树种统计各径级的平均值，同时在每个对照样地内选取各径级的标准木 3 株，每个采样重复 3 次。主要采集乔木的干、枝、叶和皮，其中干和皮分别从树干基部、胸径和梢头 3 个部位进行取样，枝带皮从粗枝到小枝按比例取样，叶亦分别从不同部位取。采集的样品野外称鲜重并取样，标记好带回实验室进行实验测定及分析。

（二）灌木层生物量调查

根据灌木分布的均匀程度沿标准样地的对角线设置小样方。当分布较为均匀时设置 2m×2m 重复样方 5 个；当分布不均匀时设置 5m×5m 重复样方 5 个。调查灌木层的盖度、株数和平均高度，各树种数量、地径、高度等，然后按灌木种类收割样方内的所有灌木，称量并取样，用于室内分析。

（三）草本层生物量调查

在设置好的标准样地内沿另一对角线设置 1m×1m 重复样方 5 个，调查草本层的种类、盖度和平均高度，然后全部收割、称量、记录其鲜质量并取样，用于室内分析。

（四）凋落物层可燃物载量调查

在标准样地内按对角线选取 1m×1m 重复样方 5 个，分别收集小样方内凋落物（枯枝和落叶，针叶和阔叶分开）的样品，然后全部收集、称量、记录其鲜质量并取样，用于室内分析。

（五）腐殖质层可燃物载量调查

在标准样地内按对角线选取 1m×1m 重复样方 5 个，分别收集小样方内腐殖质（包括分解层和半分解层）的样品，然后全部收集、称量、记录其鲜质量并取样，用于室内分析。

（六）粗木质残体层可燃物载量调查

在标准样地内进行粗木质残体调查，记录倒木、枯立木、树桩、腐朽木等的长度和直径，取样方法和乔木层生物量调查相同，但由于其异质性较强，每次在样地内取 10 根不同径级的较有代表性的粗木质残体。在研究中采用美国林务局 Woodall 和 Liknes（2008）提出的粗木质残体定义，即直径＞7.62cm 的死木质物。

（七）可燃物载量估算

应用相对生长法，即 Huxley（1932）根据林木生长过程中各生长系之间有协调增长规律提出的"异速生长"（allometric）关系法则，亦称相对生长关系（胡海清等，2012a，2012b，2012c），可用公式表示为

$$Y = a(D^2H)^b \tag{2-1}$$

式中，Y 作为因变量，为生物量；D^2H 为整体自变量；D 为胸径；H 为树高；a、b 为回归所得的常数。

式（2-1）中整体自变量 D^2H 与 Y 之间存在着一定的关系，其核心思想是建立生物量与测树因子，即胸径、树高的关系来计量乔木层生物量，根据黑龙江省各主要树种的生物量回归方程计量各树种各部位的生物量，根据各树种林龄等因子估算单位面积生物量，并将调查样地的单位面积生物量外推到林分水平。对除乔木以外的其他组分的可燃物载量，包括灌木、草本及凋落物和腐殖质进行测定。将采集得到的样品经 80℃恒温烘干至恒重，利用小型粉碎机将样品粉碎后进行磨粉，为使可燃物燃烧得更充分，经 60 目筛过滤，取 50g 样品在 105℃下，连续烘干 24h 至恒重，用精度为 0.01g 的电子天平称重，然后计算可燃物含水率，可用

公式表示为

$$可燃物含水率=\frac{湿重-干重}{干重}\times100\%$$ （2-2）

可通过含水率计算出单位面积可燃物载量，之后分别计算各林型中灌木、草本、凋落物、腐殖质的可燃物载量，把各组分的载量计算出来后，计算林分水平上的可燃物载量。

三、森林土壤样品采集

在设置好的每个标准样地内，按对角线选取 1m×1m 重复样方 5 个（样地位置和腐殖质相同），在收集完小样方内的腐殖质样品后，接着进行土壤样品取样，在 0~10cm 层取样（由于本研究主要研究森林火灾即时的土壤有机碳排放量，森林火灾中土壤有机碳直接消耗量或损失量），经过多次采样实验测定森林火灾对土壤有机碳的即时影响，研究发现森林火灾对土壤有机碳的即时影响主要表现在土壤表层的 A 层（0~10cm），而对 10cm 以下土壤的即时影响并不显著或没有影响，因此本研究主要研究森林火灾直接影响下土壤表层（0~10cm）有机碳密度的动态变化。采样方法：采用土壤环刀（100cm³）取样并测定土壤容重。同时在每一取样点取约 500g 土样装入样品袋，带回实验室进行实验分析。即每个标准样地取 5 个土样，每个标准样地 3 个重复，每种林型均采样 4 次，共 60 个样品，用于测定土壤有机碳含量。为简化计算，计算时每个标准样地的 5 个取样点计算平均值，当作一个样品。大兴安岭北方林对照样地共采集土壤样品 600 个（10 种林型×每个标准样地 5 个采样点×3 个重复×4 次采样）；火干扰迹地共采集土壤样品 1800 个（10 种林型×每个标准样地 5 个采样点×3 种火强度等级×3 个重复×4 次采样）。黑龙江省温带林对照样地共采集土壤样品 720 个（12 种林型×每个标准样地 5 个采样点×3 个重复×4 次采样）；火干扰迹地共采集土壤样品 2160 个（12 种林型×每个标准样地 5 个采样点×3 种火强度等级×3 个重复×4 次采样）。

四、可燃物含碳率的测定

按照一个比例（可燃物干重中碳所占的比例）可将森林可燃物载量转换为森林碳储量（Blackstone，1987）。对森林碳储量的计量，一般用直接或间接测定的植被生物量现存量乘以生物量含碳率进行推算（胡海清等，2012d）。对以上各可燃物的实验样品进行 3 次粉碎法制样，样品含碳率的测定采用干烧法。用 Multi C/N3000 分析仪（Multi C/N3000，Analytik Jena AG，Jena，Germany）测定含碳率，每次测 3 个平行样，对测定结果取平均值，作为一个样本数，测量精度为 0.01%，误差为±0.2%。用公式（样品含碳率=样品碳含量/样品干重×100%）计算样品的含碳率。

五、火干扰强度的确定

火干扰强度是指森林可燃物燃烧时火的热量释放速度（Jolicoeur，1963）。火干扰强度是林火行为的重要标志之一，亦是影响森林火灾碳排放的主要因子。通常将森林火灾的火干扰强度划分为不同的等级：350～750kW/m 为低强度火，750～3500kW/m 为中强度火，＞3500kW/m 为高强度火。目前，对于火干扰强度的计算及等级划分，国外主要以火线强度、火焰长度、火焰高度、可燃物载量状况及火蔓延速度等为指标进行估算（胡海清等，2012d；Jolicoeur，1963；方精云等，2002）。国内有关火干扰强度的估测大多采用经验推测，其中较为科学合理且具有实际意义的均来自于对火干扰迹地的实际调查或采样。以森林生态系统不同层次在火灾中受害程度的差异来判断火干扰强度这种方法较为准确，但也仅限于在火干扰后较短时间内开展研究（Huxley，1932）。本研究利用森林火灾统计数据和可燃物载量的有关情况，结合火干扰迹地调查与采样，在火干扰迹地内按不同林型和火干扰状况分别设置标准样地，调查林分的基本特征和各类可燃物载量的消耗情况与分布特征、树木熏黑高度，记录树木死伤情况（郑焕能，1994），对燃烧剩余可燃物进行采样测定，根据火干扰强度和可燃物载量及可燃物载量消耗量的相关关系，主要根据不同火干扰强度消耗可燃物载量差异来推算火干扰强度等级，并把火干扰强度分为重度、中度、轻度 3 种等级。本研究根据文献（胡海清和孙龙，2007；胡海清等，2007；Jolicoeur，1963；骆介禹，1988；王岳，1996；田晓瑞等，2009b；赵彬等，2011），主要通过火干扰迹地实际调查中可燃物载量消耗量的多少，以及树木的烧死和烧伤状况，并结合乔木的熏黑高度，将火干扰强度划分为 3 个等级（重度、中度和轻度）。重度火干扰（高强度火）：火灾烧死木≥70%，活立木（包括烧伤木）≤30%，乔木熏黑高度≥5m，林下灌木全部烧毁，凋落物烧光，腐殖质层全被烧掉。中度火干扰（中强度火）：火灾烧死木在 30%～70%，活立木（包括烧伤木）在 30%～70%，乔木熏黑高度在 2～5m，林下灌木几乎被烧光（＞50%），凋落物几乎被烧光（＞50%），腐殖质层几乎被烧掉（＞50%）。轻度火干扰（低强度火）：火灾烧死木≤30%，活立木（包括烧伤木）≥70%，乔木熏黑高度≤2m，林下灌木部分被烧毁（≤50%），凋落物部分被烧光（≤50%），腐殖质层部分被烧掉（≤50%）。

六、燃烧效率的估算

燃烧效率是可燃物燃烧时计量碳排放量的关键因子，是指可燃物被燃烧的部分占总干重的比例（郑焕能等，1988；吕爱锋和田汉勤，2007）。也就是说已经燃烧的可燃物干重占未燃烧前总可燃物干重的比例。通过火干扰迹地调查，并在火干扰迹地设置标准样地，对火干扰后的残余可燃物载量进行采样，计算出不同火干扰强度下可燃物载量消耗后所剩余的量。同时对火干扰迹地附近未烧样地的可燃物载量进行采样测定，通过未烧样地的可燃物载量减去不同火干扰强度下可燃物载量消耗后所剩余的量，就可得到不同火干扰强度下可燃物载量的消耗量，再用可燃物载量消耗量（M_i）除以总可燃物载量（M）得到不同火干扰强度下可燃物的燃烧效率（β），其计算公式可表示为

$$\beta = \frac{M_i}{M} \qquad (2\text{-}3)$$

七、排放因子的测定

虽然近年来我国学者对生物质燃烧进行了深入研究，但对于森林火灾排放因子的研究鲜见报道。许多研究在计量时所用的排放因子均系国外学者在不同地区的实测数据（陆炳等，2011）。本研究采用动态燃烧系统进行含碳气体排放因子的测定。该系统由燃烧室、恒温加热系统、电子秤、KM9106 综合烟气分析仪（KM9106，KANE，Welwyn Garden City，English）、烟气罩、计算机、红外分析模块和 FIREWORKS 烟气分析处理软件组成，应用 KM9106 综合烟气分析仪进行含碳气体的连续分析，然后通过可燃物燃烧所排放的某种含碳气体量与可燃物燃烧过程中碳排放量的比例，推算出不同含碳气体的排放因子（E_{fs}），即森林火灾排放的某种含碳气体量（E_s）与燃烧过程中碳排放量（C_t）的比值（Kasischke et al.，1995b；Schultz，2008），计算公式为

$$E_{fs} = \frac{E_s}{C_t} \qquad (2\text{-}4)$$

八、森林火灾碳排放量及含碳气体排放量计量方法

（一）小尺度森林火灾碳排放计量模型

1. 森林火灾碳排放计量模型

自从地球上出现森林以来，火灾就一直是森林生态系统普遍存在的燃烧现象，但由于森林生态系统的异质性与复杂性，其发生、发展受多种因素的制约，从而造成有关森林火灾碳排放的计量并不简单，因此人们对森林火灾碳排放的定量化计量进行研究起步较晚。直到 20 世纪 60 年代后期，国外才有学者开始研究森林

火灾碳排放计量问题（Robinson，1989）。Wong（1978，1979）对森林火灾的碳排放进行了研究。Crutzen（1979）亦对森林火灾的碳排放进行了研究。Seiler 和 Crutzen（1980）提出了森林火灾损失生物量的计量方法，即森林火灾损失生物量计量模型。迄今为止，森林火灾的碳排放计量模型主要是基于火灾损失生物量模型，许多学者均采用森林火灾碳排放的标准模型进行森林火灾碳排放的计量（Hao et al.，1996；Pereira et al.，1999；Potter et al.，2002；French et al.，2011），表达式为

$$M = A \times B \times a \times b \tag{2-5}$$

式中，M 为森林火灾所消耗的可燃物载量（t）；A 为森林火灾的燃烧面积（hm^2）；B 为未燃烧前单位面积平均可燃物载量（t/hm^2）；a 为地上部分生物量占整个系统生物量的比例（%）；b 为地上可燃物的燃烧效率。

假设所有被烧掉的可燃物中的碳都变成了气体，根据可燃物的含碳率（f_c）就可计算出森林火灾所造成的碳损失（C_t）（Levine et al.，1995；Kasischke et al.，2000，2005；Kasischke and Bruhwiler，2003），表达式为

$$C_t = M \times f_c \tag{2-6}$$

通过计量森林火灾中不同可燃物的碳密度（Seiler and Crutzen，1980；Kasischke et al.，1995b，2005；Soja et al.，2004），将式（2-5）代入式（2-6）并进行修正，可用来计量森林火灾的碳排放，表达式为

$$C_t = A \times B \times f_c \times \beta \tag{2-7}$$

式中，β 为可燃物的燃烧效率，即单位面积森林火灾过程中所消耗的可燃物载量占火灾前可燃物载量的比例。

通常根据式（2-7）计量的碳排放量小于实际的排放量（Campbell et al.，2007；French et al.，2003），这是因为计量森林火灾消耗的可燃物载量时只考虑了地上部分（乔木、灌木和草本）可燃物的碳排放，忽略了地表部分（凋落物、地表有机质、粗木质残体）对碳排放量的贡献及地下部分（土壤有机碳）的损失（Lü et al.，2006；王效科等，1998；Kasischke et al.，2000；Campbell et al.，2007；Amiro et al.，2001；Choi et al.，2006）。学者在充分考虑地表部分凋落物、腐殖质、粗木质残体和地下部分土壤有机碳在森林火灾中具不同的燃烧效率（王效科等，1998；Kasischke et al.，2000；Choi et al.，2006；Soja et al.，2004），对式（2-7）进行修正，得

$$C_t = A(B_a f_a \beta_a + C_l \beta_l + C_d \beta_d + C_c \beta_c + C_s \beta_s) \tag{2-8}$$

式中，B_a 为森林火灾所消耗的地上部分可燃物载量（t/hm^2）；f_a 为地上部分可燃物的含碳率；β_a 为地上部分可燃物的燃烧效率；C_l 为地表凋落物的碳密度

(t/hm^2)；β_l 为地表凋落物的燃烧效率；C_d 为地表有机质的碳密度 (t/hm^2)；β_d 为腐殖质的燃烧效率；C_c 为粗木质残体的碳密度 (t/hm^2)；β_c 为粗木质残体的燃烧效率；C_s 为土壤有机碳的碳密度 (t/hm^2)；β_s 为土壤有机碳的燃烧效率。

同时，为了更为准确地计算地上部分（乔木、灌木和草本）的碳排放量，现对式（2-8）进行修正，得

$$C_t = A(C_{tr}\beta_{tr} + C_{sh}\beta_{sh} + C_h\beta_h + C_l\beta_l + C_d\beta_d + C_c\beta_c + C_s\beta_s) \qquad (2\text{-}9)$$

式中，C_{tr} 为乔木的碳密度 (t/hm^2)；β_{tr} 为乔木的燃烧效率；C_{sh} 为灌木的碳密度 (t/hm^2)；β_{sh} 为灌木的燃烧效率；C_h 为草本的碳密度 (t/hm^2)；β_h 为草本的燃烧效率。

2. 森林火灾主要含碳气体排放计量模型

森林火灾含碳气体排放计量的前提是通过有关公式计算出森林火灾碳排放量，再利用排放比法或排放因子法进行含碳气体排放量的计量，具体的计量方法如下。

（1）排放比法。一般而言，森林火灾所排放的总碳量中，以 CO_2 形式所排放的碳占 90%（王效科等，1998；胡海清和孙龙，2007；胡海清等，2007；Crutzen and Andreae，1990；孙龙等，2009）。因此，森林火灾排放的 CO_2 所含碳量的表达式为

$$C_{CO_2} = 0.9C_t \qquad (2\text{-}10)$$

式中，C_{CO_2} 为森林火灾排放 CO_2 所含碳量（t）；C_t 为可燃物燃烧所排放的总碳量（t）。

通过森林火灾排放 CO_2 的含碳量和 CO_2 的质量分数可直接计量森林火灾所排放的 CO_2 量（王效科等，1998；Kasischke et al.，2000；胡海清和郭福涛，2008；胡海清和李敖彬，2008；郭福涛等，2010），表达式为

$$E_{CO_2} = C(CO_2) \times \frac{44}{12} \qquad (2\text{-}11)$$

式中，E_{CO_2} 为森林火灾直接排放的 CO_2 量。

根据森林火灾排放的某种含碳气体量与 CO_2 量的比值（排放比，emission ratio，ER）可计算各种含碳气体的排放量（Lü et al.，2006；Levine et al.，1995），表达式为

$$ER = \frac{\Delta X}{\Delta CO_2} \qquad (2\text{-}12)$$

式中，ER 为某种含碳气体与燃烧中 CO_2 的排放比；ΔX 为森林火灾排放的某种含碳气体的浓度；ΔCO_2 为森林火灾中 CO_2 的浓度。ΔX 和 ΔCO_2 均为扣除了相应气体的背景浓度。

森林火灾中某种含碳气体的排放量（E_s）为该气体的排放比与燃烧中 CO_2 排放量之积（Crutzen and Andreae，1990；Soja et al.，2004），表达式为

$$E_s = ER \times C_t \times E_{fs, CO_2} \tag{2-13}$$

式中，C_t 为可燃物燃烧所排放的碳量；E_{fs, CO_2} 为燃烧中 CO_2 的排放因子。

利用式（2-10）～式（2-13）就可计量估算森林火灾排放的各含碳气体。但需说明的是，用排放比法计量含碳气体排放时，需计算出 CO_2 的排放因子才能计量其他含碳气体的排放。

（2）排放因子法。排放因子是指单位质量干可燃物在燃烧过程中所排放的某种气体量（Lü et al.，2006），即森林火灾中某种含碳气体的排放量为该气体的排放因子与燃烧过程中排放的碳量之积（French et al.，2003；Kasischke et al.，2000；孙龙等，2009），表达式为

$$E_s = E_{fs} \times C_t \tag{2-14}$$

式中，E_{fs} 为某种含碳气体的排放因子（g/kg）。

将式（2-12）代入式（2-14），可得到某种含碳气体排放量的计量公式：

$$E_s = A(C_{tr}\beta_{tr}E_{fs} + C_{sh}\beta_{sh}E_{fs} + C_h\beta_h E_{fs} + C_l\beta_l E_{fs} + C_d\beta_d E_{fs} + C_c\beta_c E_{fs} + C_s\beta_s E_{fs}) \tag{2-15}$$

通常情况下，森林火灾中地上可燃物燃烧时焰燃占 80%、阴燃占 20%，地表可燃物燃烧时焰燃占 20%、阴燃占 80%（孙龙等，2009；Robinson，1989），土壤有机质在燃烧过程中主要是阴燃的过程（Kasischke et al.，2005；Campbell et al.，2007；Choi et al.，2006；French et al.，2003，2004），因此某种含碳气体排放量的表达式为

$$\begin{aligned}
E_s = A[&C_{tr}\beta_{tr}(0.8E_{fs-f} + 0.2E_{fs-s}) + C_{sh}\beta_{sh}(0.8E_{fs-f} + 0.2E_{fs-s}) \\
&+ C_h\beta_h(0.8E_{fs-f} + 0.2E_{fs-s}) + C_l\beta_l(0.2E_{fs-f} + 0.8E_{fs-s}) \\
&+ C_d\beta_d(0.2E_{fs-f} + 0.8E_{fs-s}) + C_c\beta_c(0.2E_{fs-f} + 0.8E_{fs-s}) + C_s\beta_s E_{fs-s}]
\end{aligned} \tag{2-16}$$

式中，E_{fs-f} 为森林火灾中焰燃阶段的排放因子；E_{fs-s} 为森林火灾中阴燃阶段的排放因子。

利用以上公式就可以对林分水平上各组分的含碳气体排放量进行计量。对于小尺度森林火灾碳排放量及含碳气体排放量可用两种方法（排放比法和排放因子法）分别计量。对比两种方法，从理论上说，排放因子法比较可靠，排放比法的误差较大，这是因为排放比在某一次森林火灾中随燃烧阶段的不同而变化，并且很难同时获取 ER 和 E_{fs, CO_2}，所以不能保证 ER 和 E_{fs, CO_2} 具有良好的一致性。但目

前关于应用排放比法估算温室气体排放量的报道较多（Levine et al., 1995），主要是排放因子一般只能在控制环境实验中取得，而在野外和大规模火灾发生时比较容易进行排放比的测定。本研究为了计算结果的正确性与合理性，采用排放因子法进行4种主要含碳气体排放量的计算。

（二）大尺度森林火灾碳排放计量模型

关于大尺度森林火灾碳排放的计量估算，虽然研究报道较多，但由于森林生态系统的复杂性与异质性，目前对大尺度森林火灾碳排放进行较精确的计量估算，对学者来说仍然是一个较大的挑战。目前，对大尺度森林火灾碳排放的计量估算，主要是通过小尺度研究得出相应的计量参数，然后进行尺度扩展，外推到大尺度的森林火灾碳排放中。对大尺度森林火灾碳排放计量中，各参数的确定主要通过小尺度的控制环境实验及经验，获取之后进行尺度扩展，使各个参数在较大范围内具有扩展性和适用性。然而，由于各参数都有很强的时空异质性，与计量参数的均一化要求存在矛盾，导致了森林火灾碳排放计量的不确定性（王效科等，1998）。

由于大尺度森林火灾碳排放各计量参数是通过小尺度进行外推的，因此对大尺度森林火灾碳排放和含碳气体排放计量估算时，应尽量将大尺度划分为若干个小尺度，并尽量保持小尺度中各计量参数的异质性较小，获得各个小尺度的碳排放计量参数。当然，尺度划分得越小，计量结果亦会相对准确，但也将增加工作量和成本（殷丽等，2009）。目前仍然缺乏各尺度森林火灾碳排放和含碳气体排放的计量参数值，如燃烧效率、排放因子、排放比等基础数据，这些计量参数的不确定性均制约着较精确地计量森林火灾碳排放和含碳气体排放量。因此，应加强室内控制环境实验与对野外森林火灾的实时采样，并结合火干扰迹地调查，对碳排放计量参数进行测定。较好地确定各种计量参数，建立丰富翔实的数据库，仍然需要进一步做许多工作。利用遥感影像估测森林火灾碳排放计量参数具有客观性、宏观性、周期性和实时性等优势，是未来研究的发展方向，但应进一步提高估测精度，只有这样才能满足实际的森林火灾碳排放计量估算。

第五节　大兴安岭北方林单位面积可燃物载量

单位面积可燃物载量地上部分主要包括乔木（干、枝、叶和皮）、灌木、草本、凋落物、腐殖质和粗木质残体等，通过第二章第四节对森林可燃物的调查得到各林型不同组分的样本数，乔木为36个样本，灌木、草本、凋落物、腐殖质的样本数均为60个，粗木质残体的样本数为120个。对测定结果进行统计分析，不同林型各组分的可燃物载量如图2-4所示，从中可看出各林型单位面积可燃物载量由大到小的顺序为针阔混交林＞杜香-兴安落叶松林＞偃松-兴安落叶松林＞杜鹃-兴安落叶松林＞针叶林＞草类-兴安落叶松林＞阔叶林＞樟子松林＞白桦林＞蒙古栎林。其中，载量最大的针阔混交林达到 116.43t/hm²；其次为杜香-落叶松林，载量为 115.32t/hm²；载量最小的为蒙古栎林，仅有 80.03t/hm²。森林可燃物载量主要取决于林型、气候类型、土壤类型、季节等因子。

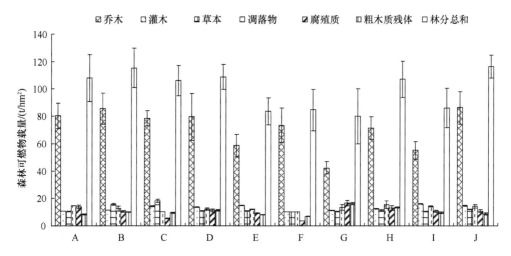

图 2-4　大兴安岭北方林各林型不同组分单位面积森林可燃物载量（平均值±标准差）

A. 杜鹃-兴安落叶松林，B. 杜香-兴安落叶松林，C. 草类-兴安落叶松林，D. 偃松-兴安落叶松林，E. 白桦林，F. 樟子松林，G. 蒙古栎林，H. 针叶林，I. 阔叶林，J. 针阔混交林；灌木、草本和凋落物的可燃物载量分别加上了 10t/hm²

第六节　大兴安岭北方林可燃物的含碳率

大兴安岭北方林各林型不同组分可燃物的含碳率，利用 Multi C/N3000 进行测定，结果如表 2-2 所示，从林型各组分看，可燃物含碳率从高到低的排列顺序为乔木＞灌木＞粗木质残体＞草本＞凋落物＞腐殖质。其中乔木层的含碳率最高，平均为 49.99%，腐殖质层的含碳率最低，平均为 45.15%，灌木层含碳率普遍高于草本层和粗木质残体层，凋落物层含碳率普遍高于腐殖质层。从不同林型的乔木树种看，其含碳率高低的排序为针叶林＞针阔混交林＞阔叶林。国际上对各种树种常采用 50% 的含碳率来计量可燃物的碳储量，国内外研究者大多也采用 50% 作为所有树种的平均含碳率，而对非木质部分的凋落物、草本、腐殖质等通常采用 45% 的平均含碳率（Crutzen and Andreae，1990；Levine et al.，1995；徐化成，2004；曹慧娟，1992）。从表 2-2 可看出，各林型的木质部分（乔木、灌木和粗木质残体）的含碳率比较接近 50%，而非木质部分（草本、凋落物和腐殖质）的含碳率比较接近 45%。在林分水平上，针叶林的含碳率高于阔叶林，其中偃松-兴安落叶松林的含碳率最高，达 49.76%；其次为杜鹃-兴安落叶松林，含碳率为 48.45%；含碳率最

表 2-2 　大兴安岭北方林各林型不同组分的森林可燃物含碳率（平均值±标准差，%）

组分	A	B	C	D	E	F	G	H	I	J	平均值
乔木	51.43	51.89	50.58	51.35	46.54	50.43	50.84	51.14	46.57	49.09	49.99
	±1.24	±1.01	±0.71	±1.08	±1.93	±2.19	±1.40	±0.57	±1.21	±1.63	±1.96
灌木	49.12	48.51	48.89	51.13	47.26	50.26	49.08	48.25	47.13	48.33	48.80
	±0.56	±0.89	±1.09	±0.65	±2.06	±1.61	±1.23	±0.64	±0.97	±0.86	±1.23
草本	47.03	47.56	47.31	48.51	45.67	47.23	46.13	45.22	45.17	47.35	46.72
	±0.94	±0.76	±0.69	±0.29	±1.24	±0.74	±1.11	±0.85	±0.73	±1.35	±1.11
凋落物	47.55	48.12	46.87	49.53	44.34	46.53	45.37	45.46	44.32	47.00	46.51
	±1.23	±1.06	±2.67	±0.98	±1.36	±1.23	±2.13	±0.46	±2.07	±1.24	±1.67
腐殖质	45.48	45.94	45.33	47.64	44.01	45.54	44.68	44.75	43.15	45.01	45.15
	±2.06	±1.92	±1.06	±3.17	±1.67	±1.19	±0.76	±1.59	±2.29	±0.94	±1.19
粗木质残体	50.06	47.56	50.13	50.38	45.26	49.96	48.80	47.54	44.34	46.21	48.02
	±0.91	±1.32	±1.48	±0.49	±1.54	±0.77	±1.96	±1.26	±2.06	±0.84	±2.20
林分平均	48.45	48.26	48.20	49.76	45.51	48.33	47.48	47.06	45.11	47.17	47.53
	±2.17	±1.98	±2.03	±1.48	±1.25	±2.15	±2.44	±2.43	±1.50	±1.46	±1.75

　　注：A. 杜鹃-兴安落叶松林；B. 杜香-兴安落叶松林；C. 草类-兴安落叶松林；D. 偃松-兴安落叶松林；E. 白桦林；F. 樟子松林；G. 蒙古栎林；H. 针叶林；I. 阔叶林；J. 针阔混交林

低的是阔叶林，为 45.11%。一般而言，干旱瘠薄的立地条件下，植被生长较为缓慢，但其含碳率反而更高，以上研究发现偃松-兴安落叶松林一般生长在海拔较高的山坡中上部，其所处的立地条件较为干燥与瘠薄，然而其含碳率在所有林型中最高。同样杜鹃-兴安落叶松林生长的立地条件一般也是海拔较高的山坡，其含碳率亦较高。

第七节　大兴安岭北方林不同火干扰强度下的燃烧效率

　　根据火干扰迹地样地调查取样及测定的结果，利用式（2-3）计算可知，不同林型各组分可燃物的燃烧效率如表 2-3 所示。国内外研究者认为在北方林中地上部分可燃物的燃烧效率为 0.15～0.34，均值为 0.25，地表部分可燃物的燃烧效率为 0.03～0.90，均值为 0.50（Lü et al.，2006；Kasischke and Stocks，2000a；Auclair and Carter，1993；Post et al.，1982）。从表 2-3 可看出，在林分水平上所测定的燃烧效率均在 0.02～1.00，与国外研究结果较为一致。从林型的各组分来看，燃烧效率从大到小的排列顺序为草本层＞凋落物层＞腐殖质层＞粗木质残体层＞灌木层＞乔木层。从林型的林分水平来看，燃烧效率从大到小的排列顺序为针叶林＞阔叶林＞针阔混交林。燃烧效率与可燃物的燃烧性、生物学性质、类型、含水率及干燥程度、林火类型、气候条件和立地条件等因子有关。以上研究发现，针叶林、偃松-兴安落叶松林和杜鹃-兴安落叶松林生长的立地条件一般是干旱瘠薄，因而其燃烧效率高于其他林型。同时燃烧效率还与可燃物的大小、排列状况、密实度、载量和粗细可燃物的比例等密切相关。

表2-3 大兴安岭北方林各林型不同组分的森林可燃物在不同火干扰强度下的燃烧效率（平均值±标准差）

组分	火干扰强度	A	B	C	D	E	F	G	H	I	J
乔木	轻度	0.02±0.008	0.02±0.004	0.07±0.013	0.06±0.016	0.05±0.009	0.03±0.003	0.09±0.026	0.10±0.014	0.08±0.009	0.01±0.003
	中度	0.11±0.026	0.08±0.009	0.12±0.004	0.12±0.013	0.10±0.007	0.08±0.009	0.14±0.039	0.21±0.025	0.17±0.016	0.02±0.010
	重度	0.14±0.031	0.14±0.017	0.15±0.028	0.15±0.035	0.12±0.022	0.10±0.013	0.25±0.049	0.31±0.009	0.26±0.019	0.05±0.037
	平均	0.09±0.062	0.08±0.060	0.11±0.040	0.11±0.046	0.09±0.036	0.07±0.036	0.16±0.082	0.21±0.105	0.17±0.090	0.03±0.021
灌木	轻度	0.07±0.011	0.06±0.005	0.07±0.029	0.08±0.043	0.08±0.009	0.01±0.003	0.09±0.008	0.13±0.016	0.10±0.029	0.03±0.004
	中度	0.10±0.032	0.11±0.045	0.11±0.012	0.10±0.017	0.11±0.042	0.11±0.018	0.13±0.034	0.21±0.046	0.14±0.034	0.07±0.029
	重度	0.13±0.013	0.14±0.031	0.16±0.044	0.15±0.019	0.14±0.023	0.13±0.015	0.20±0.019	0.28±0.041	0.18±0.038	0.10±0.024
	平均	0.10±0.030	0.10±0.040	0.11±0.045	0.11±0.036	0.11±0.030	0.08±0.064	0.14±0.056	0.21±0.075	0.14±0.040	0.07±0.035
草本	轻度	0.53±0.027	0.46±0.008	0.33±0.016	0.42±0.027	0.43±0.034	0.32±0.047	0.56±0.037	0.65±0.007	0.53±0.042	0.19±0.046
	中度	0.86±0.033	0.92±0.008	0.75±0.013	0.75±0.037	0.84±0.043	0.61±0.017	0.94±0.024	0.95±0.137	0.87±0.057	0.54±0.129
	重度	1.00±0	1.00±0	1.00±0	1.00±0	1.00±0	1.00±0	1.00±0	1.00±0	1.00±0	0.91±0.022
	平均	0.80±0.241	0.79±0.291	0.69±0.339	0.72±0.291	0.76±0.293	0.64±0.341	0.83±0.239	0.87±0.189	0.80±0.243	0.55±0.360
凋落物	轻度	0.23±0.015	0.36±0.008	0.24±0.024	0.31±0.031	0.28±0.049	0.31±0.018	0.36±0.027	0.56±0.043	0.33±0.037	0.27±0.014
	中度	0.63±0.019	0.55±0.046	0.59±0.017	0.46±0.057	0.53±0.038	0.46±0.024	0.84±0.028	0.89±0.042	0.71±0.037	0.51±0.014
	重度	1.00±0	1.00±0	1.00±0	1.00±0	1.00±0	1.00±0	1.00±0	1.00±0	1.00±0	1.00±0
	平均	0.62±0.385	0.64±0.329	0.61±0.380	0.59±0.363	0.60±0.366	0.59±0.363	0.73±0.333	0.82±0.229	0.68±0.336	0.59±0.372
腐殖质	轻度	0.11±0.023	0.05±0.004	0.19±0.014	0.08±0.051	0.12±0.061	0.14±0.013	0.21±0.007	0.23±0.012	0.17±0.027	0.07±0.016
	中度	0.21±0.043	0.24±0.029	0.34±0.025	0.42±0.034	0.28±0.058	0.21±0.066	0.35±0.047	0.39±0.051	0.33±0.045	0.18±0.057
	重度	0.86±0.033	0.85±0.012	0.94±0.074	0.75±0.064	0.79±0.019	0.61±0.043	0.75±0.054	0.91±0.043	0.72±0.040	0.63±0.049
	平均	0.39±0.407	0.38±0.418	0.49±0.397	0.42±0.335	0.40±0.350	0.32±0.254	0.44±0.280	0.51±0.356	0.41±0.283	0.29±0.297
粗木质残体	轻度	0.09±0.006	0.05±0.004	0.11±0.072	0.10±0.019	0.15±0.040	0.03±0.046	0.09±0.057	0.07±0.049	0.12±0.043	0.04±0.003
	中度	0.19±0.049	0.10±0.056	0.21±0.076	0.18±0.034	0.28±0.047	0.07±0.064	0.15±0.049	0.15±0.064	0.24±0.027	0.11±0.033
	重度	0.34±0.037	0.23±0.038	0.41±0.011	0.27±0.019	0.37±0.076	0.11±0.087	0.18±0.046	0.27±0.008	0.39±0.076	0.14±0.057
	平均	0.21±0.126	0.13±0.093	0.24±0.153	0.18±0.085	0.27±0.111	0.07±0.040	0.14±0.046	0.16±0.101	0.25±0.135	0.10±0.051

注：A. 杜鹃兴安落叶松林；B. 杜香兴安落叶松林；C. 草类兴安落叶松林；D. 偃松兴安落叶松林；E. 白桦林；F. 樟子松林；G. 蒙古栎林；H. 针叶林；I. 阔叶林；J. 针阔混交林

第八节　大兴安岭北方林森林火灾碳排放量

一、各林型碳排放总量

根据式（2-9）计量估算不同林型各组分单位面积可燃物燃烧的碳排放。从表 2-4 可看出，大兴安岭北方林 1965～2010 年的碳排放量为 31 224 793.69t，年均排放量为 67.9 万 t，约占全国年均森林火灾碳排放量的 6.00%（Lü et al., 2006）。各林型碳排放量从大到小的排列顺序为杜鹃-兴安落叶松林＞草类-兴安落叶松林＞针叶林＞杜香-兴安落叶松林＞针阔混交林＞白桦林＞阔叶林＞偃松-兴安落叶松林＞蒙古栎林＞樟子松林。其中，杜鹃-兴安落叶松林森林火灾碳排放量最多，达 10 932 456.48t，占总碳排放量的 35.01%，而其森林火灾面积仅占总过火林地面积的 26.32%，其碳排放量所占比例远大于其过火林地面积。其次为草类-兴安落叶松林，碳排放量是 4 987 155.26t，占总碳排放量的 15.97%，而其森林火灾面积占总过火林地面积的 12.30%，其碳排放量所占比例大于过火林地面积。再次为针叶林，碳排放量是 3 549 072.36t，占总碳排放量的 11.37%，而其森林火灾面积所占比例与碳排放量所占比例并不成正比，其碳排放量所占比例大于过火林地面积所占比例。森林火灾碳排放量最少的为樟子松林，其碳排放量为 894 143.60t，占总碳排放量的 2.86%，而其森林火灾面积占总过火林地面积的 6.33%，其碳排放量所占比例小于过火林地面积所占比例。

同时研究发现，4 种兴安落叶松林的火灾面积占总过火林地面积的 51.15%，而其碳排放量为 20 730 495.96t，占总碳排放量的 66.39%，碳排放量比例大于过火林地面积所占的比例。针叶林型（包括杜鹃-兴安落叶松林、杜香-兴安落叶松林、草类-兴安落叶松林、偃松-兴安落叶松林和樟子松林）的过火林地面积占森林火灾总过火林地面积的 62.85%，但其碳排放量为 24 279 568.32t，占总碳排放量的 77.76%。阔叶林型（包括白桦林和蒙古栎林）的过火林地面积占森林火灾总过火林地面积的 15.91%，其碳排放量为 4 765 541.53t，占总碳排放量的 15.26%。然而针阔混交林的森林火灾面积占总过火林地面积的 21.23%，其碳排放量为 2 285 540.23t，占总碳排放量的 7.32%。从以上的分析可知，各林型森林火灾的碳排放量并不与森林火灾面积呈正相关关系，主要是受燃烧效率等因子的制约。通过以上研究还发现，由于阔叶林型和针叶林型的燃烧效率一般高于针阔混交林型，因此其碳排放量亦高于针阔混交林型。

二、单位面积森林火灾碳排放量

大兴安岭北方林单位面积森林火灾的碳排放量如图 2-5 所示，从中可看出，大兴安岭北方林在林分水平上单位面积森林火灾碳排放量从大到小依次排列的顺

表2-4　1965～2010年大兴安岭北方林各林型不同组分的森林可燃物在不同火强度下的碳排放量（平均值±标准差，t/hm²）

组分	火强度	A	B	C	D	E	F	G	H	I	J
乔木	轻度	114 896.66 ±25 958.66	91 620.05 ±18 324.01	301 134.90 ±55 925.05	35 902.19 ±9 573.92	203 006.02 ±36 541.08	37 207.01 ±3720.70	22 407.04 ±6473.14	69 314.45 ±9704.02	60 337.26 ±6787.94	189 962.02 ±56 988.61
	中度	842 575.52 ±199 154.21	523 543.15 ±58 898.60	309 738.70 ±60 324.62	287 217.45 ±31 115.22	162 404.82 ±11 368.34	297 656.12 ±33 486.31	34 855.39 ±9709.72	291 120.78 ±34 657.24	128 216.68 ±12 067.45	189 962.02 ±44 981.01
	重度	3 485 198.56 ±771 722.54	274 860.06 ±33 375.87	1 548 693.72 ±289 089.49	448 777.34 ±104 714.71	292 328.67 ±53 593.59	330 728.96 ±42 994.77	497 934.64 ±97 595.19	1 504 123.90 ±113 668.12	588 288.25 ±42 990.30	158 301.68 ±47 143.24
灌木	轻度	2582.51 ±405.82	3965.19 ±330.43	15 608.44 ±3466.35	2 134.14 ±547.10	26 900.01 ±3026.25	53.80 ±16.14	675.82 ±60.07	3043.53 ±374.59	8 239.38 ±2389.42	29 409.78 ±3921.30
	中度	4919.06 ±1574.10	10 385.02 ±3248.42	14 716.52 ±1605.44	10 670.71 ±1 814.02	14 795.00 ±5649.00	1775.40 ±290.52	976.18 ±255.31	9832.93 ±2 153.88	11 535.13 ±2 801.39	34 311.42 ±10 214.73
	重度	20 783.03 ±2078.30	3965.19 ±878.01	85 623.42 ±23 546.44	20 007.58 ±2534.29	28 245.01 ±4640.25	1865.06 ±215.20	12 014.58 ±1141.39	45 887.01 ±6719.17	44 492.65 ±9392.89	16 338.77 ±3921.30
草本	轻度	14 907.70 ±759.45	125 539.98 ±12 183.30	138 011.82 ±691.48	2358.93 ±151.65	26 307.70 ±2080.14	859.46 ±126.23	1527.04 ±100.90	6852.44 ±873.80	4009.41 ±317.73	81 956.80 ±19 842.17
	中度	32 253.13 ±8237.62	358 685.68 ±53 119.01	188 197.91 ±13 262.10	16 849.50 ±1831.24	20 556.71 ±1052.31	4915.04 ±136.98	2 563.25 ±165.44	20 030.22 ±2888.57	6581.49 ±431.20	116 464.92 ±27 822.18
	重度	121 886.83±0	116 962.68±0	1 003 722.32±0	28 082.50±0	36 708.41±0	7162.17±0	21 814.92±0	73 795.54±0	22 694.80±0	65 421.65 ±1 581.62
凋落物	轻度	71 493.65 ±4662.63	43 981.58 ±2977.37	4752.50 ±412.26	5310.67 ±431.07	39 731.32 ±6952.98	1640.52 ±295.26	6323.06 ±474.23	25 862.98 ±1985.91	18 177.50 ±2038.08	239 750.25 ±12 431.50
	中度	261 107.25 ±37 874.66	95 991.55 ±8028.38	7 010.06 ±701.99	31 521.40 ±3905.91	30 082.29 ±2156.84	7 302.98 ±381.03	14 753.81 ±2191.79	82 207.35 ±3879.45	39 109.17 ±2038.08	226 430.80 ±13 215.75
	重度	1 346 981.78±0	52 359.01±0	47 525.87±0	85 656.00±0	85 138.54±0	14 112.04±0	140 512.62±0	323 287.31±0	165 250.01±0	147 993.98±0
腐殖质	轻度	95 746.48 ±20 019.72	24 820.77 ±1985.66	49 544.23 ±3650.63	6 322.89 ±1730.84	72 556.30 ±16 882.79	7 528.44 ±699.07	17 900.78 ±996.69	25 575.25 ±7334.36	22 760.08 ±3614.84	152 278.33 ±34 806.48
	中度	243 718.32 ±49 904.23	170 199.58 ±20 569.78	53 194.85 ±3 911.39	132 780.67 ±10 748.91	67 719.21 ±14 027.55	33 877.97 ±10 647.36	29 834.63 ±4006.37	86 733.47 ±11 342.07	44 181.33 ±624.73	195 786.43 ±61 999.04
	重度	3 243 774.70 ±224 470.42	180 837.00 ±22 552.99	588 272.53 ±46 310.82	296 385.47 ±25 291.56	286 597.39 ±36 892.85	87 473.26 ±6 166.15	511 451.35 ±36 824.50	708 323.34 ±93 470.22	289 186.88 ±16 065.94	228 417.49 ±27 765.81
粗木质残体	轻度	51 009.26 ±13 400.62	24 468.91 ±1957.91	56 930.18 ±37 263.39	8321.27 ±1581.04	80 033.50 ±21 342.27	3374.18 ±573.74	8221.38 ±2206.87	8458.28 ±1920.80	15 070.72 ±5400.34	71 916.81 ±15 393.76
	中度	143 581.62 ±37 028.94	69 911.17 ±19 150.26	65 210.92 ±20 600.14	59 913.12 ±11 316.92	59 758.35 ±10 030.87	23 619.24 ±3594.73	13 702.29 ±4476.08	36 249.80 ±11 466.58	30 141.45 ±3390.91	98 885.61 ±29 665.68
	重度	835 040.44 ±90 872.05	48 238.70 ±7969.87	509 266.30 ±83 663.24	112 337.12 ±7905.21	118 449.58 ±24 330.18	32 991.95 ±8093.63	131 542.15 ±33 616.33	228 373.73 ±6766.63	146 939.55 ±28 634.37	41 951.47 ±11 080.24
林分总碳排放		10 932 456.14	3 220 335.27	4 987 155.26	1 590 548.95	1 651 318.82	894 143.60	1 469 010.94	3 549 072.36	1 645 211.78	2 285 540.23

注：A. 杜鹃-兴安落叶松林；B. 杜香-兴安落叶松林；C. 草类-兴安落叶松林；D. 偃松-兴安落叶松林；E. 白桦林；F. 樟子松林；G. 蒙古栎林；H. 针叶林；I. 阔叶林；J. 针阔混交林

序为针叶林＞蒙古栎林＞杜鹃-兴安落叶松林＞草类-兴安落叶松林＞阔叶林＞偃松-兴安落叶松林＞杜香-兴安落叶松林＞白桦林＞樟子松林＞针阔混交林。其中，针叶林单位面积森林火灾的碳排放量最多，达 $18.72t/hm^2$；其次是蒙古栎林，单位面积森林火灾碳的排放量为 $12.67t/hm^2$；再次是杜鹃-兴安落叶松林，单位面积森林火灾的碳排放量为 $11.79t/hm^2$，这 3 种林型均属于相对干燥立地类型的林型，燃烧效率均较高，因而单位面积森林火灾碳排放量较高。单位面积森林火灾碳排放量最少的针阔混交林，为 $3.06t/hm^2$。通过对比分析可知，单位面积森林火灾碳排放量最多的针叶林是碳排放量最少的针阔混交林的 6.12 倍。

三、森林火灾含碳气体的排放因子

根据室内控制环境实验的实际测定结果，通过式（2-4）计算得出各林型不同组分单位面积可燃物所排放的 4 种主要含碳气体的排放因子（表 2-5）。把表 2-5 中排放因子与国外学者对北方林可燃物燃烧时含碳痕量气体排放因子进行测定的结果（Laursen et al.，1992；Kasischke and Stocks，2000；Auclair and Carter，1993；Kasischke et al.，1995b）进行比较，CO、CH_4 和 NMHC 的排放因子较为接近，而 CO_2 的排放因子偏低，主要是因为在室内排放因子测定中，氧气供应不足，有焰燃烧所占比例较小。从表 2-5 可看出，比较干燥立地类型的林型（偃松-兴安落叶松林、草类-兴安落叶松林、杜香-兴安落叶松林、蒙古栎林、针叶林）的 CO_2 排放因子较高，同时 CO、CH_4 和 NMHC 的排放因子较低，而较湿润立地类型的林型（杜鹃-兴安落叶松林、针阔混交林）的 CO_2 排放因子较低，相反 CO、CH_4 和 NMHC 的排放因子就相对较高。一般而言，焰燃阶段燃烧比较充分，产生较多 CO_2，其排放因子较高。相反 CO、CH_4 和 NMHC 作为不完全燃烧的产物，由于 O_2 供给不充分导致阴燃阶段所占比例较大，因而产生较多 CH_4、CO 和 NMHC，从而导致这些气体的排放因子相对较高（Schultz et al.，2008）。

四、森林火灾含碳气体排放量

根据式（2-14）计量得到 1965～2010 年大兴安岭北方林不同林型各组分不同强度森林火灾 4 种主要含碳气体的排放量（表 2-6），各林型不同强度森林火灾的主要含碳气体排放量（表 2-7），根据式（2-15）进行计算，结合图 2-6 可知不同林型各组分的森林可燃物燃烧排放的主要含碳气体量及各种含碳气体的总量。从图 2-6 可看出，大兴安岭北方林 1965～2010 年共排放的 CO_2 为 97 573 831.36t，排放的 CO 为 9 513 756.16t，排放的 CH_4 为 546 251.59t，排放的 NMHC 为 214 108.55t，含碳气体 CO_2、CO、CH_4 和 NMHC 的年均排放量分别为 212 万 t、20.7 万 t、1.19 万 t 和 0.465 万 t，分别约占全国森林火灾各含碳气体年均排放量（Lü et al.，2006）的

表2-5 大兴安岭北方林森林火灾主要含碳气体的排放因子（平均值±标准差，g/kg）

组分		A	B	C	D	E	F	G	H	I	J
乔木	CO_2	3029.92±103.13	3108.25±124.86	3168.54±97.47	3212.41±86.70	3002.89±119.23	3049.72±35.76	3328.21±149.13	3087.33±113.44	3328.71±103.59	3107.94±114.76
	CO	353.52±13.16	301.24±16.23	394.71±19.22	221.43±5.71	246.87±4.69	304.76±5.41	304.84±6.79	185.60±7.52	189.41±12.36	195.78±11.25
	CH_4	29.64±3.21	19.18±1.15	28.93±1.95	27.91±1.23	10.20±1.66	38.87±2.06	19.83±2.26	19.15±1.37	10.25±1.46	18.68±0.79
	NMHC	6.31±0.13	7.38±0.16	7.59±0.40	6.68±0.36	6.53±0.46	8.41±0.37	7.25±0.22	7.91±0.36	7.62±0.24	7.30±0.33
灌木	CO_2	3382.12±117.45	3265.53±221.35	3350.12±130.56	3056.93±78.67	3294.64±245.12	3349.38±125.63	3306.32±89.25	3189.24±105.36	3116.13±175.31	3133.65±95.33
	CO	209.82±15.30	215.27±24.59	173.63±12.35	201.25±33.22	194.31±22.13	177.43±12.76	175.34±22.55	194.52±9.85	205.33±17.94	191.54±24.31
	CH_4	10.24±1.53	22.91±2.35	16.37±2.14	9.33±1.45	24.31±2.42	14.20±1.88	13.39±2.18	10.33±0.94	9.93±1.45	18.12±1.96
	NMHC	7.66±0.27	7.93±0.45	8.52±0.36	8.55±0.46	6.93±0.47	8.24±0.12	9.19±0.38	7.84±0.43	8.71±0.13	9.23±0.24
草本	CO_2	3302.31±98.32	3458.24±152.43	3087.32±167.34	3320.24±110.72	3203.77±92.76	3254.38±195.60	3016.44±211.49	3156.22±163.27	3145.46±247.38	3045.84±265.18
	CO	219.71±11.43	241.69±9.36	345.48±22.13	206.48±19.36	262.47±15.34	243.25±8.71	290.31±25.32	179.33±19.71	204.24±12.35	215.27±24.12
	CH_4	10.13±1.24	8.36±1.04	18.21±1.82	17.94±2.16	18.44±2.57	16.47±2.39	13.40±1.86	17.23±1.454	17.97±2.23	8.78±0.85
	NMHC	5.97±0.28	6.54±0.33	7.66±0.19	6.39±0.31	8.42±0.55	5.20±0.11	6.52±0.34	6.55±0.44	6.92±0.25	8.13±0.34
凋落物	CO_2	3110.22±111.87	3151.38±92.73	3092.32±189.55	3244.22±143.81	3310.12±165.33	3153.19±142.38	3128.34±179.8	3157.57±185.65	3201.90±174.68	3015.35±143.66
	CO	320.11±23.44	352.99±34.30	387.87±17.99	432.15±33.32	220.93±14.95	243.63±35.28	333.22±16.76	214.34±24.36	207.32±25.44	371.31±14.63
	CH_4	16.56±2.12	11.98±1.81	11.29±0.84	7.80±1.02	24.93±2.15	10.57±0.94	13.75±1.76	8.93±0.76	9.74±0.96	18.77±2.29
	NMHC	5.932±0.56	5.131±0.42	6.55±0.23	6.27±0.35	7.13±0.40	8.64±0.35	4.50±0.46	6.53±0.59	5.52±0.25	7.57±0.24
腐殖质	CO_2	3034.24±123.41	2960.87±173.64	3111.16±185.65	3149.22±147.64	3354.21±198.57	3101.28±96.70	3144.29±91.87	3101.91±47.94	3176.72±117.84	3344.21±145.84
	CO	422.81±14.54	470.23±25.35	432.53±33.42	395.30±22.17	260.21±17.99	290.12±8.93	286.41±31.74	213.46±27.58	254.11±16.83	300.15±24.16
	CH_4	10.61±1.55	11.52±0.95	10.97±1.78	10.43±1.28	11.92±1.89	11.66±0.77	11.91±1.53	9.42±1.74	9.94±0.79	11.75±1.06
	NMHC	5.62±0.34	6.58±0.20	5.96±0.44	6.57±0.21	6.91±0.46	8.95±0.56	7.68±0.22	7.11±0.34	7.83±0.15	8.31±0.26
粗质残体	CO_2	3156.31±210.36	3057.17±142.53	3298.73±153.97	3123.81±114.84	3045.98±91.72	3108.77±56.31	3289.82±24.33	3317.74±146.86	3159.43±217.81	2904.22±155.55
	CO	200.97±30.47	210.21±18.97	189.78±24.71	224.56±36.52	228.81±28.46	218.72±19.85	190.91±21.45	184.65±23.52	210.83±36.42	235.50±15.24
	CH_4	8.42±0.81	9.55±1.02	8.14±1.12	10.52±0.75	10.95±1.13	9.80±0.75	8.79±0.84	8.45±1.25	9.85±0.82	12.44±1.72
	NMHC	7.17±0.34	6.55±0.11	5.84±0.25	6.44±0.42	7.95±0.32	8.11±0.45	6.36±0.58	6.79±0.31	7.21±0.44	8.71±0.23

注：A. 杜鹃-兴安落叶松林；B. 杜香-兴安落叶松林；C. 草类-兴安落叶松林；D. 蒙古栎-兴安落叶松林；E. 白桦林；F. 樟子松林；G. 蒙古栎林；H. 针叶林；I. 阔叶林；J. 针阔混交林

表2-6 大兴安岭北方林1965～2010年各林型不同组分不同强度森林火灾的主要含碳气体排放量（平均值±标准差，t）

组分	强度		A	B	C	D	E	F	G	H	I	J
乔木	轻度	CO_2	348 127.69 ±4739.72	284 778.01 ±2287.94	954 157.97 ±5451.01	115 332.55 ±830.06	609 604.75 ±4356.80	113 470.98 ±133.05	74 575.32 ±965.34	213 996.59 ±1100.82	200 845.25 ±703.16	590 390.56 ±6540.01
		CO	40 618.27 ±604.82	27 599.62 ±297.40	118 860.96 ±1 074.88	7949.82 ±54.67	50 116.10 ±171.38	11 339.21 ±20.13	5 530.95 ±43.95	12 864.76 ±72.97	11 428.48 ±83.90	37 190.76 ±641.12
		CH_4	3405.54±147.53	1757.27±21.07	8711.83±109.05	1002.03±11.78	2070.66±60.66	1446.24±3.13	444.33±13.33	1327.37±13.29	618.46±9.91	3548.49±45.02
		NMHC	725.00±5.97	676.16±2.93	2285.61±22.37	239.83±3.45	1325.63±16.81	312.91±1.38	162.45±1.42	548.28±3.49	459.77±1.63	1386.72±18.81
	中度	CO_2	2 552 936.40 ±20 538.77	1 627 303.00 ±7354.08	981 419.45 ±1006.34	922 660.20 ±2697.69	487 683.80 ±1355.45	907 767.82 ±1197.47	116 006.06 ±1448.01	898 785.91 ±3931.52	426 796.16 ±1250.07	590 390.56 ±10 900.02
		CO	297 867.30 ±2620.87	157 712.14 ±955.92	122 256.96 ±198.44	63 598.56 ±177.67	40 092.88 ±53.32	90 713.68 ±181.16	8603.70 ±65.93	54 032.02 ±260.62	24 285.52 ±149.15	37 190.76 ±1068.54
		CH_4	24 973.94 ±304.71	10 041.56 ±138.41	8960.74 ±22.09	8016.24 ±45.12	1656.53 ±27.51	11 569.89 ±62.95	691.18 ±21.17	5574.96 ±32.58	1314.22 ±17.50	3548.49 ±186.16
		NMHC	5316.65±25.89	3863.75±9.42	2350.92±4.13	1918.61±11.20	1060.50±5.23	2503.29±12.39	252.70±2.14	2302.77±12.48	977.01±2.90	1386.72±31.34
	重度	CO_2	10 559 872.83 ±79 587.75	854 333.78 ±4 167.31	4 907 097.99 ±28 177.55	1 441 656.82 ±9 078.77	877 830.84 ±6 389.96	1 008 630.72 ±1 537.50	1 657 231.04 ±14 554.37	4 643 727.00 ±4 953.71	1 958 240.97 ±4 453.36	491 992.11 ±13 443.36
		CO	1 232 087.40	82 798.84 ±541.69	611 284.90	99 372.77 ±597.92	72 167.18 ±251.35	100 792.96 ±232.60	122 910.19 ±662.67	279 165.41 ±328.38	111 427.68 ±531.36	30 992.30 ±1317.86
		CH_4	103 301.29 ±2477.23	5271.82 ±38.38	44 803.71 ±563.72	12 525.38 ±128.80	2981.75 ±88.97	12 855.43 ±36.12	9 874.04 ±201.05	28 803.97 ±59.83	6029.95 ±62.77	2957.08 ±92.54
		NMHC	21 991.60 ±100.32	2028.47 ±5.34	11 754.59 ±115.64	2997.83 ±37.70	1908.91 ±24.65	2781.43 ±15.91	3610.03 ±21.47	11 897.627 ±15.72	4482.76 ±10.32	1155.60 ±38.66
灌木	轻度	CO_2	8734.35 ±47.66	12 948.45 ±73.14	52 290.14 ±844.25	6523.92 ±90.24	88 625.84 ±741.80	180.20 ±2.03	2234.48 ±5.36	9706.53 ±39.47	25 674.98 ±418.89	92 159.97 ±373.82
		CO	541.86±6.21	853.59±8.13	2710.09±79.86	429.50±38.11	5226.94±66.97	9.55±0.21	118.50±1.35	592.03±3.69	1691.79±42.87	5633.15±95.33
		CH_4	26.44±0.62	90.84±0.78	255.51±13.84	19.91±1.66	653.94±7.32	0.76±0.03	9.05±0.13	31.44±0.35	81.82±3.46	532.91±7.69
		NMHC	19.78±0.11	31.44±0.15	132.98±2.33	18.25±0.53	186.42±1.42	0.44±0.01	6.21±0.02	23.86±0.16	71.77±0.31	271.45±0.94
	中度	CO_2	16 636.85 ±184.88	33 912.60 ±940.39	49 302.12 ±209.61	32 619.60 ±142.71	48 744.21 ±1384.68	5946.48 ±36.50	3227.58 ±22.79	31 359.58 ±226.93	35 944.97 ±491.11	107 519.97 ±1355.09
		CO	1032.12±24.08	2235.58±104.47	2555.23±19.83	2147.48±60.26	2874.82±125.01	315.01±3.71	171.16±5.76	1912.70±21.22	2368.51±50.26	6572.01±345.56
		CH_4	50.37±2.41	237.92±9.98	240.91±3.44	99.56±2.63	359.67±13.67	25.21±0.55	13.07±0.56	101.57±2.02	114.54±4.06	621.72±27.86
		NMHC	37.68±0.43	82.35±1.91	125.38±0.58	91.23±0.83	102.53±2.66	14.63±0.03	8.97±0.10	77.09±0.93	100.47±0.36	316.69±3.41

续表

组分	强度		A	B	C	D	E	F	G	H	I	J
灌木	重度	CO₂	70 290.69±244.10	12 948.44±194.35	286 848.75±3074.22	61 161.76±199.37	93 057.14±1137.42	6 246.81±27.04	39 724.04±101.87	146 344.68±707.93	138 644.89±1646.671	51 199.98±373.82
		CO	4360.69±31.80	853.59±21.60	14 866.80±290.80	4026.52±84.19	5488.29±102.69	330.92±2.75	2106.64±25.74	8925.94±66.18	9135.68±168.51	3129.53±95.33
		CH₄	212.82±3.18	90.84±2.06	1401.66±50.39	186.67±3.67	686.64±11.23	26.48±0.40	160.88±2.49	474.01±6.32	441.81±13.63	296.06±7.69
		NMHC	159.20±0.56	31.44±0.40	729.51±8.48	171.06±1.17	195.74±2.18	15.37±0.03	110.41±0.43	359.75±2.89	387.53±1.22	150.81±0.94
	轻度	CO₂	49 229.84±74.67	434 147.39±332.80	426 086.66±1119.75	7832.21±16.79	84 283.80±192.95	2797.01±24.69	4606.23±21.34	21 627.81±12.05	12 611.45±78.60	249 627.29±5261.75
		CO	3275.37±8.68	30 341.76±20.44	47 680.32±148.08	487.07±2.94	6904.98±31.91	209.06±1.10	443.32±2.55	1228.85±1.45	818.88±3.92	17 642.84±478.59
		CH₄	151.01±0.94	1 049.51±2.27	2 513.20±12.18	42.32±0.33	485.11±5.35	14.16±0.30	20.46±0.19	118.07±0.11	72.05±0.71	719.58±16.87
		NMHC	90.00±0.21	821.03±0.72	1 057.17±1.27	15.07±0.05	221.51±1.14	4.47±0.01	9.96±0.03	44.89±0.03	27.75±0.08	666.31±6.75
草本	中度	CO₂	106 509.84±121.68	1240 421.18±475.43	581 027.16±545.88	55 944.38±92.04	6585.90±97.61	15 995.41±26.79	7731.89±13.84	63 219.76±471.62	20 701.82±106.67	354 733.52±7377.88
		CO	7086.34±14.15	86 690.74±29.19	65 018.61±72.19	3479.08±16.09	5395.52±16.14	1195.58±1.19	744.14±1.66	3592.02±56.93	1344.20±5.33	25 071.40±671.07
		CH₄	326.72±1.53	2998.61±3.24	3427.08±5.94	302.28±1.80	379.07±2.70	80.95±0.33	34.35±0.12	345.12±4.20	118.27±0.96	1022.56±23.65
		NMHC	192.55±0.35	2345.80±1.03	1441.60±0.62	107.67±0.26	173.09±0.58	25.56±0.02	16.71±0.02	131.20±1.27	45.54±0.11	946.86±9.46
	重度	CO₂	402 508.09±0	404 485.03±0	3 098 811.99±0	93 240.65±0	117 605.31±0	23 308.42±0	65 803.41±0	232 914.95±0	71 385.58±0	199 263.88±419.41
		CO	26 779.75±0	28 268.71±0	346 765.99±0	5798.48±0	9634.86±0	1742.20±0	6333.09±0	13 233.75±0	4 635.19±0	14 083.32±38.15
		CH₄	1234.71±0	977.81±0	18 277.78±0	503.80±0	676.90±0	117.96±0	292.32±0	1271.50±0	407.83±0	574.40±1.34
		NMHC	727.66±0	764.94±0	7688.51±0	179.45±0	309.09±0	37.24±0	142.23±0	483.36±0	157.05±0	531.88±0.54
凋落物	轻度	CO₂	222 360.98±521.61	138 602.67±90.63	146 196.52±90.09	17 228.99±76.37	131 515.44±1 149.54	5172.89±13.56	19 780.69±85.27	81 664.17±368.69	58 202.55±356.01	722 930.93±1785.91
		CO	22 853.83±109.29	15 525.06±33.52	1843.39±8.55	2295.01±17.70	8777.84±103.95	399.68±3.36	2106.97±7.95	5543.47±48.38	3768.56±51.85	89 021.67±181.87
		CH₄	1183.93±9.88	526.90±1.77	53.66±0.40	41.42±0.54	990.50±14.95	17.34±0.09	86.94±0.83	230.96±1.51	177.05±1.96	4500.11±28.47
		NMHC	424.10±2.61	225.67±0.41	31.13±0.11	33.30±0.19	283.17±2.78	14.17±0.03	28.45±0.22	168.89±1.17	100.34±0.51	1814.91±2.98
	中度	CO₂	812.10±880.94	302.51±744.47	21.68±38.29	102.26±561.71	99.58±356.60	23.03±54.25	46.15±88.42	259.58±720.22	125.22±356.01	682.77±892.95
		CO	83 583.04±184.58	33 884.06±275.37	2718.99±3.63	13 621.97±130.15	6646.08±32.24	1779.23±13.44	4916.26±8.24	17 620.32±94.50	8108.11±51.85	84 076.02±90.94

续表

组分	强度		A	B	C	D	E	F	G	H	I	J
凋落物	中度	CH_4	4323.94±16.69	1149.98±14.53	79.14±0.17	245.87±3.98	749.95±4.64	77.19±0.36	202.86±0.87	734.11±2.95	380.92±1.96	4250.11±14.23
		NMHC	1548.89±4.41	492.53±3.37	45.92±0.05	197.64±1.37	214.40±0.86	63.10±0.13	66.39±0.23	536.81±2.29	215.88±0.51	1714.08±1.49
	重度	CO_2	4189 409.66±0	165 003.13±0	146 965.18±0	277 886.91±0	281 818.79±0	44 497.94±0	439 571.24±0	1 020 802.30±0	529 114.01±0	446 253.64±0
		CO	431 182.34±0	18 482.21±0	18 433.86±0	37 016.24±0	18 809.66±0	3438.12±0	46 821.61±0	69 293.40±0	34 259.63±0	54 951.64±0
		CH_4	22 306.02±0	627.26±0	536.57±0	668.12±0	2122.50±0	149.16±0	1932.05±0	2886.96±0	1609.54±0	2777.85±0
		NMHC	7990.30±0	268.65±0	311.29±0	537.06±0	606.78±0	121.93±0	632.315±0	2111.07±0	912.18±0	1120.31±0
	轻度	CO_2	290 517.81±2470.63	73 491.08±344.79	154 140.03±677.74	19 912.17±595.11	243 369.07±7323.81	23 347.80±67.60	56 285.24±54.82	79 332.12±63.97	72 302.41±425.97	509 250.73±5 076.18
		CO	40 482.57±291.09	11 671.47±50.34	21 429.37±122.00	2499.44±89.36	18 879.87±663.52	2184.15±6.24	5126.96±18.94	5459.29±36.80	5 783.56±60.84	45 706.34±840.92
		CH_4	1015.87±31.03	285.94±1.89	543.50±6.50	65.95±5.16	864.87±69.71	87.78±0.54	213.20±0.91	240.92±2.32	226.24±2.86	1789.27±36.90
		NMHC	538.10±6.81	163.32±0.40	295.28±1.61	41.54±0.85	501.36±16.97	67.38±0.39	137.48±0.13	181.84±0.45	178.21±0.54	1265.43±9.05
腐殖质	中度	CO_2	739 499.89±6158.68	503 938.84±3571.04	165 497.68±726.15	418 155.53±1586.97	227 144.46±2785.45	105 065.07±1029.60	93 808.74±368.06	269 039.43±543.74	140 351.73±709.95	654 750.93±9041.94
		CO	103 046.54±725.61	80 032.95±521.34	23 008.37±130.72	52 488.20±238.30	17 621.22±252.36	9828.68±95.08	8544.94±127.16	18 514.13±312.81	11 226.92±101.40	58 765.30±1497.90
		CH_4	2585.85±77.35	1960.70±19.54	583.55±6.96	1384.90±13.76	807.21±26.51	395.02±8.20	355.33±6.13	817.03±19.74	439.16±4.76	2300.49±65.72
		NMHC	1369.70±16.97	1119.91±4.11	317.04±1.72	872.37±2.26	467.94±6.45	303.21±5.96	229.13±0.88	616.68±3.86	345.94±0.90	1626.99±16.12
	重度	CO_2	9842 390.93±15 360.89	535 434.84±443.30	1830 209.96±8597.60	933 383.04±3734.05	961 307.82±1368.71	271 279.08±596.27	1 608 151.38±3383.07	2 197 155.27±1604.56	918 665.76±1893.21	763 876.05±2590.97
		CO	1 371 500.38±1809.80	85 034.98±64.72	254 445.52±1547.71	117 161.17±560.71	74 575.51±124.00	25 377.74±55.06	146 484.78±1168.81	151 198.70±923.11	73 485.28±270.39	68 559.51±429.22
		CH_4	34 416.45±192.93	2083.24±2.43	6453.35±82.43	3091.30±32.37	3416.24±13.03	1019.94±4.75	6091.39±56.34	6672.41±58.24	2874.52±12.69	2683.91±18.83
		NMHC	18 230.01±42.32	1189.91±0.51	3506.10±20.38	1947.25±5.31	1980.39±3.17	782.89±3.45	3927.95±8.10	5036.18±11.38	2264.33±2.41	1898.15±4.62
粗木质残体	轻度	CO_2	161 001.03±715.35	74 805.61±279.00	187 797.29±5737.44	25 994.06±181.57	243 780.44±1957.51	10 489.54±291.33	27 046.85±869.53	28 062.39±869.53	47 614.90±1176.25	208 862.24±839.00
		CO	10 251.33±103.62	5143.61±37.13	10 804.21±920.78	1868.62±57.74	18 312.46±607.40	738.00±102.70	1569.54±111.69	1561.82±139.26	3177.36±196.68	16 936.41±82.20
		CH_4	429.50±2.75	233.68±2.00	463.41±41.73	87.54±1.19	876.37±24.12	33.07±3.88	72.27±4.37	71.48±7.40	148.45±4.43	894.65±9.28
		NMHC	365.74±1.17	160.27±0.22	332.47±9.32	53.59±0.66	636.27±6.83	27.36±2.33	52.29±3.02	57.43±1.84	108.66±2.38	626.40±1.24

续表

组分	强度		A	B	C	D	E	F	G	H	I	J
	中度	CO_2	453 188.10 ±7789.41	213 730.34 ±5580.09	215 113.21 ±3663.71	187 157.21 ±1299.64	182 022.73 ±920.03	73 426.78 ±1216.00	45 078.08 ±108.90	12 0267.41 ±2271.42	95 229.80 ±738.57	287 185.58 ±4614.50
		CO	28 855.60 ±1128.27	14 696.03 ±742.68	12 375.73 ±583.16	13 454.09 ±413.29	13 673.31 ±285.48	5 166.00 ±428.66	2 615.90 ±96.01	6 693.526 ±363.77	6354.72 ±123.50	23 287.56 ±452.11
		CH_4	1208.96±29.99	667.65±39.93	530.82±26.43	630.29±8.49	654.35±11.33	231.47±16.20	120.44±3.76	306.31±19.33	296.90±2.78	1230.14±51.02
		NMHC	1029.48±12.59	457.92±4.31	380.83±5.90	385.84±4.75	475.08±3.21	191.55±9.72	87.15±2.60	246.14±4.79	217.32±1.49	861.29±6.82
粗木质残体	重度	CO_2	2 635 646.49 ±19 115.84	147 473.88 ±1135.95	1 679 932.02 ±2103.73	350 919.83 ±907.83	360 795.05 ±2231.56	102 564.37 ±1469.33	432 749.99 ±817.89	757 684.67 ±993.75	464 245.22 ±6 236.85	121 836.30 ±2656.83
		CO	167 818.08 ±2768.87	10 140.26 ±151.19	96 648.56 ±337.62	25 226.42 ±288.70	27 102.45 ±692.44	7216.00 ±517.96	25 112.71 ±721.07	42 169.21 ±159.15	30 979.27 ±1042.86	9879.57 ±260.30
		CH_4	7031.04±73.61	460.68±8.13	4145.43±15.30	1181.79±5.93	1297.02±27.49	323.32±19.57	11 56.26±28.24	1929.76±8.46	1447.35±23.48	521.88±29.38
		NMHC	5987.24±30.90	315.96±0.88	2974.12±3.42	723.45±3.32	941.67±7.79	267.56±11.74	836.61±19.50	1550.66±2.10	1059.43±12.60	365.40±3.93

注：A. 杜鹃-兴安落叶松林；B. 杜香-兴安落叶松林；C. 草类-兴安落叶松林；D. 偃松-兴安落叶松林；E. 白桦林；F. 樟子松林；G. 蒙古栎林；H. 针叶林；I. 阔叶林；J. 针阔混交林。

表2-7　大兴安岭北方林1965～2010年各林型不同强度森林火灾的主要含碳气体排放量统计表　（单位：t）

火干扰强度		A	B	C	D	E	F	G	H	I	J
轻度	CO_2	1 079 971.69	1 018 773.21	1 789 168.60	192 823.90	1 401 179.34	155 458.40	184 528.81	434 389.61	417 251.54	2 373 221.72
	CO	118 055.23	91 135.11	203 328.33	15 529.46	108 218.20	14 879.65	14 896.24	2 7250.22	26 668.64	212 131.17
	CH_4	6212.30	3944.14	12 541.11	1259.17	5941.34	1599.34	846.25	2020.23	1324.05	11 985.00
	NMHC	2161.71	2077.89	4134.65	401.58	3154.35	426.74	396.84	1025.18	946.49	6031.22
中度	CO_2	4 680 872.07	3 921 811.80	2 014 036.99	1 718 799.30	1 111 030.15	1 131 229.24	312 007.28	1 642 247.55	844 248.15	2 677 348.66
	CO	521 470.93	375 251.50	227 933.89	148 789.39	86 303.82	108 998.17	25 596.11	102 364.71	53 687.99	234 963.05
	CH_4	33 469.78	17 056.42	13 822.24	10 679.13	4606.78	12 379.73	1 417.24	7879.11	2664.01	12 973.51
	NMHC	9494.95	8362.27	4661.69	3573.36	2493.54	3101.33	661.05	3910.68	1902.17	6852.64
重度	CO_2	27 700 118.68	2 119 679.11	11 949 865.89	3 158 249.01	2 692 414.95	1 456 527.33	4 243 231.09	8 998 628.88	4 080 296.43	2 074 421.97
	CO	3 233 728.64	225 578.58	1 342 445.61	288 601.61	207 777.94	138 897.93	349 769.02	563 986.41	263 922.72	181 595.87
	CH_4	168 502.33	9511.65	75 618.49	18 157.05	11 181.06	14 492.30	19 506.93	42 038.60	12 811.00	9811.16
	NMHC	55 086.01	4599.37	26 964.12	6556.11	5942.57	4006.42	9259.53	21 438.64	9263.28	5222.15

注：A. 杜鹃-兴安落叶松林；B. 杜香-兴安落叶松林；C. 草类-兴安落叶松林；D. 偃松-兴安落叶松林；E. 白桦林；F. 樟子松林；G. 蒙古栎林；H. 针叶林；I. 阔叶林；J. 针阔混交林

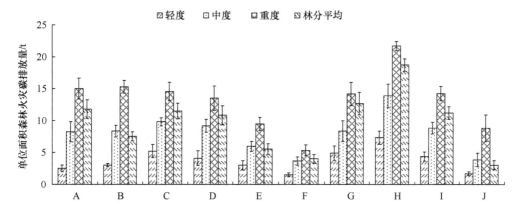

图 2-5　大兴安岭北方林不同强度森林火灾各林型单位面积碳排放量

A. 杜鹃-兴安落叶松林；B. 杜香-兴安落叶松林；C. 草类-兴安落叶松林；D. 偃松-兴安落叶松林；E. 白桦林；
F. 樟子松林；G. 蒙古栎林；H. 针叶林；I. 阔叶林；J. 针阔混交林

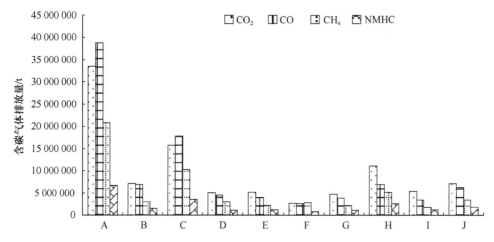

图 2-6　大兴安岭北方林 1965～2010 年各林型森林火灾含碳气体排放量统计表

A. 杜鹃-兴安落叶松林，B. 杜香-兴安落叶松林，C. 草类-兴安落叶松林，D. 偃松-兴安落叶松林，E. 白桦林，
F. 樟子松林，G. 蒙古栎林，H. 针叶林，I. 阔叶林，J. 针阔混交林；
CO 的排放量扩大了 10 倍，CH_4 和 NMHC 的排放量扩大了 100 倍

5.22%、7.63%、10.60% 和 4.12%，CO_2、CO 和 CH_4 的排放量分别约占我国生物质燃烧各含碳气体年均排放量（Streets et al.，2003）的 0.76%、1.29% 和 2.20%。同时研究发现，针阔混交林森林火灾过火林地面积占总过火林地面积的 21.23%，由于该林型燃烧效率较低，且 CO_2 的排放因子较低，森林火灾中 CO_2 排放量为 712 万 t，仅占 CO_2 总排放量的 7.30%。针叶林型（包括杜鹃-兴安落叶松林、杜香-兴安落叶松林、草类-兴安落叶松林、偃松-兴安落叶松林和樟子松林）的过火林地面积占森林火灾总过火林地面积的 62.85%，由于该林型燃烧效率较高，且

CO_2 的排放因子较高，森林火灾中 CO_2 排放量为 7510 万 t，占 CO_2 总排放量的 77.03%。

五、单位面积森林火灾含碳气体排放量

大兴安岭北方林不同强度森林火灾各林型单位面积主要含碳气体排放量如图 2-7 所示，从中可知，不同强度森林火灾各林型单位面积主要含碳气体排放量差异较大。杜鹃-兴安落叶松林火干扰强度为轻度时，其 CO_2 排放量为 7.76t/hm²，而火干扰强度为重度时，其 CO_2 排放量为 45.96t/hm²，重度火干扰时的排放量是轻度的 5.92 倍。从图 2-7 可知，各林型单位面积平均的 CO_2 排放量由大到小的排列顺序为针叶林＞蒙古栎林＞阔叶林＞草类-兴安落叶松林＞杜鹃-兴安落叶松林＞偃松-兴安落叶松林＞杜香-兴安落叶松林＞白桦林＞樟子松林＞针阔混交林。各林型单位面积平均的 CO 排放量由大到小的排列顺序为杜鹃-兴安落叶松林＞草类-兴安落叶松林＞针叶林＞蒙古栎林＞偃松-兴安落叶松林＞杜香-兴安落叶松林＞阔叶林＞白桦林＞樟子松林＞针阔混交林。各林型单位面积平均的 CH_4 排放量由大到小的排列顺序为针叶林＞草类-兴安落叶松林＞杜鹃-兴安落叶松林＞偃松-兴安落叶松林＞蒙古栎林＞樟子松林＞阔叶林＞杜香-兴安落叶松林＞白桦林＞针阔混交林。各林型单位面积平均的 NMHC 排放量由大到小的排列顺序为针叶林＞蒙古栎林＞草类-兴安落叶松林＞阔叶林＞杜鹃-兴安落

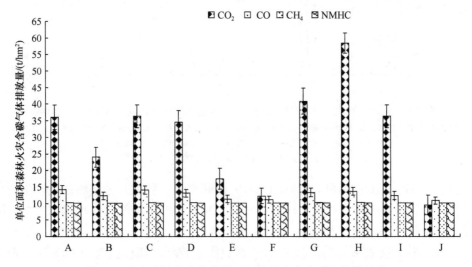

图 2-7　大兴安岭北方林单位面积森林火灾含碳气体排放量

A. 杜鹃-兴安落叶松林，B. 杜香-兴安落叶松林，C. 草类-兴安落叶松林，D. 偃松-兴安落叶松林，E. 白桦林，F. 樟子松林，G. 蒙古栎林，H. 针叶林，I. 阔叶林，J. 针阔混交林；CO、CH_4、NMHC 分别加上 10t/hm²

叶松林＞偃松-兴安落叶松林＞杜香-兴安落叶松林＞白桦林＞樟子松林＞针阔混交林。从以上 4 种主要含碳气体排放量的排序可以看出，单位面积各种含碳气体排放量并不成比例，但一般的规律是 CO_2 排放量较大，其他 3 种气体的排放量相对较小，CO_2 的排放量与其他 3 种气体的排放量呈反比关系。

第九节　不确定性分析

火干扰作为森林生态系统重要的干扰因子，剧烈地改变着森林生态系统的结构、功能、格局与形成过程，对区域乃至全球的碳循环与碳平衡产生重要影响。通过对我国森林火险重点区域、森林火灾易发多发区——黑龙江省大兴安岭北方林的森林火灾碳排放定量评价方法进行研究，并从林分水平上对森林火灾碳排放进行计量估算，以及对森林火灾 4 种主要含碳气体排放进行计量估算，虽能得出相对的碳排放量数据，有利于进一步评价森林火灾碳排放对森林生态系统碳平衡的影响，评估森林火灾碳排放对区域碳循环与碳平衡的影响，但由于森林生态系统存在较大的异质性与复杂性，在计量估算森林火灾碳排放时涉及许多计量参数，而且各计量参数的测定由于没有形成一套相对科学完整的方法，许多测定方法仍需进一步完善，同时，计量参数的确定还受林型、林分结构、气候类型、立地条件、土壤类型、火灾季节、天气条件等诸多因子影响，因此造成计量参数充满不确定性。

一、计量森林火灾碳排放存在不确定性的原因分析

由于森林生态系统的异质性与复杂性，森林火灾发生时除可燃物载量外，立地条件、气候状况、林型、林分结构、植被的可燃物特性、土壤类型等许多因子也会对森林火灾碳排放的计量参数产生重要影响。森林火灾即时碳排放的计量估算虽已积累了一定的数据，对科学评估森林火灾碳排放对森林生态系统碳循环和碳平衡的影响具有重要意义。但迄今为止，森林火灾碳排放及含碳气体排放计量参数的测定仍然没有形成一套相对规范或通用的方法，在计量森林火灾碳排放和含碳气体排放时，计量模型（图 2-3）的计算中，需要测定各种含碳气体排放的计量参数，并需要科学合理的计量方法才能使森林火灾碳排放的计量估算更加定量化，本研究从林分水平上充分考虑了森林火灾碳排放各种计量参数的测定方法，在理论上有利于更为科学地获得森林火灾碳排放各种计量参数，从而合理地计算森林火灾碳排放量，但由于森林火灾碳排放计量参数受多种因素制约，以及计量参数测定时亦受许多因子影响，要想定量化地计算森林火灾碳排放，许多问题仍需进一步研究。例如，在实际的燃烧效率与排放因子的测定中如何充分考虑森林

火灾的火行为，以及地形、海拔、坡度、坡向等立地条件的影响，特别是从林分水平上进行碳排放的计量估算。本研究虽然对如何更精确地计量森林火灾碳排放进行了较为全面的研究，但许多方法仍需进一步发展和完善，以期为科学地计量森林火灾碳排放和含碳气体排放奠定基础。

二、森林生态系统的异质性和复杂性

受降水、温度等因素的影响，加之树种、群落结构、林龄、林型等的不同，森林生态系统具有较强的异质性（王效科等，1998）。正是这些异质性，以及受单位面积可燃物载量、温度、湿度、风速、风向、地形等因子的影响，森林火灾发生时会产生不同的火行为，造成碳排放各计量参数的测定存在许多困难。王效科等（2001）对中国单位面积森林火灾排放的 CO_2、CO 和 CH_4 进行研究发现，单位面积碳排放量的差异主要受森林群落生物量的影响，吉林省、西藏自治区和青海省等的森林生物量较大，从而导致单位面积森林火灾的碳排放量较大，而生物量较低的广东省和江苏省，其碳排放量亦较低。Lü 等（2006）对 1950~2000 年中国森林火灾碳排放研究时发现，不同地区的碳排放量存在较大的空间差异，不同省份单位面积森林火灾的碳排放量差异较大。Hoelzemann 等（2004）利用 MODIS 数据估测全球森林火灾碳排放量时发现，碳排放量分布具有很强的时空差异。森林生态系统的异质性是导致碳排放模型计量参数测定存在困难的主要原因。

三、森林火灾面积数据来源不规范

森林火灾面积数据来源多样化（有政府部门统计资料，亦有实测数据和遥感数据）且不规范、不统一。同时，不同地区对森林火灾面积的界定存在较大的差异，有些把过火面积认定为森林火灾面积，亦有把过火林地面积认定为森林火灾面积，还有通过火干扰强度来确定森林火灾面积的，而有些地区对森林火灾面积的统计仍处于空白。虽然利用遥感数据估测森林火灾面积比较客观与可靠，而且目前估测森林火灾面积的精度有了较大的提高，但缺乏统一的确定森林火灾面积的规范，许多方法的可操作性不强，仍不能满足定量化地测定森林火灾面积的要求。不同学者使用不同分辨率的遥感影像获取森林火灾面积。例如，Cahoon 等（1994）利用 AVHRR 数据估测了 1987 年中国东北和西伯利亚的森林火灾面积；Hoelzemann 等（2004）利用 MODIS 数据估测了全球森林火灾的面积；Zhang 等（2003）采用 SPOT 数据估算了俄罗斯森林火灾的面积；Mitri 和 Gitas（2004）通过 TM 数据估测地中海森林火灾的面积；Lewis 等（2011）利用多光谱遥感影像估测了 2004 年美国阿拉斯加州森林火灾的面积。虽然使用遥感数据估测火灾面积有了较大进展，但由于精度不高，许多问题仍需进一步深入研究。

四、单位面积可燃物载量的获取缺乏规范

受各种因素的交互作用，加之实测数据的获取尚缺乏统一标准，不同学者对森林火灾中可燃物载量消耗量进行计量的方法差别较大。例如，De Groot 等（2009）对加拿大森林火灾可燃物消耗量进行实地调查。采用遥感影像估测森林可燃物载量能减少地面调查的工作量，在结合少量样地资料的基础上，能够较准确地估计单位面积可燃物载量（殷丽等，2009）。Page 等（2002）通过 TM/ETM 数据对印度尼西亚 1997 年森林大火可燃物载量消耗量进行了估测；田晓瑞等（2006a）利用卫星火产品对我国 2000 年森林火灾可燃物载量消耗量进行了估测；Fraser 和 Li（2002）采用 SPOT 影像估测了北方林 1949～1998 年森林火灾消耗的可燃物载量；Isaev 等（2002）应用 SPOT 数据结合航空摄影估算了俄罗斯森林火灾所消耗的可燃物载量；Soja 等（2004）通过遥感数据，利用可燃物模型估测了西伯利亚森林火灾消耗的可燃物载量。由于各种原因，仍需提高对可燃物载量信息的估测精度。因此，建议使用更高分辨率的遥感影像，选择更合适的影像特征及它们与可燃物载量的关系模型，使用连续变量来描述可燃物载量的变化，不断提高估测的精度。

五、可燃物含碳率的测定缺乏标准

在计量森林火灾碳排放量时，对小尺度上可燃物中碳所占比例、地表可燃物的碳密度及土壤表层有机质的碳密度的获取主要通过实验测定（本研究通过均值法减少数据的误差），而在大尺度范围上，森林可燃物的含碳率这些数值主要来自于经验值。同时，各种森林可燃物中碳所占比例也具有很强的时空分布特征，不同的区域或同一区域的不同可燃物类型及组成部分的值均是不同的。综合国内外的研究实践，由于森林类型、林分结构、林龄、立地条件、土壤类型、气候状况等的差异，一般而言，地上可燃物载量中碳所占比例及地表有机质碳密度的获取均通过实验测定，而在大范围内，这些值主要来自经验值、估计值或模型模拟等。同时，地上可燃物中碳所占比例及地表有机质碳密度亦具有很强的时空分布特点，不同地区可燃物含碳量亦有差异，因此，在大尺度上要获得较为准确的森林可燃物含碳率数值，仍需进一步深入研究。

六、燃烧效率的测定缺乏统一的方法

燃烧效率不仅直接影响可燃物的消耗量，而且间接影响森林生态系统中各个碳库的变化。燃烧效率受森林火灾类型、植被类型、火干扰持续时间、火干扰强

度、立地和气象条件等多因素交互影响，但由于在实验室和室外自然条件下对燃烧效率测定的难度大、可操作性差，而且成本高，因此，国内外关于燃烧效率的报道均十分有限。Kaufman 等（1992）基于 AVHRR 影像测定的亚马孙森林火灾的燃烧效率（97%）高于其他热带地区。Lewis 等（2011）利用多光谱遥感影像估测美国阿拉斯加州森林火灾燃烧效率时发现了其时空差异性。王明玉等（2011）估测了大兴安岭草甸火灾的燃烧效率，为 44.4%～90.6%。Sinha 等（2004）估测了赞比亚稀树草原火灾的燃烧效率，为 50%～90%。Lambin 等（2003）应用遥感影像研究了中非森林火灾的燃烧效率，发现不连续燃烧面积比连续燃烧面积的燃烧效率低。Korontzi 等（2004）采用多时相遥感影像对南非森林火灾的燃烧效率进行测定。Hudak 等（2007）研究发现，用 TM 影像估测的燃烧效率随森林火灾面积的变化而改变。虽然比较可靠的燃烧效率均应来自于大量的实际调查资料并结合有效的室内控制环境燃烧实验，但由于工作量大和成本高，相关报道较少。因此，在今后的研究中，应使用遥感数据不断提高燃烧效率估测的精度。

七、排放因子测定的复杂性

由于受各种条件的限制，只能在特定条件下选取有限的树种进行野外实验采样或在室内控制环境状态下进行有限实验，测定特定时间和阶段排放气体的排放因子。然而，由于森林火灾均在开放的森林生态系统中发生与蔓延，而且在立地条件、可燃物状况、气象条件、土壤状况、植被类型等因子的影响下，火行为瞬息万变，从而造成排放气体的组成随时发生变化，增加了测定的难度，导致室内测定值与野外真实森林火灾的参数值相差较远。Cofer 等（1998）用直升机采样对北方林火灾含碳气体的排放因子测定时发现，不同燃烧阶段差异较大。Kaufman 等（1992）对亚马孙森林火灾含碳气体的排放因子进行测定，发现其测定值与北美相近。Andreae 和 Merlet（2001）研究发现，不同树种火灾含碳气体的排放因子差异较大。Korontzi 等（2004）研究发现，南非森林火灾含碳气体的排放因子存在较大的时空异质性。如何科学有效地测定排放因子，仍存在较多挑战，需进一步研究（胡海清等，2007b）。由于燃烧过程中焰燃和阴燃的分配不同，以及可燃物和气象条件的差异，应通过大量的室内燃烧实验与野外空中采样实验相结合的方法，获取可靠有效的排放因子。

第十节　存在问题与讨论

一、存在问题

森林火灾碳排放量和含碳气体排放量的计量模型中涉及一系列的计量参数，

如何更精确地测定这些计量参数，获得较为有效可靠的参数，使得森林火灾碳排放量的计量更为科学合理、更加定量化，这是森林火灾碳排放计量研究所应关心的问题，亦是我们研究的课题。然而由于森林生态系统的空间异质性和复杂多变性，森林火灾的发生、发展受多种因素的制约，因此定量地进行森林火灾碳排放量和含碳气体排放量的计量估算并不容易。对于小尺度的定量计量，用实地调查测量法比较可行，而且能够定量化，但把小尺度的碳排放计量方法外推到大尺度的森林火灾碳排放的计量，就产生了许多不能定量化的问题。

森林火灾碳排放量和含碳气体排放量的计量模型流程如图 2-3 所示，其影响因子（计量参数）主要包括森林火灾面积、单位面积可燃物载量、可燃物含碳率、燃烧效率和排放因子，同时在实际计量中还受森林火灾强度、烈度、气象条件、立地条件、土壤条件等因子的影响。许多文献中计量参数没有经过实际测定，而仅仅通过模型手段测定或估测，或采用通用的参数值及平均值，且参数的来源亦不同，从而导致计量结果存在不确定性。本研究根据大兴安岭森林资源清查数据和森林火灾统计资料，以 GIS 为技术手段，通过野外火干扰迹地调查与室内控制环境实验相结合的方法确定各种计量参数，从林分水平上，采用排放因子法，将小尺度的实测值外推到大尺度上，所得结果更具针对性和准确性，但亦存在将火干扰强度过于简单地分为 3 种强度，而没有考虑实际的火行为对森林火灾直接碳排放的影响。在今后的研究中，应加强火行为对火灾碳排放影响的研究，进一步量化不同火行为及相关因子对碳排放的影响。

森林火灾过程是在林分水平上各组分进行燃烧，所燃烧的可燃物载量在空间上包括乔木、灌木、草本、凋落物、腐殖质和粗木质残体等（树根在森林火灾中一般不直接排放碳，因此没有计量树根的碳排放量），为了计量的准确性，研究中把可燃物载量分成 6 个空间层次（组分）分别进行计量，分别测定各层次（组分）的单位面积可燃物载量、可燃物含碳率、燃烧效率、排放因子，在理论上有助于更有效地计量森林火灾的碳排放量。森林生态系统存在异质性，在国内外并没有较好参考案例的条件下，通过野外火干扰迹地的可燃物载量消耗量调查与室内控制环境实验相结合的方法，对林分水平上燃烧效率的确定进行初步尝试，有些问题还需进一步商榷，测定方法还需进一步完善，以期更有效地计量森林火灾碳排放和含碳气体排放中所涉及的一系列计量参数。同时，我国对森林火灾碳排放的研究还处在探索阶段，应尽快开展野外空中采样，进行森林火灾实测数据的收集，为准确计量森林火灾碳排放和含碳气体排放奠定基础。由于森林火灾统计数据有限，遥感方法虽可获得森林火灾面积、可燃物载量、燃烧效率和火行为信息，但其精度有待进一步提高。

虽然国内外许多学者开展了对森林火灾碳排放的研究，但由于森林生态系统的异质性与复杂性，森林火灾发生时除可燃物载量外，立地条件、气候状况、林型、林分结构、植被的可燃物特性、土壤类型等许多因子均会对森林火灾碳排放的计量参数产生重要影响。但迄今为止，森林火灾碳排放及含碳气体排放计量参数的测定仍然没有形成一套相对规范或通用的方法。本研究从林分水平上充分考虑了森林火灾碳排放各种计量参数的获得，在理论上有利于更为科学地获得森林火灾碳排放的各种计量参数，从而合理地计算森林火灾碳排放量，但由于森林火灾碳排放的计量参数受多种因素制约，以及计量参数测定时亦受许多因子影响，因此定量化地计算森林火灾碳排放量，许多问题仍需进一步研究。目前，主要存在以下一些问题。

（1）森林火灾碳排放计量参数存在不确定性。本研究虽然对森林火灾面积、单位面积可燃物载量、燃烧效率和排放因子等计量参数的测定进行了探索性研究，但目前仍然没有形成一套相对规范或通用的测定方法，从而使得不同方法获得的计量参数计量森林火灾碳排放时存在许多不确定性。

（2）野外森林火灾实时采样存在困难。虽然通过野外实时采样测定森林火灾的排放因子较为准确可靠，但由于野外实时采样人力、财力、物力成本较高，同时对采样技术的要求相对较高，因此导致通过森林火灾实时采样测定排放因子存在许多困难。我们在实验中把室内控制环境条件下测定的排放因子应用于大尺度的森林火灾碳排放量估测时，存在一定的不确定性。

（3）如何把小尺度测定的计量参数外推到大尺度上，较为科学地计量森林火灾碳排放量与含碳气体排放量。由于森林火灾是在开放的大空间中发生的，而控制环境实验则往往是小空间环境，把小尺度测定的计量参数如何外推到大尺度上，在理论和实践中仍然面临许多新的挑战。

（4）缺乏从森林生态系统水平上进行计量参数测定的实验。目前，许多学者只注重单个优势种计量参数的测定，而且把这些所测定的参数简单地外推到林分水平，这就引起碳排放计量存在不确定性。本研究虽然从林分水平上充分考虑了森林火灾碳排放各种计量参数的获得，在理论上有利于更为科学地获得森林火灾碳排放的各种计量参数，从而合理地计算森林火灾碳排放量，但由于森林火灾碳排放的计量参数受多种因素的制约，以及计量参数测定时亦受许多因子影响，因此定量化地计算森林火灾碳排放量时，许多问题仍需进一步研究。

（5）在测定计量参数时，未考虑林型、林龄、郁闭度等林分因子的差异，导致计量参数的不同。在测定计量参数时均假定为相同的林分因子，没有考虑到森林生态实际的异质性与复杂性。

（6）缺乏对地下部分森林火灾碳排放的研究。本研究虽然研究了森林火灾土壤表层（0～10cm）有机碳排放问题，对土壤表层有机碳排放计量参数进行了测定，并计量估算了森林火灾碳排放量。但地下部分土壤表层有机碳排放相对于地上部分更为复杂，如何测定许多计量参数仍处于探索阶段，许多问题仍需进一步研究，如植被根部森林火灾碳排放量及含碳气体排放量的计量问题。

（7）森林火灾不仅造成直接碳排放（即时的碳排放），而且间接产生碳排放与碳损失，许多研究发现，间接碳排放量远远超过直接碳排放量。因此，在今后的研究中除了加强对森林火灾直接碳排放的研究，还需进一步较为定量化地加强对森林火灾间接碳排放的研究，从而更好地评价火干扰在区域乃至全球森林生态系统碳循环与碳平衡的作用与地位。在进一步加强森林火灾对间接碳排放影响的研究时，主要应加强以下几方面的研究：①未燃烧的林木有机物的分解与林木呼吸的变化；②土壤呼吸速率的变化；③林分生产率的改变；④林木再生产；⑤生态系统净初级生产力（NPP）的变化；⑥森林火灾不完全燃烧的产物——黑碳（black carbon）的碳汇效应。

（8）森林火灾不仅排放 CO_2、CO、CH_4 和非甲烷烃（NMHC）4 种主要含碳气体，还排放其他气体，如 N_2O、NO、NH_3、SO_2 等，而且排放大量的颗粒物和气溶胶物质等，这些物质对生态环境产生重要影响。为此，在以后的研究中，应进一步加强对其他气体及各种污染物排放的定量化研究。

（9）森林火灾中许多可燃物并不是完全燃烧，这些不完全燃烧的产物变成黑碳，是森林碳汇的重要组成部分，以后应加强黑碳在森林碳汇中的作用研究。同时，森林可燃物不完全燃烧时，其燃烧效率远远低于室内控制环境燃烧实验，因此应该进一步加强燃烧效率的测定研究。

（10）如何更为全面地获取森林火灾前后的林分调查数据、气候因子数据、森林火灾数据，不断丰富森林火灾碳排放计量参数的积累，建立较为翔实可靠的计量参数数据库，同时进一步加强森林火灾碳排放计量参数的数据积累，为正确计量森林火灾碳排放量和含碳气体排放量奠定较好的基础。

二、讨论

大兴安岭北方林 1953～2010 年森林火灾年均碳排放量为 67.9 万 t，约占全国年均森林火灾碳排放量的 6.00%。46 年间森林火灾土壤有机碳年均排放量为 47.7 万 t，约占全国年均森林火灾有机碳排放量的 4.22%。4 种主要含碳气体 CO_2、CO、CH_4 和 NMHC 的年均排放量分别为 212 万 t、20.7 万 t、1.19 万 t 和 0.465 万 t，分别占全国年均森林火灾各含碳气体排放量的 5.22%、7.63%、10.60% 和 4.12%，CO_2、CO 和 CH_4 的排放量分别约占我国年均生物质燃烧各含碳气体排放量的 0.76%、1.29% 和 2.20%。

由此可见，大兴安岭地区森林火灾直接碳排放可对黑龙江省区域的碳循环和碳平衡产生较大的影响。原因主要是大兴安岭地区地处高纬度，气候寒冷干燥，是全国森林火灾易发多发区，森林火灾面积居全国首位（徐化成等，1997），所以森林火灾所排放的碳量及含碳气体量占全国的比例较大。虽然近年来该区域实施了积极的森林防火政策，然而伴随着积极森林防火措施的长期执行，导致大量可燃物的积累，进而增强火险等级（刘志华等，2009a）。尤其是随着全球气候变暖的加剧，对大兴安岭的北方林将产生非常重要的影响，从而增加森林大火的发生频率（魏书精等，2011a；Running，2006）。森林具有重要的碳汇功能，具有能减缓和适应气候变化的双重效应。但是在发生森林火灾后，森林不但起不到应有的碳汇功能，充分发挥森林的碳汇效应，反而向大气排放大量含碳温室气体，从而对森林生态系统的碳循环和碳平衡产生重要影响。为此，实现森林生态系统的碳减排增汇，是林火管理工作的主要内容（魏书精等，2011b）。

人为干扰对森林火灾的发生、发展具有重要影响。人类活动可改变森林火灾的发生频率、强度及面积。然而人类有目的地防火灭火则可减少森林火灾次数及面积，从而对森林的结构和功能产生相应的影响，改变生态系统的碳循环过程及周期，影响森林与大气间的碳交换状况，对全球气候产生影响（王效科等，2001）。气候变暖是不可否认的事实，气候变暖不仅为森林火干扰的发生、发展提供了直接的气象条件等火环境，而且为其提供了间接的可燃物条件和火源条件（胡海清等，2012d）。研究表明，随着全球气候变暖，森林火干扰的频率和强度将随之升高，各种预测模型显示，未来气候变暖的情景将使森林火干扰发生的频率和强度增加（Bousquet et al.，2000；van der Werf et al.，2003）。通过以上的研究发现，森林火干扰造成大量的碳排放和含碳气体排放，对研究区域的碳循环和碳平衡具有重要影响。在全球气候变暖背景下，探讨应对气候变化的森林经营可持续管理策略，提出科学有效的林火管理策略，选择合理的林火管理路径，优化林火管理措施，从而减少森林火灾的次数，降低森林火灾的强度，减少森林火灾的碳排放量，进而减缓全球气候变化速率，是科研工作者必须考虑的问题。为此，加强气候变暖背景下森林火灾碳排放定量评价方法研究，科学计量森林火灾碳排放量及其对森林生态系统碳循环的影响，正确评价火干扰在全球碳循环和碳平衡中的地位，加深火干扰对碳循环影响的认识，提高森林生态系统可持续管理的水平，以更有效的方式干预生态系统的碳平衡等均有重要意义。

大兴安岭是我国森林火灾多发区，森林火灾面积居全国之首（邱扬等，2006），但大兴安岭50年来实施了严格的灭火控制政策，已经极大地改变了自然火格局，同时改变了森林的物种组成和年龄结构（魏书精等，2013b）。刘志华等（2009b）应用LANDIS（forest landscape disturbance and succession）模型模拟了大兴安岭森林景观对自然火（1950年以前）和灭火（1950年以后）的长期（300年）响应。结果表明，严格的灭火延长火干扰轮回期，火干扰次数减少，灾难性火灾发生的概率增加，火险在模拟的50年内迅速上升到高火险等级。如果现行的高强度灭火政策继续实施的话，必须要制定大范围的可燃物管理措施（计划烧除、粗可燃物去除等），以降低灾难性森林火灾发生的概率。计划烧除及粗可燃物去除将成为可燃物管理和森林可持续经营的首选措施。Chang 等（2007）通过模拟发现，长期控制森林火灾的发生随着火干扰轮回期增长到 50～120 年，将会导致灾难性的森林火灾，增加针叶林的比例，使阔叶林减少，改变林龄结构和景观格局。Wang 等（2007）通过模型模拟发现，与低强度的灭火控制政策相比较，高强度的灭火控制政策会导致森林火灾发生率更低，而火干扰强度更高。王绪高等（2008）在大兴安岭模拟不同的火干扰条件与火灾轮回期的关系，结果表明火干扰轮回期为 150 年时的火干扰明显比火干扰轮回期为 325 年时的火干扰频繁，总的过火林地面积也多，但前者以轻度火为主，后者以重度火为主。

　　黑龙江省 60 年来严格的火控制策略已经极大地改变了自然火格局，使得森林火灾的平均轮回期发生改变。虽然黑龙江省实施了积极有效的森林防火措施，执行了严格的森林火灾扑救制度，随着严格森林防火政策的长期执行，森林防火工作虽然成绩显著，但是林内可燃物载量在逐年增加，导致可燃物的大量积累，火险等级增强（Ito and Penner，2004）。世界各国的森林防火经验启示我们，严格的森林防火政策及对森林防火人力、物力和财力的高投入，并不一定会实现森林生态系统的和谐发展。全球气候变暖对黑龙江省的森林生态系统产生的重要影响，容易导致森林大火的发生（彭少麟和刘强，2002）。大兴安岭 50 年来严格的火控制政策已经极大地改变了自然火格局，使得火灾的平均轮回期从 1950 年前的 120～150 年（徐化成等，1997）延长到现在的 500 年左右。金森和胡海清（2002）对黑龙江省近年来森林火干扰轮回期研究发现，黑龙江省的平均火干扰轮回期上升为 363 年，由于频繁火干扰的影响，黑龙江省森林自然恢复能力明显下降，森林群落产生逆行演替，如小兴安岭的原始顶极群落阔叶红松林已不复存在，天然次生林结构发生了很大改变，从而使处于演替过程中的阔叶纯林或针阔混交林成为该地区天然次生林结构中的主要森林类型。随着森林的物种组成、年龄结构和林分状况的改变，可燃物大量累积，火险等级上升，再加上气候变暖，森林大火发生的概率增加，加剧了森林火灾碳排放（彭少麟和刘强，2002）。理解黑龙江省森林生长状况对长期火控制的响应是制定森林可持续发展策略的依据之一，所以现行的严格火控制政策值得反思（Ito and Penner，2004）。作为森林管理范式之一，火控制政策在世界各地得到了广泛的应用，极大地改变了自然火格局，增加了森林可燃物载量的积累，进而使得火险等级升高，改变森林演替进程，这些都可能给森林生态系统带来负面影响（彭少麟和刘强，2002；Ito and Penner，2004）。人们用计划烧除来减少可燃物并期望恢复火干扰在生态系统中的作用（Langenfelds et al.，2002）。因此，在现有的林火管理策略和实施的林火管理措施基础上，应进一步加强对森林可燃物的可持续管理（Ito and Penner，2004）。特别是对于黑龙江省森林，其地处高纬度地区，气候寒冷干燥，地表可燃物不易被分解，严格火控制政策的实施，导致可燃物进一步积累，容易发生森林大火，因此应实施科学合理的计划烧除，通过计划烧除来减少地表森林易燃可燃物的不断积累，改变森林火灾发生、发展的森林可燃物条件，发挥火因子的生态作用，从而使森林防火工作走上科学合理的管理路径。

森林可燃物是森林生态系统的基本组成部分，是林火发生、发展的基本条件，是森林燃烧的物质基础（Hoelzemann et al，2004；Laursen et al.，1992），是影响林火发生、林火蔓延及林火强度的重要因素之一（Streets et al.，2003）。森林燃烧理论认为，任何森林燃烧现象的发生必须具备 3 个基本条件，即森林可燃物、火源、火环境（气象条件），其构成森林燃烧三要素（Bousquet et al.，2000）。但火环境，特别是气象条件是人类不可控制的因子，而在火源因子中，虽然人为火源是可以控制的，但由于大量天然火源（如雷击火）的存在，火源因子亦处于不可控制的状态，因此在森林燃烧三要素之中，人类可严格控制调节的唯一要素就是森林可燃物。森林可燃物可持续管理是指为了某种目的对可燃物进行处理和改造的所有过程和方法，主要目的是降低火险等级、清除易燃可燃物、优化森林质量、完善森林功能、维持森林生态系统平衡与稳定。可燃物可持续管理是解决林火安全问题和恢复森林健康的根本途径，是决定火干扰强度的重要因素（van der Werf et al.，2003）。国内外学者早就认识到了森林可燃物调控技术在林火管理中的重要性（Ito and Penner，2004）。计划烧除是实现森林可燃物有效管理的重要途径之一。

大兴安岭自 1987 年"5·6"大火后，实施了积极的森林防火措施，但大量的研究表明，长期灭火，改变林火的频率、大小及强度，会导致一系列生态后果（贺红士等，2010），可燃物积累加剧，特别是全球气候变暖对大兴安岭的北方林产生重要影响，使得森林火灾发生的频率和强度加剧（Overpeck et al.，1990）。因为大兴安岭实施森林防火政策导致森林火干扰轮回期延长，可燃物累积，所以需要将森林可燃物的管理纳入到森林防火政策中（刘志华等，2009），在现有的林火管理策略上应加强森林可燃物的可持续管理，特别是对于大兴安岭北方森林，该区气候寒冷干燥，地表可燃物不易被分解，地被物层积累较多，降低林火发生次数和强度的有效手段是及时进行可燃物的清除（刘志华等，2011）。计划烧除是减少可燃物积累过多的有效途径，同时能减少森林火灾带来的碳排放。实施合理的计划烧除，可优化林分环境和降低林分燃烧性，减少地表可燃物的积累，降低森林大火发生的可燃物条件（魏书精等，2013b；贺红士等，2010），是大兴安岭地区森林防火工作的治本之策。同时研究发现，4 种兴安落叶松林（杜鹃-兴安落叶松林、杜香-兴安落叶松林、草类-兴安落叶松林和偃松-兴安落叶松林）森林火灾对该区的碳排放具有重要贡献，占总碳排放量的 77.41%，因此在现有的林火管理策略中，应更加注重 4 种兴安落叶松林的林火管理工作，对重点林型的森林火灾防控时，应该进行重点考虑（孙龙等，2011）。同时，加快防火林带建设，大力推行计划烧除，实现可燃物的可持续管理，使森林火灾发生频率及强度控制在生态系统可持续发展的水平之内，充分发挥火因子在森林生态系统碳平衡中的作用，减少碳排放，增加森林碳汇，进而减缓全球气候变暖的速率。

火干扰强度对森林火灾的燃烧效率具有重要影响。森林火灾的燃烧效率是计量估算森林火灾碳排放量和含碳气体排放量的关键，亦是一个争议较大的计量参数。比较可靠的燃烧效率应来自于大量的实际调查资料或直接测定，然而，目前有关林下植被森林火灾燃烧效率的数据尚未见报道（Dixon and Krankina，1993）。由于森林生态系统的异质性与复杂性，以及森林可燃物类型、单位面积可燃物载量、可燃物的燃烧性及干燥程度、立地条件、天气条件等各种因子的制约，造成了森林火灾过程中火行为的变化异常，进而影响燃烧效率，导致对森林火灾碳排放的计量产生不确定性。通过对大兴安岭北方林森林火灾碳排放量的研究可看出，4 种兴安落叶松林型的森林火灾面积占总过火林地面积的 51.15%，而其碳排放量占总碳排放量的 63.18%，碳排放量所占比例大于森林火灾面积所占的比例。同时研究发现，针叶林型（包括杜鹃-兴安落叶松林、杜香-兴安落叶松林、草类-兴安落叶松林、偃松-兴安落叶松林和樟子松林）的过火林地面积占森林火灾总过火林地面积的 62.85%，但其碳排放量占总碳排放量的 77.41%。阔叶林型（包括白桦林和蒙古栎林）的过火林地面积占森林火灾总过火林地面积的 15.91%，其碳排放量占总碳排放量的 15.26%。针阔混交林的森林火灾面积占总过火林地面积的 21.23%，其碳排放量占总碳排放量的 7.32%。从以上的分析可知，各林型森林火灾的碳排放量并不与森林火灾面积呈正相关的关系，通过研究发现主要是受燃烧效率因子的制约。例如，由于阔叶林型和针叶林型的燃烧效率一般高于针阔混交林型，因此其碳排放量亦高于针阔混交林型。

火干扰强度与排放因子密切相关。火干扰强度是影响排放因子的重要因子，进而影响森林火灾各排放气体的种类及比例。通过对大兴安岭北方林森林火灾含碳气体排放量的研究发现，针阔混交林森林火灾面积占总过火林地面积的 21.23%，但由于其 CO_2 的排放因子较低，森林火灾中 CO_2 排放量仅占 CO_2 总排放量的 7.30%。针叶林型（包括杜鹃-兴安落叶松林、杜香-兴安落叶松林、草类-兴安落叶松林、偃松-兴安落叶松林和樟子松林）的过火林地面积占森林火灾总过火林地面积的 62.85%，由于该林型 CO_2 的排放因子较高，森林火灾中 CO_2 排放量占 CO_2 总排放量的 77.03%。同时，从黑龙江省温带林森林火灾 4 种含碳气体排放量的研究亦可得出，生长于比较干燥立地类型的针叶林型（包括落叶松林、樟子松林和云、冷杉林）的过火林地面积占森林火灾总过火林地面积的 19.53%，而森林火灾中所排放的 CO_2 为 5200 万 t，占 CO_2 总排放量 27.52%。由于该类林型 CO_2 的排放因子较高，因此占 CO_2 总排放量的比例亦较高，而 CO、CH_4 和 NMHC 的排放因子相对而言较低，在各种含碳气体排放总量中，这些气体的排放量所占比例较小；

生长于较湿润立地类型的针阔混交林型（包括阔叶红松林和兴安落叶松-白桦林）的过火林地面积占森林火灾总过火林地面积的57.54%，由于CO_2的排放因子较低，森林火灾中CO_2排放量仅占CO_2总排放量的38.48%，尤其是针阔混交林森林火灾面积占总过火林地面积的20.71%，而CO_2排放量仅占CO_2总排放量的8.95%。

这主要是因为CO_2是森林可燃物有焰燃烧的产物，森林可燃物燃烧时氧气供应较为充分，森林可燃物完全燃烧；而氧气供应较为不充分时，导致森林可燃物不完全燃烧，就易产生较多的CO、CH_4和NMHC等气体，从而导致其排放因子较高。在各组分之间，比较干燥和较易着火的组分（草本层和凋落物层）的CO_2排放因子较高，而较难着火的组分（乔木层和灌木层）的CO_2排放因子较低。不同火干扰强度对森林火灾的排放因子会产生重要影响。高强度的森林火灾，由于有焰燃烧阶段的比例较大，CO_2的排放因子相对较大，而CO、CH_4和NMHC的排放因子相对较小。相反，在低强度的森林火灾中，无焰燃烧阶段所占的比例较大，CO、CH_4和NMHC的排放因子相对较大，而CO_2的排放因子却相对较小（表2-5，表2-6）。由以上研究可知，火干扰强度亦对森林火灾的排放因子产生较大影响。据此，为了减少CO_2的排放量，就必须控制火干扰强度，计划烧除作为调控森林火灾可燃物载量的重要手段，可控制火干扰强度等级，减少森林火灾的碳排放量。对黑龙江省，无论是北方针叶林还是温带林，均需积极营造针阔混交林，尤其是温带林的地带性植被类型阔叶红松林、硬阔林，避免营造纯林，特别是针叶纯林。对大兴安岭北方林，注意营造和培育地带性植被类型兴安落叶松林。

实现森林可燃物可持续管理不仅需要科学合理的计划烧除，还应加快营造针阔混交林和生物防火林带，使森林火灾发生频率控制在生态系统可持续发展的水平上，发挥火因子的生态作用。生物防火是利用森林植物燃烧性的差异，选择难燃、耐火、抗火的树种营建防火生物圈或耐火植物带，以阻隔林火的蔓延，或选择抗火性能强的树种营造针阔混交林，以增强森林抗火性，减少森林火灾造成的损失。另外，还包括利用动物和土壤微生物加速林下凋落物的分解速率，减少林下可燃物的积累，降低火险等级（Ito and Penner，2004）。通过对大兴安岭北方林森林火灾碳排放的计量可知，针阔混交林森林火灾面积占总过火林地面积的21.23%，但由于该林型燃烧效率较低，且CO_2的排放因子较低，森林火灾中CO_2排放量为712万t，仅占CO_2总排放量的7.30%。

另外，通过对黑龙江省温带林森林火灾碳排放的计量可知，针阔混交林型（包括阔叶红松林和兴安落叶松-白桦林）的过火林地面积占森林火灾总过火林地面积的57.54%，但由于针阔混交林燃烧效率较低，且CO_2的排放因子较低，森林火灾中CO_2排放量为7270万t，仅占CO_2总排放量的38.48%，尤其是针阔混交林森林火灾面积占总过火林地面积的20.71%，而CO_2排放量仅占CO_2总排放量的8.95%。因此，在全球气候变暖背景下，优化森林管理，提高森林质量，完善森林功能，探讨与丰富森林可持续经营和管理的先进理念及技术措施，进一步提高森林可持续经营的科学研究水平，提高森林的碳减排增汇效应，对减缓气候变化具有重要意义。本研究表明，不同林型的燃烧效率及排放因子均有较大的差异，同种林型不同组分的燃烧效率及排放因子亦存在较大的区别，这对森林生态系统的可持续经营与管理具有重要意义，即在森林的经营管理中，应注重基于碳减排效应与碳增汇效应，营造既能有效增加森林碳汇，又能有效减少森林火灾碳排放的林分结构类型，尤其应积极营造具有抗火和阻火功能的针阔混交林，加强防火林带建设，实现绿色防火，真正发挥森林生态系统的碳减排增汇效应。

三、林火管理路径的选择

《联合国气候变化框架公约》及《京都议定书》的签订使得政府决策层开始关注森林可燃物燃烧所排放的含碳气体与大气中温室气体浓度变化之间的关系。为了提高森林生态系统的碳吸收能力，促进碳增汇，减少碳排放，需加强森林的可持续管理。火干扰作为碳循环的重要影响因子，加强火干扰管理有利于实现森林的碳汇功能。火干扰作为森林生态系统碳循环的一个重要组成部分，对全球的碳循环及气候变化会产生重要作用。正确理解和处理气候变暖背景下火干扰与森林生态系统碳循环之间的相互关系，对政府部门在全球气候变暖背景下制定科学有效的现代林火管理策略，实现森林生态系统的可持续经营管理，执行合理可行的林火管理政策措施，维护森林生态系统碳平衡，减缓大气 CO_2 浓度上升，缓解气候变暖均具有重要意义。

目前，火干扰管理策略及火干扰管理措施主要有 4 种，即森林防火（积极灭火）、计划烧除（黑色防火）、生物防火（绿色防火）和林火阻隔（工程防火）。森林防火就是严格防止森林火灾的发生，并在火灾发生时积极灭火，使森林火灾的发生、发展控制在一定的范围之内。防火是政府部门实施的最高效的缓解火干扰的行动，其直接效益就是保护了现有森林、人民的生命和财产安全。但大量的研究及事实证明，长期严格防火政策的实施，改变了火干扰轮回期（Grissino-mayer，1999），会导致一系列生态后果（胡海清等，2012d）。主要表现为火干扰轮回期变长，火干扰频率减小，火干扰频率的减少会使森林物种组成及年龄结构发生改变，从而造成森林组成、结构和功能改变。自然火干扰和人为干扰（灭火）相互作用，对森林生态系统的平衡产生重要作用。随着长期严格的森林防火措施的执行，导致森林可燃物大量积累，火险等级增强，过火林地面积增大（Chang et al.，2007）。在全球气候变暖背景下，受人类活动和气候变化的双重影响，有利于火干扰发生的火险天气频繁出现，增加了发生森林大火的可能性（Running，2006；Grissino-mayer，1999）。Keele 等（1999）在对加利福尼亚州灌木丛 1910 年以来的火灾情况进行分析时发现，长期高强度防火措施的执行，使得该地区的火干扰强度、火烈度（破坏性）不断升高。而且随着全球气候的不断变暖，气候极端年份不断出现，火干扰发生的频率不断升高，强度不断增大。在这种情况下，森林防火措施亦将不再十分有效（Conard et al.，2002）。为此，如何才能既合理地保护现有的森林资源和林区人民的生命与财产安全，保障生态安全，又能遵循自然发展规律，发挥火因子在维护森林生态系统平衡中的作用，这就为新时期林火管理提出了新的研究课题。

森林火灾是一种受人为因素影响较大的自然现象，属于自然灾害的范畴。森林可燃物作为森林燃烧的物质基础，加强森林可燃物的可持续管理是改变严格森林防火措施负面效应的首要工作，因为森林可燃物是影响林火发生的自然因素中人类能控制的因子（胡海清等，2012d）。在森林燃烧三要素之中，人类可严格控制调节的唯一要素就是森林可燃物（虽然人为火源可控，但自然火源的大量存在，使得人类不能完全控制火源）。森林可燃物可持续管理是指为了某种目的对可燃物进行处理和改造的所有过程和方法，主要目的是降低火险、清除易燃可燃物、维持森林生态系统平衡与稳定。可燃物可持续管理是解决林火安全问题和恢复森林健康的根本途径（Arno and Fiedler，2005），是决定火干扰强度的重要因素。国内外学者早就认识到了森林可燃物在林火管理中的重要性，森林可燃物的可持续管理可促进森林更新、提高森林质量、实现森林健康、降低火险等级。森林可燃物的可持续管理主要包括计划烧除和生物防火两种重要措施。

计划烧除（黑色防火）是指人们为了减少森林可燃物的积累，降低森林燃烧性或开设防火线而进行的计划火烧，亦可称为以火防火。主要包括火烧防火线、火烧沟塘草甸、清理采伐或抚育的剩余物、林内的计划烧除等，由于其具有有效性、经济性、速效性和生态性而被广泛应用。在世界上的许多地区，特别是欧美国家及澳大利亚，计划烧除为防火的重要手段和工具，通过火干扰来达到可燃物的可持续管理，降低火干扰的严重性和破坏性，且有助于消防人员扑火。计划烧除对维护健康的火依赖型生态系统具有重要作用。由于人类对林火认识的不断提高，火的两重性（火利和火害）被人们所了解，这为计划烧除、发挥火因子的生态作用准备了条件。定期进行计划烧除，一方面可将地表枯枝落叶等易燃可燃物清除，减少可燃物的过分积累，降低森林的燃烧性，调节森林可燃物结构，导致森林具有良好的防火功能；另一方面可使易燃可燃物燃烧转化为林木生长所需的养分，还可加速凋落物的分解，增加土壤养分，有利于森林的生长发育、健康成长，对维护森林生态系统的平衡与稳定均有重要的生态意义。Wiedinmyer 和 Hurteau（2010）对美国西部 2001～2008 年的计划烧除与自然火干扰进行对比，发现计划烧除可减少 60%的碳排放。Finney 等（2005）评价了美国亚利桑那州针叶林两起大火对可燃物烧除的响应，发现在 1～9 年的计划烧除区，火干扰严重程度均低于周围的非计划烧除区，火干扰强度随计划烧除时间增加而加强。Bradstock 等（2006）研究了澳大利亚易燃的半干旱油桉灌木生态系统，发现自然火的大小随计划烧除强度的增加而降低，计划烧除对降低自然火险有重要作用。目前许多国家已将可燃物管理纳入森林管理规划中，获得了许多成功经验（魏书精等，2012）。人们用计划烧除减少可燃物，并期望恢复火因子在生态系统中的作用（金森和胡海清，2002），充分发挥自然生态系统中火因子独特而重要的作用，因此在现有的林火管理策略上应加强对森林可燃物的可持续管理，特别是对于北方林，其所处地区气候寒冷干燥，地表可燃物不易被分解，只有实施合理的计划烧除，减少地表可燃物的积累，降低发生森林大火的可燃物条件，调节可燃物结构，充分发挥火因子在生态系统碳平衡和碳循环中的作用（魏书精等，2012；Gonzalez-Perez et al.，2004；Fearnside et al.，1999；Nepstad et al.，1999；van der Werf et al.，2010），才能达到现代林火管理的目标。

生物防火（绿色防火）是指利用生物（乔木、灌木、草本等）燃烧性的差异，通过营林、造林、补植、引进等措施来减少林内可燃物的积累，改善火环境，增强林分自身的难燃性和抗火性，构建绿色防火林带，同时能阻隔或抑制林火的蔓延和发展。由于其涉及多学科、多部门，是一项系统工程，亦称为生物工程防火（魏书精等，2012）。主要是利用植被燃烧性的差异，选择难燃、耐火、抗火的树种营建防火生物圈或耐火植物带，以阻隔林火的蔓延，或选择抗火性能强的树种营造针阔混交林，可以降低林分的燃烧性，以增强林分抗火性，减少森林火灾发生频率，降低火干扰强度，使森林火灾的损失降到最低水平（de Vasconcelos et al.，2013；Morton et al.，2013；Chen et al.，2011；Davidson et al.，2012；Silvestrini et al.，2011）。可利用不同树种的燃烧性差异，进行适当的林分结构改造，来阻隔林火的蔓延，亦可利用不同树种的生物学、生态学、造林学特征来营造防火林带，实现生物防火（张维，2003），改善火环境，使易燃林分改造为难燃林分。可选择具有经济价值的植物建立绿色防火带，在发挥防火作用的同时，还可取得一定的经济效益，增加人们收入。另外，还包括利用动物和土壤微生物加速林下凋落物的分解速度，减少林下可燃物的积累，降低火险等级（魏书精等，2012；Gurney and Eckels，2011）。由于生物防火具有有效性、持久性、经济性和重要的生态性，已成为林火管理新的发展方向。20 世纪 80 年代以来，我国不断加强生物防火工作，但主要是在南方地区，而北方地区有待进一步实施。

林火阻隔（工程防火）作为林火管理策略的有力措施之一，在充分利用各种有利的自然条件控制林火的蔓延中发挥着独特的作用。林火阻隔包括天然阻隔系统、人工阻隔系统和复合阻隔系统 3 种类型（魏书精等，2012）。天然阻隔系统包括河流、湖泊、水库、沼泽、裸地裸岩等。人工阻隔系统包括生物和非生物两种。生物阻隔指利用林分燃烧性或抗火性的差异，建立林分阻隔带，同时可通过种植农作物、经济作物来建立作物阻隔带。非生物阻隔指利用火干扰、翻耕生土带、开设防火线或防火道路形成阻隔带。复合阻隔系统是指利用自然阻隔的有利条件，加上其他人工措施而形成的林火阻隔系统。在构建复合阻隔系统与完善林火阻隔网建设时要注意：一是充分发挥自然阻隔和人为措施的作用，使得所有的阻隔物形成系统，构成闭合圈且具有一定宽度，起到应有的阻火作用；二是加强防火道路网的建设和维护；三是加强防火林带建设，尽量避免开设生土带而造成的水土流失，做好生物和生物工程防火，营造既能防火又能增加林木资源的永久性生态工程。

四、展望

森林火灾作为森林生态系统的重要干扰因子，对整个生态系统而言，森林火灾的影响是长期复杂的生态过程，尤其对生态系统碳循环的影响的机制更为复杂，除了直接排放碳和含碳气体、造成生态系统碳的净损失（Neary et al.，1999；van der Werf et al.，2003；Gonzalez-Perez et al.，2004；Gurney and Eckels，2011；Aragao and Shimabukuro，2010）及影响大气碳平衡外，还会对生态系统碳循环过程、土壤的物理化学性质、生物过程产生间接影响。其间接作用是通过改变生态系统组成、结构和功能来影响对碳的排放和吸收，主要表现为改变生态系统年龄结构、物种组成与结构（Aragao and Shimabukuro，2010；Kasischke and Stocks，2000）、叶面积指数，从而影响生态系统净初级生产力，对火干扰迹地恢复过程中的碳收支产生重要影响，进而对全球碳循环产生重要作用。森林火灾对森林生态系统碳循环的间接影响还表现在火干扰后火干扰迹地土壤呼吸发生变化，火干扰后未完全燃烧的可燃物由于分解作用而产生碳排放，火干扰后植被恢复中对碳的吸收与排放发生变化。Amiro 等（2003）研究发现，火干扰对生态系统 CO_2 通量产生重要影响。Auclair 和 Carter（1993）对高纬度北方林火后的碳通量进行研究，发现火后的间接碳排放量是火中直接碳排放量的 2 倍多。Dixon 和 Krankina（1993）对俄罗斯的火后碳排放进行研究发现，间接碳排放量是直接碳排放量的 2 倍。许多学者在研究森林火灾碳排放时发现，由于可燃物的不完全燃烧可产生黑碳（在生态系统碳循环中具有碳汇功能）（Wong，1978；Crutzen et al.，1979；Levine et al.，1995；Dixon and Krankina，1993）。森林火灾对生态系统碳的吸收与排放将产生重要影响，如何正确理解森林火灾与生态系统碳循环的关系，并发挥森林火灾作为干扰因子在碳循环中的作用，是需进一步研究的课题。

森林火灾作为生态系统碳循环的一个重要组成部分，其发生、发展受多种因素影响，对全球的碳循环及气候变化产生重要作用。正确理解气候变化、森林火灾和生态系统碳循环之间的逻辑循环关系（吕爱锋等，2005），对实现森林的可持续管理，特别是在全球气候变暖背景下，为政府部门制定科学有效的林火管理策略，充分发挥火干扰在碳减排增汇、维护生态系统碳平衡与稳定中的作用均有重要意义。但由于森林火灾的影响范围广，程度深，机制非常复杂，因此要全面了解森林火灾在全球碳循环中的作用，对生态系统碳平衡的各种影响尚需深入探讨。本研究介绍了森林火灾直接碳排放和含碳气体排放计量的研究进展，森林火灾直接碳排放和含碳气体排放的计量模型，对计量模型中的参数与影响因子进行探讨并进行计量参数的测定，改进了森林火灾碳排放计量模型；对黑龙江省的碳排放与含碳气体排放进行了计量估算，还对计量参数的影响因子进行了探讨，对导致计量参数存在不确定性的原因进行了分析。对于森林火灾发生后及火干扰迹地恢复过程中的碳排放与碳吸收，由于机制的复杂性和影响因子的多样性，本研究并未深入分析。对于森林火灾对全球碳循环的影响，本研究只阐述了森林火灾直接碳排放对全球碳循环的直接影响，对于森林火灾后间接碳排放，因机制复杂、需研究的内容较多、涉及多学科交叉等，本研究并未进行全面阐述。

森林火灾直接碳排放的计量研究已广泛开展并取得一定成果，这对评价森林生态系统对全球气候变化的影响和在全球碳循环中的作用有着重要意义。但因森林生态系统的异质性，如何提高计量参数测定的可操作性和准确性，仍然是碳排放计量研究的关键问题。目前需在以下 4 个方面进一步深入研究。

（1）使用高分辨率遥感影像估测森林火灾面积和可燃物载量。遥感作为重要的信息获取途径，可提供较客观、实时的全球植被信息和进行周期性监测，这为森林火灾碳排放计量参数的测定提供了条件。遥感估测森林火灾面积和可燃物载量在不同尺度上有利于扩展，在某些工作上取得了较好效果，但估测缺乏统一标准，精度尚不能满足要求，因此今后应使用新的遥感平台，改进算法，使用更高分辨率和多光谱、多时相遥感影像，采用新图像，发挥"3S"集成技术的作用，积极开展森林火灾面积估测研究，并提高估测精度。森林生态系统的复杂性决定了必须采用遥感数据、森林资源清查数据和各种实测数据等多源数据融合的方法来获取森林可燃物信息，这也是达到大面积全覆盖和得到较高估测精度的较好方法。当前遥感领域特别注重发展数据融合、协同反演、数据同化等技术。今后应把遥感数据和有效可燃物模型进行结合，运用多元线性回归与非线性回归相结合的方法，提高可燃物载量估测的准确率与精度，减少卫星遥感的轨道偏离、云覆盖等影响估测精度的因素。同时，建立森林火灾数据库，包括森林火灾面积、可燃物载量等信息，以利于实施科学合理的林火综合管理措施，发挥火干扰在碳循环中的积极作用。

（2）利用高分辨率遥感图像估测森林火灾的燃烧效率。应采用多时相、多光谱高分辨率的遥感影像，结合室内控制环境实验、野外实验、空中采样及火干扰迹地调查，采用复合燃烧指数，并根据森林生态系统的差异确定有效可靠的燃烧效率，提高对森林火灾燃烧效率的估测精度。

（3）通过大量室内燃烧实验和野外空中采样来确定排放因子和排放比。根据生态系统的特点，通过分阶段多次测定求均值来减少误差，建立森林火灾排放气体的排放比和排放因子数据库。排放因子和排放比直接影响森林火灾含碳气体排放的定量计量，为确定可靠有效的排放因子和排放比，必须通过大量室内燃烧实验和野外空中采样来确定参数值，优化测定方法，提高测量精度，强化野外点烧等实验确定较普适性的参数，为计量森林火灾的含碳气体排放提供有力支持。

（4）充分利用"3S"技术，开展实地测量、遥感观测和模型模拟相结合的跨尺度森林火灾碳排放计量模型研究，注重尺度的转换问题，并构建丰富翔实的森林火灾碳排放计量参数数据库。同时，加强森林火灾对森林生态系统土壤碳库及周转的影响研究。

第三章 火干扰对土壤碳循环的影响

第一节 研究区域概况

一、南瓮河生态定位站样地概况

研究区域位于黑龙江省大兴安岭地区松岭区南瓮河森林生态定位站管辖范围内，该站位于大兴安岭林区东南部，伊勒呼里山南麓，北以伊勒呼里山为界，东至二根河，南以松岭同加格达奇林业局界为准。地理坐标为北纬 51°05′07″～51°39′24″，东经 125°07′55″～125°50′05″。该区总面积为 229 523hm²，全部为国有林地。海拔为 500～800m，属低山丘陵地带，河谷宽阔。属于寒温带大陆性季风气候，年平均气温为−3℃，极端最低温度为−48℃，年日照时数为 2500h，无霜期为 90～100 天，年降水量为 500mm。该地区地带性土壤为棕色针叶林土，植被属于南部蒙古栎-兴安落叶松林区。

2006 年 4 月大兴安岭地区松岭区砍都河 798 高地因雷击发生森林火灾，火场总面积为 12 万～15 万 hm²，过火林地面积超过 5 万 hm²，该研究样地位于火场区域范围内。

火干扰强度的判定主要有两个指标：林木死亡率、树干熏黑高度。各火干扰强度样地的具体情况如表 3-1 所示。

表 3-1 不同火干扰强度的特征

火干扰强度	林木死亡率/%	树干熏黑高度/m	一般描述
重度	88.04	5.86	林下灌木全部烧毁，枯枝落叶层和半腐层全部烧掉
中度	64.60	2.32	枯枝落叶层和半腐层烧掉，半腐层以下颜色不变
轻度	39.91	1.45	林下灌木 25.0%烧毁

二、塔河林业局样地概况

塔河林业局位于大兴安岭伊勒呼里山北麓，黑龙江南岸，东经 123°20′～125°05′，北纬 52°07′～53°20′。全局管辖的总防护林面积为 960 万 hm²，其中林业用地面积为 8760hm²，森林覆盖率为 82.6%。日气温变化除受纬度、天气影响外，还受地形影响，地面接受太阳辐射不均匀，热量收支不平衡，气温日差值较大。

年平均气温为-4.82℃，最低气温为-47.2℃，最高气温为32.6℃，日较差最大值可达31.2℃。总降水量为463.2mm，最多可达714.8mm，最少为316.5mm，降水集中在夏季，春秋季次之，冬季最少。无霜期为85～115天，年平均积雪165～175天。该地区森林属寒温带针叶林，主要树种有樟子松（*Pinus sylvestris* L. var. *mongolica* Litv.）、兴安落叶松（*Larix gmelinii* Rupr.）、白桦（*Betula platyphylla* Suk.）、山杨（*Populus davidiana* Dode）等10余种，土壤以棕色针叶林土为主。该区为森林火灾高发区域，20年间发生森林火灾47起，年均为2.35起，过火林地面积为26.07万hm²，年均过火林地面积为1.3万hm²。

三、样地布设

在南瓮河森林生态定位站管辖范围内选取2006年4月重度火干扰、中度火干扰和轻度火干扰3种不同强度的火干扰迹地，以临近未火干扰样地作为对照样地，进行不同强度火干扰对土壤呼吸速率影响的测定。以南瓮河未过火样地和塔河的未过火样地比较大兴安岭南北部土壤呼吸速率的差异。每种样地各设置3块样方，样方大小均为20m×20m（表3-2）。

表3-2　样地的立地状况和植被组成

样地类型	坡度/(°)	坡向	海拔/m	土壤厚度/cm	乔木	灌草
重度火干扰	10～20	西南	458	30～40	落叶松，白桦	胡枝子*，越橘，杜鹃，小叶章
中度火干扰	5～15	西	462	30～45	落叶松*，白桦	杜鹃，越橘，悬钩子，绣线菊
轻度火干扰	0～8	西北	452	40～60	落叶松*，白桦	毛榛子，野刺玫，越橘，舞鹤草，鹿蹄草蕨

*为该样地优势种

选取2002年及2008年塔河林业局火干扰迹地，均为重度火干扰迹地（烧死木占蓄积量60%以上），并分别在临近（300～1000m）未火干扰区域选取对照样地，在两种火干扰年限地区及对照样地分别设置3块标准样方，共计12块，样方大小均为20m×20m。样地基本状况和植被组成见表3-3。

表3-3　火干扰后不同年限兴安落叶松林林分特征（平均值±标准误差）

样地类别	土壤类型	A层厚度/cm	林龄/年	胸径/cm	树高/m	熏黑高度/m	烧焦高度/m	主要林下植被
2002年火干扰	棕色针叶林土	50/12	35	10.01±0.45	9.80±0.34	3.74±0.16	1.45±0.07	越橘，杜香，小叶章
2002年对照	棕色针叶林土	55/14	37	13.21±0.56	10.97±0.73	0	0	越橘，笃斯越橘，小叶章
2008年火干扰	棕色针叶林土	60/20	39	15.52±0.66	13.28±0.31	5.20±0.22	3.17±0.22	杜香，黄刺玫，大叶章
2008年对照	棕色针叶林土	55/16	36	11.20±0.31	11.61±0.11	0	0	越橘，小叶章，大叶章

第二节　火干扰对土壤碳库的影响

一、研究方法

在上述南翁河定位站不同强度火干扰迹地开展此项研究,在距离每个样地边界2～3m处随机挖取3个土壤剖面,剖面深度视土壤发生层次而定(至C层为止)。同时,对土壤剖面进行描述,确定土壤层次。对于每一土壤发生层次,用土壤环刀取土样测定土壤容重;同时每一层次取约500g土样装入样品袋,应用Multi C/N3000分析仪对土壤有机碳测定分析。土壤有机碳密度的测定采用杨金艳和王传宽(2006)的方法。研究火干扰对土壤不同层次有机碳密度及总的碳库的影响。

对火干扰区和对照区分别进行土壤有机碳周转时间的估算。土壤有机碳周转时间的估算采用Raich和Schlesinger(1992)的研究方法,即土壤有机碳周转时间=D_C/R_h,式中,D_C为土壤有机碳密度(kg/m^2);R_h为土壤异养呼吸速率[(g C/(m$^2\cdot$年)],土壤呼吸年通量估测采用Wang(2006)的方法。

二、结果与分析

(一)土壤容重及含水率

不同强度火干扰下土壤容重及含水率的变化如表3-4所示,从中可知,不同火干扰强度下样地间土壤含水率虽然无显著差异($P > 0.05$),但是轻、中度火干扰区的土壤含水率明显低于未火干扰和重度火干扰区。土层深度变化范围为0～20cm,可以看出土壤容重的波动变化范围在0.671～1.239g/cm^3,土壤容重除对照区的容重略小外,其他均无显著差异($P > 0.05$)。含水率随土壤深度增加而减少,主要原因为火干扰打破了大气、植被、地表凋落物和土壤之间的水热平衡,进而

表3-4　不同强度火干扰下土壤容重及含水率的变化

火干扰强度	土壤层次/cm	土壤容重/(g/cm^3)	含水率/%
重度	0～10	0.938	0.403
	10～20	1.098	0.304
中度	0～10	0.955	0.398
	10～20	1.239	0.284
轻度	0～10	0.940	0.367
	10～20	1.206	0.262
对照	0～10	0.671	0.536
	10～20	1.010	0.389

改变了土壤的水热状况（Ogee and Brunet，2002）。火干扰后土壤容重表现出随深度增加而增大的趋势，与王洪君等（1997）、王友芳等（2006）的研究结果相似，原因为重度火干扰使得土壤表层的有机质被烧掉以后对土壤的孔隙度造成不利影响，总孔隙度降低，使土壤板结现象严重，进而导致土壤容重的增加（耿玉清等，2007）。

（二）土壤有机碳含量

不同强度火干扰下土壤有机碳含量分析结果见表 3-5。重度火干扰下 0～10cm 层有机碳含量波动在 50.28～130.52g/kg，平均为 101.04g/kg；10～20cm 层有机碳含量波动在 51.98～117.15g/kg，平均为 74.21g/kg。中度火干扰 0～10cm 层有机碳含量波动在 70.22～147.72g/kg，平均为 94.44g/kg；10～20cm 层有机碳含量波动在 49.15～63.14g/kg，平均为 55.66g/kg。轻度火干扰 0～10cm 层有机碳含量波动在 81.25～115.81g/kg，平均为 96.15g/kg；10～20cm 层有机碳含量波动在 44.9～73.22g/kg，平均为 57.65g/kg。可见，不同强度火干扰下土壤不同层次的有机碳含量都有不同程度的变化，但总趋势表现为减少，而且两个层的表现是一致的，即都为对照＞重度＞轻度＞中度。而且可以看出，在 0～10cm 和 10～20cm 土层，中度与轻度火干扰下的土壤有机碳含量非常接近。

表 3-5　不同强度火干扰下土壤有机碳含量　　　　（单位：g/kg）

火干扰强度	上层 0～10cm（平均值）	下层 10～20cm（平均值）
重度	101.04[ab]	74.21[bc]
中度	94.44[b]	55.66[c]
轻度	96.15[b]	57.65[c]
对照	130.07[a]	85.87[bc]

注：相同字母表示差异不显著（$P > 0.05$），不同字母表示差异显著（$P < 0.05$）；下同

对不同强度火干扰下同一层次土壤有机碳含量及同一火干扰强度下不同层次的土壤有机碳含量进行方差分析。由表 3-5 可知，在 0～10cm，不同强度火干扰下，重度与对照之间有机碳含量差异不显著，而中度和轻度与对照差异显著。但从减少的百分比看，重度（22.3%）、中度（27.4%）、轻度（26.1%）火干扰下土壤有机碳含量减少的程度还是很大的。在 10～20cm，不论是重度、中度还是轻度均与对照差异不显著。与对照相比，有机碳含量减少百分比分别为重度 13.6%、中度 35.2%、轻度 32.9%。由此可以看出，在土壤上层，中度与轻度引起的有机碳含量减少程度比重度要大；在下层，虽然与对照差异不显著，但从减少百分比上可以很明显地看出中度与轻度火干扰对有机碳含量影响较重度火干扰大，这与 0～10cm 的结论是一样的，只是 10～20cm 表现得更明显。

（三）土壤有机碳密度

土壤有机碳密度在重度火干扰下，0～10cm 层波动在 6.09～13.29kg/m²，平均为 8.83kg/m²；10～20cm 层波动在 6.44～10.55kg/m²，平均为 7.950kg/m²。中度火干扰下，0～10cm 层波动在 6.44～10.55kg/m²，平均为 8.897kg/m²；10～20cm 层波动在 6.29～7.66kg/m²，平均为 6.881kg/m²。轻度火干扰下，0～10cm 层波动在 7.82～10.18kg/m²，平均为 8.866kg/m²；10～20cm 层波动在 6.01～7.73kg/m²，平均为 6.881kg/m²。与对照样地的土壤有机碳密度比较（表 3-6），0～10cm 层土壤有机碳密度按由大到小的顺序为中度＞轻度＞重度＞对照，总体表现为火干扰后有机碳密度增加；10～20cm 层有机碳密度由大到小为对照＞重度＞中度＞轻度，总体表现为火干扰后有机碳密度减少。

表 3-6　不同强度火干扰下土壤有机碳密度　　　　　　　　　（单位：kg/m²）

火干扰强度	上层 0～10cm（平均值）	下层 10～20cm（平均值）
重度	8.830[b]	7.950[ab]
中度	8.897[b]	6.881[a]
轻度	8.866[b]	6.881[a]
对照	7.300[b]	8.324[ab]

对不同强度火干扰下同一层次土壤有机碳密度及同一火干扰强度下不同层次的土壤有机碳密度进行方差分析，结果如表 3-6 所示。在 0～10cm 和 10～20cm，不论火干扰强度大还是小，与对照均无显著性差异。经计算，重度、中度、轻度与对照相比 0～10cm 层有机碳密度分别增加 20.6%、21.9% 和 21.5%，重度火干扰、中度火干扰、轻度火干扰对上层有机碳密度的影响不显著。重度、中度、轻度与对照相比 10～20cm 层有机碳密度分别减少 4.5%、17.3% 和 17.3%。虽然方差分析显示各火干扰强度下与对照无显著性差异，但还是可以看出中度和轻度火干扰对 10～20cm 层有机碳密度影响较大。从同一火干扰强度下不同层次有机碳密度变化的方差分析中可以看出，重度火干扰下上、下两层土壤有机碳密度差异不显著；而中度和轻度火干扰下上、下两层有机碳密度差异显著。

（四）土壤有机碳储量

由土壤有机碳密度及面积可计算得到土壤有机碳储量，如表 3-7 所示。从中可以看出，不同强度火干扰下有机碳储量的变化与有机碳密度的变化是一致的，仍然表现为火干扰后 0～10cm 层有机碳储量增加，10～20cm 层有机碳储量减少。而且不论是重度、中度、轻度还是无火干扰的情况下，0～10cm 层土壤有机碳储量大于 10～20cm，原因主要是火干扰后较短时间内有机碳密度最大的表层土壤有机碳发生淋溶、分解和转化。Turne 和 Lambert（2002）研究认为，土壤物理结构的破坏是影响土壤有机碳储量的最重要因素之一。随着火后凋落物层开始积累，向土壤中输送的有机碳量开始逐步增加，同时减少了表层土壤有机碳的淋溶、分解和转化，土壤有机碳逐渐恢复。轻度和中度火干扰下土壤有机碳含量增高的主导因素是植被和凋落物层有机碳颗粒物、碳化颗粒物及半腐烂死细根混入等，而重度火干扰下土壤有机碳含量大幅度增高主要是由火后表土坍缩、烧毁及侵蚀导致采样位置发生变化，或局部地段降水导致碳化物质随降水漂移和表土侵蚀造成局部地段土壤有机碳堆积所致（崔晓阳等，2012）。

表 3-7　不同强度火干扰下土壤有机碳储量（平均值）

火干扰强度	土壤层次/cm	土壤有机碳密度/(kg/m²)	土壤有机碳储量/(t/hm²)
重度	0~10	8.830	14.22
	10~20	7.950	12.30
中度	0~10	8.897	14.15
	10~20	6.881	10.14
轻度	0~10	8.866	14.33
	10~20	6.881	10.34
对照	0~10	7.300	13.56
	10~20	8.324	12.96

（五）土壤有机碳周转时间

土壤呼吸速率（R_s）及其组分采用由南翁河定位站不同强度火干扰迹地的实测数据构建的基于连续环境因子监测数据估测 R_s 的统计模型进行估测。通过对实测数据的分析研究表明，R_s 及其组分总体上与 T_5（5cm 土壤温度）和 W_5（5cm 土壤含水率）更为紧密相关（参见第三章第三节），所以我们选用由 T_5 和 W_5 为自变量建立起来的 R_s 统计模型来估测 CO_2 年通量（参见第三章第三节）。R_s 统计模型所需要的输入参数来自于在研究样地附近南翁河森林湿地国家生态定位站安装的自动数据采集器（Campbell Scientific Inc.，Utah，USA）。数据采集器长期连续测定 5cm 土深处的土壤温度和含水率（每 30min 记录一次）。生长季和非生长季的土壤呼吸我们全部进行了测定（参见第三章第三节），因此 CO_2 年通量即可根据上述模型以天为步长累加而成。

土壤是生态系统生物地球化学碳循环中周转最慢的碳库。由于受气候、植被、土壤结构、土地利用方式和强度及地形的影响，其周转时间从 10 年（热带草原土壤）到 520 年（泥炭沼泽土壤）不等（Raich and Schlesinger，1992），其中温带森林为 29 年，全球平均为 32 年。Post 等（1982）根据土壤碳库碳储量和每年植被的凋落物量粗略估算得出全球土壤有机碳（SOC）平均周转时间为 22 年，而进入地质碳循环的土壤碳的周转时间则可达几百万年甚至更长。本研究发现，兴安落叶松林的 SOC 平均周转时间为 34.74 年，略高于全球平均水平，这可能是由于估算异养呼吸年通量出现误差。从火干扰导致的结果来看（表 3-8），不同强度火干扰均导致土壤有机碳周转时间延长，其中重度火干扰下土壤有机碳周转时间最长，达到 58.42 年，中度和轻度火干扰下土壤有机碳周转时间较为接近，分别为 41.60 年和 41.18 年。虽然研究结果表明火干扰在一定程度上增加了凋落物的分解速率，但是火干扰后导致了大量的碳损失，更多的碳以气体形式释放掉，从整个生长季的平均值来看，土壤异养呼吸速率（R_h）随着火干扰强度的增加而减小，从而导致土壤有机碳周转时间增加。

表 3-8 不同火干扰强度下土壤有机碳的周转时间

火干扰强度	土壤有机碳密度/（kg/m²）	异氧土壤呼吸年通量/[g C/（m²·年）]	土壤有机碳周转时间/年
重度	8.39	143.62	58.42
中度	7.89	189.63	41.60
轻度	7.87	191.11	41.18
对照	7.81	224.84	34.74

第三节 火干扰对生长季土壤呼吸的影响

北方森林生态系统中决定碳吸收及排放量的主要因素为野火（Kasischke et al.，1995a，2000；Kasischke and Stocks，2000；McGuire et al.，2004；Czimczik et al.，2006）。频繁而严重的森林火灾可以对北方森林生态系统碳平衡产生极大影响（Kasischke et al.，1995b；Kasischke and Stocks，2000）。火灾发生期间及火后北方森林土壤的碳损失不仅是森林碳平衡的重要决定因素（Harden et al.，2000），同时是导致全球碳平衡估算中不确定性较大的因素之一（French et al.，2004）。这种不确定性来自于土壤的高度异质性、土壤环境的差异（Ottmar and Sandberg，2003）及林火的复杂性（Hinzman et al.，2003）。林火部分或者全部烧毁了植被，使得土壤温度、土壤含水率、土壤微生物活动及土壤中的根系发生了剧烈的变化，进而对土壤呼吸产生很大影响。量化环境因素和土壤呼吸之间的关系对研究生态系统对火干扰响应的模型至关重要（O'Neill et al.，2002）。由此可见，北方森林生态系统是探索林火对土壤呼吸影响的关键区域。

中国北方森林主要位于大兴安岭地区，主要林型为兴安落叶松（*Larix gmelinii* Rupr.）林，面积占整个大兴安岭地区的 70% 以上（徐化成，1998），尽管兴安落叶松林生态系统在我国林业、生态环境建设、全球变化和区域碳平衡中如此重要，但是关于兴安落叶松林土壤呼吸的研究不但寥寥无几，而且存在很多不确定性（Gower et al.，2001；Wang et al.，2010）。根据火灾统计数据，1980～2009 年黑龙江大兴安岭地区共发生火灾 959 次，过火面积为 289 万 hm^2，其中林地面积为 147 万 hm^2。森林火灾已成为我国北方森林生态系统重要的自然干扰因子，选择该区域典型林分开展本项研究最具代表性和典型性。

一、土壤呼吸研究现状

土壤呼吸是指土壤中有机体和植物的地下部分产生 CO_2 的过程。尽管土壤的定义通常不包括尚未完全分解的死植物材料，但是在许多出版物中，通常把枯枝落叶层中凋落物分解产生的 CO_2 也包括在土壤呼吸（或称地下部分呼吸）当中（Luo and Zhou，2006），本研究中的土壤呼吸同样将其包括在内。土壤呼吸严格意义上讲是指未扰动土壤中产生 CO_2 的所有代谢作用，包括 3 个生物学过程（即土壤微生物呼吸、根系呼吸和土壤动物呼吸）和 1 个非生物学过程（即含碳矿物质的化学氧化作用）（Singh and Gupta，1977）。

土壤是生物圈主要的碳储存库，含有相当于大气 2 倍，以及植被 3 倍的碳储量（Granier et al.，2000）。全球土壤中所含的碳为 3150Pg，其中 450Pg 在湿地中，400Pg 在永久冻土中，2300Pg 在其他生态系统中（Sabine et al.，2003）。北方森林覆盖北半球 12 万 km^2 的面积，占全球陆地面积的 14.5%，是地球上仅次于热带森林的第二大森林群区（Gower et al.，2001；Landsberg and Gower，1997）。北方森林包含全球大约 40%的活性土壤碳，与大气中碳含量大致相等，是陆地上最大的有机碳库，在全球土壤碳库中占有重要地位（Kasischke and Stocks，2000；Melillo et al.，1993；McGuire et al.，1995a；Schlesinger，1997），且该生态系统对气候变化非常敏感（Gorham，1991）。全球来自于土壤呼吸的 CO_2 通量为（80.4±0.4）Pg C/年，而北方森林的贡献为 4.12Pg C/年（Raich et al.，2002）。

土壤呼吸在生态系统碳平衡和区域及全球碳循环中占有重要地位。土壤中的碳主要通过土壤呼吸释放到大气中（Hibbard et al.，2005），是陆地生态系统输出到大气的主要碳通量，是全球碳平衡的主要分量（Buchmann，2000；Schlesinger and Andrews，2000）。土壤呼吸碳排放量在大多数生态系统中占总生态系统碳排放量的 30%～80%（Borken et al.，2002a）。全球每年通过土壤呼吸向大气释放的 CO_2 量是化石燃料燃烧释放的 CO_2 量的 10 倍多（Schlesinger，1997；Marland et al.，2001），约占全球 CO_2 交换量的 25%（Bouwmann and Germon，1998）。土壤呼吸的微小变化也能对大气 CO_2 浓度产生很大影响，并且由温度增加导致的土壤呼吸增加的正效应也会最终加速全球变暖（Schlesinger and Andrews，2000；Rodeghiero and Cescatti，2005）。通过土壤呼吸研究土壤与大气 CO_2 交换的机制及潜在变化是研究生态系统对全球气候变化响应的关键问题之一（Davidson et al.，2006；Liu et al.，2006）。

（一）土壤呼吸的调控因素

土壤呼吸作用是一个非常复杂的生物化学过程，它发生在植物、动物和微生物等所有活生物体的细胞中，包括多个化学、物理和生物过程。影响土壤呼吸作用的因素包括一系列生物和非生物因子，如呼吸底物供应、土壤温度、土壤含水率、微生物过程、土壤质地等（Raich et al.，1990，2002；Schlesinger and Andrews，2000；Raich and Schlesinger，1992；Wang et al.，2002；Xu and Qi，2001；Davidson et al.，1998；Lundegårdh，1927；Johnson et al.，1994；Lloyd and Taylor，1994；Kirschbaum，1995；Reiners，1968；Edwards，1982；Weber，1990；Howard and Howard，1993；Epron et al.，1999；Maier and Kress.，2000；Rayment and Jarvis，2000；Janssens et al.，2001；Reichstein et al.，2002；Kang et al.，2003）。

1. 呼吸底物供应

土壤表面释放的 CO_2 排放量是微生物分解含碳的有机物质时产生的，其中包含多个过程，所消耗底物的来源也是多样的，因此底物转变为 CO_2 的速率不仅与底物的可利用性之间具有线性关系，也随着底物的类型而改变（Berg et al.，1982）。土壤有机体的活动与土壤 CO_2 排放量呈相关关系，但是根及根际活动产生的 CO_2 则与植物地上部分光合作用提供的有机物质的消耗紧密相关（Horwath et al.，1994）。许多实验证明，土壤呼吸受到来自冠层光合作用的底物供应的强烈影响，如 Högberg（2001）证明对树木进行环割处理的 1～2 个月内，土壤呼吸迅速下降约 50%；在美国大平原的草地中进行刈割和遮阴实验，刈割和遮阴使土壤呼吸在一周内降低了近 70%（Craine et al.，1999；Wan and Luo，2003），表明土壤呼吸与地上部分光合作用的底物供应之间存在着直接和动态的联系。尽管已有大量的实验证据表明土壤呼吸和地上部分光合作用之间存在密切关系（Craine and Gelderman，2011；Burton et al.，2002；Pregitzer et al.，2008），但还是很难建立定量的模型将二者直接联系起来。曾经有研究用间接的方法将土壤呼吸与地上部分光合作用的底物供应联系起来，如 Reichstein 等（2003）使用叶面积指数（LAI）来指示地上植被生产力，发现标准条件下的土壤呼吸（18℃，没有水分限制）和最大 LAI 之间具有很强的相关性。

土壤呼吸除了受地上部分光合作用的直接控制外，通常也随凋落物数量的增加而增加，这是由于凋落物为微生物呼吸提供了大量的碳底物。例如，Maier 和 Kress（2000）在一个火炬松林中对土壤表面的地上部分凋落物进行了不同的处理，发现增加土壤表面的凋落物数量导致土壤呼吸呈线性增加，在其他系统中的研究也发现凋落物数量与土壤呼吸之间有着与之相似的关系（Boone et al.，1998；Bowden et al.，1993；Sulzman et al.，2005）。许多实验室培养研究也证明了，土壤呼吸受到土壤有机物质中碳底物的强烈调控（Franzluebbers et al.，2001）。

2. 土壤温度

温度是调节和控制陆地生态系统生物地球化学过程的关键因素，几乎影响呼吸过程的各个方面。生物化学和生理学方面的研究得出了一个普遍适用的温度响应曲线，即温度较低时，呼吸速率随着温度的升高而呈指数增加，在45～50℃时达最大值，然后随着温度的增加呼吸速率开始下降。在根呼吸方面，当温度较低时，呼吸速率主要受生物化学反应限制，根呼吸也是随着温度升高呈指数增加（Berry，1949；Atkin et al.，2000），而在温度较高时，那些主要依赖扩散运输的代谢底物和代谢产物（如糖、氧气、CO_2）就成了限制因子。在微生物活动方面，在一个较宽的温度范围内，土壤不同深度的微生物对温度变化的响应呈指数形式（Fitter et al.，1998），Flanagan 和 Weum（1974）发现在 23℃时微生物呼吸速率最大。在土壤团聚体水平上，温度可以通过影响底物和氧气的运输而间接影响土壤呼吸（Nobel，2005）。

温度和呼吸作用的生物化学过程之间的关系通常用指数方程或阿累尼乌斯（Arrhenius）方程来描述。Van't Hoff（1884）提出了一个简单的经验指数模型来描述化学反应对温度变化的响应：

$$R = \alpha e^{\beta T} \tag{3-1}$$

式中，R 为呼吸速率；α 为 0℃时的呼吸速率；β 为温度响应系数；T 为热力学温度。Arrhenius（1898）使用活化能参数（即发生化学反应需要的最少能量）修改了 Van't Hoff 的经验方程：

$$R = d e^{\frac{-E}{\theta T}} \tag{3-2}$$

式中，d 为常数；E 为活化能，是气体常数。这两个方程都描述了呼吸速率随着温度升高呈指数增长。对于处于一定温度范围内的生物系统来说，Van't Hoff 方程是普遍适用的。阿累尼乌斯方程能代表很多化学系统的行为，甚至是一些非常复杂的生物过程（Laidler，1972）。

呼吸过程对温度的敏感性通常用 Q_{10} 来描述，Q_{10} 是温度增加 10℃所造成的呼吸速率改变的商，定义如下：

$$Q_{10} = \frac{R_{T_0}}{R_{T_0+10}} \tag{3-3}$$

式中，R_{T_0} 和 R_{T_0+10} 分别为参比温度 T_0 和温度为（T_0+10）℃时的呼吸速率。当温度和土壤呼吸之间的关系用一个指数函数拟合时，Q_{10} 就可以通过式（3-1）中的系数 β 估计出来：

$$Q_{10} = e^{10\beta} \tag{3-4}$$

过去研究估算的土壤呼吸 Q_{10} 因地理位置和生态系统类型的不同而相差很大（Lloyd and Taylor，1994；Kirschbaum，1995；Peterjohn et al，1993，1994），从略大于 1（低敏感性）直到大于 10（高敏感性）。据 Raich 和 Schlesinger（1992）估计全球 Q_{10} 的中间值为 2.4，变化范围为 1.3～3.3。欧洲和北美森林生态系统 Q_{10} 的变化范围为 2.0～6.3（Davidson et al.，1998；Janssens and Pilegaard，2003）；Lloyd 和 Taylor（1994）对 Q_{10} 数据进行了分析，认为 Raich 和 Schlesinger（1992）所报道的 Q_{10} 发生变化主要是由这些研究之间单位面积上碳的有效质量存在差异造成的。

土壤呼吸不同组分的温度敏感性不同，根和根际呼吸对温度的变化比周围土壤呼吸对温度的变化更为敏感（Boone et al.，1998；Atkin et al.，2000；Maier，2001）。此外，Liski 等（1999）通过对沿温度梯度上高生产力和低生产力森林的土壤碳储存数据分析指出，滞留时间较长的土壤有机质对温度的敏感性比凋落物分解对温度的敏感性低；滞留时间较长的土壤有机质对温度的敏感性较低的结论还存在争议（Giardina and Ryan，2000；Fang et al.，2005；Knorr et al.，2005），主要原因是缺乏来自将温度敏感性不同的组分进行区分的控制实验的长期数据。

3. 土壤含水率

土壤含水率是影响土壤呼吸的另一重要因子。土壤含水率对土壤呼吸的直接影响是影响根和微生物的生理过程，对土壤呼吸速率的间接影响为其可以影响底物和氧气的扩散。在非极端干燥或积水的条件下，土壤含水率对呼吸作用的调控主要是通过影响底物和氧气的扩散（Linn and Doran，1984）。通常认为土壤呼吸速率与土壤含水率之间的关系是：土壤呼吸速率在干燥条件下较低；在中等土壤含水率水平时最大；当含水率很高，厌氧条件占优势，致使好氧微生物的活性受到抑制时又下降。

有研究指出，温度敏感性受到土壤含水率的显著影响（Xu and Qi，2001；Carlyle and Than，1988）。因此，含水率也经常作为模拟土壤呼吸时的独立变量使用。在陆地生态系统中，土壤含水率会影响到植物根系分布深度、根系呼吸和微生物群落的组成等，从而改变土壤呼吸。

土壤呼吸速率与土壤含水率之间的关系，不同于其与温度的关系，并没有相对一致的模式。我们对土壤呼吸速率与土壤含水率之间关系的本质了解得并不深入。土壤呼吸速率对土壤含水率的响应是不一致的、多变的（表3-9），其中一部分原因是土壤含水率对 CO_2 产生和运输的过程具有复杂的调节机制，另一部分原因是野外土壤含水率状况存在波动。

表 3-9　常用的土壤呼吸速率与土壤含水率关系的经验方程

文献	试验方法	方程	参数含义
Orchard and Cook，1983； Davidson et al.，2000	实验室培养	$R_s = -a \times \ln(\varphi) + b$	φ =水势
Mielnick and Dugas，2000	野外测定	$R_s = 383.63(\theta_v - 0.1)(0.7 - \theta_v)^{2.66}$	θ_v =体积含水率（%）
Doran et al.，1990	实验室培养	$R_s = (a \times WF) + (b \times WF^2)$	WF =充水孔隙空间
Janssens et al.，2001	野外测定	$R_s = \exp[-e^{(p-q\theta_v)}]$	θ_v =体积含水率（%）
Liu et al.，2002	野外测定	$R_s = 0.66 \times \dfrac{W - 25.0}{7.88 + (W - 25.0)}$	W=重量含水率（%）
Skopp et al.，1990	实验室培养	$R_s = \min \begin{cases} \alpha(\theta_v)^f \\ \beta(\varepsilon - \theta_v)^g \end{cases}$	θ_v =体积含水率（%） ε =用田间持水量表示的含水率
Papendick and Campbell，1981	实验室培养	$R_s = \dfrac{(C_o + C_b)D_o k\theta_v^3}{s}$	C_o =细胞表面溶质浓度 C_b =细胞周围土壤中的溶质浓度 D_o =扩散率 θ_v =体积含水率（%） S=细菌细胞的直径
Yuste et al.，2003	野外测定	$I_W = a + \log(\dfrac{\sqrt{P}}{VPD_a t^2})$	I_W =再加湿指数 P =最近一次降水量（mm） t =距上次降水的时间 V=平均水汽压亏缺

注：R_s 指土壤呼吸速率；a、b、k、f、g、p、q、α 和 β 是从回归分析中估算出的经验系数

（二）对干扰的响应

除了这些环境和生物因子会对土壤呼吸进行调控，土壤呼吸也会对干扰作出响应。干扰通过自然事件或控制实验作为外在变量影响土壤呼吸，这些变量包括大气 CO_2 浓度升高（King et al.，2004；Thomas et al.，2000），气候变暖（Peterjohn et al.，1993；Hobbie，1996；Rustad and Fernandez，1998），降水量、频度和强度的变化（Liu et al.，2002；Xu et al.，2004；Bremer et al.，1998；Butterly et al.，2009），底物的增减（包括火干扰，森林采伐、择伐，草原放牧、刈割，凋落物移除或添加等）（O'Neill et al.，2002，2003；Weber，1990；Boone et al.，1998；Richter et al.，2000a；Laporte et al.，2003；Concilio et al.，2006；Jonasson et al.，2004），氮沉降和施肥（Borken et al.，2002b；Matzner and Borken，2008），以及农业耕作（McGuire et al.，2001；Bedard-Haughn et al.，2006）等。

1. 大气 CO_2 浓度升高

当生态系统处于高浓度 CO_2 的条件下时，土壤呼吸速率通常会增加（King et al.，2004），主要原因是大气 CO_2 浓度升高促进了植物的光合作用和生长，从而使根际底物的供应发生了变化。Luo 和 Zhou（2006）将 168 个成对的研究进行分析得出，

高浓度 CO_2 使地下部分生物量增加了 31.6%，细根生物量甚至增加了 96%（Allen et al.，2000；Tingey et al.，2000；King et al.，2001），同时使细根周转率增加（Higgins et al.，2002），而细根的维持和生长呼吸占土壤总呼吸的 28%～72%（Ryan et al.，1997），因此在 CO_2 浓度升高的条件下，根生物量和周转率的增加导致异养呼吸速率更高。但在总的细根呼吸升高的同时，高浓度 CO_2 可以导致单位根呼吸速率的下降，这通常与细根氮含量的降低及储藏的碳含量增加有关（Callaway et al.，1994；Crookshanks et al.，1998）。碳底物从植物转移到土壤中的重要途径是根分泌和根际沉积，高浓度的 CO_2 增加了植物对根的碳分配（Norby et al.，1987），这就有可能增加根分泌，从而刺激根际微生物的呼吸。

2. 气候变暖

因为土壤呼吸的温度敏感性，几乎所有的全球生物地球化学模型都预测全球变暖会导致土壤中碳的损失（Schimel et al.，1994；McGuire et al.，1995b；Cox et al.，2000）。土壤呼吸对增温的响应因地点而异，处于寒冷的高纬度地区的生态系统的土壤呼吸对土壤增温的敏感性要大于温带地区（Kirschbaum，1995；Parton et al.，1995；Houghton et al.，1996）。整合分析表明，实验上的增温对土壤呼吸影响的大小也因生态系统类型而异，增温对森林土壤呼吸的影响要比对草地土壤呼吸的影响大得多（Rustad et al.，2001）。土壤呼吸对气候变暖响应的空间异质性可能与土壤有机碳含量、植被类型和气候条件变化有关，并且呼吸作用对升温响应的程度有随着时间下降的趋势（Melillo et al.，2002）。

3. 火干扰

一般来说，火干扰会降低土壤呼吸，降低多少主要取决于火干扰的强度和时间（O'Neill et al.，2002；Weber，1990）。尽管火干扰之后土壤显著变暖，但是由于植被、凋落物和表层土壤有机质的丧失，火干扰区域的土壤呼吸显著降低（O'Neil et al.，2002），火干扰降低了根的活性，因此也影响了土壤呼吸的季节性波动，并使 Q_{10} 下降，但火干扰会使永久冻土层融化，使活动土层变厚，因而分解作用加快，增加了冻结生态系统储存的碳的净损失（Zhuang et al.，2003a；O'Neill et al.，2003），因此，火干扰对土壤呼吸的影响极为复杂，不能一概而论。

（三）各组分的区分及测定方法

从土壤表面释放的 CO_2 有多种来源，包括根呼吸、易分解碳供应的根际呼吸、凋落物分解与土壤有机体产生的 CO_2 和土壤有机质的氧化等（Luo and Zhou，2006）。每个组分都包括不同的生物学和生态学过程，对环境变化的响应可能也不同。我们根据呼吸消耗底物来源的不同，大致将其分为自养呼吸和异养呼吸两类，其中自养呼吸消耗的底物直接来源于植物地上部分，而异养呼吸则是利用土壤中的有机或无机碳。

1. 自养呼吸的贡献量

自养呼吸的贡献量受生态系统类型、测定方法、测定时间和很多环境因素影响（如温度、水分等）。Hanson 等（2000）综合了 50 篇文献的研究，计算出自养呼吸对土壤总呼吸的平均贡献量为 48%，但变化范围为 10%～90%，森林植被中自养呼吸所占的比例平均为 48.6%。Bond-Lamberty 等（2004）综合了已发表的 53 个不同林分的数据，发现自养呼吸对总呼吸的贡献量随土壤呼吸本身的增加呈渐近线式增加，通常生产力低的生态系统中土壤呼吸也低，异养呼吸可能占主导地位，而自养呼吸只占一小部分；当生态系统的生产力增加时，自养呼吸的相对贡献量也会增加。大多数生态系统根呼吸对土壤总呼吸的贡献量在 30%～50%内。

2. 区分土壤呼吸组分的测定方法

如何精确区分土壤呼吸中各组成成分已成为当前一大研究热点和挑战。在过去的几十年，科学家研究出了很多量化不同组分的方法（Hanson et al.，2000；Turpin，1920；Anderson，1973），这些方法大致可分为 3 组：实验处理法、同位素示踪法和推理分析法。每组方法又都包括几种具体的分离方法（图 3-1），每个方法都是利用呼吸过程的某个特性来量化一个或多个组分。目前，应用比较广泛

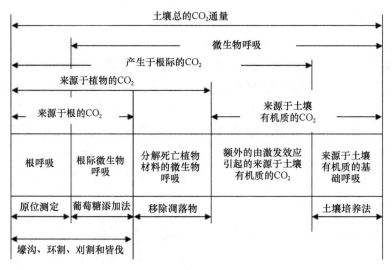

图 3-1 土壤呼吸的概念图（土壤呼吸的分区、来源和组分区分的方法）

的有成分综合法（Hanson et al., 2000; Edwards and Sollins, 1973; Nakane et al., 1996）、壕沟法（Bowden et al., 1993; Lavigne et al., 2004; Wan et al., 2005）、根排除法（Hanson et al., 2000; Edwards, 1991; Thierron and Laudelout, 1996）、同位素标记法（Lin et al., 1999; Trumbore, 2000）、根生物量外推法（Edwards and Sollins, 1973; Kucera and Kirkham, 1971; Fang and Moncrieff, 1999）等，其中壕沟法应用最为广泛，该方法操作简且成本较低，但对被测的森林土壤表面有一定程度的破坏。

目前，中国区域关于森林土壤呼吸的研究主要集中在温带、亚热带森林区（蒋高明和黄银晓，1997; 刘绍辉等，1998; 马钦彦等，2000; 孙向阳等，2001; 张连举等，2007），而对高纬度地区森林土壤呼吸的研究较少。大兴安岭北部林区是我国唯一的高纬度寒温带针叶林区，迄今为止，尚未开展火干扰对土壤呼吸的影响研究。本研究以大兴安岭兴安落叶松林为对象，以塔河林业局样地为北部样地（塔河样地）、以南瓮河自然保护区为南部样地（松岭样地），进行土壤呼吸的测定。在南瓮河自然保护区的火场内选取重度、中度和轻度 3 种不同强度的火干扰迹地，以临近未火干扰样地作为对照样地，分析不同火干扰对土壤呼吸的影响，在测定土壤呼吸的同时，测定土壤温度和土壤含水率，比较大兴安岭地区南、北土壤呼吸的差异，估计火干扰对大兴安岭土壤呼吸的影响，并分析土壤呼吸与环境因子的关系，为进一步开展火干扰对北方森林土壤碳平衡影响的研究提供基础数据。

二、研究方法

（一）土壤呼吸测定

土壤呼吸速率（R_s）利用 LI-8100-103 便携测量室连接到 LI-8100 土壤碳通量自动测量系统（LI-COR Inc., NE, USA）进行测定。2010 年 5 月上旬，在每个样地内随机布置 5 个内径为 19cm、高为 7cm 的 PVC 土壤环。将 PVC 土壤环的一端削尖，压入土中，减少布置土壤环时对土壤的镇压作用，每个土壤环露出地面的高度为 2～3cm，并保持土壤环在整个测定期间位置不变。第一次测定至少在土壤环全部布置完毕 24h 后（Wang et al., 2002）。根系自养呼吸速率（R_a）测定采用壕沟法（Bond-Lamberty et al., 2004）。2010 年 5 月上旬，在每块固定样地的外围距样地边界 1～2m 处随机设置 4 个 50cm×50cm 的小样方，周围挖壕至根系层以下（45～55cm），然后用双层塑料布将小样方围住，隔离周围的植物根系，阻止根系进入小样方，再小心地除去小样方内的活体植物，最后在小样方内安置一个土壤环，安置方法同前。挖壕样方内的 CO_2 通量为异养呼吸速率（R_h），挖壕样方和未挖壕样方 CO_2 通量的差值为自养呼吸速率（Luo and Zhou, 2006）。本研究测定时间段为 2010 年 5～9 月，每个月测定一次，共 5 次。测定期间始终保持壕沟法小样方内没有活体植物。

测定土壤呼吸速率的同时，用 LI-8100 自带的土壤温度探头（p/n 8100-201）和 ECH2O 型 EC-5 土壤水分探头（p/n 8100-202）（Decagon Devices, Inc., Pullman, WA）测定 5cm 处的土壤温度（T）和土壤体积含水率（W）。

（二）数据分析

利用 SAS 9.2 统计软件（SAS Institute Inc., Cary, NC, USA）进行数据处理。对不同月份不同强度的土壤呼吸速率（R_s）和异养呼吸速率（R_h）进行方差分析（ANOVA）和多重比较。对 R_s、R_h 进行对数转换，然后分别对 $\ln(R_s)$ 和 $\ln(R_h)$ 与土壤温度（T）和土壤体积含水率（W）进行多元回归分析，建立土壤呼吸与土壤温度和湿度关系的模型，并对所有的模型进行残差检验以满足统计要求。

Q_{10} 的计算为将土壤呼吸速率与温度用一个指数函数拟合，通过式（3-1）中的系数 β 估计出来：

$$Q_{10} = e^{10\beta}$$

三、大兴安岭兴安落叶松林土壤呼吸速率的特征

（一）大兴安岭南、北土壤呼吸速率的季节动态及差异

松岭样地土壤呼吸速率的季节动态基本呈单峰趋势（图 3-2），R_s 在 7 月达到最大值 9.33μmol/（m²·s），在 9 月达到最小值 2.59μmol/（m²·s）；R_h 的最大值 6.78μmol/（m²·s）出现在 6 月，最小值 1.79μmol/（m²·s）同样出现在 9 月。R_s 的最大值为最小值的 3.6 倍，R_h 的最大值为最小值的 3.8 倍。

塔河样地土壤呼吸速率的季节动态并未呈现单峰趋势（图 3-3）。R_s 和 R_h 7 月的值[4.74μmol/（m²·s），3.72μmol/（m²·s）]均低于 6 月的值[5.48μmol/（m²·s），5.32μmol/（m²·s）]。R_s 的最大值 6.63μmol/（m²·s）出现在 8 月，最小值 1.47μmol/（m²·s）出现在 9 月。R_h 的最大值 5.32μmol/（m²·s）出现在 6 月，最小值 1.34μmol/（m²·s）出现在 9 月，但在 8 月同样出现了一个峰值 5.19μmol/（m²·s）。R_s 的最大值为最小值的 4.5 倍，R_h 的最大值为最小值的 4.0 倍。

松岭样地各月份 R_s 与 R_h 均显著高于塔河样地（$P<0.05$）。南、北部相比，R_s、R_h 差异最大的月份均为 7 月，松岭样地 R_s 为塔河样地的 2.0 倍，松岭样地 R_h 为塔河样地的 1.7 倍；R_s、R_h 差异最小的月份均为 8 月，松岭样地 R_s、R_h 均为塔河样地的 1.1 倍。

（二）土壤呼吸速率与土壤温湿度的关系

从图 3-4 和图 3-5 来看，松岭样地的 R_s、R_h 与 T 的季节变化规律较为一致，

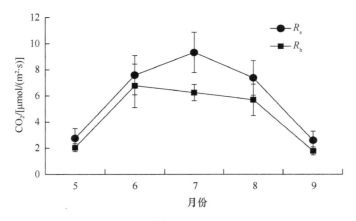

图 3-2　松岭样地生长季 R_s、R_h

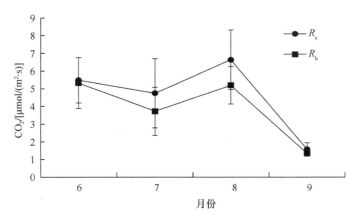

图 3-3　塔河样地生长季 R_s、R_h

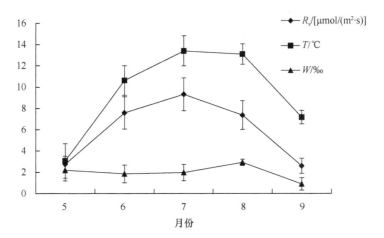

图 3-4　松岭样地生长季 R_s、T、W

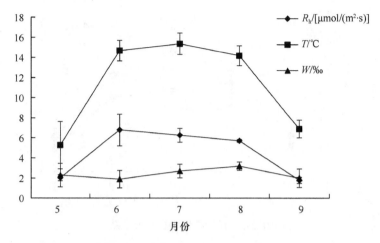

图 3-5　松岭样地生长季 R_h、T、W

但与 W 的变化规律不一致。对 R_s、R_h 与 T、W 进行相关性分析，松岭样地 R_s 与 T 具有极显著相关关系（$r=0.782$，$P<0.01$），R_s 与 W 具有微弱相关关系（$r=0.217$，$P=0.0013$），R_h 与 T 具有极显著相关关系（$r=0.901$，$P<0.01$），R_h 与 W 相关关系不显著（$P=0.067$）。

从图 3-6 和图 3-7 来看，塔河样地 R_s 与 T 和 W 的季节变化均无一致规律，R_h 与 T 的季节变化规律较一致，与 W 的变化规律不一致。对 R_s、R_h 与 T、W 进行相关性分析，塔河样地 R_s 与 T 具有极显著相关关系（$r=0.514$，$P<0.01$），R_s 与 W 相关关系不显著（$P>0.05$），R_h 与 T 具有极显著相关关系（$r=0.617$，$P<0.01$），R_h 与 W 具有低度负相关关系（$r=-0.377$，$P=0.0002$）。

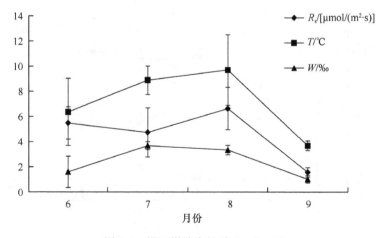

图 3-6　塔河样地生长季 R_s、T、W

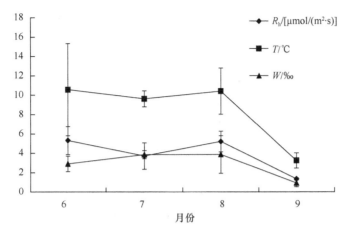

图 3-7 塔河样地生长季 R_h、T、W

取 R_s、R_h 的自然对数与 T、W 进行多元回归分析,建立多元回归方程(表 3-10),其中松岭样地的方程中均包含 T、W 及 T 与 W 的交互作用($T \times W$),塔河样地的方程中只有 T。可以看出,松岭样地模型从拟合的程度上来讲要好于塔河样地。

表 3-10 R_s、R_h 与 T、W 的多元回归模型

样地	回归方程	修正复相关系数	P
松岭样地	$\ln(R_s) = -0.1918 + 0.1739T + 3.4237W - 0.2707TW$	0.7090	<0.01
	$\ln(R_h) = -0.5122 + 0.1585T + 1.8261W - 0.1304TW$	0.8778	<0.01
塔河样地	$\ln(R_s) = 0.4185 + 0.1318T$	0.3241	<0.01
	$\ln(R_h) = 0.3243 + 0.1023T$	0.4238	<0.01

注:没有显著贡献的方程项已被省略($P > 0.05$)

在本研究中土壤温度的变化范围和 Q_{10} 依次为:松岭样地土壤总呼吸为 1~17℃、3.16,异养呼吸为 3~15℃、3.59;塔河样地土壤总呼吸为 4~10℃、3.74,异养呼吸为 3~11℃、2.78。

(三)讨论

1. 不同生态系统土壤呼吸速率比较

本研究中各月 R_s 均为松岭样地高于塔河样地,R_h 同样如此。松岭样地 R_s 的变化范围为 2.59~9.33μmol/(m²·s),塔河样地 R_s 的变化范围为 1.47~6.63μmol/(m²·s)。在已有的对兴安落叶松林土壤呼吸研究中,张慧东等(2008)在大兴安岭根河林业局的研究结果为 1.20~9.73μmol/(m²·s),本研究结果与其相似;Liang 等(2004)在北海道的研究结果为 1.6~7.4μmol/(m²·s),本研究中松岭样地与其相比略高,塔河样地与其相近;杨金艳和王传宽(2006)在帽儿山实验林场的研究结果为 0.95~3.52μmol/(m²·s),本研究中松岭样地为其 2~3 倍,塔河样地为

其 1.5~2 倍；Takakai 等（2008）在西伯利亚的研究结果为 0.31~1.09μmol/（$m^2 \cdot s$），本研究中松岭样地为其 8~9 倍，塔河样地为其 5~6 倍。另外，本研究结果也高于西伯利亚松类林型 [2.8~4.1μmol/（$m^2 \cdot s$）]（Kelliher et al.，1999）。与其他寒温带林型的研究结果[1.14~14.0μmol/（$m^2 \cdot s$）]相比（O'Neill et al.，2002；Rayment and Jarvis，2000；Billings et al.，1998；Gordon et al.，1987；Schlentner and Cleve，1985；Savage et al.，1997；Moosavi and Crill，1997；Funk et al.，1994；Burke et al.，1997），本研究结果也处于相对较高水平。

本研究中松岭样地 R_h 的范围为 1.79~6.78μmol/（$m^2 \cdot s$），占总呼吸速率的 67.0%~89.3%；塔河样地 R_h 的变化范围为 1.34~5.32μmol/（$m^2 \cdot s$），占总呼吸速率的 78.3%~97.1%。而绝大多数研究结果表明，R_h 所占土壤总呼吸的比例为 50%~68%（Nakane et al.，1996；Lin et al.，1999；Kelting et al.，1998）。Hanson 等（2000）总结了 2000 年以前大部分生态系统的根系呼吸贡献率（R_c），得出森林生态系统（尤其是针叶林）R_c 的平均值为 45%~50%。本研究的 R_c 值为松岭样地 10.7%~23%、塔河样地 2.9%~21.7%，明显低于上述平均值，可能的原因为兴安落叶松林密度较低，且林下灌草较少，所以 R_c 处于较低水平。塔河样地出现 6 月的 R_s 和 R_h 高于 7 月的原因可能是挖沟和埋设 PVC 土壤环切断了根，这些死根通常比土壤有机质分解更快，因而导致 CO_2 释放的突然增加，同时这也可能是 R_c 值较低的原因之一。

2. 土壤呼吸的影响因素

土壤呼吸的 3 个生物学过程（土壤微生物呼吸、根系呼吸、土壤动物呼吸）和一个非生物学过程（含碳矿物质的化学氧化作用）均受到温度的影响，生物过程都会受到土壤温度和湿度的强烈影响（Raich and Schlesinger，1992；Russell and Voroney，1998）。大多数研究认为土壤温度是影响土壤呼吸的主要环境因子（Davidson et al.，1998；Russell and Voroney，1998；Savin et al.，2001），但是由于土壤水热条件的交互作用和互逆相关（Wang et al.，2002；Xu and Qi，2001），在野外条件下难以独立控制并区分其效应。

本研究中的土壤呼吸预测模型同时考虑了土壤温度和湿度及其交互作用的效应，分别解释了松岭样地 R_s 和 R_h 变化的 70.90%和 87.78%，塔河样地 R_s 和 R_h 变化的 32.41%和 42.38%，许多同类研究也得到了类似的结论（Xu and Qi，2001；Kang et al.，2003；杨金艳和王传宽，2006；Keith et al.，1997；刘洪升等，2008）。

从土壤呼吸速率与土壤温度和含水率的相关性分析中可以看出，土壤呼吸速率与土壤温度的相关程度是比较紧密的，因此讨论土壤呼吸速率的温度敏感性（Q_{10}）是有重要意义的。本研究中 Q_{10} 的波动与其他兴安落叶松林 Q_{10} 的范围相符

（1.1～3.7）（杨金艳和王传宽，2006；包慧君，2010；王庆丰等，2008）。我们从土壤总呼吸和异养呼吸 Q_{10} 的差异上推测，塔河样地根系呼吸的温度敏感性要远远高于松岭样地。

（四）大兴安岭兴安落叶松林土壤呼吸速率对火干扰强度的响应

1. 不同强度火干扰后土壤总呼吸速率的季节动态

在南瓮河 4 种样地中，生长季土壤总呼吸速率（R_s）和异养呼吸速率（R_h）的季节动态均呈现单峰趋势（表 3-11）。每个月份过火样地的 Rs 均显著小于对照样地（$P<0.05$），各样地的 Rs 最大值均出现在 7 月；除轻度火干扰最小值出现在 5 月外，其余样地的最小值均出现在 9 月。

表3-11　不同强度火干扰下生长季 R_s 各月平均值

火干扰强度	5 月	6 月	7 月	8 月	9 月
重度	1.32±0.51[A1]	4.55±1.48[A2]	7.50±2.20[A3]	5.46±2.17[A2]	1.04±0.38[A1]
中度	2.14±0.97[B1]	5.87±1.72[B2]	7.27±2.42[A3]	6.03±1.76[A2]	1.43±0.54[A1]
轻度	1.90±0.51[B1]	5.52±1.55[B2]	6.83±1.77[A3]	4.86±1.40[A2]	2.04±0.58[B1]
对照	2.74±0.76[C1]	7.59±1.50[C2]	9.33±1.54[B3]	7.37±1.32[B2]	2.59±0.70[C1]

注：A、B、C 表示不同强度火干扰间的显著性差异（$P<0.05$）分组，1、2、3 表示不同月份间的显著性差异（$P<0.05$）分组

同一强度火干扰的 R_s 季节动态变化明显（表 3-11），其中重度火干扰样地 R_s 各月差异最大，其最大值为最小值的 7.2 倍；中度火干扰样地 R_s 各月差异最小，其最大值为最小值的 5.1 倍；轻度火干扰样地 R_s 最大值为最小值的 3.6 倍。同一月份相比，不同强度火干扰下 R_s 间也具有显著差异（表 3-11），R_s 从大到小的顺序依次为 5 月和 6 月为对照＞中度＞轻度＞重度，7 月和 8 月为对照＞中度＞重度＞轻度，9 月为对照＞轻度＞中度＞重度。其中，9 月各样地差异最大，对照样地 R_s 为重度火干扰样地的 2.5 倍；7 月差异最小，对照样地 R_s 为轻度火干扰样地的 1.4 倍。从生长季平均呼吸速率来看，R_s 的大小顺序为对照＞中度＞轻度＞重度，对照样地为重度火干扰样地的 1.45 倍（表 3-12）。

表3-12　不同火干扰强度下 R_s、R_h、R_a、R_c 生长季平均值

火干扰强度	R_s/[μmol/（m²·s）]	R_h/[μmol/（m²·s）]	R_a/[μmol/（m²·s）]	R_c/%
重度	4.64±0.37[A]	3.25±0.32[A]	1.39±0.39[AB]	30.34±5.94[A]
中度	5.13±0.36[AB]	4.32±0.32[AB]	0.81±0.35[AB]	11.76±6.75[BC]
轻度	4.81±0.29[AB]	4.36±0.27[AB]	0.46±0.32[A]	7.96±5.55[C]
对照	6.72±0.36[B]	5.13±0.46[B]	1.59±0.31[B]	24.34±3.26[AB]

注：A、B、C 表示不同火干扰强度间的显著性差异（$P<0.05$）分组

2. 不同强度火干扰后土壤异养呼吸速率的季节动态

R_h 最大值除对照样地出现在 6 月外，其余样地均出现在 7 月；最小值均出现在 9 月（表 3-13），这表明 R_s 与 R_h 的同步现象比较明显。整个生长季中，对照样地的 R_h 均大于过火样地（表 3-13）。

表 3-13　不同火干扰强度下生长季 R_h 各月平均值

火干扰强度	5 月	6 月	7 月	8 月	9 月
重度	1.42±0.43^{A1}	2.63±0.91^{A2}	5.69±1.27^{A3}	4.01±0.88^{A4}	0.65±0.16^{A1}
中度	1.97±0.55^{B1}	5.09±1.48^{B2}	5.89±0.61^{A3}	4.82±0.87^{A2}	1.28±0.33^{B1}
轻度	1.80±0.53^{AB1}	5.48±0.88^{B2}	6.02±0.91^{A2}	4.17±1.28^{A3}	1.77±0.61^{C1}
对照	2.04±0.30^{B1}	6.78±1.66^{C2}	6.25±0.62^{A3}	5.70±1.20^{B2}	1.79±0.31^{C1}

注：A、B、C 表示不同火干扰强度间的显著性差异（$P<0.05$）分组，1、2、3 表示不同月份间的显著性差异（$P<0.05$）分组

不同火干扰强度下 R_h 的季节动态变化明显，均呈现单峰曲线形式，其中重度火干扰样地各月的差异最大，最大值与最小值相差近 8.8 倍，轻度火干扰样地差异最小，最大值为最小值的 3.4 倍（表 3-13）。同一月份相比，不同火干扰强度下 R_h 的大小顺序大致为对照＞轻度＞中度＞重度，但在 5 月和 8 月出现中度火干扰样地略大于轻度火干扰样地的情况（表 3-13）。从整个生长季的平均值来看，R_h 随着火干扰强度的增加而减小。4 种强度的 R_h 值依次为重度火干扰 3.25μmo/（m²·s）、中度火干扰 4.32μmol/（m²·s）、轻度火干扰 4.36μmol/（m²·s）、对照 5.13μmol/（m²·s）（表 3-12）。

3. 根系呼吸速率及其贡献率的估算

由于在重度火干扰样地 5 月出现异常值，异养呼吸速率 R_h [1.42μmol/（m²·s）] 大于土壤总呼吸速率 R_s[1.32μmol/（m²·s）]，因此在整个生长季估算根系呼吸速率（R_a）和根系呼吸贡献率（R_c）时采用 6~9 月的数据。

R_a 的生长季平均值由大到小的顺序为对照＞重度＞中度＞轻度，对照为轻度火干扰的 3.5 倍，R_c 的大小顺序与 R_a 略有差别，为重度＞对照＞中度＞轻度（表 3-12）。各月份 R_c 的变化范围为：重度火干扰样地 24.1%~42.2%，中度火干扰样地 10.5%~20.1%，轻度火干扰样地 0.7%~14.2%，对照样地 10.7%~33.0%。虽然 R_s 和 R_h 的季节动态均为单峰曲线形式，但根系呼吸贡献率的季节动态在所研究的 4 种火干扰强度中没有一致的变化规律。

4. 土壤呼吸速率与土壤温度和湿度之间的关系

以 R_s 和 R_h 的自然对数与 T 及 W 拟合得出土壤呼吸速率与土壤温度和含水率

的回归模型。$\ln(R_s)$ 和 $\ln(R_h)$ 与土壤温度 T 均呈显著的正相关关系，与土壤含水率 W 及 T 和 W 的交互作用的关系因火干扰强度不同而异（表3-14）。其中，重度火干扰样地 $\ln(R_s)$ 与 T、$T \times W$ 均呈正相关关系，与 W 的关系不显著，$\ln(R_h)$ 与 T、W 呈显著的正相关关系，与 $T \times W$ 呈负相关关系；中度火干扰样地 $\ln(R_s)$ 与 T、W 呈显著的正相关关系，与 $T \times W$ 关系不显著，$\ln(R_h)$ 与 W 及 $T \times W$ 关系均不显著与 T 呈相关关系；轻度火干扰样地 $\ln(R_s)$ 与 T、W 呈显著的正相关关系，与 $T \times W$ 呈负相关关系，$\ln(R_h)$ 与 T 呈显著的正相关关系，与 W、$T \times W$ 关系不显著；对照样地 $\ln(R_s)$、$\ln(R_h)$ 均与 T、W 呈显著的正相关关系，与 $T \times W$ 呈负相关关系。

表3-14　R_s、R_h 与 T、W 的多元回归模型

火干扰强度	回归方程	修正复相关系数	P
重度	$\ln(R_s) = -0.5438 + 0.0990T + 0.1511TW$	0.7687	<0.01
	$\ln(R_h) = -1.8838 + 0.1392T + 9.7016W - 0.4229TW$	0.6056	<0.01
中度	$\ln(R_s) = -0.4384 + 0.1303T + 1.4706W$	0.7052	<0.01
	$\ln(R_h) = -0.0211 + 0.1034T$	0.6906	<0.01
轻度	$\ln(R_s) = -2.0146 + 0.3045T + 7.8312W - 0.7197TW$	0.5359	<0.01
	$\ln(R_h) = -0.0182 + 0.0975T$	0.4945	<0.01
对照	$\ln(R_s) = -0.1918 + 0.1739T + 3.4237W - 0.2707TW$	0.7090	<0.01
	$\ln(R_h) = -0.5122 + 0.1585T + 1.8261W - 0.1304TW$	0.8778	<0.01

注：没有显著贡献的方程项已被省略（$P > 0.05$）

数模型中土壤温度和土壤含水率能解释土壤总呼吸速率变化的比例分别为重度火干扰样地 76.87%、中度火干扰样地 70.52%、轻度火干扰样地 53.59%、对照样地 70.90%，可以看出除了对照样地外，解释比例随着火干扰强度的增加而递增。解释异养呼吸速率的比例分别为重度火干扰样地 60.56%、中度火干扰样地 69.06%、轻度火干扰样地 49.45%、对照样地 87.78%。

在本研究中土壤温度的变化范围和 Q_{10}：重度火干扰样地土壤总呼吸速率为 3～23℃、3.25，异养呼吸速率为 3～22℃、1.49；中度火干扰样地土壤总呼吸速率为 1～19℃、3.85，异养呼吸速率为 2～19℃、2.81；轻度火干扰样地土壤总呼吸速率为 2～18℃、3.03，异养呼吸速率为 2～18℃、2.65；对照样地土壤总呼吸速率为 1～17℃、3.16，异养呼吸速率为 3～15℃、3.59。

（五）讨论

1. 不同生态系统土壤呼吸速率比较

在本研究中，对照样地的土壤总呼吸速率变化范围为 2.59～9.33μmol/（m²·s），与同为兴安落叶松林型下土壤的研究相比,该结果与张慧东等(2009)在大兴安岭根河林业局的研究结果相近,约为 Takakai 等(2008)在西伯利亚研究结果的 8～9 倍[0.31～1.09μmol/(m²·s)],略高于 Liang 等(2004)在北海道的研究结果[1.6～7.4μmol/(m²·s)],同时高于西伯利亚松类林型[2.8～4.1μmol/(m²·s)](Kelliher et al.,1999)和温带松类林型[1～6.5μmol/(m²·s)](Xu and Qi,2001;Law et al.,1999)。与其他寒温带林型[1.14～14.0μmol/(m²·s)]相比,本研究结果也处于较高水平(O'Neill et al.,2002;Rayment and Jarvis,2000;Billings et al.,1998;Gordon et al.,1987;Schlentner and Cleve,1985;Savage et al.,1997;Moosavi and Crill,1997;Funk et al.,1994;Burke et al.,1997)。

本研究对照样地的异养呼吸速率范围为 1.79～6.78μmol/(m²·s),占总呼吸速率的比例范围为 67.0%～89.3%,与 Buchmann 等(2002)对 47～146 年生挪威云杉(*Pinus abies*)生态系统的研究结果(>70%)相近。而绝大多数研究结果表明,R_h 所占土壤呼吸速率的比例在 50%～68%(Nakane et al.,1996;Lin et al.,1999;Kelting et al.,1998)。Hanson 等(2000)总结了 2000 年以前大部分生态系统的根系呼吸贡献率 R_c,得出森林生态系统(尤其是针叶林)的 R_c 平均值为 45%～50%。本研究的 R_c 值为 10.7%～23%,明显低于该平均值,可能的原因为兴安落叶松林密度较低(杨金艳和王传宽,2006),且林下灌草较少,所以 R_c 处于较低水平。

2. 火干扰对土壤呼吸速率的影响

一般来说,火干扰会降低土壤呼吸速率,降低多少取决于火干扰的强度和时间(O'Neill et al.,2002;Weber,1990)。土壤呼吸速率及其各组分均为对照样地大于过火样地,火干扰使土壤呼吸速率降低的程度取决于 R_h 和 R_a 所占的比例,因为二者对环境变量(如土壤温度和湿度、立地状况、物种组成、气候、林龄、养分有效性)的响应可能有所不同(Boone et al.,1998;Britta and Hooshang,2001;Burton et al.,1998)。

本研究中除对照样地外,不同强度过火样地的异养呼吸速率生长季平均值随着火干扰强度的增加而减小,过火样地平均值[3.25～4.36μmol/(m²·s)]均小于对照样地[5.13μmol/(m²·s)],自养呼吸速率生长季平均值则呈现相似趋势,过火样地[0.46～1.39μmol/(m²·s)]同样均小于对照样地[1.59μmol/(m²·s)]。异养呼吸速率的减小可能与凋落物和土壤表层有机碳的丧失有关(O'Neill et al.,2002)。Hicke 等(2003)模拟研究发现,火干扰造成大量可分解物质积累,使得异养呼吸速率迅速升高,但由于系统恢复初期 NPP 较低,在火后第 2 年异养呼吸速率开始降低,大约 5 年后低于火前的水平,本研究为火后第 4 年,已经低于火前水平。

Richter 等(2000b)对阿拉斯加地区的研究也发现,火干扰后区域的土壤呼吸速率大约是未火干扰区域的 1/2,他认为这是由自养呼吸速率降低导致的。在本研究中，过火样地的自养呼吸速率均低于对照样地，并且呈现出随着火干扰强度的增加而增加的趋势。由于寒温带森林的自养呼吸主要由近期的光合速率驱动（Hogberg et al.，2001），我们有理由认为造成该趋势的原因是重度火干扰样地由于冠层的损失，更多的能量到达地表，促进了植被的演替。重度火干扰样地的灌草较多也说明了这一点。同时，火干扰使永冻层融化也可能是原因之一（O'Neill et al.，2002）。

3. 土壤呼吸速率与土壤温度和土壤含水率的关系

土壤呼吸的生物过程都会受到土壤温度和湿度的强烈影响（Raich and Schlesinger，1992；Russell and Voroney，1998），土壤温度是影响土壤呼吸的主要环境因子（Davidson et al.，1998；Russell and Voroney，1998；Savin et al.，2001）。但是由于土壤水热条件的交互作用和互逆相关（Wang et al.，2002；Xu and Qi，2001），在野外条件下难以独立控制并区分其效应。

许多土壤碳动态模型用土壤表层尤其是 0~10cm 土壤的温度和含水率来预测土壤呼吸速率（Singh and Gupta，1977；Ino and Monsi，1969；Bunnell et al.，1977；Bonan，1989；Bonan and Cleve，1992），但 O'Neill 等（2002）的研究结果表明，这些模型在预测火干扰后的生态系统的土壤呼吸速率时，效果并不是很好。

本研究中的土壤呼吸速率预测模型同时考虑了土壤温度和湿度及其交互作用的效应，分别解释了对照样地土壤总呼吸速率及异养呼吸速率变化的 70.90% 和 87.78%，许多同类研究也得到了类似的结论（Xu and Qi，2001；Kang et al.，2003；杨金艳和王传宽，2006；Keith et al.，1997；刘洪升等，2008）。在过火样地，R_s 随着火干扰强度的增加而增加，说明火干扰去除了某些对土壤呼吸速率有影响的因素，使土壤呼吸速率对土壤温度和湿度的响应更加显著。但异养呼吸速率未出现这种趋势，说明火干扰使模型解释随火干扰强度增加而增加的部分主要集中在自养呼吸速率方面，异养呼吸速率还受其他因素的影响。对照样地的解释比例为异养呼吸（87.78%）＞总呼吸（70.90%），而在过火样地中均为总呼吸＞异养呼吸。因此推测火干扰使异养呼吸对温湿度的敏感性降低，自养呼吸对温湿度的敏感性增加。

本研究中 Q_{10} 的波动与其他兴安落叶松林 Q_{10} 的范围大体一致（1.5~3.9）（杨金艳和王传宽，2006；包慧君，2010；王庆丰等，2008）。火干扰对土壤总呼吸温度敏感性的影响并不一致，Q_{10} 值依次为中度（3.85）＞重度（3.25）＞对照（3.16）＞轻度（3.03）；异养呼吸的温度敏感性基本呈现随着火干扰强度的增加而降低的趋势（中度稍大于轻度），这与刚才的推测较为一致。火干扰确实会使异养呼吸的温度敏感性降低。

第四节　火干扰对非生长季土壤呼吸的影响

一、引言

人类活动所引起的温室效应及由此造成的气候变化和对全球生态环境的影响已引起国际社会的普遍关注，大气中 CO_2、CH_4 和 N_2O 等温室气体浓度不断升高，尤其是 CO_2 浓度变化已受到人们的高度关注（Rodhe，1990）。土壤作为主要的陆地碳储存库，含有 $1300 \sim 2000Pg\ C$，约占碳总量的 67%（Jenkison et al.，1991），其碳储量是陆地植被碳库的 2~3 倍和大气碳库的 2 倍多（Bolin and Degens，2001），占大气 CO_2 年输入量的 20%~40%，土壤碳排放通量达（68±4）×10^{15}g C/年（崔骁勇等，2001），土壤碳库的微小变化都会引起大气 CO_2 浓度的巨大改变。林火作为森林生态系统碳收支平衡的重要干扰因子，其与森林生态系统的植被类型、结构、地表腐殖质层、土壤理化性质等密切相关，其破坏了森林生态系统碳平衡和碳分配格局，对土壤温度、土壤含水率、植物根系及土壤微生物活性亦产生重大的影响，是导致土壤碳储量动态变化的重要因子。火干扰所排放的含碳气体对物质循环、能量流动和信息传递具有重要影响，进而影响森林生态系统的碳平衡及气候变化，从而对土壤呼吸速率产生重要影响。目前，国内外有关土壤呼吸的研究主要集中在林木生长季节，研究火干扰条件下非生长季土壤呼吸的定量描述及影响机制，对科学评价和预测林火对土壤呼吸的影响具有重要的作用。

二、研究目的和内容

本研究以大兴安岭兴安落叶松林为对象，在南瓮河森林生态定位站的火干扰迹地内选取重度、中度和轻度 3 种不同强度的样地，以临近未火干扰林地作为对照样地，并在不同强度火干扰及对照样地内搭建塑料小棚进行遮雪处理，进行土壤呼吸的测定，同时测定土壤温度、单位面积积雪的质量和厚度，分析不同强度火干扰对非生长季土壤呼吸的影响及积雪对土壤呼吸的作用，并分析非生长季土壤呼吸与环境因子的关系，为更深入地研究土壤呼吸对火干扰的响应提供参考依据。

具体研究内容如下：①量化大兴安岭兴安落叶松林非生长季土壤呼吸速率；②研究不同强度火干扰对兴安落叶松林非生长季土壤呼吸速率的影响；③探讨非生长季积雪对森林生态系统土壤呼吸速率的影响；④分析非生长季土壤呼吸速率与土壤温度、雪水当量的关系，以及土壤呼吸速率与土壤温度、雪水当量二者交互作用的关系，并构建模型。

三、技术路线

本研究的具体研究技术路线如图 3-8 所示。

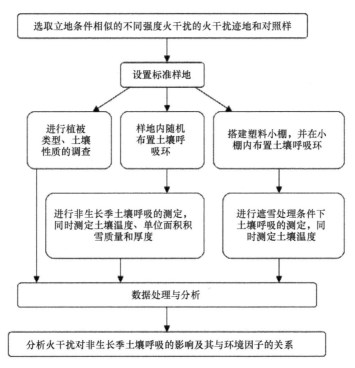

图 3-8　不同强度火干扰下非生长季兴安落叶松林土壤呼吸研究方法的技术路线图

四、实验设计与研究方法

（一）研究区域概况

黑龙江省大兴安岭地区是我国面积最大的林区，也是我国少有的原始林分布区之一。大兴安岭地区的北部和东北部隔黑龙江与俄罗斯相望，西与呼伦贝尔草原相接，东部与松嫩平原相邻，南向呈舌状延伸到阿尔山一带，全区南北向的距离超过东西向，且北宽南窄，是东北松嫩平原和呼伦贝尔大草原的天然保护屏障。大兴安岭地区属于寒温带季风区，又具有明显的山地气候特点，冬季漫长，夏季较短，候平均气温<10℃长达 9 个月，候平均气温≥22℃不超过 1 个月，全年平均气温为-3℃，1 月平均气温为-30～-20℃，7 月平均气温为 17～20℃。大兴安岭地区的土壤主要为棕色针叶林土、暗棕壤、灰色森林土、草甸土、沼泽土和冲积土等。典型的植被类型为以兴安落叶松为优势建群种的寒温带针叶林，分布极

广，约占该地区森林面积的 55%，其他针叶树种还有偃松（*Pinus pumila*）、鱼鳞云杉（*Picea jezoensis*）、红皮云杉（*Picea koraiensis*）和樟子松（*Pinus sylvestris* var. *mongolica*）；阔叶树种有岳桦（*Betula armandi*）、白桦（*Betula platyphylla*）、黑桦（*Betula dahurica*）、蒙古栎（*Quercus mongolica*）、山杨（*Populus davidiana*）、甜杨（*Populus suaveolens*）、钻天柳（*Chosenia arbutifolia*）；灌木主要有越橘（*Vaccinium vitis-idaea*）、笃斯越橘（*V. uliginosum*）、杜香（*Ledum palustre*）和杜鹃（*Rhododendron simsii*）等，但受小兴安岭-长白山森林植物区系的影响，如紫椴（*Tilia amurensis*）、水曲柳（*Fraxinus mandshurica*）及黄菠萝（*Phellodendron amurense*）等典型树种在该区也有分布。

研究地位于大兴安岭松岭区南瓮河森林生态定位站管辖范围内，该站位于大兴安岭林区东南部，伊勒呼里山南麓，松岭区境内，北以伊勒呼里山为界，东到二根河，南以松岭同加格达奇林业局界为准。地理坐标为东经 125°07′55″～125°50′05″，北纬 51°05′07″～51°39′24″。该区总面积为 229 523hm²，全部为国有林地。海拔为 500～800m，属低山丘陵地带，河谷宽阔。气候属于寒温带大陆性季风气候，年平均气温为-3℃，极端最低温度为-48℃。年日照时数为 2500h，无霜期为 90～100 天，年降水量为 500mm。该地区地带性土壤为棕色针叶林土。植被属于南部蒙古栎-兴安落叶松林区，主要有兴安落叶松（*Larix gmelinii*）、白桦（*Betula platyphylla*）、蒙古栎（*Quercus mongolica*）、樟子松（*Pinus sylvestris* var. *mongolica*）、黑桦（*Betula dahurica*）、毛赤杨（*Alnus sibirica*）、山杨（*Populus davidiana*）、兴安杜鹃（*Rhododendron dauricum*）、赤杨（*Alnus japonica*）、胡枝子（*Lespedeza bicolor*）、黄刺玫（*Rosa xanthina*）、绣线菊（*Spiraea salicifolia*）、杜香（*Ledum palustre*）、笃斯越橘（*V. uliginosum*）、毛榛（*Corylus mandshurica*）、刺五加（*Acanthopanax senticosus*）、舞鹤草（*Maianthemum bifolium*）、苔草（*Carex ussuriensis*）、早熟禾（*Poa annua*）、鹿蹄草（*Pyrola rotundifolia*）、大叶章（*Deyeuxia langsdorffii*）、七瓣莲（*Trientalis europaea*）、四叶重楼（*Paris quadrifolia*）、小叶章（*Calamagrostis angustifolia*）、蚊子草（*Filipendula palmate*）等。2006 年 4 月大兴安岭地区松岭区砍都河 '798' 高地因雷击发生森林火灾，火场总面积为 12 万～15 万 hm²，林地过火面积超过 5 万 hm²，本研究样地位于火场区域内。

（二）样地设置

选取 2006 年 4 月重度、中度和轻度 3 种不同强度火干扰迹地，以临近未火干扰样地作为对照样地，每种强度火干扰区设置 3 块面积为 20m×30m 的标准样地，共计 9 块，同样对照样地也设置 3 块同样大小的样地。利用对照样地土壤呼吸速率数据估算大兴安岭兴安落叶松林非生长季土壤呼吸速率的大小。重度火干扰区林木死亡率为 88.04%，林下灌木全部烧毁，枯枝落叶层和半腐层全部烧掉，树干熏黑高度平均为 5.86m。中度火干扰区林木死亡率为 64.60%，枯枝落叶层和半腐层烧掉，半腐层以下颜色不变，树干熏黑高度平均为 2.32m。轻度火干扰区林木死亡率为 39.91%，林下灌木 25.0%烧毁，树干熏黑高度平均为 1.45m。火干扰前的林分类型为杜鹃-兴安落叶松林，中龄林。样地基本状况及植被组成见表 3-15。

表 3-15　样地基本状况及植被组成

样地类型	坡度/(°)	坡向	海拔/m	土壤厚度/cm	主要乔木树种	主要灌木、草本
对照	0~5	东	479	50~60	落叶松*，白桦	杜鹃*，笃斯越橘，四叶重楼，鹿蹄草，七瓣莲，蕨
重度	10~20	西南	458	30~40	落叶松，白桦	胡枝子，笃斯越橘，杜鹃，小叶章
中度	5~15	西	462	30~45	落叶松*，白桦	杜鹃*，笃斯越橘，悬钩子，绣线菊
轻度	0~8	西北	452	40~60	落叶松*，白桦	杜鹃*，毛榛子，黄刺玫，舞鹤草，鹿蹄草，蕨

*为该样地优势种

（三）土壤呼吸速率的测定

土壤呼吸速率（R_s）利用 Li-8100-103 便携测量室连接到 Li-8100 土壤碳通量自动测量系统（LI-COR Inc.，NE，USA）进行测定。2011 年 10 月初，在每个样地内随机搭建 3 个塑料小棚进行遮雪处理（小棚两端通风，采用透光性较好的塑料布材料，保证小棚内地表能接受到最大阳光，并使小棚在整个冬季一直保持地表裸露，棚内积雪及时清理，目的是测定在无积雪覆盖情况下的土壤呼吸速率），棚高 1.5m，大小为 2m×2m，并在每个小棚的中间布置 1 个内径为 19cm、高为 7cm的 PVC 土壤呼吸环。将 PVC 土壤呼吸环的一端削成楔形，压入土中，减少布置土壤呼吸环时对土壤的镇压作用，每个土壤呼吸环露出地面的高度为 2~3cm，并保持土壤呼吸环在整个测定期间位置不变。在土壤呼吸环全部布置完毕 24h 后进行第一次测定。测定时，在样地内没有搭建小棚的地方随机选取未经过人为干扰的 5 个点进行积雪覆盖条件下的土壤呼吸速率测定，在测定时将事先做好的土壤呼吸环固定框架（采用薄木板和纱窗钉制而成，大小为 80cm×80cm，将土壤呼吸环固定在框架的中间，以防止在安放气室时对雪产生干扰）放置在雪的表面，并尽量减小对雪的扰动。每块样地测 8 个点：积雪覆盖条件下 5 个点，3 个小棚内各一个点。本研究测定时间为 2011 年 11 月至 2012 年 4 月的林木非生长时期，每个月测定一次，其中 4 月为土壤解冻时期，每 10 天测定一次，共 8 次，每次测定时间为 9:00~11:00。

测定塑料小棚外土壤呼吸速率的同时，在土壤呼吸环附近测定雪的厚度、雪的质量、地下 5cm 深处的温度。其中雪的质量用 1 个内径为 19cm 的 PVC 塑料圆筒、小铲、电子秤测定，取样时，将圆筒垂直向下插入雪中，直到地面，然后拨开圆筒一边的雪，把小铲插到圆筒底沿下面，连同圆筒一起拿起，再将圆筒翻转将圆筒内的雪倒入塑料袋内，用电子秤称量雪的质量；雪的厚度是从积雪表面到地面的垂直深度，利用塑料直尺直接测量（陈爱京等，2011）；地下 5cm 深处的温度利用 JM624 便携式数字温度计（分辨率为 0.1℃，量程为–50～199℃）测量。测定小棚内土壤呼吸速率的同时测定地下 5cm 深处的温度，方法同上。

（四）数据处理

利用 SAS 9.2 统计软件（SAS Institute Inc.，Cary，NC，USA）对数据进行处理和分析，分别运用 PROC MEANS 过程、PROC CORR 过程计算数据的描述性统计量、相关系数和协方差，并运用 Glm 过程和 Anova 过程、Glm 过程和 Nlin 过程进行方差分析和回归分析。

为了消除不同积雪深度条件下积雪密度不同导致的误差，引入气象学中雪水当量的概念，并用雪水当量代替积雪密度分析土壤呼吸速率与积雪的关系（Boone et al.，1998）。

$$\rho_s = \frac{M_s}{d} \tag{3-5}$$

$$W = \int_0^d \rho_s dz \tag{3-6}$$

式中，M_s 为雪的质量（g）；ρ_s 为雪的密度（g/mm^3）；d 为雪的厚度（mm）；W 为雪水当量（mm）；dz 指微分。

非生长季土壤呼吸速率与地下 5cm 温度之间的关系利用 Weibull 分布、正态分布、指数分布等进行拟合，并运用回归拟合统计量残差均方（MSE）、判定系数（R^2）、残差分析等比较各模型的拟合优度，得出能较好地反映土壤呼吸速率与地下 5cm 温度之间关系的指数分布模型。土壤呼吸速率与地下 5cm 温度之间关系的回归模型为

$$R_s = \beta_0 e^{\beta_1 T} \tag{3-7}$$

式中，R_s 为土壤呼吸速率[μmol/（m^2·s）]；T 为地下 5cm 温度（℃）；β_0 和 β_1 为回归系数。

土壤呼吸速率对温度的敏感性通常用 Q_{10} 来描述，Q_{10} 是土壤温度增加 10℃ 所造成的呼吸速率改变的商，定义如下：

$$Q_{10} = \frac{R_{T_0+10}}{R_{T_0}} \tag{3-8}$$

式中，R_{T_0} 和 R_{T_0+10} 分别是参比温度 T_0 和温度为（T_0+10）℃时的呼吸速率。当温度和土壤呼吸之间的关系用一个指数函数拟合时，Q_{10} 就可以通过式（3-7）中的系数 β_1 估计出来（唐燕飞等，2008）：

$$Q_{10} = e^{10\beta_1} \qquad\qquad (3-9)$$

土壤呼吸速率与地下 5cm 温度和雪水当量交互作用之间关系的回归模型为

$$R_s = \beta_0 + \beta_1 T + \beta_2 W + \beta_3 T \times W \qquad\qquad （3-10）$$

式中，R_s、T、W 同上；β_0、β_1、β_3 为回归系数。

五、大兴安岭兴安落叶松林非生长季土壤呼吸速率的特征

（一）非生长季土壤呼吸的特征

如图 3-9 所示，大兴安岭兴安落叶松林非生长季土壤呼吸速率随着时间变化的表现：降低（11 月至翌年 1 月）→平稳变化（1 月至 3 月）→上升（3 月上旬至 4 月上旬），变化规律基本呈单谷趋势。土壤呼吸速率最小值出现在 2 月，为 0.03μmol/（m²·s），且在 1~3 月这段时期内，土壤呼吸速率变化较小，变化范围为 0.03~0.046μmol/（m²·s），最大值出现在 4 月中旬，为 1.088μmol/（m²·s），4 月中旬至 4 月下旬土壤呼吸速率略有减小，出现这种现象可能的原因：进入 3 月以后，冬季积雪逐渐融化，4 月中旬以前积雪已全部融化，春季大兴安岭地区降水较少，土壤比较干燥，土壤湿度减小，影响了植物根系及土壤中微生物的活性，从而使土壤呼吸速率略有降低。

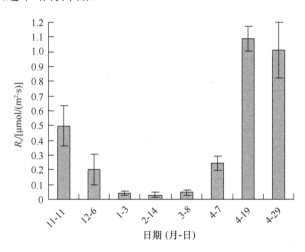

图 3-9　非生长季土壤呼吸速率动态特征

如图 3-10 所示，大兴安岭兴安落叶松林非生长季地下 5cm 温度变化范围为 –11.2~0.3℃，且随着时间变化的表现为：先降低后升高，最后呈平稳升高的趋势。土壤温度最低值出现在 2 月，为–11.2℃，11 月、4 月中旬及 4 月下旬土壤温度在 0℃左右，4 月中旬至 4 月下旬土壤温度升高趋势较平缓。本研究只对样地中有积

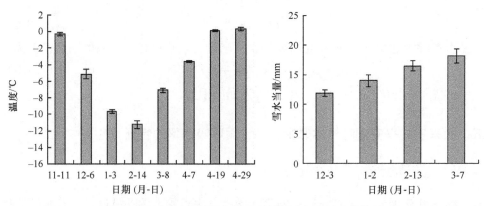

图3-10 非生长季地下 5cm 温度和雪水当量动态特征

雪覆盖的时期（12月上旬至翌年3月上旬）进行了雪水当量的测算，其他时期样地中无积雪，未能测得。大兴安岭兴安落叶松林在实验期间雪水当量随着时间变化呈增加趋势，12月雪水当量最小，为11.9mm，3月达18.2mm。

（二）土壤呼吸速率与环境因子之间的关系

大兴安岭兴安落叶松林非生长季土壤呼吸速率与环境因子之间具有极显著的相关性（$P<0.01$），土壤呼吸速率与地下 5cm 温度、雪水当量及两者交互作用关系的回归方程的判定系数 R^2 分别为 0.933、0.72 和 0.622，土壤呼吸速率与环境因子之间的回归模型如表 3-16 所示。

表3-16 非生长季土壤呼吸速率与地下 5cm 温度（T）、雪水当量（W）及地下 5cm 温度（T）与雪水当量（W）交互作用之间的关系

环境因子	土壤呼吸速率与环境因子之间的关系		
	回归模型	R^2	P
T	$R_s=0.8608e^{0.3940T}$	0.933	<0.01
W	$R_s=12.6194e^{-0.3638W}$	0.72	<0.01
$T\times W$	$R_s=0.9040+0.0888T-0.0457W-0.0047TW$	0.622	<0.01

六、大兴安岭兴安落叶松林非生长季土壤呼吸对火干扰的响应

（一）不同强度火干扰的积雪条件下非生长季土壤呼吸速率的特征

1. 土壤呼吸速率、土壤温度及雪水当量的动态特征

如图 3-11 所示，不同强度火干扰下非生长季土壤呼吸速率随时间变化呈现相似的变化趋势，表现为降低（11月至翌年1月）→平稳变化（1月至3月）→上升（3月上旬至4月上旬），且在1~3月这段时期内，土壤呼吸速率变化较小，

变化范围为 0.01~0.06μmol/（m²·s），对照样地、重度样地、中度样地和轻度样地的平均土壤呼吸速率分别为 0.039μmol/（m²·s）、0.021μmol/（m²·s）、0.038μmol/（m²·s）和 0.049μmol/（m²·s）。

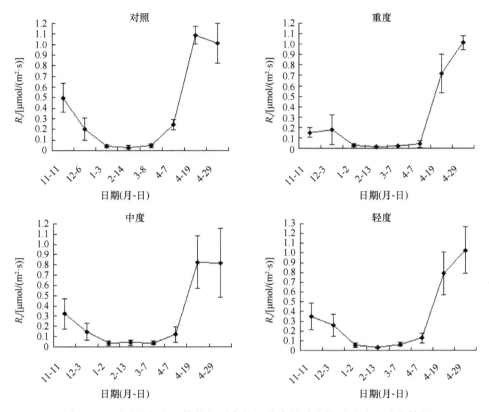

图 3-11　不同强度火干扰的积雪条件下非生长季土壤呼吸速率动态特征

4 月上旬至 4 月中旬土壤呼吸速率急剧增大，对照样地、重度样地、中度样地和轻度样地的土壤呼吸速率分别由 0.24μmol/(m²·s)、0.04μmol/(m²·s)、0.12μmol/(m²·s) 和 0.13μmol/（m²·s）增加到 1.09μmol/(m²·s)、0.72μmol/（m²·s）、0.83μmol/（m²·s）和 0.79μmol/（m²·s），大约分别增加了 4.5 倍、18 倍、6.9 倍和 6.1 倍，其中变化趋势由大到小的顺序依次为重度样地＞中度样地＞轻度样地＞对照样地（P＜0.05）。就不同强度火干扰下整个非生长季测定结果来看，各样地土壤呼吸速率大致表现为对照样地＞轻度样地＞中度样地＞重度样地（P＜0.01），其土壤呼吸平均速率分别为 0.39μmol/(m²·s)、0.34μmol/(m²·s)、0.29μmol/(m²·s) 和 0.27μmol/(m²·s)。

如图 3-12 所示，在不同强度火干扰下，非生长季地下 5cm 温度变化范围为 −15.4~2.0℃，且随着时间变化的表现：先降低后升高，最后呈平稳变化的趋势。

温度最低值均出现在 2 月，对照样地、重度样地、中度样地和轻度样地地下 5cm 温度分别为–11.2℃、–15.4℃、–14.4℃和–10.5℃。在 11 月至翌年 4 月上旬这段时期内，地下 5cm 温度从高到低的顺序依次为对照样地＞轻度样地＞中度样地＞重度样地（$P<0.01$）。4 月上旬以后，随着火干扰强度不同温度增加速率也不同：重度样地地下 5cm 温度增温较快，而对照样地地下 5cm 温度要低于不同强度火干扰下样地的温度。

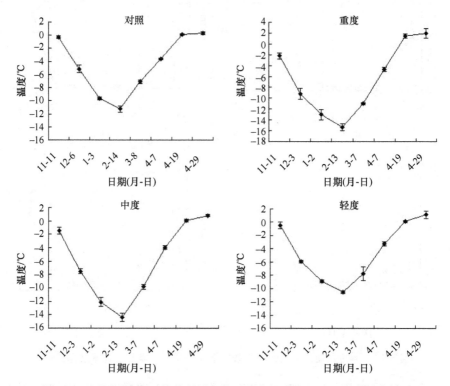

图 3-12　不同强度火干扰的积雪条件下非生长季地下 5cm 温度动态特征

本实验只对样地中有积雪覆盖的时期（12 月上旬至翌年 3 月上旬）进行雪水当量的测算，其他时期样地中无积雪，未能测得。如图 3-13 所示，不同强度火干扰样地中雪水当量随着时间变化呈增加趋势，雪水当量的变化范围为 11.9～18.9mm，最小值出现在 12 月，最大值出现在 3 月，且同一月份不同强度火干扰样地中雪水当量变化的差异不显著（$P>0.05$）。

2. 土壤呼吸速率与环境因子之间的关系

不同强度火干扰下，非生长季土壤呼吸速率与地下 5cm 温度具有极显著的相关性（$P<0.01$）（表 3-17），判定系数 R^2 为 0.862～0.933，除对照样地 R^2 为 0.933

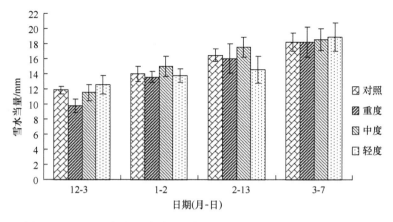

图 3-13　不同强度火干扰的积雪条件下非生长季雪水当量动态特征

表 3-17　不同强度火干扰的积雪条件下非生长季土壤呼吸速率与地下 5cm 温度（T）、雪水当量（W）及地下 5cm 温度（T）与雪水当量（W）交互作用之间的关系

火干扰强度	土壤呼吸速率与环境因子之间的关系		
	回归模型	R^2	P
对照	$R_s=0.8608e^{0.3940T}$	0.933	<0.01
	$R_s=12.6194e^{-0.3638W}$	0.720	<0.01
	$R_s=0.9040+0.0888T-0.0457W-0.0047TW$	0.622	<0.01
重度	$R_s=0.4924e^{0.2816T}$	0.894	<0.01
	$R_s=0.8909e^{-0.1985W}$	0.470	<0.01
	$R_s=1.0353+0.0777T-0.0536W-0.0042TW$	0.531	<0.01
中度	$R_s=0.6631e^{0.3373T}$	0.865	<0.01
	$R_s=6.7184e^{-0.3338W}$	0.859	<0.01
	$R_s=0.8380+0.0650T-0.0452W-0.0037TW$	0.633	<0.01
轻度	$R_s=0.6476e^{0.2989T}$	0.862	<0.01
	$R_s=37.1189e^{-0.4359W}$	0.641	<0.01
	$R_s=1.2840+0.1257T-0.0582W-0.0059TW$	0.741	<0.01

外，火干扰样地的 R^2 随着火干扰强度的增强而增大，重度样地、中度样地和轻度样地的 R^2 分别为 0.894、0.865 和 0.862。

非生长季土壤呼吸速率与雪水当量也存在极显著的相关性（$P<0.01$），但拟合得出的指数方程的 R^2 要小于其与地下 5cm 温度拟合的 R^2，变化范围为 0.470～0.859，拟合方程优度从大到小依次为中度样地＞对照样地＞轻度样地＞重度样地，其 R^2 分别为 0.859、0.720、0.641 和 0.470。

温度和雪水当量的交互作用与非生长季土壤呼吸速率也具有极显著的相关性（$P<0.01$），对照样地、重度样地、中度样地和轻度样地拟合得出的回归方程的判定系数分别为 0.622、0.531、0.633 和 0.741，但不同强度火干扰样地拟合的方程

中温度和雪水当量的交互作用没有单个环境因子对方程的贡献大，即与温度和雪水当量的交互作用的关系不显著（$P > 0.05$）。

（二）不同强度火干扰的遮雪条件下非生长季土壤呼吸速率的特征

1. 土壤呼吸速率和土壤温度的动态特征

如图 3-14 所示，在不同强度火干扰的遮雪条件下，随着时间的变化土壤呼吸速率的总体变化趋势与不同强度火干扰下土壤呼吸速率的变化趋势相似，也表现为先降低（11 月至翌年 1 月上旬），然后保持平稳变化（1 月上旬至 3 月上旬），最后再升高（3 月上旬至 4 月下旬），但在同一月份，不同强度火干扰样地的土壤呼吸速率变化较复杂，没有一定的规律性。4 月上旬至 4 月中旬土壤呼吸速率急剧增大，对照样地、重度样地、中度样地和轻度样地的土壤呼吸速率分别由 $0.30\mu mol/(m^2 \cdot s)$、$0.23\mu mol/(m^2 \cdot s)$、$0.17\mu mol/(m^2 \cdot s)$ 和 $0.23\mu mol/(m^2 \cdot s)$ 增加到 $0.68\mu mol/(m^2 \cdot s)$、$0.91\mu mol/(m^2 \cdot s)$、$0.96\mu mol/(m^2 \cdot s)$ 和 $0.50\mu mol/(m^2 \cdot s)$，

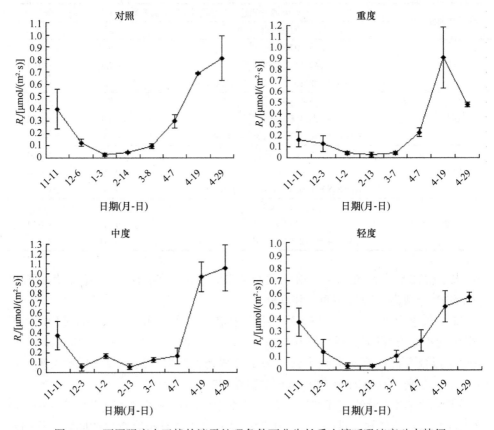

图 3-14　不同强度火干扰的遮雪处理条件下非生长季土壤呼吸速率动态特征

大约分别增加了 2.3 倍、4.0 倍、5.6 倍和 2.2 倍。1 月上旬至 3 月上旬土壤呼吸速率的变化范围为 0.02～0.17μmol/（m²·s），波动较大。就整个非生长季来说，不同强度火干扰的遮雪条件下平均土壤呼吸速率由大到小的顺序为中度样地＞对照样地＞轻度样地＞重度样地（$P<0.01$）。

如图 3-15 所示，在不同强度火干扰的遮雪条件下，非生长季地下 5cm 温度呈先急剧降低再升高的变化趋势，变化范围为–18.4～2.5℃，除对照样地温度最低值出现在 2 月外，3 种不同强度火干扰样地温度最低值均出现在 1 月上旬。在 11 月至翌年 4 月上旬这段时期内，不同强度火干扰的遮雪条件下地下 5cm 温度由高到低的顺序为对照样地＞轻度样地＞中度样地＞重度样地（$P<0.01$）。4 月上旬以后，不同强度火干扰样地增温速率要快于对照样地，且火干扰强度越大增温越快。4 月下旬，地下 5cm 温度由高到低顺序为重度样地＞中度样地＞轻度样地＞对照样地（$P<0.01$）。

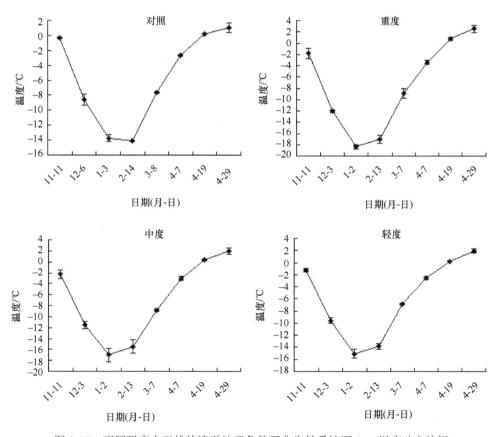

图 3-15　不同强度火干扰的遮雪处理条件下非生长季地下 5cm 温度动态特征

2. 土壤呼吸速率与土壤温度之间的关系

在不同强度火干扰的遮雪条件下，土壤呼吸速率与地下 5cm 温度之间具有极显著的相关性（$P<0.01$），判定系数由大到小的顺序依次为对照样地＞轻度样地＞中度样地＞重度样地，其判定系数分别为 0.957、0.949、0.942、0.752，回归方程如表 3-18 所示。

表 3-18   不同强度火干扰的遮雪处理条件下非生长季土壤呼吸速率与温度之间的关系

火干扰强度	土壤呼吸速率与环境因子之间的关系		
	回归模型	R^2	P
对照	$R_s=0.5827e^{0.2631T}$	0.957	<0.01
重度	$R_s=0.4526e^{0.1468T}$	0.752	<0.01
中度	$R_s=0.6940e^{0.2530T}$	0.942	<0.01
轻度	$R_s=0.4319e^{0.1623T}$	0.949	<0.01

3. 不同强度火干扰下非生长季土壤呼吸速率的温度敏感性

土壤呼吸速率温度敏感性指数 Q_{10} 是反映土壤呼吸对温度变化敏感性的重要指标。通过拟合得到的土壤呼吸速率回归方程式（3-7），以及较普遍使用的 Q_{10} 值计算公式式（3-9），计算得出不同强度火干扰样地的 Q_{10} 值，由大到小依次为对照样地＞中度样地＞轻度样地＞重度样地，其 Q_{10} 值分别为 51.42、29.17、19.87 和 16.71。

七、讨论

（一）不同强度火干扰对非生长季土壤呼吸速率的影响

已有研究表明，非生长季森林生态系统土壤呼吸速率为 0.15～0.67μmol/（m²·s）（Liptzin et al.，2009；Suzuki et al.，2006；Monson et al.，2005；Sommerfeld et al.，1996；Mcdowell et al.，2005）。本研究中，对照样地土壤呼吸速率在 1～3 月较低，变化范围仅为 0.01～0.06μmol/（m²·s），在 4 月上旬至 4 月中旬土壤解冻时期，土壤呼吸速率急剧增大，最大增加倍数甚至达 18 倍，原因可能是随着温度的升高，地下生命活动开始活跃起来。整个非生长季平均土壤呼吸速率为 0.39μmol/（m²·s）。而在不同强度火干扰下，同一地点生长季火干扰样地土壤呼吸速率变化范围为 4.64～5.13μmol/（m²·s），且均小于对照样地土壤呼吸速率（Tan et al.，2012）。同时研究发现，不同强度火干扰下非生长季土壤呼吸速率变化范围为 0.27～0.34μmol/（m²·s），且随着火干扰强度的增大而减小，重度样地、中度样地和轻度样地非生长季土壤呼吸速率平均分别为 0.27μmol/（m²·s）、0.29μmol/（m²·s）

和 0.34μmol/（m^2·s），但均小于对照样地平均土壤呼吸速率[0.39μmol/（m^2·s）]，原因可能为火干扰使过火样地植被、枯枝落叶层及腐殖质层部分或全部烧毁，降低了植物根系呼吸及异养呼吸对土壤总呼吸的贡献，使得火干扰样地土壤呼吸速率减小（O'Neill et al.，2002；Britta and Hooshang，2001）。

（二）温度对非生长季土壤呼吸速率的影响

在生长季节，土壤温度和土壤含水率及土壤温度与土壤含水率的交互作用是影响土壤呼吸速率的主要因子（Grogan and Mattew，2002；Wang et al.，2006；Tedeschi et al.，2006），而在非生长季节，土壤温度是影响土壤呼吸的主要环境因子（Tang et al.，2006；周非飞等，2009）。从回归方程可以看出，本研究中土壤温度对不同强度火干扰下土壤呼吸速率也具有极显著的影响，土壤呼吸速率与土壤温度呈显著的指数相关性。在1～3月这段时期内，土壤温度的变化范围为-8.9～-15.4℃，而土壤呼吸速率的变化范围仅为 0.01～0.06μmol/（m^2·s），变化范围非常小，且土壤呼吸速率大小不受火干扰强度的影响，与对照样地土壤呼吸速率波动趋势相似，可能是因为当土壤温度低于-5℃时，非生长季土壤呼吸主要来自土壤中异养微生物呼吸（Brooks et al.，1997），其他土壤呼吸类型受到低温的极大限制，而异养微生物在低温条件下仍能保持很高的活性（Monson et al.，2006b；Haei et al.，2011）。与对照样地相比，火干扰样地冬季同一时期土壤温度略低，而在积雪融化及土壤解冻过程中，火干扰样地土壤温度的增温要快于对照样地，且火干扰强度越强温度增加越多，原因可能是火干扰使土壤裸露，在光照下容易升温。

全球年均的土壤呼吸温度敏感性指数 Q_{10} 为 2.4，在生长季节 Q_{10} 最大为 9，而在寒冷条件下可达 60～200（Mikan et al.，2002），本研究对照样地 Q_{10} 最大，高达 51.42，火干扰下的 Q_{10} 要小于未被火干扰下的 Q_{10}，重度样地、中度样地、轻度样地的 Q_{10} 分别为 16.71、29.17 和 19.87，表现为中度样地＞轻度样地＞重度样地。与很多研究（Davidson et al.，2006；Wang et al.，2010；Brooks et al.，2011）一样，非生长季的 Q_{10} 较生长季的 Q_{10} 高，出现这种现象的原因可能是在寒冷条件下土壤中可自由移动的液态水的含量极小，限制了土壤中异养微生物的呼吸作用（Monson et al.，2006a；Brooks et al.，2011），从而使得土壤呼吸温度敏感性增大。

（三）积雪对非生长季土壤呼吸速率的影响

积雪也是影响非生长季土壤呼吸速率的重要因子，雪覆盖能有效地提高土壤温度（Tang et al.，2006；周非飞等，2009），对比本研究积雪条件和遮雪处理条件下的土壤温度可知：从进入冬季到积雪融化前这段时期内，不同强度火干扰样地土壤温度在积雪条件下比遮雪处理条件下平均高 2.5℃，最大时可达 6.1℃，土壤呼吸速率平均高 0.03μmol/（m²·s），最大时达 0.30μmol/（m²·s）。在积雪融化以后，遮雪处理条件下土壤温度比积雪条件下土壤温度升温更快，而且增温速率随着火干扰强度的增强而增大。遮雪处理条件下土壤呼吸速率与积雪条件下土壤呼吸速率相比规律性更差，主要表现为同一时期内不同强度火干扰样地土壤呼吸速率没有一定的变化规律，而在积雪条件下各样地土壤呼吸速率大致表现为对照样地＞轻度样地＞中度样地＞重度样地。

第五节　火干扰对短期土壤呼吸及其空间异质性的影响

一、引言

近年来，全球气候正经历着显著的变化，对生态系统的碳循环及人类活动产生了强烈的影响。同时研究表明，化石燃料燃烧所导致的碳排放将会使全球气温在未来几十年甚至几百年内持续升高（Solomon et al.，2009）。土壤作为全球气候变化的记录者，全球气候变化将通过土壤有机碳的动态变化对陆地生态系统产生巨大的影响（Hassol and Susan，2004）。其中，土壤呼吸（soil respiration）作为生态系统碳循环的一个重要组成部分（Borken et al.，2002b），包括植物根系、土壤微生物、菌根呼吸作用。研究表明，土壤主要通过呼吸将大量的碳释放到大气中，成为陆地生态系统碳通量输出到大气中的主要途径，是全球碳平衡的主要分量之一（Buchmann，2000；Schlesinger and Andrews，2000），约占全球 CO_2 交换量的25%（Bouwmann and Germon，1998），每年通过土壤呼吸作用释放到大气中的 CO_2 是全球化石燃料释放的碳量的 10 倍（Schlesinger，1997；Rastogi et al.，2002；Davidson et al.，2006）。因此，土壤呼吸的变化在全球碳平衡中起着重要的作用。森林生态系统为陆地生态系统的重要组成部分，北方森林生态系统碳储量较高，目前估计占全球碳储量的 1/3～1/2，含 200～500Gt 的碳，在全球碳库中占有重要地位（Lehner and Doll，2004）。此外，地处高纬度地区的北方森林生态系统对气候变化非常敏感，将面临着最明显的气候变化影响（Piao et al.，2008；McGuire et al.，2009）。北方森林生态系统作为严重森林火灾的高发、频发区域，给研究全球碳平衡的变化带来了许多不确定的因素（French et al.，2004）。主要来自于高纬度地区土壤自身性质的差异的不确定因素，以及火作为一种烈性因子所导致的火后环境条件变化的不确定性，森林中的野火随风向、地形、可燃物底物供应状况所导致的火行为的异质性等（Hinzman et al.，2003；Kasischke et al.，2005b；Rocha and Shaver，2011），都会造成火干扰后森林内的主要环境因子如土壤温度、土壤含水率、土壤微生物的活性及植物根系的分布状况发生显著的变化，从而对土壤呼吸的变化产生不可估量的影响，并且这种影响在火后将持续很长一段时间（Flannigan et al., 2009; O'Neill et al., 2002）。因此，建立基于火干扰条件的土壤呼吸短期模型和量化火干扰后土壤呼吸空间异质性的变化对未来准确估计北方地区火干扰后土壤碳的释放量具有重要的指导意义。

二、研究目标和内容

本研究选择大兴安岭地区的典型森林类型（白桦林、兴安落叶松林）作为研究对象，系统深入地研究这一地区典型森林类型火干扰后短期土壤呼吸的动态变化规律，火干扰后土壤碳输出过程的影响机理及对环境因子的响应，深入分析火干扰后土壤呼吸的空间变异规律及火干扰对土壤呼吸及其影响因子的影响，从而为建立该区域基于火干扰条件的碳循环模型提供数据基础。

具体实验目标如下。

（1）探究自然条件下大兴安岭典型森林类型火干扰后土壤呼吸的动态变化规律，并选择同一区域未火干扰样地作为对照样地进一步分析火干扰对这一地区典型森林类型土壤呼吸的短期影响。

（2）在已经设定的样地内量化、分离土壤呼吸的组分，进一步分析火干扰后土壤呼吸中异养呼吸与自养呼吸的变化状况。

（3）探究火干扰后短期土壤呼吸的影响因子。连续观测样地地下 5cm 土壤温度和含水率的变化状况，通过相关性分析、回归分析等统计学方法探究火后短期土壤呼吸各组分的影响因子并建立模型。

（4）探究研究区域内火干扰前后土壤呼吸的空间变异特征。利用传统统计学和地统计学分析方法对这一地区火干扰前后土壤呼吸及其影响因子的空间异质性进行量化分析。

（5）比较火干扰前后土壤呼吸地统计学参数，确定火干扰前后土壤呼吸及其影响因子的空间变异程度，确定火干扰前后这一地区样地的土壤呼吸合理取样点数。

三、实验设计与方法

（一）漠河样地概况

本实验样地位于黑龙江省漠河县内的古莲林场，该地区位于大兴安岭北麓，黑龙江上游南岸，地理坐标为北纬 52°10′～53°33′，东经 124°07′～124°20′，是中国纬度最高的县。该地区北端毗邻西伯利亚地区，属于温带大陆性季风气候，冬季处在极地大陆性气团的控制下，寒冷干燥。夏季受副热带海洋气团的影响，降水集中，雨量充沛，气候湿热。该地区全年平均气温在–5.5℃，气温年较差为 49.3℃，全年平均无霜期为 86.2 天，年平均降水量为 460.8mm。该实验区域土壤以地带性针叶林土为主,同时这一地区具有较深的永冻土层,存在一定程度的潜育化现象。本实验样地中主要乔木树种为兴安落叶松(*Larix gmelinii* Rupr.)和白桦(*Betula platyphylla* Suk.),主要灌木、草本为柴桦(*Betula fruticosa* Pall.)、笃斯越橘(*V. uliginosum* Linn.)、杜香(*Ledum palustre* L. var. *palustre*)、小叶章(*Deyeuxia angustifolia* Kom.)等。

(二)阿里河样地概况

阿里河林业局属于鄂伦春自治旗,位于呼伦贝尔市东北部,其东与黑龙江省大兴安岭地区加格达奇区为邻,南与乌鲁布铁镇相接,西与吉文镇、甘河镇接壤,北以伊勒呼里山为界与黑龙江省呼玛毗邻。地理坐标为北纬50°04′~50°36′,东经123°43′~123°45′,海拔为500~800m,属低山丘陵地带。该区属于亚温带大陆性季风气候,冬季漫长且寒冷干燥,夏季短暂而湿热,全年平均气温为–1.2℃,年平均降水量为494.8mm,全年平均无霜期为101天。该实验区域地带性土壤为棕色针叶林土。样地中的主要乔木树种为兴安落叶松(*Larix gmelinii* Rupr.),主要灌木树种为胡枝子(*Lespedeza bicolor* Turcz.)、兴安杜鹃(*Rhododendron dauricum* Linn.)、小叶章(*Calamagrostis angustifolia* Kom.)、杜香(*Ledum palustre* L.var.*palustre*)、黄刺玫(*Rosa xanthina* Lindl.)、大叶章(*Deyeuxia langsdorffii*(Link.)Kunth.)等。

(三)样地设置

本研究选择在漠河2012年5月8日过火区域设置实验样地,为使过火区域各方面条件趋于稳定,计划于7月进行样地的设置,分别设置白桦林过火区域样地、兴安落叶松林过火区域样地,选择邻近未过火区域设置为对应的对照样地。分别设置3块20m×20m的标准样地,共计12块。本实验过火区域内火干扰强度较为均一,均为中度火干扰,其中白桦林过火区域样地和兴安落叶松林过火区域样地内林木死亡率分别为35%和40%,枯枝落叶层和半腐殖质层烧毁,半腐殖质层以下颜色不变,树干熏黑高度平均分别为2.1m和2.9m。

土壤呼吸空间异质性的研究于2013年10月在阿里河林业局实验地选择一块面积为50m×50m的中龄兴安落叶松林样地,并在其中选择各林分条件分布均一的位置设置20m×30m的临时样地。在这一样地内根据地统计学分析的要求设置45个土壤呼吸测定点,根据变异函数的计算要求确定土壤呼吸测定点的分布位置,具体分布如图3-16所示(Halvorson et al.,1994;Guo et al.,2002)。阿里河样地在所选取的45个土壤呼吸测定点上布设SH-200 PVC土壤环,在布设PVC土壤环24h后开始进行土壤呼吸测量,在土壤呼吸测量后第二天对所选择的50m×50m实验区域进行计划烧除,在点烧过程中控制计划烧除强度为轻度火干扰，以地表火为主，仅有林下灌木被烧毁，火干扰移除了林分内的部分凋落物。在火干扰 24h 后确保火场条件稳定后开始进行土壤呼吸测量，测量方法与火干扰前相同。空间异质性研究中，土壤呼吸的测定时间将被设置在上午 9:00～11:00，以确保土壤呼吸不受温度随时间变化所带来的影响。

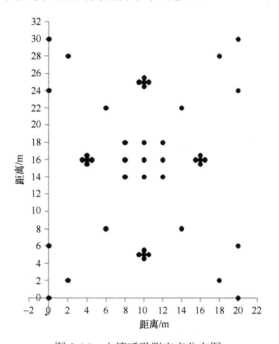

图 3-16　土壤呼吸测定点分布图

（四）土壤呼吸测定

本实验中土壤呼吸速率利用 LI-8100-103 便携测量室连接到 LI-8100 土壤碳通量自动测量系统（LI-COR Inc.，NE，USA）进行测定。

漠河样地于 2012 年 7 月末，在每个样地内部随机设置 5 个内径为 19cm、高为 8cm 的 SH-200 PVC 环。对该环进行加工处理后插入土壤中，将 PVC 环露出土壤 3cm 左右，并确保这个测量过程中 PVC 环位置不发生变化。土壤异养呼吸的测定采用壕沟法（Kuzyakov，2006）。2012 年 7 月末，在距离每块样地 1～1.5m 距离的位置于样地的不同方向设置 3 个 60cm×60cm 的样方。确定样方位置后开始挖壕，挖至土层深度 45～50cm，确保土层下方没有细根存在，同时将样方内的植物根系与挖壕面的联系切断，用双层塑料布沿挖壕面将样方围住，隔离周围根系与样方的接触，将土回填并将挖壕面压实。小心将样方内所有活体植物除去，并将 PVC 环安置在样方中央，方法与样地内设置方法相同。为确保测量数据准确，样地内土壤呼吸环设置 24h 后开始第一次测量，7～11 月，共测量 5 次。土壤异养呼吸需要等到样方内的根系全部死亡方可测量，所以选择从 8 月开始测量，到 11 月，共 4 次，在以后每个月测量时保持样方内没有活体植物存在。

在测定土壤呼吸的同时，用 LI-8100 自带的温度探头（p/n 8100-201）和 ECH20 型 EC-5 土壤水分探头（p/n 8100-202）测定 5cm 处土壤温度（T）和电压值 V_4，并利用仪器所带转化方程将 V_4 值转化为含水率（W）。

（五）数据处理与统计

用 SPSS19.0 统计软件对数据进行处理和分析，分别对数据进行描述性分析、显著性分析、计算相关系数和协方差分析，利用 ANOVA 检验不同组数据均值之间的差异。在这个过程中，分别对土壤呼吸速率与地下 5cm 温度与含水率进行相关性分析，确定显著相关性后，利用指数函数对变量进行方程拟合，然后对拟合方程进行残差检验，观察是否满足统计学要求，从而选择出最优方程。本实验确立了土壤呼吸速率与地下 5cm 温度之间的关系，建立了土壤呼吸速率与地下 5cm 温度之间的回归模型，为

$$R_s = \alpha e^{\beta T} \tag{3-11}$$

式中，R_s 为土壤呼吸速率[μmol/（m²·s）]；T 为地下 5cm 温度（℃）；α 为回归方程截距；β 为指数方程的回归系数。

同时考虑地下 5cm 温度（T）和含水率（W）及两者交互作用时的多元回归方程模型为

$$\ln（R_s） = \alpha + \beta T + \varepsilon W + \omega TW \tag{3-12}$$

式中，R_s 与 T 意义同式（3-11）；W 为地下 5cm 含水率（%）；α 为多元回归方程的截距；β、ε、ω 分别为地下 5cm 温度、含水率、温度与含水率交互作用的回归系数。

地统计学（geostatistics，亦称为地理统计学）是 20 世纪 60 年代由法国著名统计学家 Matheron（1963）创立的一门新的统计学分支，因为这一统计学方法最早应用于采矿学、地质学等地学领域，所以称为地统计学。目前，地统计学已经广泛地应用于土壤、气象、海洋、生态、林业、环境等各个领域。在应用的过程中地统计学工作者不断地对地统计学进行完善，目前将地统计学概念修订为："地统计学是以区域化变量理论为基础，以半变异函数为主要工具，研究在空间分布上既有随机性又有结构性，或具空间相关性和依赖性的自然现象的科学"（侯景儒和郭光裕，1993；Isaaks and Srivastava，1989；王仁铎和胡光道，1988；Webster，1985）。地统计学依赖于统计学方法，但又与经典统计学不完全相同。在生态学领域，传统统计学分析方法认为样本间是相互独立的，而忽略了实验对象对空间环境因素的依赖，鉴于地统计学的特点及其在土壤空间变异和格局中的优越性，20

世纪 80 年代许多生态学者将其引入到生态学领域当中（Phillips，1986；Robertson，1987；Rossi et al.，1992）。地统计学已经为生态学家提供了一条有效的分析和解释空间数据的方法，主要应用于：①生态学变量空间变异的定量描述和解释；②生物特性的估计；③生态学研究对象的时空变化规律分析，不同相关对象的时空动态及耦合关系分析。

本研究的数据在分析过程中主要依据地统计学及变异函数的分析方法，并利用 GS+7.0 计算变异函数主要参数，Surfer8.0 中的克里格制图法（Kriging map）从空间二维角度展现变异函数描述的空间异质性及变量空间分布格局的特点。

1. 变异函数及其理论模型

变异函数是地统计学的基本工具，它既能描述区域化变量的结构性变化，又能描述随机性变化。当区域化变量 $Z(x)$ 满足二阶平稳或内蕴假设的条件时，则将变异函数定义为

$$\gamma(h) = \frac{1}{2N(h)} \sum_{i=1}^{N(h)} [Z(x_i) - Z(x_i + h)]^2 \qquad (3\text{-}13)$$

式中，$\gamma(h)$ 为变异函数；$N(h)$ 为样点个数；h 为两样本间向量；$Z(x_i)$ 与 $Z(x_i+h)$ 分别为 x_i 与 x_i+h 上的观测值[i=1，2，…，$N(h)$]。

研究变量计算所得到的变异函数曲线可用数学模型进行拟合，然而在实际工作中区域化变量的变异往往非常复杂，通常呈现出不同方向或不同层次上的变异性，因此，所采用的拟合理论模型也存在很大的差异。目前所采用的理论模型的分类如表 3-19 所示。

表 3-19　常用理论模型分类

函数类别	函数名称	变异函数模型
有基台值模型	纯块金效应 Pure nugget effect model	$\gamma(h) = \begin{cases} 0, & h = 0 \\ C_0, & h > 0 \end{cases}$
球状模型	Spherical model	$\gamma(h) = \begin{cases} 0, & h = 0 \\ C_0 + C(\frac{3}{2} \cdot \frac{h}{a} - \frac{1}{2} \cdot \frac{h^3}{a^3}), & 0 < h \leqslant a \\ C_0, & h > a \end{cases}$
指数模型	Exponential model	$\gamma(h) = \begin{cases} 0, & h = 0 \\ C_0 + C(1 - e^{-\frac{h}{a}}), & h \geqslant 0 \end{cases}$
高斯模型	Gaussian model	$\gamma(h) = \begin{cases} 0, & h = 0 \\ C_0 + C(1 - e^{-\frac{h^2}{a^2}}), & h > 0 \end{cases}$
线性有基台模型	Linear with sill model	$\gamma(h) = \begin{cases} C_0, & h = 0 \\ Ah, & 0 < h \leqslant a \\ C_0 + C, & h > a \end{cases}$

续表

函数类别	函数名称	变异函数模型
无基台值模型 线性无基台值 模型	Linear without sill model	$\gamma(h)=\begin{cases}C_0, & h=0\\ Ah, & h>0\end{cases}$
幂函数模型	Power model	$\gamma(h)=Ah^{\theta}, 0<\theta<2$
对数模型	Logarithmic model	$\gamma(h)=A\lg h$
孔穴效应模型	孔穴效应（hole effect）值	当变异函数 $\gamma(h)$ 中的 h 大于一定距离以后，变异函数呈现周期性波动的现象；孔穴效应模型同样分为有基台值和无基台值两种，这两种模型都属于线性非平稳假设研究范围

注：C_0 为块金常数；C 为拱高；C_0+C 为基台值；a 为变程；A 为常数，表示直线斜率

在变异函数 $\gamma(h)$ 中，当间隔距离 $h=0$ 时，变异函数所得到的值为块金常数 C_0。C_0 表示由随机部分所引起的空间异质性。C 为拱高，它代表由结构性因素所引起的空间变异性，即非随机因素引起的空间变异性。当变异函数 $\gamma(h)$ 随 h 的增加达到一个相对稳定的数值时，这一常数称为基台值。C_0+C 能够表示系统区域内的最大变异，即 C_0+C 值越大，表示系统区域内观测变量的空间异质性程度越高。块金常数与基台值之比 C_0/C_0+C，可用来估计空间自相关程度的大小。a 为变程，当间隔距离 h 大于 a 后，观测区域系统内将不存在空间相关性。

分维数 D 为双对数直线回归方程的斜率，是一个无纲常数。它与变异函数 $\gamma(h)$ 的关系表示为

$$2\gamma(h)=h^{(4-2D)} \tag{3-14}$$
$$D=(4-m)/2 \tag{3-15}$$

式中，m 为变异函数与抽样间距双对数线性回归方程的斜率。分维数 D 能够反映随机因素所引起的空间变异的大小，D 值越大，则说明随机因素导致的空间异质性所占比例越大，也能够说明所测变量对空间格局变化的依赖性越强，在空间分布上更加复杂。

2. 克里格（Kriging）空间插值

克里格（Kriging）法也称空间局部插值法，是地统计学中两大主要内容之一。它是建立在半变异函数理论基础及结构分析基础上，利用区域化变量的原始数据，在有限区域内对未采样点的区域化变量的取值进行线性无偏最优估值的方法。具体地讲，它的实质是根据待估样点有限邻域内若干已测定的样点数据，在考虑样点的形状、大小和空间相互位置关系，它们与待估样点空间相互位置关系，以及变异函数提供的结构信息之后，对该待估样点值进行的一种线性无偏最优估计。其中普通克里格（ordinary Kriging）方法是对区域化变量进行线性估计，它假设数据变化呈正态分布，认为区域化变量 Z 的期望值是未知的。加权滑动平均值用

于插值，空间数据分析确定权重值（王政权，1999）。

局部插值方法仅仅使用邻近的已知数据点来估计未知点的值，包括以下几个步骤：①定义一个邻域或搜索范围；②搜索落在此邻域范围的未知点；③选择表达这有限个点的空间变化的数学函数；④为落在规则格网单元上的数据点赋值。重复上述步骤直到格网上所有点全部赋值完毕。

克里格法与传统估计的不同在于，克里格插值不仅能够量化已知点的空间相关性，而且能最大限度地利用研究区域已采样的数据，充分考虑临近样点的数据及各样点数据的相互位置关系，用来预测研究区域空间分布的情况。

四、火干扰对大兴安岭典型森林类型土壤呼吸速率的影响

（一）火干扰后短期土壤呼吸速率的动态变化

如图 3-17 所示，在白桦林和兴安落叶松林对照样地和过火区域样地中，火干扰后短期土壤呼吸速率（R_s）的变化呈现出显著的季节动态变化趋势，都随着时间的推移呈现出明显的下降趋势。在白桦林对照样地、白桦林过火区域样地、兴安落叶松对照样地、兴安落叶松林过火区域样地中，R_s 最大值都出现在 7 月，最小值出现在 11 月，最大值分别是最小值的 19.5 倍、16.7 倍、24 倍、18.5 倍。白桦林过火区域样地 R_s 平均值为 2.52μmol/（$m^2 \cdot s$），与之对应的白桦林对照样地 R_s 平均值为 2.82μmol/（$m^2 \cdot s$）。兴安落叶松林过火区域样地 R_s 平均值为 2.50μmol/（$m^2 \cdot s$），与之对应的兴安落叶松对照样地 R_s 平均值为 2.77μmol/（$m^2 \cdot s$）。研究发现，白桦林过火区域样地火干扰后短期土壤呼吸速率与白桦林对照样地相比，平均下降了 11%，其中在 7 月与 8 月过火区域样地 R_s 显著小于对照样地（$P<0.05$）。而 9~11 月 R_s 则不呈现出显著的差异（$P>0.05$）。兴安落叶松林过火区域样地与对照样地相比，火后短期土壤呼吸速率平均降低 10%，其中除 8 月存在显著差异外，其他月份差异性并不显著（$P>0.05$）。

（二）火干扰后短期土壤异养呼吸速率的动态变化

如图 3-18 所示，火干扰后短期土壤异养呼吸（R_h）在两种森林类型中，最大值均出现在 8 月，最小值均出现在 11 月。在白桦林对照样地、白桦林过火区域样地、兴安落叶松对照样地、兴安落叶松林过火区域样地中 R_h 均随时间的变化呈现出显著的动态变化，R_h 最大值分别是最小值的 17.2 倍、14.3 倍、18.6 倍、13.8 倍。白桦林过火区域样地 R_h 平均值为 1.58μmol/（$m^2 \cdot s$），与之对应的白桦林对照样地 R_h 平均值为 1.62μmol/（$m^2 \cdot s$）。兴安落叶松林过火区域样地 R_h 平均值为 1.67μmol/（$m^2 \cdot s$），与之对应的兴安落叶松对照样地 R_h 平均值为 1.56μmol/（$m^2 \cdot s$）。研究发现，两种森林类型 R_h 在 8~11 月内呈现出显著的差异性变化（$P<0.05$），同

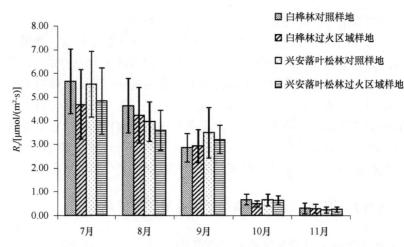

图 3-17 白桦林对照样地、白桦林过火区域样地、兴安落叶松林对照样地、兴安落叶松林过火区域样地火干扰后短期土壤呼吸速率的动态变化

时都在 10 月开始呈现出显著的下降趋势（$P < 0.05$）。但是白桦林和兴安落叶松林过火区域样地 R_h 与对照样地 R_h 相比，每个月份不存在显著的差异（$P > 0.05$）。观察图 3-18 发现，火干扰后短期 R_s 与 R_h 具有明显的同步变化趋势，在森林生长季（8~9 月）火干扰后短期 R_s 要明显大于 R_h（$P < 0.05$），而进入非生长季（10~11 月）后，R_s 与 R_h 之间的差异并不显著（$P > 0.05$）。

（三）火干扰后短期根系呼吸贡献率的估算

对两种林型中对照样地与过火区域样地的根系呼吸贡献率（R_c）（Rayment and Jarvis，2000）在火干扰后的短期动态变化研究发现，白桦林对照样地、白桦林过火区域样地、兴安落叶松林对照样地、兴安落叶松林过火区域样地的 R_c 值变化范围分别为 23.1%~30%、12.5%~25.5%、14.3%~38.9%、10.4%~41.5%。由图 3-19 发现，白桦林对照样地和过火区域样地中 R_c 的变化比较稳定，过火区域样地与对照样地相比每个月份都存在不同程度的降低。兴安落叶松林对照样地与过火区域样地 R_c 在各个月份之间变化波动较大，其中在 10~11 月 R_c 与生长季（8~9 月）相比有所增加，这可能是因为在非生长季里土壤异养呼吸速率（R_h）下降的幅度要大于土壤自养呼吸速率（R_a）。虽然两种林型火干扰后短期内 R_c 均呈现出显著的动态变化，但是两种林型并不存在一致的变化规律。

（四）火干扰后短期土壤呼吸速率与环境因子之间的关系

对火干扰后短期 R_s 和 R_h 与主要的环境因子（包括地下 5cm 温度 T、地下 5cm 土壤含水率 W、T 和 W 的交互作用）进行对数拟合，发现两种林型 R_s 和 R_h 与 T

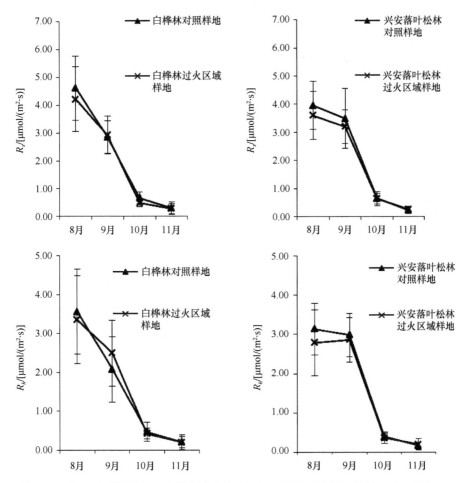

图 3-18 白桦林对照样地、白桦林过火区域样地、兴安落叶松林对照样地、兴安落叶松林
过火区域样地火后短期 R_h 与 R_s 的变化趋势

均呈极显著相关关系，而与 W 及 T 和 W 的交互作用的关系则存在一定的差异（表 3-20）。其中在白桦林对照样地和过火区域样地中，R_s、R_h 与 T、W 及 T 和 W 交互作用均呈显著相关性。兴安落叶松对照样地和过火区域样地中，R_s、R_h 均与 T 和 W 交互作用存在显著相关性，而与 W 均不存在显著的相关性。

利用对数模型对土壤 T 和 W 进行拟合能解释土壤总呼吸速率变化的比例分别为白桦对照样地 83.1%、白桦过火区域样地 86.2%、兴安落叶松对照样地 83.7%、兴安落叶松过火区域样地 88.7%，可以看出解释比例在火干扰后具有不同程度的增加。能够解释 R_h 的比例分别为白桦对照样地 86.2%、白桦过火区域样地 88.6%、兴安落叶松对照样地 88.8%、兴安落叶松过火区域样地 76.1%。

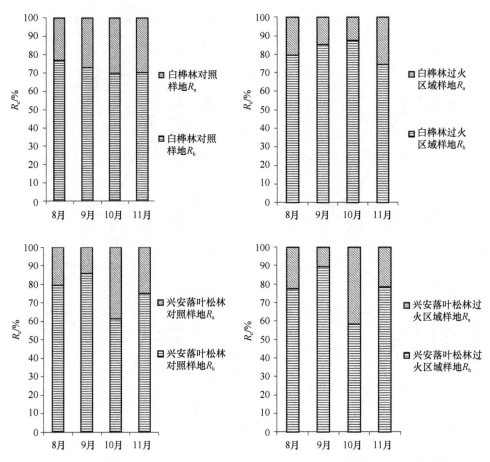

图 3-19　白桦林对照样地、白桦林过火区域样地、兴安落叶松林对照样地、兴安落叶松林过火区域样地火后短期 R_c 的动态变化

表 3-20　白桦样地与落叶松样地火干扰后短期土壤呼吸（R_s）异养呼吸（R_h）与 5cm 温度（T），含水率（W），以及 5cm 温度（T）与含水率（W）交互作用的关系

样地类型	回归方程	R^2	P
白桦林对照样地	$\ln(R_s)=-0.239+0.171T$	0.831	<0.01
	$\ln(R_h)=-0.262+0.139T-0.563W$	0.862	<0.01
白桦林过火区域样地	$\ln(R_s)=-0.739+0.161T$	0.862	<0.01
	$\ln(R_h)=-1.471+0.166T+1.514W$	0.886	<0.01
兴安落叶松林对照样地	$\ln(R_s)=-0.026+0.083T+0.162TW$	0.837	<0.01
	$\ln(R_h)=0.829+0.158T$	0.888	<0.01
兴安落叶松林过火区域样地	$\ln(R_s)=-0.409+0.096T+0.094TW$	0.887	<0.01
	$\ln(R_h)=0.501+0.187T$	0.761	<0.01

注：没有显著贡献的方程项已被省略（$P>0.05$）

（五）火干扰后短期土壤呼吸速率的温度敏感性

土壤呼吸速率温度敏感性指数 Q_{10} 是反映土壤呼吸速率对温度变化敏感性的重要指标。通过拟合得到回归方程 $Q_{10} = e^{10\beta}$（其中 β 为指数方程的回归系数）（Zhou et al.，2009），计算得出两种林型 R_s 的 Q_{10} 分别为：白桦林对照样地 5.53、白桦过火区域样地 5.00、兴安落叶松林对照样地 9.12、兴安落叶松林过火区域样地 5.26；R_h 的 Q_{10} 分别为白桦林对照样地 5.53、白桦林过火区域样地 4.71、兴安落叶松林对照样地 4.85、兴安落叶松林过火区域样地 6.49。

（六）讨论

1. 火干扰对短期土壤呼吸速率的影响

白桦林对照样地与兴安落叶松林对照样地火干扰后短期土壤呼吸速率的变化范围分别为 0.29～5.66μmol/（m²·s）、0.23～5.33μmol/（m²·s），与之相对应的白桦林过火区域样地和兴安落叶松林过火区域样地火干扰后短期土壤呼吸速率的变化范围分别为 0.28～4.67μmol/（m²·s）、0.26～4.82μmol/（m²·s）。本研究结果与张慧东等（2008）对大兴安岭根河地区兴安落叶松土壤呼吸研究的结果基本一致。Tan 等（2012）在大兴安岭南瓮河森林生态定位站测定的兴安落叶松未过火区域对照样地土壤呼吸速率为 2.59～9.33μmol/（m²·s），中等强度过火区域样地兴安落叶松林在火干扰 4 年后土壤呼吸速率为 1.43～7.27μmol/（m²·s），均略高于本实验结果。同时，本研究结果是高纬度地区西伯利亚松土壤呼吸速率 [0.31～1.09μmol/（m²·s）] 的 4～5 倍（Takakai et al.，2008）。Vincent 等（2006）对温带针叶林研究发现，土壤呼吸速率变化范围为 1～10μmol/（m²·s）。本研究结果与其他一些暖温带相同森林类型土壤呼吸速率的变化结果也较为一致（贾淑霞，2006；何娜，2010；孟春等，2011）。

研究发现，火干扰后白桦林与兴安落叶松林中的过火区域样地和对照样地相比土壤呼吸速率分别下降了 11% 和 10%。白桦林和兴安落叶松林对照样地火干扰后短期异养呼吸速率变化范围分别为 0.21～3.56μmol/（m²·s）、0.17～3.14μmol/（m²·s），而对应的白桦林过火区域样地和兴安落叶松林过火区域样地异养呼吸速率变化范围分别为 0.21～3.35μmol/（m²·s）、0.20～2.79μmol/（m²·s）。两种林型当中过火区域样地与未过火区域对照样地的土壤异养呼吸速率相比虽然也出现了小幅度的下降，但是在各个月份当中对照样地火干扰后短期 R_h 与过火区域样地火干扰后短期 R_h 相比差异性并不显著（$P > 0.05$）。以往研究表明，在通常条件下火干扰会降低土壤呼吸速率。Sawamoto 等（2000）对西伯利亚地区土壤呼吸速率研究发现，在火干扰 1～5 年后，土壤呼吸速率下降了 46%～75%，并且火干扰对土壤呼吸速率的影响程度取决于火干扰强度和火干扰持续时间。一些研究者将这归因于火干扰后根系呼吸作用减少。O'Neill 等（2002）在火干扰后 7 年干扰区域样地中发现，虽然火干扰在一些样地中会不同程度地降低土壤呼吸速率，但是在这一地区黑云杉林根系遭到破坏的条件下，由于土壤温度上升和永久冻土层融化，导致活动土层厚度增加，从而造成土壤 CO_2 通量的增加。近几年研究发现，在加拿大北方森林中火干扰后 2 年内土壤呼吸速率并没有明显变化，随后土壤呼吸速率呈下降趋势，到火干扰后第 7 年恢复到火干扰前的水平（O'Donnell et al.，2009）。一些研究发现，火干扰后土壤异养呼吸速率增加，火干扰会造成大量的可燃物分解，导致异养呼吸速率迅速升高，这一现象将会持续 4～5 年（Hiche et al.，2003）。在本研究中，土壤异养呼吸速率在火干扰条件下并没有显著变化（$P>0.05$），这可能是由于火干扰破坏了凋落物层和土壤表面有机质层，从而导致土壤异养呼吸速率在短期内下降，还可能是由时间尺度选择的不同导致的。结合本实验中火干扰后短期 R_c 的变化我们发现，在两种林型中过火区域样地 R_c 均显著低于对照样地 R_c。根据以往研究发现，R_c 的季节动态变化主要受到土壤温度和植被根系物候驱动（Burton et al.，1998；Silvola et al.，1996）。另外，Richter 等（2000b）研究发现，在同一纬度的北方森林中，火干扰后土壤呼吸速率约为未过火区域的一半，其中很大程度上是由土壤自养呼吸速率下降导致的（Massman et al.，2010）。因此，根据目前研究结果推断，火干扰后植物和植物根系遭到破坏是导致这一地区短期土壤呼吸速率下降的一个重要分量之一。

2. 火干扰后短期土壤呼吸速率与土壤温度和含水率的关系

本实验于火干扰后短期开始测定，时间尺度上包括了生长季和非生长季。由以往研究发现，在生长季内土壤温度和含水率及土壤温度与含水率的交互作用是控制土壤呼吸速率的主要环境因子（Högberg，2010；Ruehr et al.，2010），而在非生长季当中，由于土壤含水率变化趋于稳定，土壤温度则是影响土壤呼吸速率的主要环境因子（Tang et al.，2006；周非飞等，2009）。本研究同样考虑到将地下 5cm 温度与含水率及两者交互作用作为主要的环境因子进行分析，研究发现土壤温度和含水率及其交互作用同样是影响火干扰后短期土壤呼吸速率的主要环境因子，但在两种森林类型中的表现略有差异。

其中土壤温度在两种森林类型中的表现较为一致，我们发现在这一地区两种林型土壤呼吸速率的变化趋势与温度变化呈现出较为显著的同步性，同时从统计学数据分析的结果发现，土壤温度能够解释拟合方程的比例均非常高。两种林型中土壤温度对过火区域样地的影响要大于对照样地，这可能是由于火干扰后枯枝落叶层及腐殖质层被除去，土壤表面缺少覆盖物，阳光能够直接照射到土壤表面。与此同时我们还发现，兴安落叶松林样地土壤呼吸速率受到温度的影响要大于白桦林样地，我们判断这同样是两种森林类型土壤呼吸速率对温度响应不同所体现出的差异,兴安落叶松林的叶面积指数要小于白桦林(孟春等,2011),尤其是过火后林火破坏了部分林冠层,使得兴安落叶松林的郁闭度要小于白桦林,这就使得兴安落叶松林更加容易受到温度的影响。

在两种林型内土壤呼吸速率对土壤含水率的响应则体现出一定的差异,在白桦林中火干扰后短期土壤呼吸速率对含水率的响应较为显著,而在兴安落叶松样地中火干扰后短期土壤呼吸与含水率则不存在显著的响应关系。在以往的研究中也同样发现了相似的状况(Rayment and Jarvis,2000;林丽莎和韩士杰,2005;Cooke and Orchard,2008)。在以往的实验中,土壤含水率对土壤呼吸速率的影响存在差异,有的研究认为东北地区雨量丰沛,含水率只有在极端条件下才会成为影响土壤呼吸速率的主要因子,水分对土壤呼吸速率的影响可能是被温度的影响掩盖了(刘颖和韩士杰,2009),同时在不同森林类型及环境条件下土壤呼吸速率与土壤含水率的相关性也存在差异,这可能与根系的自养呼吸作用有关(Zhou et al.,2007),根系呼吸受光合作用底物供应的影响较大,只要是对光合作用产生影响的因素均能够对根系呼吸产生影响(Ekblad et al.,2005;Hogberg et al.,2001)。在这一地区白桦林当中,白桦林根呼吸所占的比例要相对大于兴安落叶松林,这可能是导致这一地区白桦林和兴安落叶松林土壤呼吸速率对土壤含水率响应存在差异的原因之一。

Q_{10} 即温度升高 10℃根呼吸速率增加的倍数,是反映林木根呼吸速率对温度变化敏感性的系数,在生长季中其值为 1.1~10(Ren et al.,2009),而在非生长季寒冷条件下其变化范围很大(Mikan et al.,2002),主要受植物种类、土壤温度、土壤湿度、养分状况和呼吸底物有效性等因子的影响(Sheng et al.,2007)。以往研究发现,火干扰后地表温度升高可能会引起植物根系和土壤微生物中一部分与有氧呼吸有关的酶失活或死亡,从而降低土壤呼吸速率(Luo and Zhou,2006;Rochette et al.,1991,1999)。本研究同样发现了这一规律,在白桦林与兴安落叶松林样地内,火干扰后土壤呼吸 Q_{10} 均有不同程度的降低。同时我们发现,无论是在未过火区域对照样地还是在过火区域样地当中,白桦林 Q_{10} 均要小于兴安落叶松林 Q_{10},这与其他研究的结果相似(牟守国,2004)。根据这一结果结合以往研究,我们推测 Q_{10} 的变化可能与植物根系呼吸变化有着紧密的关系,根系是植物对养分和水分吸收的主要器官,植物细微的生理活动变化都会反映到根系对碳的分配当中(Cronan,2003),火干扰作为一种烈性干扰因子强烈地影响着植物的生理过程,火干扰能够改变植物地下粗、细根的比例,这对根系对温度的响应有着强烈的影响,目前研究已经发现细根与粗根对温度的响应有着较大差别(Ren et al.,2009)。考虑到影响 Q_{10} 的因素众多,对影响 Q_{10} 的机制有待于进一步研究。

五、火干扰对土壤呼吸空间异质性的影响

（一）传统统计学分析

表 3-21 为土壤呼吸及其影响因子的描述性分析结果。地统计学要求所计算的原始变量满足正态分布，否则会产生比例效应。比例效应的产生会使变异函数计算值产生畸形，使基台值和块金值增大，降低估计精度。因此，在对土壤呼吸及其影响因素数据进行统计分析前，先要对原始数据进行正态分布检验，若不满足正态分布，则要进行对数转换消除比例效应（王政权，1999）。本实验中利用 SPSS 对土壤呼吸及其影响因素数据进行莫哥洛夫-斯米洛夫（Kolmogorov-Semirnov，K-S）检验，结果显示在 α=0.05 显著性水平检测条件下，土壤呼吸及其影响因素的 P_{K-S} 值均大于 0.05，说明土壤呼吸及其影响因素均满足正态分布，不需要对原始数据进行数据转换。

表 3-21　火干扰前后土壤呼吸及其影响因子的描述性统计分析

变量	最小值	最大值	平均值	标准差	变异系数	偏度	峰度	P_{K-S}
火干扰前土壤呼吸	0.490	1.340	0.807	0.188	0.234	0.452	0.036	正态
火干扰后土壤呼吸	0.500	1.950	0.894	0.286	0.320	1.942	4.523	正态
火干扰前土壤温度	1.400	4.000	2.282	0.522	0.229	0.815	1.636	正态
火干扰后土壤温度	1.100	3.300	1.951	0.529	0.271	0.680	0.223	正态
火干扰前土壤含水率	0.242	0.758	0.443	0.112	0.254	0.910	1.088	正态
火干扰后土壤含水率	0.230	0.680	0.432	0.104	0.240	0.292	−0.213	正态

注：Kolmogorov-Smironov（K-S）为正态分布检验概率，P_{K-S}>0.05 表明服从正态分布

变异系数（CV）的大小可以用来估计所观测变量的变异程度：CV≤10%，弱变异性；10%<CV<100%，中等变异；CV≥100%，强变异性（王绍强等，2001）。从表 3-21 中可以看出，土壤呼吸及其影响因素均属于中等程度变异，对比火干扰前后各个变量的 CV 发现，火干扰后土壤呼吸 CV 与火干扰前相比显著增大（$P<0.05$），其他因素火干扰前后 CV 并不呈现出如此显著的变化。

对土壤呼吸及其影响因素进行描述性分析能够对观测数据的整体特征和全貌进行概括性描述，但是不能反映变量的局部变化特征。为了具体量化火干扰前后土壤呼吸及其因素的随机性和结构性、独立性、相关性随空间变异的变化，需要进一步采用地统计学方法进行分析。

（二）相关性分析

从表 3-22 中发现，火干扰前后土壤呼吸与地下 5cm 温度均不具有显著的相关

性，对地下 5cm 土壤含水率的响应则略有不同，火干扰前土壤呼吸与含水率具有显著的相关性，而火干扰后土壤呼吸与含水率则不再具有显著相关性。这说明在土壤呼吸的空间变异中，土壤温度并不是主要的影响因素，火干扰前后土壤呼吸对土壤含水率的响应发生了变化。

表 3-22　火干扰前后土壤呼吸及其相关因素的相关性分析

变量	土壤温度	土壤含水率
火干扰前土壤呼吸	0.254	−0.341*
火干扰后土壤呼吸	0.101	−0.040

*相关性在 0.05 的显著水平

（三）变异函数分析

用 GS+for windows 7.0 地统计学软件对火干扰前后土壤呼吸及其影响因素进行变异函数分析，得到不同模型参数、决定系数和残差，在确定最优模型的过程中，根据地统计学原理选择决定系数最大，同时残差最小的模型为最优模型。火干扰前后土壤呼吸及其影响因素变异函数的相关计算参数如表 3-23 所示，变异函数拟合如图 3-20 所示。

表 3-23　火干扰前后土壤呼吸及其影响因素变异函数模型理论参数

变量	模型	块金常数 C_0	基台值 C_0+C	块金效应 C_0/C_0+C	变程 a/m	R^2	RSS
火干扰前土壤呼吸	球状	0.0125	0.1002	0.1248	81.00	0.885	0.0295
火干扰后土壤呼吸	球状	0.0540	0.2090	0.2584	68.20	0.795	0.0184
火干扰前土壤温度	球状	0.1364	0.2898	0.4707	14.22	0.748	0.5283
火干扰后土壤温度	球状	0.0620	0.2680	0.2313	10.54	0.653	0.0192
火干扰前土壤含水率	球状	0.0049	0.0366	0.1339	66.74	0.866	0.4474
火干扰后土壤含水率	指数	0.0077	0.0155	0.4974	70.77	0.577	0.1860

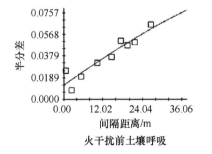

火干扰前土壤呼吸

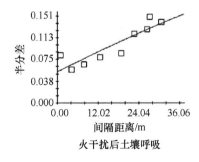

火干扰后土壤呼吸

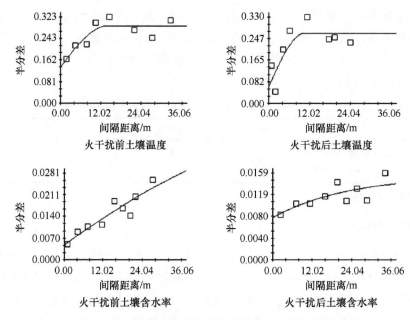

图 3-20　火干扰前后土壤呼吸及其影响因子的半方差函数

　　块金常数 C_0 可用来表示随机部分引起的空间异质性，较大的 C_0 值说明在较小尺度范围内的空间异质性不能被忽略。基台值 C_0+C 能够用来量化变量之间的空间异质性的变异程度。块金效应 C_0/C_0+C 能够反映随机部分所引起的空间异质性占总的空间异质性的比例，这在量化不同变量空间变异性比例时具有重要意义。若 $C_0/C_0+C \leqslant 25\%$ 说明变量有很强的空间自相关性，$25\% < C_0/C_0+C < 75\%$ 说明变量具有中等空间变异性，$C_0/C_0+C \geqslant 75\%$ 说明具有较弱的空间自相关性，空间变异主要由随机变异引起，不适合采用空间插值方法进行预测。

　　对火干扰前后土壤含水率进行变异函数拟合发现，除火干扰后土壤含水率的变异函数模型为指数模型外，其余变量的变异函数模型均为球状模型。所拟合模型的决定系数 R^2 的变化范围为 0.577～0.885，说明变异方程拟合效果较好。

　　如表 3-23 所示，火干扰后土壤呼吸的基台值 C_0+C 与火干扰前相比显著增加，这说明火干扰后土壤呼吸总的空间异质性增强。火干扰前后土壤呼吸的块金效应 C_0/C_0+C 均较小，这说明结构部分引起的空间异质性是影响火干扰前后土壤呼吸空间异质性的主要因素。进一步比较发现，火干扰后土壤呼吸 C_0/C_0+C 与火干扰前相比显著增加，这说明火干扰改变了引起土壤呼吸空间异质性的各部分组成分配，火干扰后随机部分引起的土壤呼吸空间异质性所占的比例显著增加。火干扰前后土壤呼吸影响因素的空间异质性变化则不完全相同。比较火干扰前后土壤温度与土壤含水率的 C_0+C 发现，火干扰前后土壤温度总的空间异质性并没有发生显著的变化，而土壤含水率总的空间异质性有所降低。再比较 C_0/C_0+C 发现，火干扰后土壤温度的 C_0/C_0+C 降低，而火干扰后土壤含水率的 C_0/C_0+C 升高，这说明火干扰改变了样地内温度与水分的分配方式，从而导致空间各个部分所引起的空间异质性所占的比例变化。

火干扰前后土壤呼吸及其影响因素的 C_0/C_0+C 在 12.48%～49.74% 内变化，说明具有较强的空间自相关性，适于进一步进行空间插值分析。

（四）自相关距离分析

自相关距离，即变程（range a）是指变异函数到达基台值所对应的距离，它反映的是观测因子空间自相关性范围的大小，是描述空间异质性尺度范围的重要参数，当采样距离大于变程 a 时，变量就不再具有自相关性。表 3-23 显示，火干扰前后土壤呼吸的 a 分别为 81m 和 68.2m，火干扰后土壤呼吸的变程显著减小，而火干扰前后土壤温度和土壤含水率的变化并没有发生如此显著的变化。根据半变异函数理论，实验采样点的最大距离要小于空间自相关距离才适用于进行空间异质性分析。本实验中火干扰前后土壤呼吸的空间取样点最大距离约为 36m，小于空间自相关距离，因此本实验取样间距是合理的。

（五）分维数分析

分维数表示变异函数曲线的曲率大小，分维数越大，说明由空间自相关部分引起的空间异质性越高。在变异函数和空间自相关距离的基础上对火干扰前后土壤呼吸及其影响因素的各向同性和各向异性的分维数进行计算，计算结果如表 3-24 所示。

表 3-24 火干扰前后土壤呼吸及其影响因子的分维数

变量	各向同性	各向异性			
		0°	45°	90°	135°
火干扰前土壤呼吸	1.809（0.648）	1.735（0.653）	1.916（0.264）	1.910（0.092）	1.826（0.336）
火干扰后土壤呼吸	1.900（0.45）	1.949（0.262）	1.72（0.839）	1.977（0.004）	1.971（0.12）
火干扰前土壤温度	1.907（0.664）	1.901（0.306）	1.855（0.206）	1.710（0.914）	1.847（0.536）
火干扰后土壤温度	1.843（0.382）	1.799（0.335）	1.960（0.414）	1.749（0.425）	1.970（0.021）
火干扰前土壤含水率	1.776（0.899）	1.642（0.839）	1.822（0.228）	1.913（0.074）	1.786（0.648）
火干扰后土壤含水率	1.904（0.641）	1.987（0.010）	1.812（0.660）	1.943（0.184）	1.930（0.033）

注：括号数字为标准差

在各向同性的条件下，对火干扰前后土壤呼吸及其影响因素进行双对数变异函数直线拟合，R^2 结果在 0.382~0.899 内，拟合效果较好，说明火干扰前后土壤呼吸及其影响因素具有明显的分型特征。比较火干扰前后土壤呼吸及其影响因素的分维数发现：火干扰后土壤呼吸（1.900）＞火干扰前土壤呼吸（1.809）；火干扰后土壤温度（1.843）＜火干扰前温度（1.907）；火干扰后土壤含水率（1.904）＞火干扰前土壤含水率（1.776）。这说明火干扰后土壤呼吸和土壤含水率由随机部分引起的空间异质性增强，而土壤温度由随机部分引起的空间异质性减弱。

在各向异性条件下，火干扰前后土壤呼吸及其影响因素在 0°、45°、90°、135° 4 个方向的分维数均发生一定变化，规律并不一致。火干扰前 45°分维数最大，说明这个方向的土壤呼吸空间变异最为复杂。火干扰后 45°方向分维数变小，而其他方向分维数增大，说明火干扰前后土壤呼吸各个方向的空间异质性发生了显著的变化。火干扰后土壤温度和土壤含水率各个方向也呈现出不同的变化，同样说明火干扰改变了土壤呼吸影响因素在各个方向上的空间异质性。

（六）空间分布格局

利用 sufer 8.0 软件，采用 Kriging 最优内插法对土壤呼吸及其影响因素数据进行插值并绘制等值线图。Kriging 插值过程中的变异函数与表 3-23 中相同，实验结果如图 3-21 所示。

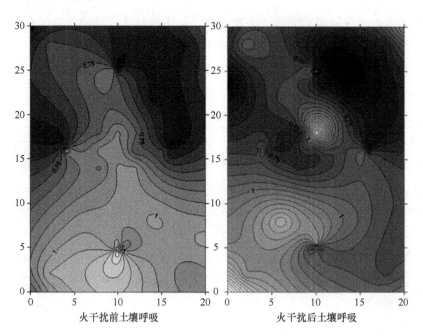

火干扰前土壤呼吸   火干扰后土壤呼吸

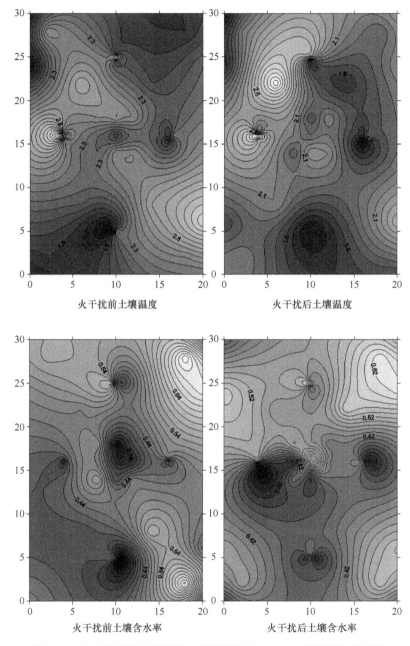

图 3-21　火干扰前后土壤呼吸及其影响因子 Kriging 插值空间分布图

　　等值线能够反映研究区域内火干扰前后土壤呼吸及其影响因素的变化规律，颜色越深说明样地内观测变量值越小。火干扰后土壤呼吸与火干扰前相比具有更加明显的斑块分布特点，说明火干扰后土壤呼吸的空间变异更为复杂。土壤温度和土壤含水率火干扰前后相比空间分布存在局部的变化，但总体不如土壤呼吸明显。

（七）合理采样数目的确定

采样方案的选择在空间分析中具有重要意义，准确量化采样方案不仅能够提高精度、简化程序、减少对观测变量的采样成本，还对今后同类实验的采样方案进行合理优化具有指导性意义。本研究中采用目前土壤学采样的通用方法，利用变异系数，结合统计学方法来估算观测变量所需样方的个数，其具体计算公式如下：

$$N=(T_\alpha \cdot \text{Std})^2/W^2 \qquad (3\text{-}16)$$
$$W=X\cdot(1\text{-}P) \qquad (3\text{-}17)$$

式中，N 为合理采样样本个数；T_α 为在特定显著水平和自由度条件下 T 分布的双侧分位数；Std 为观测变量样本的标准差；W 为实验允许误差；P 为估计精度；X 为观测变量的样本平均值（贾乃光，2006；Cochran，1977）。

根据式（3-16）和式（3-17）计算火干扰前后土壤呼吸及其影响因素在 95% 和 90% 两个置信水平条件下、95%、90% 和 85% 估计精度下的合理采样数目（表 3-25）。从表 3-25 中发现，在同一置信水平条件下，随着精度的增加所需要的合理采样点数增加。在相同估计精度条件下，置信水平越高则所需合理采样点数越多。同一变量相比，变异系数越大则所需的合理采样点数越多。本实验设计中的取样点数在 95% 和 90% 置信水平条件下若精度达到 95%，则采样点数量偏少，若精度控制在 90% 和 85% 则采样点数已经足够。

表 3-25　火干扰前后土壤呼吸及其影响因素在不同置信水平与精度下合理的样本容量

变量	95%置信度			90%置信度		
	95%	90%	85%	95%	90%	85%
火干扰前土壤呼吸	89	22	10	62	15	7
火干扰后土壤呼吸	167	42	19	116	29	13
火干扰前土壤温度	85	21	9	59	15	7
火干扰后土壤温度	119	30	13	83	21	9
火干扰前土壤含水率	104	26	12	72	18	8
火干扰后土壤含水率	94	23	10	65	16	7

（八）讨论

1. 火干扰前后土壤呼吸及其影响因素异质性描述性的分析

目前研究发现，土壤呼吸在多个尺度上存在空间异质性，以往研究多采用变异系数（CV）进行量化分析。本研究中火干扰前后土壤呼吸 CV 分别为 23.4% 和 32.0%，属于中等程度变异，火干扰后土壤呼吸 CV 显著增大。描述性分析结果显示，火干扰后土壤呼吸的空间变异性增强，说明火干扰在小尺度条件下对土壤呼吸空间分布的影响不能忽略。史宝库等（2012）对小兴安岭 5 种林型土壤呼吸空间变异利用 CV 分析，结果显示人工落叶松林样地内土壤呼吸 CV 为 32.13%。Wang 等（2006）对帽儿山 6 种次生林和人工林土壤呼吸研究发现，林内 6 种林型土壤呼吸 CV 平均为 23%，均属于中等程度变异，与本研究结果相似。

2. 火干扰前后土壤呼吸及其影响因素相关性的分析

本研究中，火干扰前后土壤呼吸与地下 5cm 温度均不具有显著的相关性，而对地下 5cm 土壤含水率的响应则存在着差异。这种差异体现在，火干扰前土壤呼吸与地下 5cm 土壤含水率具有显著相关性，而火干扰后不再具有显著相关性，产生这种现象的原因可能是轻度火干扰改变了样地内的水热分配状况，导致土壤呼吸对环境因子的响应产生了变化。以往研究发现，温度和湿度是影响土壤呼吸时间动态变化的主要环境因子（Xu and Qi，2001），而在土壤呼吸空间变异过程当中并没有一致的研究结果（Xu and Qi，2001；Yim et al.，2003）。一部分学者认为土壤湿度是导致土壤呼吸在小尺度条件下产生异质性的主要原因（张义辉等，2010），但许多学者对此提出质疑，认为土壤的理化性质和生物因子是导致土壤呼吸空间异质性的主要因素（Luan et al.，2012；Kosugi et al.，2007）。考虑到土壤呼吸空间异质性影响因子众多，因此对土壤呼吸空间异质性的影响因子的研究将成为未来土壤呼吸空间变异研究的难点。

3. 火干扰前后土壤呼吸及其影响因素空间异质性的分析

地统计学分析结果显示，火干扰后土壤呼吸的基台值 C_0+C 与火干扰前相比显著增加，这说明火干扰后土壤呼吸总的空间异质性增强，这一结果与传统分析结果一致。火干扰前后土壤温度的基台值 C_0+C 并没有显著变化，说明火干扰并没有对土壤温度的空间异质性产生影响。土壤含水率的基台值 C_0+C 则减小，说明火干扰后土壤水分的空间异质性减小。比较火干扰前后块金效应 C_0/C_0+C 发现，土壤呼吸块金效应 C_0/C_0+C 增加，说明随机因素所导致的空间异质性比例增加，这意味着小尺度范围内的土壤呼吸的空间变异并不能被忽略。

六、结论

本研究系统深入地研究了大兴安岭地区典型森林类型火干扰后短期土壤呼吸速率的动态变化规律，火干扰对土壤碳输出过程的影响机制及对其环境因子的响应，并利用统计学与地统计学系统深入分析了火干扰后土壤呼吸的空间变异规律及火干扰对土壤呼吸及其影响因子的影响。

研究结论如下。

（1）白桦林对照样地、白桦林过火样地、兴安落叶松林对照样地、兴安落叶松林过火样地中火干扰后短期土壤呼吸速率平均值分别为 2.82μmol/（m²·s）、2.52μmol/（m²·s）、2.77μmol/（m²·s）、2.5μmol/（m²·s）。白桦林和兴安落叶松林过火样地与未过火对照样地相比，土壤呼吸速率分别下降了 14%和 10%。在两种林型中土壤异养呼吸速率在过火区域样地与未过火区域对照样地中并没有显著变化。两种森林类型过火区域样地与未过火区域对照样地相比，R_c 显著降低。

（2）对数模型中地下 5cm 土壤温度和含水率所能解释土壤呼吸速率变化的比例分别为白桦林对照样地 83.1%、白桦林过火区域样地 86.2%、兴安落叶松林对照样地 83.7%、兴安落叶松林过火区域样地 88.7%。白桦林对照样地、白桦林过火区域样地、兴安落叶松林对照样地、兴安落叶松林过火区域样地的火干扰后短期 Q_{10} 分别为 5.33、5.00、9.12、5.26。

（3）描述性分析结果显示，火干扰前后土壤呼吸 CV 分别为 23.4%和 32.0%，火干扰后土壤呼吸 CV 显著增加，均属于中等程度变异。半方差函数结果显示，火干扰后土壤呼吸的基台值 C_0+C 与火干扰前相比显著增加，这说明火干扰后土壤呼吸总的空间异质性增强。火干扰后随机部分引起的土壤呼吸空间异质性所占的比例显著增加，说明小尺度范围内的土壤呼吸变化并不应该被忽略。自相关距离结果显示，在研究区域内火干扰前后土壤呼吸的变程分别为 81m 和 68.2m，火干扰后显著减小。

（4）火干扰前后土壤呼吸的分维数计算结果表明，在各向同性的条件下，火干扰后土壤呼吸（1.900）＞火干扰前土壤呼吸（1.809）；火干扰后土壤温度（1.843）＜火干扰前温度（1.907）；火干扰后土壤含水率（1.904）＞火干扰前土壤含水率（1.776）。火干扰前后土壤呼吸及其影响因子分维数在各向异性的条件下不存在相似的变化规律。采用 Kriging 最优内插法对土壤呼吸及其影响因子数据进行插值并绘制等值线图研究发现，火干扰后土壤呼吸与火干扰前相比具有更加明显的斑块分布特点，说明火干扰后土壤呼吸的空间变异更为复杂。

第六节　不同强度火干扰对土壤微生物生物量的影响

一、引言

林火作为一类自然或人为引起的干扰，通过改变土壤有机质及矿质养分、植物组成、生态系统生产力及土壤微生物等对森林生态系统的结构与功能产生深刻影响（Hossain et al.，1995；Knapp et al.，1998；Wan et al.，2001；罗菊春，2002；

Bastias et al.，2006；Prober et al.，2007）。作为环境变化最为敏感的指标，土壤微生物是陆地生态系统生命支持体系最重要的生命组分，是生物地球化学循环最核心的环节，是地下物质循环中碳的重要源和汇。通过分解植物凋落物和土壤有机质，土壤微生物在地上和地下部分的碳氮循环中起着关键的调节作用（Wardle et al.，2004）。土壤微生物作为分解者，是推动生态系统能量流动和物质循环，维持生态系统正常运转的重要组成部分。土壤微生物不仅释放可利用态养分供植物吸收，而且固持养分以维持其自身的生命活动（Morgan，2002），一方面，土壤微生物的生长和活动依赖于植物提供碳源并且从土壤中获得氮源。另一方面，环境因子所引起的任何土壤微生物的变化都会相应地影响氮素的释放和可利用性、植物生长和地下碳输入，从而反过来影响微生物自身。因此，植物、土壤和微生物之间的反馈关系对维持陆地生态系统的稳定性和功能极其重要（Kardol et al.，2007）。土壤微生物生物量在土壤有机质中最活跃、最易变（李杨等，2003），是土壤碳库中对环境变化最为敏感的指示者（Williams et al.，2000）。土壤微生物生物量不仅担当着一个重要的生态指标，而且负责土壤中动植物残体的分解和矿化（Marinari et al.，2006），是植物的一个主要养分资源并且有助于养分的保存（Dick，1992）。研究土壤微生物生物量的动态变化，已成为当今的研究趋势，对了解土壤碳氮循环过程及土壤微生物生物量在土壤养分循环和土壤碳氮循环过程中的作用具有重要意义。

火干扰对养分的输入输出、植物组成、生产力、土壤微生物都有很大的影响（Hossain et al.，1995；Bastias et al.，2006；Prober et al.，2007）。火干扰通过加热直接或通过改变土壤理化性质间接影响土壤微生物群落（Neary et al.，1999）。尽管在森林养分循环过程中土壤微生物群落具有极其重要的地位（Hart et al.，2005），但基于森林可燃物载量、含水率、火干扰时环境因子的差异，火后不同采样时间，以及不同的火干扰强度导致的火干扰极度不均匀性，关于土壤微生物对火干扰的反应并没有较多一致的结论（Neary et al.，1999）。目前国外对火干扰后土壤微生物生物量的研究较多（Prieto-Fernández et al.，1998；Banning and Murphy，2008；Campbell et al.，2008），而我国有关土壤微生物生物量的研究虽然已经开展很多，但对林火干扰如何影响森林土壤微生物生物量的研究尚不多见，尤其对全球变化响应最为敏感的大兴安岭兴安落叶松林尚未见相关报道。

根据火灾统计数据，1980～2009 年黑龙江省大兴安岭地区共发生火灾 959 次，过火面积为 289 万 hm^2，其中林地面积为 147 万 hm^2。森林火灾已成为我国北方森林生态系统重要的自然干扰因子，北方森林土壤碳在火灾发生期间及火灾后的损失不仅是森林碳平衡的重要决定因素（Harden et al.，2000），也是全球碳储量估算不确定性较大的影响因素之一（French et al.，2004）。加深理解微生物在火后碳循环中的作用对评估林火碳释放具有重要的意义，并且能够为火干扰后的生态系统的可持续经营管理提供科学依据（Michelsen et al.，2004）。

二、国内外研究现状

（一）土壤在生态系统中的功能

土壤是几个因子（气候、有机体、成土母质及地形）经历长时间共同作用的结果，这些因子共同作用后可以形成不同的土壤类型、剖面和质地。在土壤的形成过程中，这些控制因子同时影响初级生产力生产过程、分解、养分循环等导致生态系统特征形成的主要生态系统过程。在这些生态系统过程受调控的过程中，土壤的特性如阳离子代换量、质地、结构、有机质水平亦随之受到调控。土壤的形成与生态系统的形成同时发生。事实上，土壤圈和岩石圈、大气圈、生物圈、水圈紧密联系并交迭，是构成生态系统不可缺失的一部分（FitzPatrick，1984）。土壤中包含活的（生物量）和死亡的有机质，以及不同类型、数量众多的气体和液体，是矿质和有机物质的巨大储藏库，为地球上的生物体所利用（Hillel，1998）。土壤碳库碳储量是植被碳库的两倍，在调节全球温室气体如 CO_2、CH_4、N_2O 作为源或者汇方面发挥着重要作用（Schimel and Gulledge，1998）。另外，土壤通过分解有机废弃物和养分实现碳的再循环利用，起着净化和使养分重复循环使用的作用，组成一个有益的、为人类和所有的生物体带来免费利益（在市场经济外）的有机体，作为地球上主要的生态系统服务功能，每年的价值无法估算（Costanza et al.，1997）。因此，土壤生态学在生态学研究和生态系统管理中受到越来越多的重视，其中关于土壤生物多样性和生态系统功能的研究及在全球变化下对其保护、土壤可持续性的研究，具有重要的理论和现实意义。

（二）土壤微生物的概念及作用

微生物是地球三大生物门类之一，在地球生态系统中起着最终分解者的作用。土壤学将生活在土壤中体积小于 $5 \times 10^3 \mu m^3$ 的生物统称为土壤微生物，主要包括真菌、细菌、放线菌及原生动物等。土壤微生物是土壤有机质和土壤养分（N、P、S 等）转化和循环的动力，在土壤中，微生物种类繁多，发生的生物化学过程十分复杂，它参与有机质的分解和腐殖质的形成，对土壤演化过程和性质变化有深刻的影响，特别是在有机物质和氮、磷、硫等植物养分元素的转化与循环过程中发挥关键作用。首先，土壤微生物有控制土壤养分有效性的作用。80%~90%的初级生产力以死亡的植物凋落物和根系进入土壤，这些物质的初级分解者是细菌和真菌。微生物通过微生物酶的生成，改变这些物质的化学性质，降解大部分来源于植物的合成物。土壤微生物分解可溶的和不可溶性的土壤有机质转化为无机形态。矿化过程在生态系统尺度上是非常重要的，因为它决定着无机养分对植物的可利用性，从而决定植物生产力（Clarholm，1985）。其次，不论是生态系统碳循环还是氮循环都需要微生物的参与。微生物对碳氮循环的参与主要是通过降解过程。植物吸收大气中 CO_2 进行光合作用固定为有机碳，产生生物量。生物量通过凋落物的形式进入土壤中，在土壤中需要土壤微生物的参与，产生多种酶，对凋落物进行分解，在分解凋落物的过程中向土壤中输送其他养分，在微生物作用的过程中会释放二氧化碳进入大气，同时凋落物中的碳一部分进入土壤活性或者惰性碳库储藏（Morgan，2002）。氮从大气向土壤中输送需要固氮菌来完成，植物根系通过吸收土壤中的无机氮素合成生物量，生物量通过凋落物进入土壤仍然需要土壤微生物的分解，有机态的氮需要土壤微生物进行矿化作用转化为植物可吸收的无机铵态氮（Bardgett et al.，2005），同时土壤中存在着硝化细菌将铵态氮转化为对土壤环境不利的硝态氮，通过反硝化细菌的反硝化作用土壤中的氮素可转化为气态释放到大气中。碳氮循环是生态系统主要的循环过程，对全球变化起着调控作用，其中土壤微生物的参与起着关键的作用。

土壤微生物生物量（soil microbial biomass，SMB）是指除了植物根系和体积大于 $5×10^3 \mu m^3$ 的土壤动物以外的土壤中所有活的微生物总量（李阜，1996）。SMB分为微生物生物量碳（MBC）、微生物生物量氮（MBN）、微生物生物量磷（MBP）和微生物生物量硫（MBS）等，其中微生物生物量碳是其重要的组成部分。土壤微生物量碳是土壤碳素转化的重要动力，也是土壤有效碳库的重要组成部分。土壤微生物生物量碳在土壤碳库中所占比例很小，一般只占土壤有机碳全量的1%～4%（Jenkinson and Ladd，1981），但对土壤有效养分而言，是一个很大的给源和库存（Fan and Hao，2003）。目前国内外关于微生物生物量碳与土壤肥力的关系方面已有大量报道，并把土壤微生物生物量碳视为土壤肥力变化的重要指标之一（姜培坤等，2002b；何振立，1997；陈国潮，2002）。作为土壤活性炭有效养分的储备库，并能促进有效化，MBC 既可以在土壤全碳变化中反映土壤微小的变化，又直接参与了土壤生物化学转化过程，因此，在土壤肥力和植物营养中具有重要的作用。随着全球碳循环问题受到广泛关注，微生物生物量碳特别是森林土壤微生物生物量碳日益引起人们的重视。另外，土壤微生物生物量氮是土壤氮素转化的重要动力，也是土壤有效氮活性库的主要部分。因此，土壤微生物生物量氮的活性及其消长被认为是土壤氮素内循环的本质性内容（Mary et al.，1998）。

林火对土壤微生物的影响具有不可预见性（Daniel，1999）。因此，以土壤微生物生物量作为切入点展开火干扰后土壤微生物季节动态及影响因子的研究，探索火干扰后土壤微生物生物量的变化规律，不仅可以为火干扰对北方森林土壤碳平衡产生影响的机理进行研究提供基础数据，而且对火干扰后森林生态系统的恢复具有重要意义。

（三）土壤微生物的影响因子

土壤微生物生物量是土壤有机质和土壤养分转化与循环的动力，可作为土壤养分的储存库，是植物有效养分的一个重要来源，是研究土壤能量流动和物质循环的重要内容。

土壤含水率条件是影响土壤微生物生存和活性的一个主要因素。水分的存在为微生物在土壤中赖以存活提供环境。其与可溶性养分的结合，构成土壤溶液，作为一种重要的中介，为微生物提供养分和水分。充足的土壤水分可以使土壤微生物生物量和活性增加。土壤含水率高的情况下，土壤中可溶性的碳和养分相对提高，有利于土壤微生物生长（Hungate et al.，2007）。然而，当土壤水分大于田间持水量时，微生物会因为缺少氧气供应而随水分增加变得活性降低（陈珊等，1995）。对于土壤微生物来讲，有一个生长的最适温度点。土壤微生物的生物过程及活性从 0℃到最适点随温度的增加而增强，然后当土壤温度持续升高时，土壤微生物活性会迅速降低（Norby and Luo，2004）。因此对于土壤微生物来讲，温度对它产生正效应或负效应取决于初始条件（Shaver et al.，2000）。但是关于温度对土壤微生物生物量的影响并没有一致结论。Verburg 等（1999）指出较高土壤温度下微生物活性增强，从而有较大的微生物生物量。Domisch 等（2002）则得到相反的结论：泥炭土的土壤微生物生物量碳、氮在较高的土壤温度下呈降低趋势。但是也有发现温度增加不改变土壤微生物生物量的研究（Jonasson et al.，1999）。

土壤微生物生物量及活性与土壤有机质含量关系密切。土壤微生物通过一系列活动，分解有机物质转化为简单的有机分子，从而为土壤微生物同化吸收、生长提供能量。有研究指出，土壤添加了葡萄糖或蔗糖等易分解的碳源，则会使土壤微生物快速繁殖且活性增强（Landgraf and Klose，2002）。另外，土壤 N 素的有效性也会影响微生物生物量及活性（Wardle，1992）。Pauljw 等（1996）发现，高氮样地的土壤微生物量明显比低氮样地要高得多。为评价不同生态系统中土壤碳和氮在影响土壤微生物生物量方面的重要性，Wardle（1992）对 22 篇文献中的相关数据进行了分析，结果发现微生物生物量碳与基质 C、N 呈显著正相关，而且微生物生物量碳与基质中 N 的相关性比与基质中 C 的相关性要强，表明在大多数生态系统中，土壤 N 素主要影响微生物生物量碳的大小。

微生物参与物质循环是一个复杂的过程，土壤微生物量变化是植物、气候等多种因素综合作用的结果，所以这方面的很多机制都有待进一步研究。有关土壤微生物量的研究工作虽然进行了很多，但是还有很多方面是不足或有争议的，鉴于土壤微生物生物量在全球碳氮循环中的重要作用，未来迫切需要开展关于不同气候带、不同植物生长发育阶段、不同土壤类型的土壤微生物量动态及调控机制的研究。对影响土壤微生物生物量高低的不确定性因子进行深入研究，如火干扰后土壤微生物生物量的动态及调控机理研究显得尤为必要。

（四）火干扰对土壤理化性质的影响

林火发生对土壤理化性质的影响与土壤自身特性、林火的严重程度及可燃物类型有关（Dikici and Yilmaz，2006）。有研究表明：轻度火干扰会显著地提高地下 0～5cm 的土壤有机质含量，有利于改善土壤的性质（耿玉清等，2007）。相反，也有报道称，火干扰基地的土壤有机质大为下降，矿质养分明显降低，坡度越大的地段土壤更为贫瘠化（罗菊春，2002）。火干扰还能强烈改变生境理化性质，使林下酸性土壤的 pH 上升，结构变得疏松，微生物活动活跃，蓄水能力和通气条件有所改善等，从而使耐火植物获得生长优势（吴德友，1995）。火干扰后，灰分中阳离子（K^+、Ca^{2+}、Mg^{2+}）的数量多于阴离子（PO_4^{3-}、SO_4^{2-}）。因此，火干扰往往能使土壤酸性降低，使土壤的 pH 暂时增大，如美国西部的黄衫林火灾后，pH 由 5 增至 7（张建烈，1985）。Morley（2004）在红柳桉树林的研究发现，计划烧除增加了土壤 pH 并且改变了养分有效性。Gundale（2005）的研究表明，这个结论也适用于其他森林生态系统。相反，Bastias（2006）的研究报道称，在未火干扰区、4 年火干扰地和 2 年火干扰地，地下 10cm 以上的土壤 pH 没有显著差别。火干扰后，土壤含水率降低，平均影响深度为 55cm（周道玮等，1999a）。火干扰地春季地下 0～30cm 内土壤含水率降低，导致土壤含水率在春季严重亏缺（周道玮和 Ripley，1996）。我国西北高寒山区火干扰后土壤含水率在雨季前明显低于未火干扰土壤，而在雨季期间差别不大（周瑞莲等，1997；乐炎舟，1965）。一般来说，土壤的温度和受热程度取决于可燃物类型、火干扰强度、枯枝落叶层的特点和土壤性质。火干扰地白天土壤地表温度比未火干扰地高，夜间比未火干扰地低，导致火干扰地昼夜温差加大。地表层以下，火干扰地温度的日变化恒高于未火干扰地（田洪艳等，1999）。有研究报道称，由于烧掉乔、灌木和枯枝落叶层后产生的残灰和木炭能使土表暗化，日射率增加，能增加土温 10℃（张建烈，1985）。

（五）火干扰对土壤微生物的影响

火干扰对土壤微生物都会有长期或者短期的影响，并且因此导致对生态系统持久性产生影响。火干扰主要影响土壤表层生物数量和生物量，火干扰后经过一定时间的恢复，微生物数量和生物量逐渐升高并超过未火干扰地（周道玮等，1999b）。也有研究表明，不同年限的低、中、高强度火干扰迹地土壤微生物的数量变化不相同：高强度火干扰对土壤微生物有致死作用；中强度火干扰后土壤中细菌、真菌和放线菌数量有增加的趋势；低强度火干扰后细菌、真菌和放线菌数量变化规律不明显。在连年火干扰迹地上，细菌数量下降，真菌和放线菌数量有增加的趋势（张敏等，2002）。在火干扰期间，土壤的加热可以杀死一小部分微生物。由于真菌比细菌更容易受加热的影响（Bollen，1969；Dunn et al.，1985），因此火干扰可能导致微生物群落组成的改变。

林火对土壤微生物的影响具有不可预见性（Neary et al.，1999）。土壤微生物是森林生态系统必不可少的部分，并且受不同强度的火干扰影响。火对土壤微生物群落的最初影响是复杂的，并且范围可以从降低到消失或者没有影响（Vazquez et al.，1993；Dumontet et al.，1996）。Hamman 等（2007）研究报道，无论重度火干扰还是轻度火干扰都没有改变总的微生物生物量。相反，Andersson 等（2004）研究指出，火干扰后 90 天土壤微生物生物量碳比未火干扰区高，可能由于火干扰后较高的土壤溶解性有机碳和硝态氮含量，降低了不稳定的碳和氮对微生物生长的限制。其他研究报道称，原始热带森林降低计划烧除的火干扰强度后土壤微生物数量增加，并且热带草原和高草大草原火干扰后土壤微生物生物量增加（Corbet，1934；Garcia and Rice，1994；Singh，1994）。有研究指出，火干扰导致土壤微生物生物量显著下降，其恢复期可能长达 13 年之久（Prieto-Fernández et al.，1998）。另外，也有研究报道称火干扰后通常立即导致表层土壤中细菌和真菌数量及微生物生物量减少（Meiklejohn，1955；Deka and Mishra，1983）。在热带草原生态系统中，一些研究表明土壤微生物群落对火干扰的响应仅限于最上层的土壤，并且当雨季一到，这种影响便可能消失（Raison，1979；Adedeji，1983；Deka and Mishra，1983）。土壤中微生物的生存与发展取决于土壤的透气性、pH、水分、湿度和食物链，而火干扰对土壤微生物的影响又是随当地条件、强度而变化。土壤受热的时间长短，达到的最高温度及土壤含水率，这些都是引起微生物变化最重要的因子。不同生态系统的不同初始生物及非生物因子，如降水、土壤质地、土壤养分含量、植物生产力和区系组成、土壤微生物量和区系组成等都可能造成不同生态系统实验结果的差异。

（六）土壤微生物生物量的研究方法

土壤微生物生物量是土壤有机质最活跃的组分，与土壤碳、氮的转化有密切关系。测定土壤微生物生物量是进一步研究其的关键，国外围绕土壤微生物生物量的测定方法进行了大量的研究。传统的方法是直接镜检观察一定面积上微生物的数目、大小，再根据假定的密度及干物质含碳量换算成微生物生物量。这种方法费时且不准确，不适于大量样品的分析。近年来，已相继出现一些方便迅速的测试方法，如成分分析法、底物诱导呼吸法、熏蒸培养法及熏蒸提取法。

Anderson 和 Domsch（1978）提出了底物诱导呼吸方法（the substrate-induced respiration method，SIR），他们首先发现如果向土壤中加入足够量的葡萄糖，使生物量酶系统达到饱和时，CO_2 释放率与微生物生物量的大小呈线性相关，据此可以快速测定土壤微生物生物量。该方法适用的土壤范围比较宽，但受土壤 pH 及含水率的影响较大。Jenkinson 和 Powlson（1976）提出了利用熏蒸培养法（the fumigation-incubation method，FI）测定土壤微生物量，是将土样经过氯仿熏蒸后，在好氧条件下培养（一般为 10 天），然后测定培养期间 CO_2 的释放量，根据熏蒸与未熏蒸土样释放 CO_2 的差值计算土壤微生物生物量碳。但培养时间较长，不适用于强酸性土壤、风干土壤、淹水土壤中微生物生物量碳的测定。Brookes 等（1985）提出了熏蒸浸提法（the fumigation-extraction method，FE），即土样经氯仿熏蒸后直接浸提碳含量并进行测定，以熏蒸和未熏蒸土样中全碳的差值为基础计算土壤微生物生物量碳，也可测定微生物生物量 N、P、S。与氯仿熏蒸培养法相比，氯仿熏蒸浸提法具有简单、快速、测定结果重复性较好等优点。目前氯仿熏蒸浸提法已成为国内外最常用的测定土壤微生物生物量的方法。

三、实验设计与研究方法

（一）实验地区自然条件

研究地点位于黑龙江省大兴安岭松岭区南瓮河森林生态定位研究站，该站位于大兴安岭林区东南部，伊勒呼里山南麓，松岭区境内，北以伊勒呼里山脉为界，东至二根河，南以松岭同加格达奇林业局界为准。地理坐标为北纬 $51°05'07''$～$51°39'24''$，东经 $125°07'55''$～$125°50'05''$。该区总面积为 229 523hm²，全部为国有林地。海拔为 500～800m，属低山丘陵地带，河谷宽阔。气候属于寒温带大陆性季风气候，年平均气温为$-3℃$，极端最低温度为$-48℃$，年日照时数为 2500h，无霜期为 90～100 天，植物生长期为 110 天，年降水量为 500mm。该地区地带性土壤为棕色针叶林土。植被属于南部蒙古栎-兴安落叶松林区。

2006 年 4 月大兴安岭地区松岭区砍都河'798'高地因雷击发生森林火灾，火场总面积为 12 万～15 万 hm²，林地过火面积超过 5 万 hm²，本研究区域位于火场区域范围内。

（二）实验地设计

选取 2006 年 4 月重度、中度和轻度 3 种不同强度的火干扰迹地，以临近未被火干扰样地作为对照样地，每种强度火干扰区及对照样地各设置 3 块标准样地，共计 12 块，样地大小均为 20m×20m。火干扰前的林分类型为杜鹃-兴安落叶松林，树种组成为 10 落+桦+杨，中龄林。不同强度火干扰迹地特征参见表 3-26。

表 3-26   火干扰迹地特征

样地类型	林木死亡率/%	树干熏黑高度/m	一般描述
重度	88.04	5.86	林下灌木全部烧毁,枯枝落叶层和半腐层全部烧掉
中度	64.60	2.32	枯枝落叶层和半腐层烧掉,半腐层以下颜色不变
轻度	39.91	1.45	林下灌木 25.0%烧毁

(三)实验方法

1. 土样采集及保存

1)秋季火后土壤微生物生物量及土壤养分的土样采集

于 2009 年 9~10 月进行土壤样品的采集。土壤取样时,每块样地随机设置 3 处采样点,每处采样点移去土壤表面的凋落物层后用土钻采集土壤表层(0~15cm)的土样 3 份,混合后作为 1 个土壤样品,每块样地共取 1 个混合土样,共计 12 个土壤样品。土样装入保温箱内带回实验室置于 4℃下贮存,并于 1 周内完成土壤微生物生物量碳、氮的测定。同时,将一部分土样取出风干,用于物理化学性质测定。

2)生长季火后土壤微生物生物量及土壤养分的土样采集

2010 年 5 月早春每 10 天取样一次。6~10 月每月取样一次。土壤取样时,每种强度火干扰区及对照样地随机设置 5 处采样点,每处采样点移去土壤表面的凋落物层后用土钻采集土壤表层(0~15cm)的土样(采用多点混合取样),每种强度火干扰区及对照样地共取 5 个混合土样,共计 20 个土壤样品。土样装入保温箱内带回实验室置于 4℃下贮存,并于 1 周内完成土壤微生物生物量碳、氮的测定。同时,将一部分土样取出风干,用于物理化学性质的测定。

2. 土壤物理环境因子测定

土壤质量含水量 W_s(soil water content)采用 105℃烘干法测定。
土壤 pH 采用 PHS-25 型酸度计测定。

3. 土样室内分析

1)土壤微生物生物量碳、氮测定

采用氯仿熏蒸浸提法测定。称取相当于烘干土重 10.00g 的过 2mm 筛的新鲜土样于 100mL 小烧杯中,连同盛有 60mL 左右去掉乙醇的氯仿的小烧杯(里面放入少量抗暴沸物质)一起放入真空干燥器内,真空干燥器底部加入少量水和稀碱(1mol/L NaOH)。用真空泵抽成真空,使氯仿沸腾,并持续 2min,关闭真空干燥器的阀门,将真空干燥器放入 25℃的培养箱中,培养 24h 时。24h 后取出氯仿,除尽真空干燥器底部的碱，再用真空泵反复抽气，直到将氯仿抽尽为止。向土样中加入 0.5mol/L 的 K_2SO_4 溶液（土水比为 1∶2.5），于 25℃条件下，以 200r/min 的转速振荡 30min 后迅速用中速定量滤纸过滤，滤液立即进行测定或放−15℃下保存。在熏蒸开始的时候，另取等量的土样，同上述方法用 0.5mol/L 的 K_2SO_4 溶液浸提。浸提液中有机碳及全氮含量由 Multi C/N3000 分析仪（Analytik Jena AG，Germany）测定。土壤微生物生物量碳（MBC）（mg/kg）（soil microbial biomass carbon）和土壤微生物生物量氮（MBN）（mg/kg）（soil microbial biomass nitrogen）分别用式（3-18）和式（3-19）求得

$$MBC=E_C×2.22 （Wu\ et\ al.，1990） \tag{3-18}$$

$$MBN=E_N×2.22 （Joergensen\ and\ Brookes，1990） \tag{3-19}$$

式中，E_C、E_N 分别为熏蒸和未熏蒸土样浸提液有机碳、全氮的差值；2.22 为校正系数。

2）土壤养分因子测定

土壤有机碳（soil total organic carbon，TOC）和土壤全氮（soil total nitrogen，TN）含量测定：称取 30～50mg 过 0.149mm 筛的风干土样，用 vario ELⅢ元素分析仪（Elementar，Germany）测定土壤中有机碳和全氮含量。

土壤铵态氮 NH_4^+-N（soil ammonium）、硝态氮 NO_3^--N（soil nitrate nitrogen）含量测定：称取约 5.00g 过 2mm 筛的新鲜土样于 100mL 小烧杯中，放入 50mL 0.01mol/L 的氯化钙溶液，于 25℃条件下，以 200r/min 的转速振荡 1h 后用中速定量滤纸过滤并用孔径 0.45μm 的滤膜抽滤。滤液中 NH_4^+-N 和 NO_3^--N 的含量用 Auto Analyser 3 分析仪（Bran Luebee，Germany）测定。

土壤全磷（soil total phosphorus，TP）含量测定：称取 0.2500g 通过 0.149mm 筛的风干土样，加数滴水使样品湿润，加 3mL 浓硫酸及 10 滴高氯酸后进行消煮，至容器内溶液颜色转白并显透明，再继续煮沸 20min，冷却后的消煮液用蒸馏水小心地从消化管中全部洗入 100mL 容量瓶中，然后用蒸馏水定容，摇匀，静置过夜。次日吸取澄清液 5mL 注入 50mL 容量瓶中，加蒸馏水到 15～20mL，加 1 滴 2,4-二硝基酚指示剂，用 4mol/L 氢氧化钠溶液调溶液至黄色，然后用 0.5mol/L 硫酸溶液调 pH 至溶液刚呈淡黄色。然后加钼锑抗显色剂 5mL，再加水定容至 50mL，摇匀。30min 后在 722S 型可见光分光光度计上，用 700nm 波长进行比色，以空白实验溶液为参比液，调吸收值至零，然后测定各待测显色液的吸收值。在工作曲线上查出显色液的磷浓度数。

土壤有效磷（soil available phosphorus，A-P）含量测定：称取 5.00g 通过 2mm 筛孔的风干土样于 100mL 容量瓶中，加 25mL0.05mol/L 盐酸-0.025mol/L 硫酸浸提剂，在振荡机上振荡 5min，过滤，滤液为测定有效磷的待测液。同时做试剂的空白实验。吸取待测液 2～10mL 于 50mL 容量瓶中，加 1 滴 2,4-二硝基酚指示剂，

用 2mol/L 氢氧化钠溶液调至黄色,再用 0.5mol/L 硫酸溶液调 pH 至溶液呈微黄色,用吸管加 5mL 钼锑抗显色剂,用蒸馏水定容,摇匀。放置 30min 后,在分光光度计上用 2cm 光径比色皿于 700nm 波长下比色,以空白实验为参比液,调吸收值到零,然后测定待测液的吸收值。在磷的标准曲线上查出待测液的磷浓度数。

(四)数据分析与处理

采用方差分析(ANOVA)检验试验处理对 MBC 和 MBN 的影响。Duncan 检验比较处理间 MBC 和 MBN 的显著性差异。Pearson 相关系数评价 MBC、MBN 同各土壤养分因子的相关关系。所有数据分析在 SPSS 16.0 统计软件和 Microsoft Excel 2003 软件中完成。

四、秋季火干扰后土壤微生物生物量和土壤养分

(一)不同强度火干扰区土壤理化性质

不同火干扰强度样地间 W_s 虽然无显著差异($P>0.05$),但是轻、中度火干扰区 W_s 明显低于未被火干扰和重度火干扰区(图 3-22)。土壤 pH 随火干扰强度的增加表现出增加的趋势(图 3-23)。

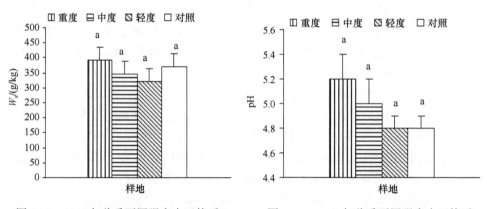

图 3-22 2009 年秋季不同强度火干扰后对 W_s 的影响

图 3-23 2009 年秋季不同强度火干扰后对 pH 的影响

条形图上不同小写字母表示在 0.05 水平下样地间 W_s 差异显著,下同

重度火干扰区 TOC 含量显著高于中度、轻度和未火干扰区($P<0.05$),为未火干扰的 1.9 倍,与未火干扰区相比,中度和轻度火干扰区 TOC 与其差异不显著($P>0.05$)。随着火干扰强度的增大,TOC 含量呈现上升趋势,即重度>中度>轻度(图 3-24)。TN 含量亦表现出相似的变化趋势(图 3-25)。

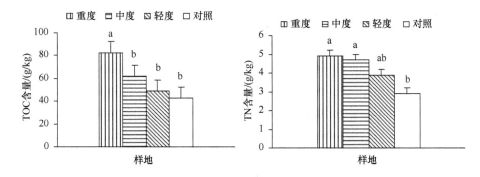

图 3-24　2009 年秋季不同强度火干扰后
　　　　对 TOC 含量的影响

图 3-25　2009 年秋季不同强度火干扰后
　　　　对 TN 含量的影响

火干扰后 TP 含量显著提高，但在不同强度间没有显著性差异（$P>0.05$）（图 3-26）。与未火干扰区相比，火干扰后 A-P 含量增加，在轻度火干扰区显著提高，虽然在不同强度间差异不显著（$P>0.05$），但是随着火干扰强度的增大，A-P 含量呈下降趋势（图 3-27）。

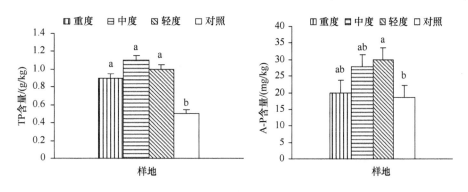

图 3-26　2009 年秋季不同强度火干扰后
　　　　对 TP 含量的影响

图 3-27　2009 年秋季不同强度火干扰后
　　　　对 A-P 含量的影响

（二）不同强度火干扰区土壤微生物生物量碳、氮

与未火干扰区相比，MBC 含量在重度火干扰区显著提高，为 692.8mg/kg，是未火干扰区的 1.4 倍，而中度和轻度火干扰未影响 MBC 水平（图 3-28）。即使 MBN 在重度、中度、轻度和未火干扰区之间没有显著性差异（$P>0.05$），但重度火干扰区较未火干扰区有所提高。土壤微生物生物量碳、氮比（MBC∶MBN）在 8.8～10.4，变化不大（图 3-29）。

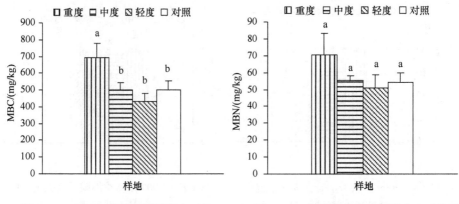

图 3-28　2009 年秋季不同强度火干扰　　图 3-29　2009 年秋季不同强度火干扰后
对 MBC 含量的影响　　　　　　　　对 MBN 含量的影响

（三）不同强度火干扰后土壤微生物生物量碳、氮的影响因子

考虑不同强度火干扰影响时，MBC 与 W_s 的相关系数不显著，仅在重度火干扰区 MBC 与 TOC 呈显著正相关。而 MBN 仅在重度火干扰区与 W_s 呈显著正相关，在未被火干扰区 MBN 与 TOC 呈显著正相关。MBC 和 MBN 与 pH 的相关性均不显著（表 3-27）。

表 3-27　火干扰后 MBC 和 MBN 与 W_s、pH、TOC 的相关系数

样地类型	MBC			MBN		
	W_s	pH	TOC	W_s	pH	TOC
重度	0.806	0.647	0.878*	0.915*	0.726	0.700
中度	0.705	0.620	0.452	0.290	0.412	0.701
轻度	0.547	0.614	0.757	0.464	0.595	0.755
对照	0.749	0.448	0.796	0.598	0.755	0.894*

*$P<0.05$

不考虑不同强度火干扰影响时，MBC 与 W_s、pH 和 TOC 均呈极显著正相关。MBN 与 pH 和 TOC 均呈极显著正相关，与 W_s 呈显著正相关（表 3-28）。

表 3-28　火干扰后土壤微生物参数与土壤化学性质之间的相关系数表

变量	W_s	pH	TOC	TN	TP	A-P	MBC	MBN
W_s	1.000							
pH	0.364	1.000						
TOC	0.520**	0.519**	1.000					
TN	0.007	0.166	0.449*	1.000				

续表

变量	W_s	pH	TOC	TN	TP	A-P	MBC	MBN
TP	−0.290	0.102	0.217	0.345	1.000			
A-P	−0.158	0.211	0.096	0.056	0.566[**]	1.000		
MBC	0.594[**]	0.619[**]	0.712[**]	0.095	0.025	0.098	1.000	
MBN	0.474[*]	0.524[**]	0.629[**]	−0.047	0.149	0.088	0.775[**]	1.000

*$P<0.05$；**$P<0.01$

（四）讨论

火干扰对土壤环境影响的大小取决于火干扰强度。本研究中土壤含水量在火干扰样地与未火干扰样地间差异不显著，但是在不同强度火干扰样地间随着火干扰强度的增大呈现出上升趋势，并且仅重度火干扰区高于未被火干扰区，中度和轻度火干扰区低于未被火干扰区。在火干扰期间（低到中强度），凋落物中不溶于水的碳氢化合物蒸发并随后发生冷凝聚集在土壤剖面，导致土壤一般不易被水沾湿（Robichaud，2000；DeBano，2000；Ice et al.，2004），因此土壤含水量下降。土壤经过重度火干扰后，那些不易被水沾湿的物质经过燃烧后不再有助于保持土壤的疏水性质（DeBano，2000）。重度火干扰区土壤含水量的增加也可能是由于伴随着土壤凋落物层的彻底消除，土壤渗入水的速率增大和地上植被水吸收能力下降（Hamman et al.，2007）。火干扰过后土壤 pH 一般呈上升的趋势（Almendros et al.，1988；Andriesse and Koopmans，1984；沙丽清等，1998；戴伟，1994），一般随着火势的加强而上升（Dyrness et al.，1989）。本研究中轻度火干扰未改变土壤 pH，但是重度和中度火干扰区 pH 高于未被火干扰区，这可能是由于较高强度的火干扰导致土壤和凋落物中大量未离解的有机酸燃烧，使其从系统中除去。此外，燃烧后灰分中的碱金属被淋滤到土壤中，以及用于形成水的大量氢离子被消耗，导致 pH 的升高（Neary et al.，1999）。

关于火干扰对土壤全氮量的影响国际上并没有一致的结论，一些学者认为火干扰提高了土壤全氮量（Covington and Sackett，1992；Kovacic et al.，1986；Schoch and Binkley，1986），也有研究者认为火干扰降低了土壤全氮量（Bell and Binkley，1989；Raison et al.，1985），还有研究者认为对土壤全氮量没有影响（Knoepp and Swank，1995；Moghaddas and Stephens，2007）。在本研究中，重度和中度火干扰区的土壤全氮水平显著高于未火干扰区（$P<0.05$）。Kutiel 和 Naveh（1987）发现由于生物固氮作用，火干扰期间的氮损失有一个快速补偿。但是本研究并不能仅仅用生物固氮的作用来解释这一现象，可能是由于土壤微生物生物量的增长导致土壤有机质含量增加和矿化作用加强，从而刺激了土壤氮含量的增多（Dumontet et al.，1996）。

虽然土壤全磷和有效磷含量在重度、中度和轻度火干扰区之间没有显著性差异，但是与未被火干扰区相比，二者的含量均有增大的趋势。与Clarholm（1993）的关于火干扰提高了土壤有效磷水平的结果一致。但值得注意的是，土壤有效磷含量在轻度火干扰区最高，与未被火干扰区相比差异显著（$P<0.05$）。

已有很多研究表明，火干扰能够改变微生物结构和功能的多样性（Hamman et al.，2007；Giai and Boerner，2007），原因可能是火干扰改变了基质的质量（Hamman et al.，2008）。本研究采用方差分析（ANOVA）检验不同强度火干扰对MBC和MBN的影响，发现MBC受不同强度火干扰作用的影响显著（$P<0.05$），而不同强度火干扰对MBN没有显著影响，与未被火干扰区相比，MBC在重度火干扰区显著提高，是未被火干扰区的1.4倍，而中度和轻度火干扰未影响MBC水平。MBN含量在重度、中度、轻度和未被火干扰区之间没有显著性差异，但重度火干扰区较未被火干扰区有所提高。由于缺乏北方森林有关火干扰后土壤微生物生物量的数据，因此无法与本研究数据进行比较，然而Prieto-Fernández等（1998）发现火干扰能降低土壤表层50%的土壤微生物生物量碳和微生物生物量氮，并且这种影响持续了4年。相反，Andersson（2004）在非洲草原上研究发现，自燃烧结束12天后，当采用氯仿熏蒸提取法测定土壤微生物生物量碳时，火干扰区的微生物生物量碳比未燃烧区高52%。也有研究表明，火后2年土壤微生物生物量是增加的（Dumontet et al.，1996）。Hamman等（2007）在美国科罗拉多州海曼岛火干扰后的研究中对火干扰强度的影响给予考虑，结果表明无论轻度火干扰还是重度火干扰都没有改变土壤微生物生物量。

火干扰后，灰烬残留在土壤表面，可能导致土壤中可利用性养分的输入，刺激存活的土壤微生物生长（Wan et al.，2001；Ilstedt et al.，2003）。土壤pH的改变能够影响土壤微生物群落的结构（Fierer and Jackson，2006）。土壤中大部分微生物的生长pH范围在4~9，随着pH的升高，土壤微生物丰富度增加。所以本研究中重度火干扰区较高（与未被火干扰区相比）的土壤pH也可能对该样地土壤微生物生物量的增加起着一定的促进作用。

火干扰可能对土壤中碳周转率和碳储量产生短期或长期的影响（Bailey et al.，2002）。本研究中土壤有机碳水平在重度火干扰区显著提高，反映出重度火干扰对土壤碳储量水平有一个正效应，并且提高了可利用的有机基质的数量和质量。这一现象的产生可能与重度火干扰后短期内一年生草本植物大量繁殖生长有关。土壤有机质是土壤微生物的养分和碳源的基本来源，因此，重度火干扰区高水平的土壤有机碳为土壤微生物提供了更多可利用有机基质是该样地具有较高土壤微生物生物量的主要原因；此外，由于火干扰导致土壤中存在大量死根，这些死根为微生物种群提供了丰富的碳基质，潜在提高了微生物的固化效率（Adams et al.，1989；Hook and Burke，1995）。

非经常性的火干扰可以促进土壤氮矿化，为植物的生长提供更多可利用的氮素，从而为土壤微生物生长提供更多基质（Wan et al.，2001；Heisler et al.，2004）。本研究中土壤全氮含量在重度火干扰区显著提高，与非经常性火干扰引起土壤氮素增加对土壤微生物活性有正效应（Heisler et al.，2004；Xu and Wan，2008）的结论一致。

本研究的相关分析表明，土壤微生物生物量碳和土壤微生物生物量氮均与土壤含水量呈显著正相关，与以往的关于土壤微生物量和活性与土壤含水量呈正相关关系的结论（Arnold et al.，1999；Chen et al.，2005）一致。较高的土壤湿度可以直接促进微生物生长和活动（Schimel et al.，1999）。同时植物生长受到刺激后，可以为土壤微生物提供更多可利用性的碳源和基质（Zak et al.，1993，1994）。从整体上看，重度火干扰对土壤性质及微生物量的影响比中度和轻度火干扰显著，这可能是由于中度和轻度火干扰后的土壤温度、含水量、加热持续时间等并不足以改变土壤的物理化学性质（Hamman et al.，2008）。

五、生长季火干扰后土壤微生物生物量及其与土壤养分的关系

（一）生长季不同强度火干扰后土壤微生物生物量碳、氮的动态

2010 年生长季，不同强度火干扰区 MBC 的时间动态格局相似：在 5 月 8 日到 5 月 27 日，重度和中度火干扰区 MBC 呈"V"形波动，轻度火干扰区和未被火干扰区呈直线上升趋势。重度、中度、轻度及未被火干扰区 MBC 均于 5 月 27 日出现最大值，之后呈下降趋势，从 7 月 13 日以后波动较小并保持低值（图 3-30a）。

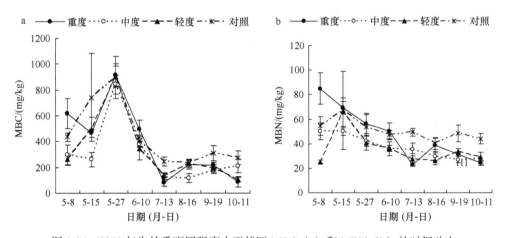

图 3-30　2010 年生长季不同强度火干扰区 MBC（a）和 MBN（b）的时间动态

重度、中度、轻度和未被火干扰区 MBN 整体呈下降趋势，最大值均出现在 5 月，除了重度火干扰区和轻度火干扰区在 7 月中旬、5 月中旬分别出现最低值和最高值，其余火干扰区及未被火干扰区 MBN 波动相对平稳（图 3-30b）。

（二）生长季不同强度火干扰后土壤养分因子的动态

W_s 在重度、中度和未被火干扰区呈现相似的季节动态格局，5 月初期较高，随春季土壤解冻进程呈现下降趋势，生长季内出现 2 个峰值，分别在 5 月末和 8 月中旬。轻度火干扰区的波动相对平稳（图 3-31a）。

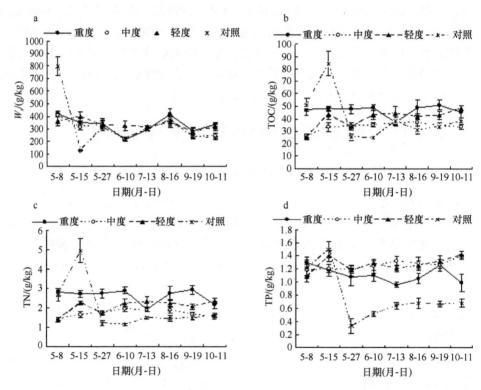

图 3-31 2010 年生长季不同强度火干扰区 W_s（a）、TOC（b）、TN（c）、TP（d）的时间动态

TOC 含量在重度、中度、和轻度火干扰区的季节波动相对平稳，重度火干扰区除在 7 月出现最低值外波动较小；未被火干扰区 TOC 含量在 5 月中旬出现最大值后呈现下降趋势，在 7 月出现波动。未被火干扰区 TOC 水平自 5 月末以后低于火干扰区（图 3-31b）。TN 含量的季节动态格局与 TOC 含量的变化格局相似（图 3-31c）。

TP 含量在火干扰区的季节波动总体上较为平稳，未被火干扰区 TP 含量在 5 月中旬达到最大峰值后迅速下降，在 5 月末出现最低值后开始回升并保持平稳。

总体上火干扰区 TP 水平要高于未被火干扰区（图 3-31d）。

重度、中度、轻度和未被火干扰区 NO_3^--N 含量的季节变化格局基本呈现"W"形变化格局，即 5 月末较高，之后呈现下降趋势，至 6 月达到最低值（未被火干扰区除外），7 月出现 1 个峰值后又逐渐下降，9 月出现回升（图 3-32a）。

重度、中度、轻度和未被火干扰区 NH_4^+-N 含量随春季土壤解冻进程而下降，从 6 月开始呈现上升趋势，NH_4^+-N 含量在轻度和未被火干扰区一直保持较高水平至 8 月，之后逐渐下降；重度和中度火干扰区在 7 月以后呈下降趋势。值得注意的是，与其他火干扰区不同，中度火干扰区 NH_4^+-N 含量在 9 月达到最高值（图 3-32b）。

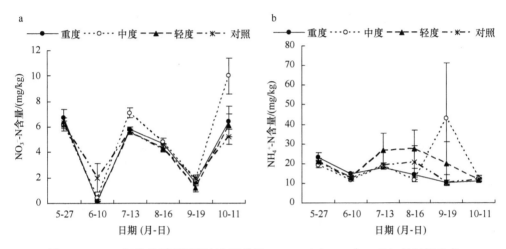

图 3-32 2010 年生长季不同强度火干扰区 NO_3^--N（a）、NH_4^+-N（b）的时间动态

（三）生长季不同强度火干扰后土壤微生物生物量与土壤养分因子的关系

2010 年生长季的 MBC 受火干扰强度和采样日期的显著影响，MBN 受火干扰强度、采样日期及其交互作用的显著影响，土壤 MBC/MBN 受采样日期和火干扰强度与采样日期交互作用的显著影响（表 3-29）。

表 3-29 2010 年生长季不同强度火干扰后 MBC、MBN、MBC/MBN 方差分析表

因子	MBC			MBN			MBC/MBN		
	自由度 df	F	P	自由度 df	F	P	自由度 df	F	P
火干扰强度	3	5.675	< 0.01	3	7.963	< 0.01	3	1.768	0.157
日期	7	48.567	< 0.01	7	9.316	< 0.01	7	80.716	< 0.01
火干扰强度×日期	21	1.451	0.109	21	1.740	< 0.05	21	2.366	< 0.01

考虑不同强度火干扰影响时，MBC 仅在重度火干扰区与 TN 呈显著正相关（$P < 0.05$），与 NH_4^+-N 呈极显著正相关（$P < 0.01$）；MBN 在重度火干扰区与 TOC

和 NH_4^+-N 呈显著正相关（$P<0.05$），与 TN 和 TP 呈极显著正相关（$P<0.01$），在中度和轻度火干扰区与各土壤养分的相关关系不显著（$P>0.05$），MBN 在未被火干扰区与 TOC 和 TN 均呈极显著正相关（$P<0.01$）（表 3-30）。

表 3-30　2010 年生长季不同强度火干扰后 MBC 和 MBN 与土壤养分的相关系数

样地	MBC					MBN				
	TOC	TN	TP	NH_4^+-N	NO_3^--N	TOC	TN	TP	NH_4^+-N	NO_3^--N
重度	0.254	0.391*	0.239	0.661**	−0.001	0.326*	0.450**	0.450**	0.435*	−0.105
中度	−0.082	0.000	−0.103	−0.059	−0.025	−0.171	−0.130	−0.028	−0.179	−0.096
轻度	−0.311	−0.288	−0.170	0.072	0.181	0.058	0.147	0.121	−0.019	−0.122
对照	0.254	0.312	−0.021	0.185	0.285	0.598**	0.605**	0.282	0.143	0.187

* $P<0.05$；**$P<0.01$

不考虑不同强度火干扰影响时，MBC 与 TN 呈显著正相关（$P<0.05$），MBN 与 TOC 和 TN 呈极显著正相关（$P<0.01$），而 MBC/MBN 与各土壤养分的相关关系不显著（$P>0.05$）（表 3-31）。

表 3-31　2010 年生长季不同强度火干扰后 MBC、MBN、MBC/MBN 与土壤养分的相关系数

变量	MBC	MBN	MBC/MBN
TOC	0.127	0.351**	−0.099
TN	0.193*	0.391**	−0.044
TP	−0.095	−0.007	−0.106
NH_4^+-N	0.065	−0.023	0.080
NO_3^--N	0.080	−0.056	0.067

* $P<0.05$；**$P<0.01$

在对 MBC 和 MBN 与土壤环境因子进行相关分析后可以看出，MBC 和 MBN 均与 W_s 呈极显著正相关（$P<0.01$），二者与 pH 均呈极显著正相关（$P<0.01$）（图 3-33）。

2010 年生长季，重度、中度、轻度和未被火干扰区 MBC 的平均值分别为 387.3mg/kg、300.7mg/kg、332.3mg/kg 和 442.4mg/kg，占 TOC 的比例分别为 0.8%、0.9%、0.9%和 1.3%。相应 MBN 的平均值分别为 47.3mg/kg、37.2mg/kg、35.5mg/kg 和 50.5mg/kg，占 TN 的比例分别为 1.8%、2.3%、1.8%和 3.0%。MBC/MBN 分别为 7.6、7.5、8.7 和 8.1（表 3-32）。

2010 年生长季，重度、中度、轻度和未被火干扰区 TOC 的平均值分别为 47.07g/kg、34g/kg、40.4g/kg 和 40.8g/kg；TN 的平均值分别为 2.62g/kg、1.72g/kg、2.07g/kg、2.00g/kg；TP 的平均值分别为 1.12g/kg、1.26g/kg、1.27g/kg 和 0.78g/kg；

NH_4^+-N 的平均值分别为 15.3mg/kg、19.4mg/kg、19.9mg/kg 和 15.9mg/kg；NO_3^--N 的平均值分别为 4.2mg/kg、5.1mg/kg、4.0mg/kg 和 4.2mg/kg（表 3-33）。

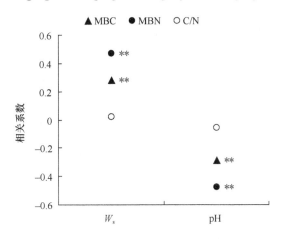

图 3-33　2010 年生长季不同强度火干扰后 MBC、MBN、MBC/MBN 与环境因子之间的相关系数

$**P<0.01$

表 3-32　2010 年生长季不同强度火干扰区 MBC、MBN 平均值

样地类型	MBC/（mg/kg）	MBC/TOC/%	MBN/（mg/kg）	MBN/TN/%	MBC/MBN
重度	387.3±102.7	0.8±0.2	47.3±7.8	1.8±0.3	7.6±1.5
中度	300.7±83.6	0.9±0.3	37.2±3.3	2.3±0.3	7.5±2.1
轻度	332.3±92.5	0.9±0.3	35.5±4.7	1.8±0.2	8.7±2.2
对照	442.4±87.3	1.3±0.4	50.5±2.9	3.0±0.4	8.1±1.4

表 3-33　2010 年生长季不同强度火干扰区土壤养分平均值

样地类型	TOC/（g/kg）	TN/（g/kg）	C/N	NH_4^+-N /（mg/kg）	NO_3^--N /（mg/kg）	TP/（g/kg）
重度	47.0±1.5	2.62±0.13	18.2±0.5	15.3±1.9	4.2±1.1	1.12±0.04
中度	34.0±1.1	1.72±0.06	19.9±0.4	19.4±4.9	5.1±1.4	1.26±0.03
轻度	40.4±2.6	2.07±0.12	19.6±0.3	19.9±2.7	4.0±1.1	1.27±0.04
对照	40.8±6.9	2.00±0.45	21.7±0.9	15.9±2.0	4.2±0.8	0.78±0.14

（四）讨论

火干扰对土壤理化性质的影响直接与火干扰强度和灰分沉积数量有关（Raison，1979）。有研究报道称，不同强度的火干扰能够影响土壤有机碳含量（Trabaud，1983；Kutiel et al.，1990；Pardini et al.，2004）。Pardini 等（2004）发现，由于枯落物层的燃烧可将难分解的有机形式转化成可利用的无机形式，因此在短期内火干扰趋于影响土壤有机碳含量。本研究结果指出，土壤总有机碳含量

在重度、中度和轻度火干扰区的季节波动相对平稳，重度火干扰区除在 7 月出现最低值外波动较小（图 3-31b）。总体来看，重度火干扰区 TOC 水平生长季内的平均值要高于其他火干扰区及未被火干扰区（表 3-33）。大部分火对土壤养分的影响研究报道称火后土壤养分增加，包括 P、K、Ca 和 Mg（Hernández et al.，1997；Blank and Zamudio，1998）。因此，火干扰后存在的大量灰分可能导致重度火干扰区生长季内 TOC 含量较高。本研究中土壤全氮的季节动态格局与土壤有机碳相似（图 3-31c），同样重度火干扰区 TN 水平生长季内的平均值要高于其他火干扰区及未火干扰区（表 3-33）。本研究与 Trabaud（1983）和 Monleon 等（1997）的火干扰后矿质土壤有机碳和全氮含量增加的研究结果相符。尽管有时火干扰通过蒸发作用使得土壤氮素大量流失，然而大多时候火干扰后矿质土壤中氮含量仍然增加、减少或者保持不变（Wan et al.，2001；Ilstedt et al.，2003），这可能是由于火干扰后生物固氮的增加补偿了火干扰期间蒸发导致的大量氮损失（Kutiel et al.，1990）。

本研究中火干扰后土壤 NH_4^+-N 含量虽然在火干扰区与未被火干扰区之间差别不显著，但是中度和轻度火干扰区与未被火干扰区相比存在增加趋势，而 NO_3^--N 无显著性差别（表 3-33）。火干扰后土壤 NH_4^+-N 含量增加可能是由灰分的沉积、土壤的加热，微生物氮固定的减少或植物氮吸收的减少所导致（Singh，1994；Christensen，1973；Kovacic et al.，1986；Stock and Lewis，1986；Anderson and Levine，1988；Araki，1993）。土壤全磷含量在火干扰区的季节波动总体上与未被火干扰区相比较为平稳，总体上火干扰区全磷水平要高于未被火干扰区水平。火干扰后土壤矿质养分的增加可能是由于火干扰后丰富的灰分为矿质 N、P、Ca、K 和 Mg 提供了一个蓄池（Christensen，1987）。

2010 年生长季的 MBC 受火干扰强度和采样日期的显著影响，MBN 受火干扰强度、采样日期及其交互作用的显著影响，土壤 MBC/MBN 受采样日期和火干扰强度与采样日期交互作用的显著影响（表 3-31）。2010 年 5 月到 10 月，本研究区域 MBC 存在明显的季节变化，重度、中度、轻度和未被火干扰区的 MBC 基本上有相似的季节变化格局（图 3-30a）。而 MBN 最大值均出现在 5 月，除了重度火干扰区和轻度火干扰区在 7 月中旬、5 月中旬分别出现最低值和最高值以外，其余火干扰区及未被火干扰区 MBN 的波动相对平稳（图 3-30b）。相同生态系统下 MBC 和 MBN 变化规律存在差异的原因有待于进一步研究。

与 2009 年秋季相似，不同强度火干扰后生长季 MBC 和 MBN 均与 W_s 呈极显著正相关关系（$P < 0.01$）（图 3-32）。较高的土壤湿度可以直接促进微生物的生长和活动。土壤水分条件的改善还可以通过刺激植物生长、地下碳分配和提高微生物可利用的基质供应而间接地影响微生物（Chen et al.，2007）。另外，土壤湿度低，可抑制植物生长和地下碳分配、降低植物凋落物和土壤有机碳的分解

（Davidson and Janssens，2006），从而减少土壤微生物和根系生长所必需的碳基质的供应。生长季 MBC 和 MBN 与 pH 呈显著的负相关关系（$P<0.01$）（图 3-32），这与 2009 年秋季研究证实的火干扰后 MBC 和 MBN 与 pH 呈显著正相关关系的结论不符。虽然有研究报道酸化作用可导致阳离子损失、惰性物质和有毒化合物的生成，这些有毒物质限制土壤微生物的生长和活性（Lovel et al.，1995；Bardgett et al.，1999），但为何与前面的研究存在较大差异还有待进一步研究。

碳源（为维持细胞提供能量）和氮源（维持细胞的代谢能量）均是微生物生长所必需的物质（Anderson and Domsch，1993；Benizri and Amiaud，2005）。微生物大多数是异养型的，新鲜而易分解的生物有机质的含量往往是决定它们分布和活性的主要因素。本研究中生长季 MBC 仅与 TN 呈显著正相关（$P<0.05$），与 TOC 则无显著相关性（$P>0.05$）（表 3-32），这与土壤微生物生物量碳与土壤有机碳之间密切相关的结论不符（Tessier et al.，1998；Smith and Paul，1991；Wang et al.，1996）。但生长季 MBN 与 TOC、TN 均呈极显著正相关（$P<0.01$）（表 3-32），以上研究结果说明，土壤碳、氮含量决定着微生物的种群大小。此外，在重度火干扰区 MBC 和 MBN 均与 NH_4^+-N 呈显著正相关关系，MBN 与 TP 呈显著正相关关系（表 3-31）。非经常性的火干扰能够增加土壤有效态氮，刺激植物生长和生物量增加（Wan et al.，2001），从而导致地下部分碳输入（Singh et al.，1991）和微生物生物量的增加。很多研究也表明，火干扰具有施肥效应（Smith and James，1978；Pietikäinen and Ritze，1995），并且火干扰后增加的养分刺激了微生物的增长（Ilstedt et al.，2003）。

第七节　火干扰后不同时间对土壤微生物生物量的影响

一、实验设计与方法

（一）实验地概况

本研究选择大兴安岭火灾典型分布区塔河林业局管辖范围为实验地，该局位于大兴安岭伊勒呼里山北麓，黑龙江南岸，地理坐标为东经 123°20′～125°05′，北纬 52°07′～53°20′。该局总防护林面积为 960 万 hm^2，其中林业用地面积为 8760hm^2，森林覆盖率为 82.6%。日气温变化除受纬度、天气影响外，也受地形的影响。地面受太阳辐射不均匀，热量收支不平衡，气温日差值较大，年平均气温为–4.82℃，最低气温为–47.2℃，最高气温为 32.6℃，日较差最大值可达 31.2℃。总降水量为 463.2mm，最多可达 714.8mm，最少为 316.5mm，降水集中在夏季，春秋季次之，冬季最少。无霜期为 85～115 天，全年平均积雪 165～175 天。该地区森林属寒温带针叶林，主要树种有樟子松（*Pinus sylvestris* L. var. *mongolica* Litv.）、兴安落叶松（*Larix gmelinii* Rupr.）、白桦（*Betula platyphylla* Suk.）、山杨（*Populus davidiana* Dode）等 10 余种，土壤以棕色针叶林土为主。该地区为森林火灾高发区域，20年间发生森林火灾 47 起，年均 2.3 起，过火面积为 26.07 万 hm²，年均过火面积为 1.3 万 hm²。

选取 2002 年及 2008 年火干扰迹地，均为重度火干扰迹地（烧死木占蓄积量60%以上），并分别在临近（300～1000m）未被火干扰区域选取对照样地，在两种火干扰年限地区及对照样地分别设置 3 块标准样地，共计 12 块，样地面积均为20m×20m。样地林分特征如表 3-34 所示。

表 3-34 火干扰后不同年限兴安落叶松林林分特征（平均值±标准误差）

样地类型	土壤类型	土层厚度与 A 层厚度/cm	林龄/年	胸径/cm	树高/m	熏黑高度/m	烧焦高度/m	主要林下植被
2002 年火干扰	棕色针叶林土	50/12	35	10.01±0.45	9.8±0.34	3.74±0.16	1.45±0.07	越橘，杜香，小叶章
2002 年对照	棕色针叶林土	55/14	37	13.21±0.56	10.97±0.73	0	0	越橘，笃斯越橘，小叶章
2008 年火干扰	棕色针叶林土	60/20	39	15.52±0.66	13.28±0.31	5.20±0.22	3.17±0.22	杜香，黄刺玫，大叶章
2008 年对照	棕色针叶林土	55/16	36	11.20±0.31	11.61±0.11	0	0	越橘，小叶章，大叶章

（二）研究方法

1. 土壤样品采集和保存

于 2010 年 5～10 月进行土壤样品的采集。在土壤初解冻时，于 5 月上旬和下旬连续两次采样，而后在每月下旬固定时间采集土样。每次在每块样地内采用 5点混合，随机取样法取样，在每处采样点先移去土壤表面的凋落物层及杂物，后用土钻采集土壤表层（0～15cm）的土样 3 份，混合后作为 1 个土壤样品，共计 12个土壤样品。采集完成的土样立即装入冷藏箱，并于当日带回实验室置于 0～4℃低温下贮存，在 1 周内完成土壤微生物生物量碳、氮的测定。同时，将一部分土样取出风干，用于物理化学性质的测定。

2. 土壤微生物生物量碳、氮测定

土壤微生物生物量采用氯仿熏蒸浸提法测定（林启美等，1999），称取相当于烘干土重 10.00g 的经过 2mm 筛的新鲜土样（在春季解冻过程中，由于采样时温度较低，土壤结冻，湿度较大，借助于镊子等工具挑出土样中的凋落物等杂物，排除其对结果的影响）置于 100mL 小烧杯中，并连同盛有 60mL 的氯仿（滤洗后除去乙醇）及少量抗暴沸物的小烧杯一同放入真空干燥器内，在干燥器底部加入适量的水和稀碱（1mol/L 氢氧化钠）。使用真空泵将干燥器内部空气抽走使其呈真空状态，观察，烧杯内的氯仿持续沸腾 2min 后，先关闭真空干燥器阀门，再关闭真空泵（切记顺序不可颠倒）。将干燥器放入生化培养箱，将其置于 25℃真空条件下培养 24h。24h 后取出盛氯仿的烧杯，并除去干燥器底部的水和稀碱，然后利用真空泵反复抽气，直至除尽干燥器内残留的氯仿。而后，取出土样并在土样中加入 0.5mol/L K$_2$SO$_4$ 溶液（土液比为 1∶2.5），25℃条件下，以 200r/min 转速振荡 30min 后立即将土样使用中速定量滤纸进行过滤，滤液立即进行测定或置于−15℃条件下保存。同时，取等量未经熏蒸处理的土样作为对照实验。浸提液中有机碳及全氮含量用 Multi C/N3000 分析仪（Analytik Jena AG，Germany）测定。土壤微生物生物量碳（MBC）（mg/kg）和土壤微生物生物量氮（MBN）（mg/kg）分别用式（3-20）和式（3-21）求得

$$MBC=E_C/0.45 （Joergensen et al.，1990） \qquad (3-20)$$

$$MBN=E_N/0.45 （Joergensen and Brookes，1990） \qquad (3-21)$$

式中，E_C、E_N 分别为熏蒸及未熏蒸土样浸提液中有机碳、全氮的差值；0.45 为校正系数。

3. 其他环境因子及养分因子

研究期间，在采样的同时，利用探针式土温计测得 10cm 深土壤温度（Ts）。土壤含水量（W_s）采用 105℃烘干法测定：将土样放在烘箱中调至 105～110℃的温度下烘至恒重，失去的质量为水分质量，从而可计算出土壤水分百分数。在此温度下土壤吸着水被蒸发，而结构水不致破坏，土壤有机质也不致分解。

土壤 pH 采用 PHS-3C 型精密 pH 计测定（土液比为 1∶2.5）。

土壤全碳（soil total carbon，TC）、土壤全氮（TN）含量测定：首先称取 30～50mg 风干土（经过 0.149mm 土壤筛），然后使用 vario ELⅢ元素分析仪（Elementar，Germany）测得风干土土壤全碳（g/kg）和全氮（g/kg）含量。

土壤铵态氮 NH$_4^+$-N 和土壤硝态氮 NH$_3^-$-N 含量测定：称取约 5.00g 过 2mm 筛新鲜土样于 100mL 烧杯中，加入 50mL 0.01mol/L 氯化钙溶液，置于 25℃条件下，以 200r/min 转速振荡 60min 后用中速定量滤纸过滤，再通过孔径为 0.45μm 的滤膜进行抽滤。使用 Auto Analyser 3（Bran Luebee，Germany）测定滤液中 NH$_4^+$-N 和 NH$_3^-$-N 含量。

（三）数据处理和分析

采用参数检验（T-Test）研究不同火干扰年限对 MBC 和 MBN 的影响。用 Pearson 相关系数评价 MBC、MBN 与全碳、全氮、无机氮（铵态氮和硝态氮）、

pH、温度及含水量的关系。所有数据分析均在 Excel 2003 及 SPSS 17.0 统计软件中完成。使用 SPSS 17.0 统计软件及 Origin 软件绘制图表。

二、不同年限火干扰后的土壤微生物生物量及其影响因子

(一)不同年限火干扰后的土壤微生物生物量碳、氮

不同年限火干扰后的森林土壤微生物生物量碳（MBC）和土壤微生物生物量氮（MBN）的差异显著（$P<0.01$）（表 3-35）。2002 年火干扰样地、2002 年对照样地、2008 年火干扰样地、2008 年对照样地的土壤微生物生物量碳（MBC）的变化范围依次为 61.03～427.26mg/kg、70.02～1065.38mg/kg、199.32～704.85mg/kg、76.36～781.92mg/kg（图 3-34）；土壤微生物生物量氮（MBN）的变化范围依次为 6.24～67.03mg/kg、15.63～75.18mg/kg、26.20～73.70mg/kg、24.25～105.01mg/kg（图 3-35）。如图 3-35 所示，火干扰样地内土壤微生物生物量碳、土壤微生物生物量氮低于对照样地，而且这种差别在 2002 年的样地内更为明显。样地内土壤微生物生物量碳氮比的均值：2002 年火干扰样地 8.78±1.58；2002 年对照样地 10.05±1.7；2008 年火干扰样地 10.18±1.2；2008 年对照样地 9.19±0.73。

表 3-35 不同年限火干扰样地 MBC、MBN 的参数检验（T 检验）

因子 样地类型	MBC		MBN	
	自由度 df	Sig	自由度 df	Sig
2002 年火干扰及对照	42	0.02	42	0.005
2008 年火干扰及对照	42	0.06	42	0.076

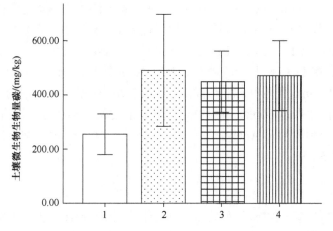

图 3-34 兴安落叶松林火干扰后不同年限的土壤微生物生物量碳

1. 2002 年火干扰样地；2. 2002 年对照样地；3. 2008 年火干扰样地；4. 2008 年对照样地

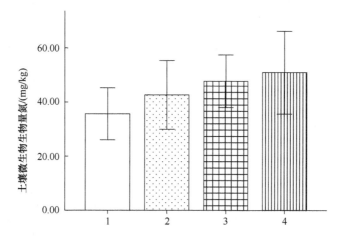

图 3-35　兴安落叶松林火干扰后不同年限的土壤微生物生物量氮

1. 2002 年火干扰样地；2. 2002 年对照样地；3. 2008 年火干扰样地；4. 2008 年对照样地

（二）不同年限火干扰后的土壤全碳、全氮

不同年限火干扰后的森林土壤全碳、全氮与未被火干扰对照样地土壤全碳、全氮有显著差异（图 3-36 和图 3-37）。比较而言，不同年限火干扰样地与对照样地均表现为火干扰样地内土壤全碳、全氮含量低于对照样地。2002 年火干扰样地土壤全碳、土壤全氮均略低于未被火干扰对照样地，2008 年火干扰样地土壤全碳、土壤全氮明显低于未被火干扰对照样地（图 3-36 和图 3-37）。

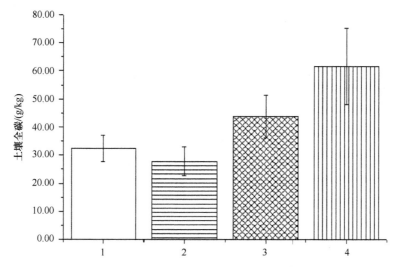

图 3-36　兴安落叶松林内不同年限火干扰后的全碳的变化

1. 2002 年火干扰样地；2. 2002 年对照样地；3. 2008 年火干扰样地；4. 2008 年对照样地

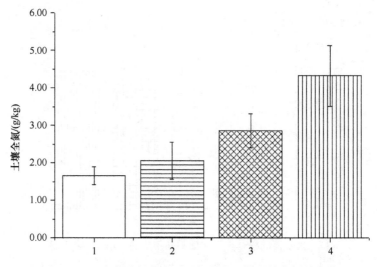

图 3-37　兴安落叶松林内不同年限火干扰后的全氮的变化

1. 2002 年火干扰样地；2. 2002 年对照样地；3. 2008 年火干扰样地；4. 2008 年对照样地

（三）土壤微生物生物量碳、氮的影响因子

1. 2002 年火干扰样地土壤微生物生物量碳、氮与土壤环境因子、养分因子的关系

对 2002 年火干扰样地土壤微生物生物量碳、土壤微生物生物量氮与其他一些土壤碳、氮因子及环境因子使用 Pearson 系数进行相关性分析（表 3-36）。结果表明，MBC 与 MBN、全碳、全氮呈显著正相关，而与其他因子无相关性（$P > 0.05$）（表 3-36）。MBN 与土壤温度呈显著正相关，而与其他因子相关性不显著

表 3-36　2002 年火干扰样地土壤微生物生物量碳、氮与影响因子间的 Pearson 相关系数

变量	MBC	MBN	全碳	全氮	铵态氮	硝态氮	pH	土壤温度	含水量
MBC	1	0.738**	0.408**	0.349*	0.165	0.078	0.529	0.099	0.114
MBN		1	0.214*	0.569**	0.397	−0.002	0.440	0.538*	0.058
全碳			1	0.890**	0.631**	−0.105	0.165	0.082	0.090
全氮				1	0.612*	−0.164	−0.001	−0.053	0.237
铵态氮					1	−0.205	−0.580	0.248	−0.403
硝态氮						1	−0.004	0.565*	0.248
pH							1	−0.688	0.394
土壤温度								1	−0.530**

*$P < 0.05$；**$P < 0.01$

（$P > 0.05$）（表 3-36）。全碳与全氮及土壤铵态氮正相关性显著，而与其他因子相关性不显著（$P > 0.05$）（表 3-36）。全氮与铵态氮相关性显著，而与其他因子相关性不显著（表 3-36）。硝态氮与土壤温度呈显著正相关。

2. 2002 年对照样地土壤微生物生物量碳、氮与土壤环境因子、养分因子的关系

对 2002 年对照样地土壤微生物生物量碳、土壤微生物生物量氮与其他一些土壤碳、氮因子及环境因子使用 Pearson 系数进行相关性分析（表 3-37）。结果表明，MBC 与 MBN、全碳、全氮及含水量呈显著正相关，与土壤温度呈显著负相关，而与其他因子无相关性（$P > 0.05$）（表 3-37）。MBN 与土壤温度呈显著负相关，与含水量呈显著正相关，而与其他因子相关性不显著（$P > 0.05$）（表 3-37）。全碳与全氮正相关性显著，而与其他因子相关性不显著（$P > 0.05$）（表 3-37）。铵态氮及硝态氮与其他因子相关性不显著（$P > 0.05$）（表 3-37）。pH 与土壤温度呈显著负相关（表 3-37）。土壤温度与含水量呈显著负相关（表 3-37）。

表 3-37　2002 年对照样地土壤微生物生物量碳、氮与影响因子间的 Pearson 相关系数

变量	MBC	MBN	全碳	全氮	铵态氮	硝态氮	pH	土壤温度	含水量
MBC	1	0.707**	0.388**	0.286*	−0.319	−0.370	0.339	−0.760**	0.684*
MBN		1	0.243*	0.209**	−0.386	−0.318	−0.436	−0.556**	0.628**
全碳			1	0.984**	−0.038	−0.007	−0.072	0.326	−0.063
全氮				1	0.017	0.023	−0.116	0.342*	−0.097
铵态氮					1	0.092	−0.440	0.354	−0.137
硝态氮						1	0.020	0.303	−0.114
pH							1	−0.976**	−0.400
土壤温度								1	−0.654**

*$P < 0.05$；**$P < 0.01$

3. 2008 年火干扰样地土壤微生物生物量碳、氮与土壤环境因子、养分因子的关系

对 2008 年火干扰样地土壤微生物生物量碳、土壤微生物生物量氮与其他一些土壤碳、氮因子及环境因子使用 Pearson 系数进行相关性分析（表 3-38）。结果表明，MBC 与 MBN、全碳、全氮及含水量呈显著正相关，而与其他因子相关性不显著（$P > 0.05$）（表 3-38）。全碳与全氮正相关性显著。全碳、全氮与铵态氮及土壤温度均呈显著负相关，与含水量均呈显著正相关（表 3-38）。铵态氮与含水量呈显著负相关，与土壤温度呈正相关（表 3-38）。土壤硝态氮、pH 与其他因子相关

性不显著。土壤温度与含水量呈显著负相关。

表 3-38　2008 年火干扰样地土壤微生物生物量碳、氮与影响因子间的 Pearson 相关系数

变量	MBC	MBN	全碳	全氮	铵态氮	硝态氮	pH	土壤温度	含水量
MBC	1	0.539**	0.602**	0.654**	0.270	0.016	−0.015	−0.334	0.653**
MBN		1	0.482*	0.329**	0.423	0.035	−0.498	0.305	0.260
全碳			1	0.962**	−0.603*	−0.304	0.544	−0.555**	0.748**
全氮				1	−0.669*	−0.281	0.606	−0.626**	0.727**
铵态氮					1	−0.126	−0.324	0.668*	−0.566*
硝态氮						1	−0.507	0.031	0.150
pH							1	0.015	−0.277
土壤温度								1	−0.510**

*$P<0.05$；**$P<0.01$

4. 2008 年对照样地土壤微生物生物量碳、氮与土壤环境因子、养分因子的关系

对 2008 年对照样地土壤微生物生物量碳、土壤微生物生物量氮与其他一些土壤碳、氮因子及环境因子使用 Pearson 系数进行相关性分析（表 3-39）。结果表明，MBC 与 MBN、全碳、全氮呈显著正相关，与土壤温度呈显著负相关（表 3-39）。MBN 与其他因子相关性不显著（$P>0.05$）（表 3-39）。全碳与全氮呈显著正相关，与其他因子相关性不显著（$P>0.05$）（表 3-39）。全氮与土壤温度呈显著负相关（表 3-39）。铵态氮与 pH 呈显著负相关，与其他因子相关性不显著（$P>0.05$）（表 3-39）。土壤硝态氮与 pH 呈显著正相关，和含水量呈现负相关，而与其他因子无显著相关性（$P>0.05$）（表 3-39）。

表 3-39　2008 年对照样地土壤微生物生物量碳、氮与影响因子间的 Pearson 相关系数

变量	MBC	MBN	全碳	全氮	铵态氮	硝态氮	pH	土壤温度	含水量
MBC	1	0.797**	0.479*	0.567**	−0.017	−0.124	0.009	−0.561**	0.346
MBN		1	0.366**	0.375**	0.055	−0.040	0.101	−0.187	0.271
全碳			1	0.970**	0.035	−0.136	−0.398	−0.378	0.329
全氮				1	0.013	−0.153	−0.413	−0.526**	0.356
铵态氮					1	−0.015	−0.887**	0.064	0.379
硝态氮						1	0.744*	0.519	−0.603*
pH							1	0.659	−0.667
土壤温度								1	−0.693**

*$P<0.05$；**$P<0.01$

5. 综合分析土壤微生物生物量碳、氮与土壤环境因子、养分因子的关系

对全部样地土壤微生物生物量碳、土壤微生物生物量氮与其他一些土壤碳、氮因子及环境因子的所有数据使用 Pearson 系数进行相关性分析。结果表明（表 3-40），MBC 和 MBN 与全碳、全氮及含水量均呈显著正相关；MBC 与温度呈显著负相关，而 MBN 与温度相关性不显著（$P>0.05$）；MBC 和 MBN 与土壤铵态氮和硝态氮相关性不显著（$P>0.05$）；MBC、MBN 与土壤 pH 相关性不显著（$P>0.05$）；全碳、全氮与含水率呈显著正相关，而与土壤温度呈负相关；土壤温度与含水量呈显著负相关。

表 3-40　全部样地土壤微生物生物量碳、氮与影响因子间的 Pearson 相关系数

变量	MBC	MBN	全碳	全氮	铵态氮	硝态氮	pH	土壤温度	含水量
MBC	1	0.686**	0.340**	0.279**	0.079	−0.052	−0.173	−0.410**	0.536**
MBN		1	0.304**	0.312**	0.139	−0.048	−0.193	−0.040	0.368**
全碳			1	0.976**	0.018	−0.131	−0.117	−0.316**	0.412**
全氮				1	0.099	−0.134	−0.112	−0.247*	0.388**
铵态氮					1	−0.089	−0.441*	0.242	0.093
硝态氮						1	−0.232	0.349*	−0.177
pH							1	0.010	−0.225
土壤温度								1	−0.467**

*$P<0.05$；**$P<0.01$

6. 讨论

林火会导致土壤微生物群落组成发生变化，火干扰后土壤表层中的细菌和真菌及微生物量会明显减少（Meiklejohn，1955；Van Reenen et al.，1992）。已有很多研究表明，火干扰能够改变微生物结构和功能多样性，进而改变土壤中微生物含量（Giai and Boerner，2007；Hamman et al.，2007）。2002 年火干扰样地与 2008 年火干扰样地 MBC 和 MBN 有明显差异（图 3-34 和图 3-35），均表现为对照样地 MBC 和 MBN 高于火干扰样地，而且微生物生物量碳差异变化随火干扰后年限越长而越明显，2002 年火干扰样地与对照样地的微生物生物量碳差异明显大于 2008 年。说明火干扰后该地区微生物生物量有明显减少，而且这种由火灾引起的消极影响持续了很多年，这与 Prieto-Fernández 等（1998）得到的结论相符合，而很多研究也表明在火干扰后土壤微生物生物量及土壤养分有很大改变（Dumontet et al.，1996；Durán et al.，2008）。

不同年限火干扰后森林土壤全碳、全氮与对照样地土壤全碳、全氮有显著差异。比较而言，不同年限火干扰样地与对照样地均表现为火干扰样地土壤全碳、全氮含量低于对照样地。一些研究表明，高强度森林火灾可以消耗大量土壤表层的有机碳，持续强烈的重度火干扰下土壤侵蚀现象严重，土壤碳、氮有流失现象（Simard et al.，2001；Wan et al.，2001；Rothstein et al.，2004；Smithwick et al.，2005）。森林火灾引起的土壤退化对土壤的物理、化学及生物性质都有重大改变（Acea and Carballas，1996），与本研究结果相符。

在 2002 年火干扰样地，MBC 和 MBN 与土壤全碳、全氮均呈显著正相关，验证了以往的研究（Allen and Schlesinger，2004）。表明土壤微生物生物量虽然在土壤中较少，却是控制生态系统中碳、氮分流的重要因子。该地区 MBC 和 MBN 几乎没有受到其他因子的影响，这大概是由于该地区遭受严重火干扰后微生物大量死亡，地面植被毁坏状况严重，土壤大多裸露在外，淋洗、侵蚀情况严重，火干扰后历经多年该地区生态恢复缓慢，致使微生物活动变化受其他因子影响较小。该地区全碳、全氮均表现出与铵态氮呈显著正相关，说明该样地内大多铵态氮转化为了有机态氮。

在 2002 年对照样地，MBC 和 MBN 均与土壤温度呈显著负相关，并均与含水量呈显著正相关，这与以往的相关研究结论一致（Arnold et al.，1999；Chen et al.，2005），即微生物生物量随土壤干、湿而改变，当土壤湿度增加时，微生物生物量随之上升；反之，则会随之下降（李云玲等，2004）。说明喜好低温、湿度大生境的菌类在该地区分布较多，这种水热条件促使它们更好地生长及发展。土壤铵态氮、硝态氮与其他因子相关性不显著（$P > 0.05$），说明该区域的环境条件并没有促使无机氮更好地转化为有机态氮。

在 2008 年火干扰样地，MBC 与含水量呈显著正相关，说明该地区微生物的生长活动受到了适宜土壤湿度的促进。MBC 和 MBN 与全碳、全氮均呈现显著正相关，表明 MBC 是该地区控制养分分流的关键。全碳、全氮与温度呈显著负相关，与含水量呈显著正相关，表明该地区潮湿、低温的环境条件利于土壤养分的积累。

在 2008 年对照样地，铵态氮与 pH 显著呈负相关，而硝态氮与其呈显著正相关，表明该地区土壤 pH 更适宜于土壤硝化过程的进行。全碳、全氮只与 MBC 和 MBN 呈显著正相关，与其他因子相关性不大（表 3-39），表明该地区土壤碳、氮突然变化主要受土壤微生物生物量的影响。

综合分析可以看出，土壤微生物生物量碳、氮与土壤全碳、氮呈显著正相关，进一步证实了土壤微生物生物量在土壤全碳、氮中的重要地位。以往的研究显示，土壤湿度较高时，微生物的活性能受到促进（Zak et al.，1993）。也有一些研究认为，影响土壤微生物生物量的主要影响因子是养分因子，而水热条件对其的影响的结论并不一致。本研究在分开分析时，只有 2002 年对照样地及 2008 年火干扰样地微生物生物量碳、氮显示出与温度呈显著负相关及与含水量呈显著正相关。

但是综合分析显示，土壤微生物生物量碳、氮与温度呈显著负相关，而与含水量呈显著正相关。从一方面表明该地区内土壤微生物在低温、潮湿环境条件下可以更好地生长发展，活性更能受到刺激，从而获得更大的土壤微生物生物量，具体水热条件对微生物生物量有没有影响或者影响有多大还待进一步深入研究。

在森林土壤中有效态氮通常以铵态氮为主，植物吸收的氮的主要来源就是铵态氮。有机氮通过矿化过程转化为铵态氮，铵态氮再通过硝化过程转化为硝态氮。植物和微生物对氮素吸收利用的主要形式就包括无机态氮（蔡春轶和黄建辉，2006），也有不少研究表明微生物生物量与土壤铵态氮、硝态氮呈显著正相关（丁爽和王传宽，2009）。本研究中所有样地均未发现土壤微生物生物量与土壤无机氮有相关性，出现这一差别的原因还有待更进一步的研究分析。

三、不同年限火干扰后的土壤微生物生物量碳、氮的季节动态变化

（一）不同年限火干扰后的土壤微生物生物量碳的季节动态变化

2002 年及 2008 年火干扰样地土壤微生物生物量碳与对照样地土壤微生物生物量碳均有明显的季节波动变化（图 3-38）。

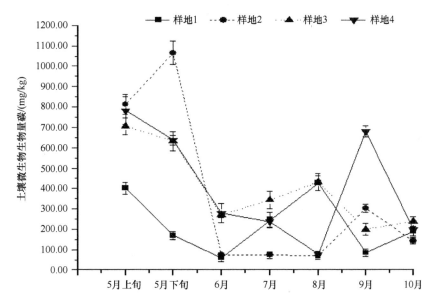

图 3-38　兴安落叶松林不同年限火干扰后土壤微生物生物量碳的季节动态变化
（平均值±标准误差）

样地 1. 2002 年火干扰样地；样地 2. 2002 年对照样地；样地 3. 2008 年火干扰样地；样地 4. 2008 年对照样地

其中，2002 年火干扰样地与 2008 年火干扰样地土壤微生物生物量碳的波动变化相似，均表现为：在 5 月上旬土壤初解冻时，其含量达到最高，而后随时间

变化呈逐渐降低，并于6月生长季开始时达最低，随后在生长季波动较小，之后随时间推移逐渐略微增高，并在8月出现峰值，后在9月入秋后降低，并在10月入冬后又呈升高趋势。略有不同的是，2002年火干扰样地8月的值较高于2008年火干扰样地（图3-38）。

2002年对照样地土壤微生物生物量碳含量明显高于火干扰样地，而2008年对照样地土壤微生物生物量碳也略高于火干扰样地（图3-38）。对照样地在整个生长季阶段，土壤微生物生物量碳含量呈现较低水平且波动平缓，而火干扰样地土壤微生物生物量碳含量呈现较剧烈的波动趋势（图3-38）。对照样地内微生物生物量碳于9月出现峰值，而火干扰样地于8月出现峰值。所有样地土壤微生物生物量碳在春季土壤初解冻到进入生长季均表现为持续下降趋势（图3-38）。

2002年对照样地，土壤微生物生物量碳在春季土壤初解冻时波动剧烈，随后在进入生长季后波动较小，近似平缓，而在入秋后于9月出现峰值，之后在10月开始呈现下降趋势（图3-38）；2008年对照样地土壤微生物生物量碳从春季一直到生长季结束呈现持续降低，并于8月达最低值，入秋后开始升高，于9月出现峰值，并在入冬后降低。与2002年对照样地相比，2008年对照样地土壤微生物生物量碳动态变化波动更为明显（图3-38）。

（二）不同年限火干扰后的土壤微生物生物量氮的季节动态变化

火干扰样地土壤微生物生物量氮与对照样地土壤微生物生物量氮均有明显的季节波动变化（图3-39）。

火干扰样地土壤微生物生物量氮基本都表现为从春季土壤初融时在峰值开始持续下降直到进入生长季到达谷底，而进入生长季后其含量开始升高，并于8月达到顶峰，而后随时间推移逐渐下降。略有不同的是2002年火干扰样地微生物量生物氮动态曲线较2008火干扰样地先出现谷底，且在进入冬季后其波动变得略微平缓（图3-39）。

两块对照样地土壤微生物生物量氮动态变化相似，均基本表现为从春季峰值开始呈持续下降趋势直到生长季结束才开始上升，并于秋季9月达到峰值，而后又下降。2008年对照样地土壤微生物生物量氮含量在7月有略微升高（图3-39）。

相比而言，对照样地土壤微生物生物量氮在生长季呈下降趋势，而火干扰样地则呈增高趋势，火干扰样地于8月出现峰值，而对照样地于9月达到峰值（图3-39）。

（三）讨论

本研究结果表明，MBC和MBN在春季土壤初解冻时均为最大值（图3-38

和图 3-39），而后随着时间推移 MBC 和 MBN 均开始呈现下降趋势（图 3-38 和图 3-39），这与以往一些研究结果相符（丁爽和王传宽，2009；Romanyà et al.，1994）。晚冬时期，由于针叶林内的大量凋落物输入土壤，因此土壤中适应低温的微生物能够快速增长，并固定氮素，这就促使微生物生物量在冬季和早春解冻前容易达到峰值（Lipson et al.，1999），而且，由于微生物代谢在冬天低温时较弱，维持其呼吸所需要消耗的能量较低。因此，在较低能量供给的条件下土壤中仍旧可以维持较高的微生物生物量（Monson et al.，2006a）。两块对照样地 MBC 和 MBN 均表现为在整个生长季为最低且呈现出略微下降趋势，这与一些研究结果相符合。例如，王国兵等（2009）的研究结果表明，土壤微生物生物量碳具有明显的季节变化，具体表现是在植物生长旺季维持在较低水平。火干扰样地土壤温度明显高于对照样地，而在夏季这种差别更为明显，这与该林分受过重度火干扰有关系，重度火干扰后林下植被严重受损，从而使土壤更充分、更容易地暴露于阳光下而吸收更多的热辐射，以使土壤温度高于有密集植被覆盖的对照样地。由相关性分析看出，土壤微生物生物量与土壤温度呈显著负相关，而火干扰样地土壤微生物生物量明显低于对照样地，由此也进一步证实了越高土温下土壤微生物生物量越少。

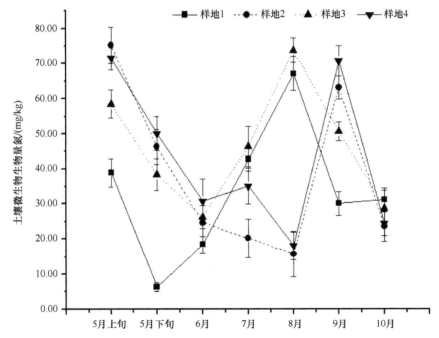

图 3-39　兴安落叶松林火干扰后不同年限土壤微生物生物量碳季节的动态变化
（平均值±标准误差）

样地 1. 2002 年火干扰样地；样地 2. 2002 年对照样地；样地 3. 2008 年火干扰样地；样地 4. 2008 年对照样地

四、结论

不同年限火干扰后的森林土壤微生物生物量碳（MBC）和土壤微生物生物量氮（MBC）的差异性显著（$P<0.01$）。2002 年火干扰样地、2002 年对照样地、2008 年火干扰样地、2008 年对照样地土壤微生物生物量碳（MBC）的变化范围依次为 61.03～427.26mg/kg、 70.02～1065.38mg/kg、 199.32～704.85mg/kg、 76.36～781.92mg/kg；土壤微生物生物量氮（MBN）的变化范围依次为 6.24～67.03mg/kg、15.63～75.18mg/kg、26.20～73.70mg/kg、24.25～105.01mg/kg。火干扰样地土壤微生物生物量碳、土壤微生物生物量氮低于对照样地，而且这种差别在 2002 年两块样地更为明显。不同年限火干扰后森林土壤全碳、全氮与对照样地土壤全碳、全氮也有显著差异。相关性分析结果表明，无论火干扰与否，土壤微生物生物量碳、土壤微生物生物量氮与土壤全碳、全氮均呈现显著正相关，而微生物生物量碳、氮与其他因子的相关性并没有表现出一致性：在 2002 年火干扰样地微生物生物量碳、氮与除土壤全碳、氮外的其他因子相关性均不显著，而在 2002 年对照样地，微生物生物量碳、氮均显示与土壤温度呈显著负相关，并均与含水量呈显著正相关，而与其他因子相关性不显著。2008 年火干扰样地微生物生物量碳、氮表现出与含水量呈显著正相关，而与温度及其他因子相关性并不显著。在 2008 年对照样地，微生物生物量碳显示出与温度呈显著负相关，而与含水量无显著相关性，微生物生物量氮则表现出与温度及含水量都没有显著相关性。火干扰样地及对照样地的土壤微生物生物量均有明显的季节波动变化。本研究结果表明，MBC 和 MBN 在春季土壤初解冻时均为最大值，而后随着时间推移开始呈现下降趋势。火干扰样地微生物生物量在生长季波动较小，而随时间推移逐渐略微增高，并于 8 月出现峰值，在入秋后降低，并在入冬后又呈升高趋势。对照样地的微生物生物量表现出在生长季呈低水平且呈下降趋势，其中 2002 年对照样地微生物生物量在春季时波动剧烈，而 2008 年对照样地微生物生物量自始至终都呈现下降趋势。

本研究的目的是得出不同年限火干扰后土壤微生物生物量的动态变化，并初步研究环境因子对其的影响，这有助于为进一步研究火干扰对土壤微生物生物量的影响，以及北方森林土壤碳平衡受火干扰变化影响的机理提供基础数据。此外，在不同的森林生态系统中，关键生态因子的主导地位不同及各种生态因子存在错综复杂的作用，使得土壤微生物生物量的动态变化可能存在着显著差异。目前，关于影响森林土壤微生物生物量季节动态变化的影响因子的相关研究还较为薄弱，今后这方面还需要加强。火干扰对土壤碳周转率和碳储量会产生影响，这种影响可以是短期的、长期的或者永久性的，而影响的程度主要取决于火的性质、火干扰强度和火干扰频率及持续时间等，然而森林火灾的无法预计性及森林火灾的发生、发展中一些不确定因素无法得到精确测量，如风向、火干扰强度、火干扰间隔等。由于本研究是在火干扰后的样地内取样，缺少火干扰前样地的土壤环境情况，无法对比。以后有条件可以做些计划烧除，对比火干扰前后土壤微生物生物量及主要影响因子的变化情况，从而能进一步了解究竟火干扰对土壤微生物生物量起到如何影响。另外，火干扰后不同时期生态恢复情况各不相同，土壤微生物生物量也有变化，因此可在同一样地做长时间监测。若要深刻透彻地剖析林火究竟对微生物生物量起到多大影响及如何影响还需要多做火干扰前后相关指标的监测与分析，这样才能更加科学解释林火对微生物生物量的影响。

第八节　火干扰对土壤活性碳组分的影响

一、引言

土壤活性碳组分只占土壤有机碳总量的较小部分，但直接参与土壤生物化学转化过程，因此，对土壤碳库平衡和土壤化学、生物化学肥力保持具有重要意义（钟春棋等，2010），是指示土壤有机碳状态、反映土壤碳库动态的较有用的敏感性指标（姜培坤等，2002b；周莉等，2005），能体现土壤碳的活性，在土壤碳循环有关研究中受到广泛的关注，近年来已成为土壤、环境和生态科学领域所关注的焦点和研究的热点。

林火是森林生态系统的主要干扰因子之一，全球每年约 1%的森林会遭受火干扰（Crutzen et al.，1979；Seiler and Crutzen，1980）。在全球碳循环中，森林火灾每年会造成 2～4Pg 的碳排放到大气中（van Der Werf et al.，2006），这相当于每年化石燃料燃烧排放量的 70%～80%（Andreae and Merlet，2001）。

林火对土壤活性有机碳的影响主要表现在 4 个方面：一是增加了土壤有机质的分解；二是增加土壤呼吸的碳释放，三是减少地上植被输入土壤的碳素；四是增加黑碳的碳汇功能。这些影响不仅表现在森林燃烧的时候，还表现在燃烧的后期，短期与长期影响并存（Fern et al.，1999）。火干扰对土壤活性有机碳组分的影响取决于几个因素，包括林火类型、林火强度和坡度、坡位等。其影响程度的范围可以为从土壤中有机质几乎完全被破坏，到土壤地表中有机碳损失 30%（Chandler et al.，1983）。有研究表明，火干扰发生不久后，可以在某些土壤中观察到有机质含量急剧降低，这可能是由于土壤理化性质发生了变化（Savage，1974；DeBano，2000），加速了具有效控制水土流失作用的含地下根的草本层的流失，增加了土壤可蚀性，导致土壤表层碳迅速流失（Diaz-Fierros et al.，1987；Mcnabb and Swanson，1990；Andreu et al.，1996）。也有因树干、树叶和可燃物等受到火干扰的影响，进而加强土壤有机质沉积而导致碳含量增加的报道。在中、低度火干扰后，由于有树木坏死部分掺入到土壤中，通常可以观察到土壤中有机碳含量的增加（Rashind，1987）。

本研究选择位于我国北方森林集中分布区的大兴安岭林区，是森林火灾发生频率较高的区域（谷会岩等，2010）。本研究的目的在于探讨兴安落叶松林土壤活性有机碳组分含量在火干扰后不同时间内的时空变化。林火扰乱了土壤中有机碳的结构，重新分配了土壤中不同类型的有机碳活性组分。土壤有机碳中不稳定的组分能迅速地对碳供给变化做出响应（Jinbo et al.，2007）。为了探究火干扰对森林土壤活性有机碳的影响，我们选择两个火干扰年份样地进行了为期一年的实地调查，研究了火干扰对 MBC、LFOC（light fraction organic carbon，土壤轻组有机碳）、DOC（dissolved organic carbon，可溶性有机碳）及 POC（particulate organic carbon，颗粒有机碳）的影响，以及对各个组分季节动态的影响。

二、实验方法

（一）研究样地

本实验选择在中国最北部的大兴安岭地区（东经 121°12′～127°00′，北纬 50°10′～53°33′）进行。大兴安岭东与小兴安岭毗邻，西以大兴安岭山脉为界与内蒙古接壤，南濒广阔的松嫩平原，北以黑龙江主航道中心线与俄罗斯为邻。大兴安岭为重要的气候分带，东坡降水多，西坡干旱，整个山区的气候比较湿润，属于寒温带大陆性季风气候，年平均气温为-3℃，极端最低温度为-48℃，年日照时数为 2500h，全年平均积雪 165～175 天，年降水量为 500mm。该地区森林属寒温带针叶林，主要树种有樟子松（Pinus sylvestris L. var. mongolica Litv.）、兴安落叶松（Larix gmelinii Rupr.）、白桦（Betula platyphylla Suk.）、山杨（Populus davidiana Dode）等 10 余种，土壤以棕色针叶林土为主。该地区为森林火灾高发区域，20 年间发生森林火灾 47 起，年均 2.3 起，过火面积为 26.07 万 hm^2，年均过火面积为 1.3 万 hm^2。兴安落叶松林为中国北方森林的主要树种，我们选择兴安落叶松林林下土壤作为研究对象。

（二）实验设计

本研究中，在兴安落叶松林内共选取了 12 块样地来研究火干扰对土壤活性有机碳含量的影响。分别选取兴安落叶松林火干扰后 3 年（2008 年）和火干扰后 9 年（2002 年）的火干扰迹地作为研究样地。其中，火干扰后 3 年样地设在塔河林业局开库康乡，火干扰后 9 年样地设在塔河林业局塔丰林场。在研究样地附近（300～1000m），选择立地条件相似的兴安落叶松林（未过火）设置对照样地。在研究样地和对照样地内分别随机设置 3 个大小为 20m×20m 的固定区域，呈三角形，共计 12 块样地。具体样地林分特征如表 3-41 所示。

表3-41　火干扰后不同年限兴安落叶松林林分特征（平均值±标准误差）

样地类型	土壤类型	土层厚度（A层厚度）/cm	林龄/年	胸径/cm	树高/m	熏黑高度/m	烧焦高度/m	主要林下植被
2002年火干扰	棕色针叶林土	50/12	35	10.01±0.45	9.8±0.34	3.74±0.16	1.45±0.07	越橘，杜香，小叶章
2002年对照	棕色针叶林土	55/14	37	13.21±0.56	10.97±0.73	0	0	越橘，笃斯越橘，小叶章
2008年火干扰	棕色针叶林土	60/20	39	15.52±0.66	13.28±0.31	5.20±0.22	3.17±0.22	杜香，黄刺玫，大叶章
2008年对照	棕色针叶林土	55/16	36	11.20±0.31	11.61±0.11	0	0	越橘，小叶章，大叶章

（三）样品采集与分析

土壤活性有机碳一般发现存在于0～15cm土层中，采用该层的土壤能更好地反映火干扰对土壤活性有机碳的影响。于2011年5～10月对样品采集。每月在每块样地内按"S"形随机选取5个点，用传统取样法进行取样，共采集5个月。采集的土样立即带回实验室，过2mm土壤筛，用密封袋保存于4℃下，直到样品被分析；取一部分土样进行风干处理。用数字式瞬时温度计测定土壤温度；用烘干法测定土壤含水量。

土壤微生物生物量碳（MBC）采用氯仿熏蒸提取法测定（Vance et al.，1987a），方法如下：称取相当于烘干土重10g的新鲜土样。未熏蒸样品立即用0.5mol/L K_2SO_4 溶液（土液比为1：2.5）萃取，25℃条件下用振荡器振荡30min后立即将土样过滤。需要熏蒸的土样置于100mL小烧杯中，并连同盛有50mL的氯仿（滤洗后除去乙醇）的小烧杯一同放入真空干燥器内。使用真空泵将干燥器内部空气抽走使其呈真空状态，氯仿持续沸腾2min后，置于25℃真空条件下培养24h；取出盛氯仿的烧杯后利用真空泵反复抽气除尽干燥器内残留的氯仿。熏蒸的土样在和未熏蒸土壤相同的条件下也用0.5mol/L K_2SO_4 溶液萃取。浸提液中MBC含量用Multi C/N3000分析仪（Analytik Jena AG，Germany）测定。土壤MBC（MBC）（mg/kg）用式（3-22）求得。

$$MBC=E_C/0.45 （Joergensen and Brooks，1990） \qquad (3-22)$$

式中，E_C 为熏蒸及未熏蒸土样浸提液中有机碳的差值；0.45为校正系数。

土壤溶解性有机碳（DOC）含量测量方法如下：称取相当于烘干土重10g的新鲜土样，放入装有100mL0.5mol/L K_2SO_4 溶液（土液比为1：2.5）的150mL容量瓶中，在振荡器上振荡30min。将土-水悬浮液离心，将上清液通过0.45μm过滤器过滤到用于分析的独立小瓶中。用Multi C/N3000分析仪（Analytik Jena AG，Germany）测定DOC含量。

土壤轻组有机碳（LFOC）含量测量方法如下（Janzen et al.，1992）：称取过2mm

土壤筛的风干土样 10g 置于 100mL 离心管中,加入 50mL NaI 溶液(密度为 1.6～2.5g/cm³),用振荡器振荡 60min,悬浮液在 3000r/min 离心 10min,将悬浮用微孔滤膜抽滤,将离心管中残留物重复萃取 2～3 次,用 75mL 0.01mol/L CaCl₂ 溶液冲洗轻组物质去除 NaI,再用 150～200mL 去离子水多次冲洗至重液被淋洗干净。65℃下烘干,钵磨碎过 150μm 筛。用碳氮元素分析仪(Elementa vario ELⅢ)测定 LFOC含量。

土壤颗粒有机碳(POC)含量测定用 Garten 等(1999)的测定方法:取 10g过 2mm 孔径土壤筛的干土,放入 100mL 浓度为 5g/L 的(NaPO₃)₆溶液中,用振荡器振荡 18h。把土壤悬液过 53μm 筛,用蒸馏水冲洗,把所有留在筛子上的物质于 60℃条件下过夜烘干、称重。用碳氮元素分析仪(Elementa vario ELⅢ)测定 POC 含量。

(四)统计分析

所有数据分析均在 SPSS 20.0 统计软件中完成。采用方差(ANOVA)分析来评估不同年限火干扰对 MBC、DOC、LFOC 和 POC 的影响,对每个样本单独进行 One-way ANOVA 分析。用 Pearson 相关系数评价土壤活性有机碳与土壤含水量及土壤温度的关系。

三、火干扰对 MBC 及其季节动态的影响

如图 3-40 所示,2002 年火干扰样地、2002 年对照样地、2008 年火干扰样地、2008 年对照样地 MBC 的变化范围依次为 61.03～427.26mg/kg、70.02～1065.38mg/kg、199.32～704.85mg/kg、76.36～781.92mg/kg;方差分析结果表明,火干扰对 MBC有显著影响。2002 年火干扰样地与 2008 年火干扰样地 MBC 分别与其对照样地有明显差异($P<0.05$),均表现为 MBC 在火干扰样地低于对照样地。

林火会改变土壤微生物群落的组成(Duràn et al.,2008;Simard et al.,2001),火干扰发生后土壤表层中的细菌和真菌及微生物生物量会明显减少(Van Reenen et al.,1992;Giai and Boerner,2007),已有很多研究表明火干扰能够改变微生物结构和功能多样性,进而改变土壤中微生物含量(Dumontet et al.,1996;Hanman et al.,2007)。本研究中,微生物生物量碳变化随火干扰后年限越长而越明显,2002年火干扰样地与对照样地的微生物生物量碳含量差异明显大于 2008 年,说明火干扰后该地区微生物生物量有明显减少,而且这种由火灾引起的消极影响持续了很多年,这与以往的一些研究结论相符合(Prieto-Fernández et al.,1998)。

两块对照样地 MBC 均表现为在整个生长季为最低(Devi and Yadava,2006),且呈现出略微下降趋势。2002 年与 2008 年火干扰样地 MBC 表现出与对照样地不

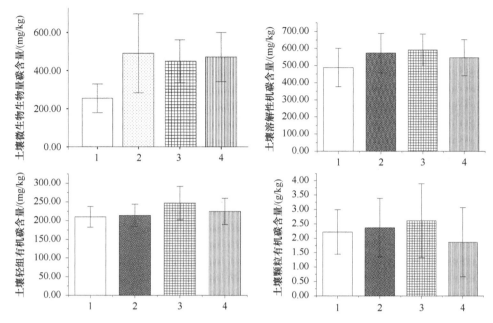

图 3-40　兴安落叶松林不同年限火干扰后土壤活性有机碳含量

1. 2002 年火干扰样地；2. 2002 年对照样地；3. 2008 年火干扰样地；4. 2008 年对照样地

同的季节动态，并具有明显的季节变化（图 3-41）：在 5 月上旬土壤初解冻时，其含量达到最高，这与以往一些研究结果相符（丁爽和王传宽，2009；Romanyà et al.，1994）。晚冬时期，由于林内的大量凋落物输入土壤，因此土壤中适应低温的微生物能够快速增长，可以维持较高的微生物生物量（Monson et al.，2006b），尤其是在冬季和早春解冻前容易达到峰值（Lipson et al.，1999）。而后随时间的变化而逐渐降低，并于 6 月生长季开始时达到最低值。特别的，MBC 在夏季产生了与对照样地不同的变化规律：即于 6 月开始呈现出增长的趋势，并在 8 月出现峰值。这个不同的变化是由几个交错的因素，包括火干扰的严重程度、地表条件及当时的天气条件等共同造成的。在本实验中，我们也发现了火干扰造成了林下植被严重受损，减少了地表的凋落物量的现象。除了影响枯落物的积累外，火干扰也对微生物群落的生存起着重要的作用。火干扰后，土壤更充分地暴露于阳光下，吸收更多了的热辐射，使得土壤温度明显高于对照样地，在夏季这种差别更加明显。大兴安岭地区具有非常高的土壤湿度，雨、雪的不断出现，可以防止火干扰对微生物群落的渗透破坏。所以，夏季湿润的土壤、适宜的温度和充足的凋落物沉积形成的有利条件，既保证了土壤中微生物的存活量，也促进了火干扰后微生物在夏季快速的生长，MBC 出现增长的趋势。而后其在 9 月入秋后降低，在 10 月由于凋落物的增加其又呈升高趋势。由相关性分析看出，土壤微生物生物量与土壤温度呈显著负相关，而火干扰样地土壤微生物生物量明显低于对照样地，由此也进一步证实了越高土温下土壤微生物生物量越少。

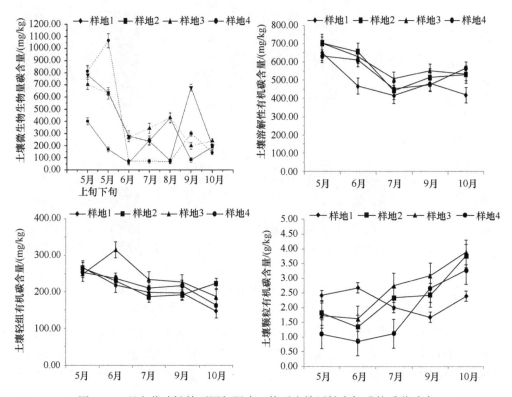

图 3-41　兴安落叶松林不同年限火干扰后土壤活性有机碳的季节动态

样地 1.2002 年火干扰样地；样地 2.2002 年对照样地；样地 3.2008 年火干扰样地；样地 4.2008 年对照样地

四、火干扰对 DOC 及其季节动态的影响

土壤溶解性有机碳由一系列大小、结构不同的分子组成，是土壤有机质的重要组成部分，容易受植物和微生物的强烈影响，在土壤中移动较快，易分解和矿化，对微生物的有效性较高。DOC 一般来源于透冠水包含的有机物、新近凋落物和残根的分解产物及土壤腐殖质（Zsolnay，1996；Mcdowell and Likens，1998）。Currie 和 Aber（1997）的研究结果表明，淋溶物中 DOC 的主要成分是森林地被物中不稳定组分。本研究结果显示：火干扰对落叶松林土壤 DOC 含量有较大的影响。其中，2002 年火干扰样地的 DOC 浓度为 395.59～703.62mg/kg，对照样地的 DOC 浓度为 407.20～758.72mg/kg；2008 年火干扰样地的 DOC 浓度为 421.48～715.93mg/kg，对照样地的 DOC 浓度为 413.77～786.10mg/kg。结果表明，2008年火干扰样地 DOC 浓度与对照样地有显著差异（$P<0.05$），其含量相对于对

照样地增加了 8.20%；而 2002 年火干扰样地火干扰对 DOC 的效应变得不再明显（图 3-40）。

有研究表明，土壤养分在火干扰后有所增加（Bad and Mart，2003），会提高土壤中微生物的活性（Andersson et al.，2004）和 DOC 的浸出（Jokinen et al.，2006）。此外，燃烧时产生的灰烬也会增加 DOC 含量。Clay 等（2009）也发现 DOC 含量在火干扰后会有一个短期内的大幅增加，这与本研究的结果相似。我们发现，DOC 含量在火干扰后短时间内有一定程度的提高：火干扰发生 3 年后（2008 年火干扰样地）DOC 含量约高于对照样地 8.20%。火干扰后温度的变化有可能是加快土壤 DOC 释放的因素之一：Liechty 等（1995）推测温度温度变化 2.1℃将会使森林土壤溶液中 DOC 的浓度提高 16%，与本研究的结果相似，火干扰后 DOC 含量与土壤温度呈正相关，其随着土壤温度的增大而增大。土壤水分状况是影响 DOC 的另一个重要因素。比较一致的结果是土壤干燥后再重新湿润将会提高 DOC 的浓度。其机制可能是土壤干燥过程中，土壤微生物的活动受到限制，对底物的降解速率下降，并且降解不完全，促成了 DOC 的积累。另外，土壤复湿可能导致团聚体的分散，增加 DOC 的溶出。Tyler 等（1993）、Christ 和 David（1996）报道土壤含水量与 DOC 浓度存在正相关性，这与本研究中 2008 年火干扰样地的结果相似。但是，火干扰后经过一段时间（2002 年火干扰样地），DOC 含量逐渐降低至火干扰前的水平，与对照样地无显著性差异（$P > 0.05$）。这可能与风和雨水的冲刷、淋洗等作用减少了土壤中 DOC 含量有关。

在采样期内，2008 年火干扰样地 DOC 含量波动变化与对照样地相似（图 3-41），其表现为：在 5 月土壤初解冻时达到峰值，含量为 701.28mg/kg，这主要是由于冬季微生物的分解作用增加了 DOC 浓度（Yang，2006）。而后随时间变化逐渐降低，并于 7 月时达到最低，含量为 507.93mg/kg，相比春季降低了 27.57%。入秋后随时间的推移有逐渐增高的趋势。整个趋势与对照样地相似，并无较大差异。但是有研究发现 DOC 浓度在夏季高于秋、冬季（Chittleborough et al.，1992；Federer and Sticher，1994）。Cronan 和 Aiken（1985）发现夏季表土土壤溶液中 DOC 的浓度比秋、冬季高 26%～32%。Andersson（2000）也认为温度的升高改变了土壤溶液的性质，微生物因养分限制而死亡降解可能也促进了 DOC 的释放。这与本研究的结果相反，可能是由于兴安落叶松林密度较低，夏季地表凋落物较少，同时夏季雨水较多，水的作用时间短，影响了 DOC 的释放。

五、火干扰对 LFOC 及其季节动态的影响

土壤轻组有机碳是有机质中易改变的部分，半衰期一般只有几周到几十年，

代表着土壤中易分解的有机碳库，容易受到植被类型、枯枝落叶层类型及其分解和土地利用变化的影响（Dalal and Chan，2001）。本研究结果显示，火干扰对 LFOC 含量有较大的影响：2002 年火干扰样地、对照样地、2008 年火干扰和对照样地的 LFOC 含量的变化范围为 116～321g/kg、144～301g/kg、181～318g/kg、151～272g/kg。2002 年火干扰样地 LFOC 含量与对照样地无显著性差异（$P>0.05$），而 2008 年火干扰样地 LFOC 含量与对照样地差异显著（$P<0.05$），其含量增加了 11.99%（图 3-40）。

　　LFOC 对火干扰反应很敏感，其受影响程度随着火干扰情况及环境条件的变化而不同（彭少麟和刘强，2002）。本研究中，火干扰发生后短期内（2008 年火干扰样地）LFOC 含量显著增加。一方面，火干扰后树木根系的死亡对土壤碳库进行了积极的补充（方东明等，2012）；表层土壤（植被和枯落物层）混有植物完全燃烧产生的灰分，并随着降水过程下渗到下层土壤中；土壤中还会混有不完全燃烧的植物残体（沙丽清等，1998；孙龙等，2011）、植物碎屑和碳屑（耿玉清等，2007）、碳化颗粒物及半腐烂死根等（崔晓阳等，2012），也会不同程度地增加土壤中 LFOC 浓度（李纫兰等，2009）。另一方面，发生中度、轻度火干扰时，枯落物层燃烧部分挥发性有机物会附着于下部土粒表面，产生熏土效应（崔晓阳等，2012）；火干扰后，地表土壤温度上升，湿度增加（Hungate et al.，2007），土壤微生物活性增强（Verburg et al.，1999），加快了凋落物的分解速率（Pausas，2004），动植物残体及根际分泌物等有机碳矿化后会被释放到土壤中，引起 LFOC 浓度的增加。

　　随着时间的推移（2002 年火干扰样地），LFOC 含量呈现出逐渐下降的趋势，并在火干扰后一段时间内降至低于火干扰前的水平，与对照样地并无显著性差异（$P<0.05$）。这是因为融雪季或雨季过后，火干扰前概念上的原土层由于雨水的机械作用、根系分泌减少，以及大团聚体逐渐破坏等会发生不同程度的塌缩，导致在实际采样过程中深度下延（崔晓阳等，2012），下层土壤会被不同程度地采入样品中。由于下层土壤有机碳含量较低，稀释效应会影响到采样结果，导致 LFOC 含量下降。另外，发生火干扰较长时间后，样地内植被覆盖度降低，土壤大多裸露在外，雨水对土壤的冲刷作用增强（严超龙，2008），土壤结构遭到了破坏，淋洗、侵蚀情况严重，土壤表层植物残体、炭屑随着雨水流失，也是造成 LFOC 含量减少的原因之一（沙丽清等，1998）。

　　受多种因素的影响（Boone，1994），火干扰后短期内（2008 年火干扰样地）LFOC 含量有明显与对照样地不同的季节动态变化（图 3-41）。本研究中，在生长季开始时，由于晚冬时期凋落物输入到土壤中，同时林下土壤达到适宜微生物活动的温度，微生物活性加强，LFOC 含量开始增加，并在 6 月达到峰值；在夏季的时候，研究地雨水比较大，冲刷作用减少了林下凋落物层的累积，LFOC 含量均较其他季节有所下降。由于样地内植被受到火干扰影响较大，在进行本研究时并未完全恢复，所以在 9 月入秋之后，凋落物量增加得很少，LFOC 含量继续呈减少的趋势。2002 年火干扰样地 LFOC 含量的变化趋势与其对照样地相似，这可能与火干扰发生几年后样地内植被逐渐恢复有关。

六、火干扰对 POC 及其季节动态的影响

POC 是处于半分解状态、颗粒大（50～2000μm）、密度小（<2.0g/cm^3），一般被认为是处于新鲜的动植物残体和腐殖化有机物之间，暂时的或过度的有机碳库颗粒，易受到土地利用方式的影响。本研究的结果显示，2002 年火干扰样地及对照样地、2008 年火干扰样地及对照样地的 POC 含量的变化范围为 0.82～3.59g/kg、1.12～4.59g/kg、0.89～5.62g/kg、0.45～4.49g/kg，其中 2002 年火干扰样地 POC 含量与对照样地无显著性差异（$P>0.05$），而 2008 年火干扰样地 POC 含量与对照样地差异显著，含量增加了 45.16%（$P<0.05$）（图 3-40）。

一般情况下，在火干扰发生后可以观察到土壤转变为粗颗粒物质的动态趋势。这是由于在火干扰的过程中，土壤中的黏土部分受高温的影响形成稳定的聚集体（Almendros et al.，1984；Ketterings et al.，2000），最低的聚集颗粒度是沙粒级、最高的聚集颗粒度是黏土级（Gonzlezvila et al.，2002）。在最简单的森林生物质燃烧模型中，假定火干扰结束后产生的是 H_2O、CO_2 和包含在灰分中的矿物质。然而，在林火实际发生过程中因为氧气的限制，生物质在本质上并不能完全氧化燃烧，会产生 CO、CH_4 及一系列复杂的热解产物，还会形成粒径小于 2mm 的颗粒状物质，其主要为细小、低密度的灰色的不完全燃烧灰烬，混在整个地表的土壤中（Raison et al.，1985），会导致高强度烧焦有机物和颗粒碳的净增长，影响土壤中的有机碳含量，这与本研究的结果相似：2008 年火干扰样地，POC 含量比对照样地增加了 45.16%。

在 2008 年火干扰样地，POC 含量的季节动态与对照样地相比并未出现很大的差异，从 5 月开始到 10 月入秋，其一直处于升高的趋势（图 3-41）。2002 年火干扰样地，POC 含量在火干扰后经过很长时间产生了与对照样地不同的季节动态变化：POC 含量从 5 月开始有一个升高的变化趋势，在 6 月达到峰值，随后在生长季一直处于降低的趋势，直到 9 月入秋后又有一个升高的变化。因为林下的淋溶作用会影响土壤颗粒大小的垂直分布，增加颗粒有机碳向下运输的能力，所以在干旱环境下，由于林内缺少雨水的淋溶，POC 会在土壤表层（0～10cm）积累；而火干扰长时间后，在 2002 年火干扰样地的夏季和秋季，林内雨淋作用加大，雨滴的击溅会导致土壤团粒结构的破坏，造成 POC 的淋溶和迁移（Jiang et al.，2009）。2002 年火干扰样地，POC 与土壤含水量呈负相关，这是其含量在入秋时减少至最

小值的主要原因之一。另外,火干扰还减少了土壤中大团聚体的数量,增加了小团聚体和原生土粒的数量,导致土壤保水能力下降,造成地面渍水、土壤缺氧和林内水土流失等现象,减少了 POC 含量。

七、结论

本研究中,火干扰对大兴安岭地区落叶松林土壤活性有机碳组分的影响是显著的,既有短时间的影响(2008 年火干扰),亦有较长时间的影响(2002 年火干扰)。我们为期一年的实验结果显示,火干扰对土壤活性有机碳组分的影响效果从碳的一种形式到另一种形式是不同的。其中,在 2008 年火干扰样地,土壤微生物生物量碳(MBC)、土壤溶解性有机碳(DOC)、土壤轻组有机碳(LFOC)、土壤颗粒有机碳(POC)均存在显著差异($P<0.05$),MBC 含量减少 12.9%;DOC 含量增加了 8.2%;LFOC 含量增加了 11.99%;POC 含量增加了 45.16%。在 2002 年火干扰样地,MBC 与对照样地存在显著差异,且差异大于 2008 年火干扰样地,而 DOC、LFOC 和 POC 与对照样地的差异变得不再显著($P>0.05$)。

土壤中活性有机碳组分的季节动态变化受到了火干扰的影响。其中,2008 年火干扰样地 MBC 和 LFOC 两个组分、2002 年火干扰样地 DOC 和 POC 两个组分均出现了与对照样地较明显的有差异的季节变化:生长季前后分别呈现出与其对照样地不同的下降或者上升趋势,其中会出现峰值,而峰值的大小和出现的时间因火干扰后年限的不同发生变化。这是由于土壤含水量、土壤温度等环境因子受火干扰的影响较大,火干扰前后的差值比较大,间接地对土壤活性组分的含量及其季节动态产生了影响。

火干扰对土壤活性有机碳组分影响时间的长短、程度等与土壤自身特性、林火的性质、火干扰强度和火干扰持续时间等因素有很大的关系。本研究初步研究了不同年限火干扰后兴安落叶松林土壤活性有机碳组分动态变化,以及其在火干扰后所受环境因子的影响。研究结果有助于为进一步研究火干扰对土壤活性有机碳组分的影响、北方森林土壤碳平衡受火干扰变化影响的机理提供基础数据。在不同的森林生态系统中,关键生态因子的主导地位不同,以及各种生态因子错综复杂的作用,使土壤活性有机碳组分的动态变化存在着显著差异。同时,火干扰后不同时期生态恢复情况各不相同,土壤环境的变化情况也不同。在今后的工作中,深入研究火干扰对土壤活性有机碳组分的影响机理时,应多次取样,并结合研究地区相应的气候、样地植被等因素进行火干扰前后相关指标的长期监测与分析。

第四章 火后固碳恢复机制

第一节 绪 论

一、引言

自从工业革命以来，随着大气 CO_2 浓度的剧增，全球气候系统和社会经济发展均受到了严重影响（IPCC，2001a，2001b；刘慧等，2002）。寻找和确定 CO_2 的"源"与"汇"，成为全球气候变化研究的重要内容。人类生产活动，尤其是化石燃料燃烧和土地利用变化，是大气 CO_2 增加的主要来源（Houghton et al.，1999）。在过去 150 年间，土地利用变化释放的碳约占同期因人类活动而释放到大气中碳的 33%（Houghton et al.，2001），因此，管理好陆地生态系统来保存现有的碳储量和增加新的碳储存，成为降低大气 CO_2 浓度、减缓气候变化的一个新的挑战（Yamagata and Alexandrov，2001）。造林作为一种土地利用变化，至少能部分解释北半球中高纬度地区的陆地碳汇（Tans et al.，1990；方精云等，2001），并提供了一种潜在的短期减缓措施来降低 CO_2 释放（Moffat，1997）。所以，在 IPCC 承认的为数不多的几种可增加碳汇的人为活动中，造林成为其中之一，用来抵消各国承诺的温室气体减排指标。许多研究在区域或全球尺度上估计了造林对陆地碳汇的贡献（Fang et al.，2001；Nilsson and Schopfhauser，1995；Winjum and Schreeder，1997）。

关于兴安落叶松生物量的测定，已经有许多研究，如刘志刚等（1994）研究了内蒙古大兴安岭林区兴安落叶松天然林地上部分生物量，对不同林龄组和不同气候区分别进行了测定，对地上部分的树干、树皮、枝、叶的生物量分别测定，但没有包含地下部分的根生物量，因此低估了兴安落叶松的生物量；吴刚和冯宗炜（1995）研究了兴安落叶松林 $116\sim130$ 年的群落生物量和乔木层兴安落叶松生物量和年净生产量，表明成熟兴安落叶松天然林仍有较高的生产力。另外，冯林等（1985）研究了兴安落叶松原始林三种林型的生物量，表明其现存量差异很大，三种林型的群落生产力差异不大，但其分配格局差别很大；韩铭哲（1987）测定了 27 年生兴安落叶松人工林的生物量及生产力，其值分别为 $121.36t/hm^2$，4.495t/$(hm^2 \cdot 年)$；张俊（2008）、丁宝永等（1990）、陆玉宝（2006）、周振宝（2006）、孙玉军等（2007）也对兴安落叶松林的生物量和生产力进行了研究。兴安落叶松人工林生态系统年龄序列上的生物量、碳储量及碳汇能力研究还未见报道。

二、研究现状

（一）国内外兴安落叶松碳储量研究现状

以兴安落叶松（*Larix gmelinii*）为建群种的落叶松林主要分布在大兴安岭林区。该区气候寒冷、土壤潮湿、有岛状永久性冻土存在，属于我国对全球气候变化敏感的区域。目前，有关兴安落叶松林分布的研究或是基于植被区划（Hulme et al.，1992；张新时，1993a）或是基于简单的物种分布区（徐德应等，1997）与环境变量的重叠建立的对应关系，还没有从统计学角度研究物种地理分布对气候变化的响应。

自 20 世纪 60～70 年代以来，由于全球气候变化异常，科学家开始加大了对陆地生态系统中碳平衡及碳储量分布的关注。国外科学家对不同尺度森林碳汇及其变化进行过大量的研究。研究表明，北温带及北方森林的碳累积为（0.7±0.2）Gg C/年（Dixon et al.，1994）。俄罗斯西伯利亚东部边界的欧洲赤松（*Pinus sylvestris*）林为净碳汇（Lindroth et al.，1998）。相反，意大利 Tuscia 大学 Valentini 领导的一个国际研究组于 1996～1998 年对欧洲 15 处森林进行研究的结果指出，一些北方森林并没有显示出碳汇作用，与南方的一些森林相比它们释放的碳更多。这些结果都有待于科学家通过改进和统一研究方法，搜集和利用更加可靠、更准确的研究资料，并消除研究结果的不确定性和不一致性来进一步确定。对日本中部的兴安落叶松林的长期观测表明，该森林生态系统是一个大的碳汇，碳的吸收为 128Gg C/年（Yamamoto et al.，2001）。

关于兴安落叶松林碳储量的研究，孙玉军等（2007）通过基于标准地及森林资源清查资料建立的生物量与蓄积量关系模型，对我国兴安落叶松的主要集中地内蒙古大兴安岭地区的生物量和碳储量进行了估算。张俊（2008）利用相关的森林资源清查数据及论文中所建立的兴安落叶松生物量计算模型对东折棱河林场的兴安落叶松的生物量与碳储量进行了估计，结果表明，东折棱河林场兴安落叶松群落总生物量为 19 537.995t，总碳储量为 10 181.249t，群落贮碳密度为 24 183t/hm^2。鲍春生（2010）根据实测数据建立了生物量计算回归模型，计算了兴安落叶松天然林各林型的生物量与碳储量、平均生产力与年固碳量，结果表明，草类、藓类、杜香-兴安落叶松林生物量分别为 196.4942t/hm^2、162.2935t/hm^2、148.8580t/hm^2，平均生产力为 1.18～2.79t/（hm^2·年）；碳储量分别为 95.8001t/hm^2、76.4845t/hm^2、73.1275t/hm^2，年固碳量为 0.57～1.37t/（hm^2·年）。这与其他研究者的研究结果相似（冯林和杨玉珙，1985；陆玉宝，2006；于立忠等，2005）。蒋延玲（2001）利用实测数据验证 CENTURY 模型并用该模型模拟兴安落叶松林的碳循环，证明兴安落叶松林是碳汇林。闫平等（2008）、海龙等（2009）从林分尺度上研究了不同兴安落叶松林型的碳储量和碳汇能力。齐光等（2011）通过样地调查，以空间代替时间法，探讨了落叶松人工林生长过程中植被碳库储量变化，研究表明随林龄的增加，兴安落叶松人工林植被碳储量逐渐增加，61 年时达到 105.69t/hm²，碳汇功能显著，15～26 年兴安落叶松林碳汇功能最强。

（二）国内外火干扰迹地植被恢复研究现状

　　火干扰是森林生态系统重要的干扰因子，它影响整个森林生态系统的发展和演替。大面积森林火干扰后森林环境发生急剧变化，主要是大气、水域和土壤等领域内的森林生态因子之间的生态平衡受到干扰，各种物质循环、能量流动和信息传递遭到破坏，导致森林生态平衡被破坏（孔繁花等，2003）。

　　火干扰后森林生态系统的恢复与重建，是火生态及恢复生态学的重要研究内容，早在 20 世纪 30 年代，俄罗斯学者率先对火灾对生态环境的影响进行了研究。到 20 世纪 50 年代，美国、加拿大开始重视火灾对各种景观类型的影响，研究的主要问题是火灾后的环境变化。加拿大、美国在研究火灾对植被恢复、演替规律、土壤元素和土壤微生物影响的同时，特别重视林火的生态作用研究，着重研究林火在破坏和维持生态平衡中的作用。近年来，许多学者在全球变化的背景下，研究火干扰对植被的影响及火干扰迹地植被的演替情况。例如，Wahren 等（2001）研究了澳大利亚高山和亚高山火干扰迹地植被的早期恢复。Matthew 等（2005）研究表明，热带雨林中不同林分种类之间火干扰迹地萌发能力的差异可以作为未来植被变化的潜在指标。Mouillot 等（2002）用模拟的方法研究气候变化对火干扰频率和植被动态的影响。林火与气候相互作用决定了火干扰迹地森林的恢复、火干扰频率及火干扰间隔期，火干扰格局影响了森林演替的树龄结构、植被群落结构及生产力。

　　我国对火后火干扰迹地的植被恢复关注较晚，开始全面研究还是 1987 年大兴安岭"5·6"特大森林火灾之后。许多相关领域的科学家、学者亲临现场进行实地考察，对火干扰程度、森林类型、土壤等诸多自然要素进行了测定和调查，分别从火生态学（郑焕能等，1986；周以良等，1989）、火历史（胡海清，2003；邱扬等，2003；徐化成等，1997）和恢复评价（王绪高等，2004；李秀珍等，2004；范建荣等，1995）的角度，运用模型（王绪高等，2005；孔繁花等，2005）、遥感（高素华和叶一舫，1994；解伏菊等，2005；梁凤仙和顾钟炜，1993）等方法对其研究，总结了火干扰迹地植被恢复的措施和技术手段，推动和完善了我国对火干扰迹地植被恢复的研究。对森林大火对森林生态的影响，尤其是对火干扰迹地的损失评估、树种的更新等进行深入研究，可为森林防火管理部门作出科学决策和用火提供科学依据，无疑具有深远的现实意义。

关于火干扰对大兴安岭地区兴安落叶松影响的研究，多集中在植被恢复、植被多样性、群落演替等方面。例如，王绪高等（2003）的研究表明，兴安落叶松林等林型火干扰后轻度火干扰区的植被自然更新恢复良好；中度火干扰区的森林植被依靠人工促进更新要比自然更新更早达到预期目标；重度火干扰区的森林植被如果完全依靠自然更新，恢复到预期目标会非常缓慢，而通过人工更新则可跨越几个演替阶段，较快接近本地的顶极群落。王绪高等（2004）采用由植被空间序列推断时间系列的方法，分析大兴安岭呼中林区近20年来不同火干扰迹地植被变化情况。罗菊春（2002）对西林吉林业局管辖范围内不同强度火干扰兴安落叶松林等进行了研究，分析了火干扰对森林结构、林分生长、森林更新、植物多样性、土壤理化性质等方面的影响。孙家宝和胡海清（2010）采用由植被空间序列推断时间系列的方法，分析了大兴安岭地区兴安落叶松（*Larix gmelinii*）林不同火干扰强度火干扰迹地群落的演替状况，研究结果显示了不同强度的火干扰后兴安落叶松林群落演替的趋势规律。

（三）国内外土壤碳储量研究现状

土壤是陆地生态系统重要的组成部分。土壤不仅是陆地植物及土壤动物和微生物生存的养分库，也是在一定气候条件下生物物理和生物化学过程对母岩进行改造的产物。土壤在水循环过程中的作用决定了陆地河流向海洋输出碳量的形式和通量（Bohn and Hinrich，1976）。土壤中物质和能量的循环强度不仅影响土壤的碳排放，也影响陆地植被的养分供应。土壤有机碳库是土壤生物地球化学碳循环研究的主要内容，在组成上它包括植物、动物和微生物的遗体、排泄物、分泌物及其部分分解产物和土壤腐殖质。土壤碳库是陆地生态系统中最大的碳库，受气候和人类活动的影响而发生动态变化。现有的全球土壤碳库的碳储量估计值为700～2946Pg C。可见，碳库碳储量估计过程中的不确定性很大（汪业勖等，1999）。

早期对土壤有机碳库碳储量的估计是根据少数几个土壤剖面资料进行推算的。例如，Rubey 根据不同研究者发表的美国9个土壤剖面的碳含量，推算全球土壤有机碳库碳储量为710Pg C。20世纪70年代，Bohn 和 Hinrich（1976）利用土壤分布图及相关土组的有机碳含量，估计出全球土壤有机碳库碳储量为2946Pg C。这两个估计值成为当前对全球土壤碳库碳储量估计的上下限。陆地土壤碳库碳储量研究的新进展是利用地理信息系统技术，描述土壤碳库不同层次的属性及其空间分布，在区域尺度上已经有不少国家开展了这样的研究。例如，加拿大和俄罗斯分别对本国土壤碳库碳储量进行了估计，我国也已完成了1∶400万的土壤分布图和 1∶100 万的土地利用图的数字化工作，但所包含的土壤碳属性数据较少，不能直接用于我国土壤碳库碳储量的估计。

造林后土壤碳储量的变化受许多因素影响，如当地的气候和土壤条件、造林前的土地利用历史和土壤准备、造林树种和人工林年龄等（Paul et al.，2002；Zinn et al.，2002），这些因素影响输入土壤有机质的质量和时空分布、土壤呼吸和矿化速率、土壤温度、土壤 pH 和离子交换能力等（Scott et al.，1999），从而在不同程度上影响造林后土壤碳储量的动态。从全球来看，Paul 等（2002）分析 43 篇研究文献中 204 个地点的造林后土壤碳变化的数据得出，造林 5 年后，土壤碳储量会下降约 3.64%，约 30 年土壤表面 30cm 的碳储量通常高于最初的农业土壤。当地环境条件和造林实践过程均可以影响造林后碳储量的减少量和开始增加的具体时间（Zinn et al.，2002）。

（四）国内外人工林生产力及碳储量研究现状

造林是通过人工植树、播种或人工促进天然下种方式，使至少在过去 50 年不曾有森林的土地转化为有林地的直接人为活动（张小全和侯振宏，2003）。造林对陆地碳汇的影响，可以直接体现在生物量和土壤中的碳积累上，也可以间接通过生成生物燃料来替代化石燃料，从而实现减缓碳排放的目标（Richter et al.，1999；Fearnside，1999）。

从研究的广度和深度看，国外自 20 世纪 70 年代以来对人工林的研究有了很大发展，有关的论文集和书籍出版了不少。对人工林长期生产力研究难度较大，为了使长期生产力研究能经济而有效地取得大量可信的科学资料，国内外很注意研究策略和方法。Dylk 和 Cole（1994）提出关于确定收获及与之相关措施的 3 个长期生产力研究方法，即时序研究、追溯研究及长期实验。Paul 等（2008）研究澳大利亚南部人工林表明，在低降水区增加降水可使林分的固碳能力增强。John（2000）研究澳大利亚东部人工林表明，建立人工林导致土壤扰动，使土壤有机碳分解和碳损失以不同的速率发生在不同土壤剖面，这种损失将会抵消植被对碳的积累，整个系统的净积累在人工林建立 10～20 年后发生。这些结果对所有发展快速、短轮伐期的为纸浆材或生物燃料而造的人工林（<15 年）具有重大影响，接下来的轮换可继续减少土壤碳储量。Neal 等（1999）的研究结果也强调，在土壤中碳的变化应包含在人工林生态系统固碳内。

我国对人工林生产力的研究起步较晚，起始于 20 世纪 70 年代后期，最早是潘维俦等（1979）对杉木人工林的研究，其后是冯宗炜等（1982）对马尾松人工林及刘世荣（1990）对兴安落叶松人工林的研究。目前，在我国有关研究者对几十种人工林进行了研究，北方研究最多的为松类（刘再清和陈国海，1995；于立忠等，2005；苑增武和丁先山，2000），南方研究最多的是杉木（张其水和俞新妥，1992；杨旭静和应金花，1999；方晰等，2002），对桉树等阔叶树种（孙长忠和沈国舫，2001；余雪标等，1999；陈婷等，2005）也有较多的研究。影响人工林碳储量的因素很多，主要有人口密度、土地利用变化和覆盖变化、气候、地形、土壤类型、森林类型、林龄、林下植被及凋落物等（黄从德和张国庆，2009）。在未来的研究中，应进一步加强人工林生态系统经营与管理的研究，以增强人工林生态系统的碳汇功能。同时，如何在增强人工林碳汇功能的同时制定适应于全球碳贸易及国内生态补偿机制的途径和对策是亟待解决的问题。

（五）研究意义

我国的兴安落叶松（*Larix gmelinii*）林是欧亚大陆北方针叶林的一部分，属于东西伯利亚南部落叶针叶林沿山地向南的延续部分，也是寒温带针叶林的主要建群种，其林分面积大，蓄积量高，面积和蓄积量分别占我国寒温带有林地面积和蓄积量的55%和75%，是我国主要的木材生产基地。因此，研究兴安落叶松林生态系统的生物量和碳储量对研究全球大气 CO_2 浓度及全球环境变化有重要意义。本研究以大兴安岭不同林龄兴安落叶松人工林的植物体及土壤（包括地被物）为对象，通过本项目的研究将揭示不同林龄兴安落叶松人工林地上和地下碳储量的动态变化情况，为评价大兴安岭地区人工林抚育模式提供参考依据。

第二节　研究区域概况

一、地理位置

大兴安岭地区是中国纬度最高的边境地区，地理坐标为北纬 50°08′～53°34′，东经 121°11′～127°02′。大兴安岭地区疆域广阔，东西长 410km，南北宽 386km，行政区面积为 8.3 万 km²，该区域最高海拔为 1528.7m，系呼中区伊勒呼里山主峰，又称大白山。属寒温带大陆性季风气候，全年无霜期为 80～110 天，年平均气温为–3℃，极端最低气温达–48℃，素有"高寒禁区"之称。东与小兴安岭毗邻，西以大兴安岭山脉为界与内蒙古接壤，南濒广阔的松嫩平原，北以黑龙江主航道中心线与俄罗斯为邻。

二、地形地貌

大兴安岭山地属新华夏系第三起带。地面组成物质以花岗岩、石英粗面岩和安山岩为主，其中花岗岩面积量大，在山地轴部边缘及河谷中有玄武岩分布。

大兴安岭脊部从本地区西部通过，大兴安岭支脉伊勒呼里山为东西走向，将大兴安岭地区分为岭南和岭北两个地域，同时是黑龙江流域和嫩江流域的分水岭。总的地势是西高、东低，中间高、南北低，西部坡度陡、东部坡度缓，南部坡度陡、北部坡度缓。山地起伏和缓，一般山地较平呈准平原状态。最高海拔为1528.7m，位于呼中区南部边缘的伊勒呼里山山脉，最低海拔不到150m，位于呼玛县与黑河市交接的黑龙江国境线处。

地貌形态主要由中山、低山、丘陵和山间盆地组成。中山区相对海拔为300～500m，主要分布在西部和中部的呼中区、新林区的西部、塔河县的南部地区，地形起伏大、切割深；低山区相对海拔为200～300m，主要分布在漠河县的南部、新林区的东部、塔河县的中部和呼玛县的西南部及松岭区的北部地区；丘陵区相对海拔为50～200m，主要分布在黑龙江沿岸和嫩江沿岸地区；山间盆地分布于河谷地带，河谷宽，谷地狭窄，直线河谷较多。

在全区土地面积中，中山区面积占3.8%，低山区面积占49.6%，丘陵和山间盆地面积占46.6%。

三、气候特征

大兴安岭地区属寒温带大陆性季风气候。冬季受西伯利亚高压控制，多西北风，干旱寒冷而漫长；夏季受太平洋高压影响，多东南风，温凉湿润而短促。冬季长达9个月，夏季最长不超过1个月，大部分地区几乎无夏季。日温持续大于10℃的时期（生长季）自5月上旬开始，至8月末结束，长70～100天。全年的平均温度为-4～-2℃，最冷月份为1月，平均气温为-30～-25℃，极端最低气温在漠河，为-52.3℃，也是中国的极端最低气温。7月最热，平均气温为16～20℃，在北部和海拔较高的地方，生长季还时有霜冻发生。

大兴安岭地区的年降水量为450～500mm。冬季降水量不大，从每年11月到翌年4月的降水量尚不足全年的10%。与此相反，在一年中的暖季，该地区东南季风活跃，南来的海洋湿润气流在北方气流的冲击下可形成大量降水，造成这一时期的降水量可达全年降水量的85%～90%，属于夏雨型。该地区相对湿度为70%～75%。积雪期达5个月之久，林内雪深达30～50cm。

四、土壤条件

大兴安岭地区的土壤主要有棕色针叶林土、暗棕壤、灰色森林土、草甸土、沼泽土和冲积土等。棕色针叶林土的形成除了与气候、地质母岩、植被等条件有关外，还与土壤永冻层有密切关系。永冻层是棕色针叶林土的重要特性，又是它的重要形成条件。大兴安岭地区永冻层的分布是比较普遍的，不同的林型和植物群落，永冻层的发育状况也不同。在有永冻层存在的条件下，林木的生长条件显然发生了很大的改变，特别是整个土温降低，同时土壤的可利用空间减少了。

山地下部为棕色森林土，中上部为灰化棕色针叶林土，均呈酸性反应。这里的植被有明显的垂直分带现象。海拔 600m 以下的谷地是含蒙古栎的兴安落叶松林。其他树种有黑桦、山杨、紫椴、水曲柳、黄檗等，林下灌木有二色胡枝子、榛子、毛榛等。

五、植被状况

大兴安岭林区属于寒带针叶林区，是横贯欧亚大陆北部的"欧亚针叶林区"的东西伯利亚明亮针叶林向南延伸的部分，并沿着大兴安岭山体继续向南进入大兴安岭南部的森物亚区。该地区受西伯利亚冷空气和蒙古高压控制，冬季严寒而漫长，森林植被垂直分布比较简单，有明显的垂直分带现象：海拔 600m 以下的谷地是含蒙古栎的兴安落叶松林，其他树种有黑桦、山杨、紫椴、水曲柳、黄檗等，林下灌木有二色胡枝子、榛子、毛榛等。海拔 600～1000m 为杜鹃-兴安落叶松林，局部有樟子松林，林下灌丛有杜鹃-杜香、越橘、笃斯越橘等。海拔 1100～1350m 为藓类-兴安落叶松林，含有红皮云杉、岳桦等少量乔木树种，林下藓类地被层很发育，主要有塔藓、毛梳藓、树藓等，树干上有黑树发藓，但没有松罗。海拔 1350m 以上的顶部为匍匐生长的偃松矮曲林，还有桦属植物和越橘。

本研究所选调查样地概况如表 4-1 和表 4-2 所示，其中火干扰迹地造林地均为重度火干扰后的样地，即样地无活的直立木存在；湿地类型均为泥炭型沼泽。

表 4-1　火干扰迹地造林地概况

样地编号	造林年份与林龄/年	林分密度/（株/hm²）	平均胸径/cm	平均树高/m	土层厚度/cm	海拔/m	火干扰强度
XL-1	2009 年/1	3300		0.40	50	538	重度
XL-2	2001 年/9	3650	1.67	2.27	50	571	重度
TH-1	2000 年/10	4725	0.70	1.50	50	450	重度
XL-3	1999 年/11	2450	3.25	3.57	50	525	重度
TH-2	1998 年/12	5250	0.60	1.15	20	487	重度
MH-1	1997 年/13	2640	3.92	3.85	50	375	重度
MH-2	1996 年/14	3775	6.58	8.26	30	486	重度
MH-3	1995 年/15	2475	8.07	7.87	50	477	重度
MH-4	1993 年/17	1475	3.31	3.60	50	465	重度
MH-5	1991 年/19	2145	6.90	7.69	10	423	重度
MH-6	1989 年/21	1750	9.49	8.67	50	490	重度

注：XL-1～XL-3 为新林区的 3 个样地；TH-1～TH-2 为塔河县的 2 个样地；MH-1～MH-6 为漠河县的 6 个样地；下同

表 4-2　湿地改造后造林地概况

样地编号	造林年份与林龄/年	林分密度/（株/hm²）	平均胸径/cm	平均树高/m	土层厚度/cm	海拔/m
JQ-1					30	423
MH-7	1996 年/14	2195	10.23	7.28	50	486
JQ-2	1991 年/19	2550	10.37	10.50	50	419
XL-4	1989 年/21	4050	8.45	7.38	50	388
JQ-3	1986 年/24	2203	13.10	12.50	30	365
XL-5	1984 年/26	2750	12.77	12.50	50	405
XL-6	1980 年/30	1775	16.39	16.50	20	391

注：JQ-1~JQ-3 为加格达奇区的 3 个样地；XL-4~XL-6 为新林区的 3 个样地；MH-7 为漠河县的 1 个样地；下同

第三节　研究方法

一、样地设置

2010 年 5 月在大兴安岭加格达奇、新林、塔河、漠河地区分别选取有代表性的兴安落叶松人工林幼龄林设置样地，共 18 块，分为火干扰迹地造林（11 块）和湿地改造后造林（7 块）两种。每块样地取 3 个重复样方，每块样方的大小为 20m×30m。

二、植被生物量测定方法

在所选样地内，分别测定植物体（乔木层、灌草层）及地被物的生物量/载量。其中，乔木生物量测定使用回归估计法，先测定样地内部分（不少于 50 株）或全部乔木的胸径和树高，分别计算平均值，代入异速生长方程（刘世荣，1990；冯宗炜等，1999）；灌草生物量、地被物载量测定使用收获法，即在所选样地上选取一定面积的小样方（灌草 0.5m×0.5m，地被物 0.5m×0.5m）5 个，全部收获称重，再把样品带回实验室烘干称重，计算含水率（分析基），以此估算生物量/载量。计算含水率（分析基）的公式如下。

$$A\% = 1 - M_2/M_1 \qquad (4\text{-}1)$$

式中，$A\%$ 为含水率；M_1 为灌草/地被物的湿重（g）；M_2 为灌草/地被物的烘干重（g）。

三、土壤样品采集

在样地 4 个角和中心共 5 个点挖取土壤剖面，按照 0~10cm、10~20cm、20~

30cm、30～50cm 分层采集，采后分层混合土样，用四分法取足样品，每个样地每层土壤取 3 个铝盒新鲜土，盖严后带回实验室烘干，测定土壤含水率。另取足够土样于封闭袋，带回自然风干（一个月）后依次过 2mm、0.149mm 土壤筛供土壤有机碳含量测定。同时，每层取 3 个 100cm³ 环刀用于测定土壤容重，容重计算公式如下。

$$\theta = (M_3 - M_4) / V \times A\% \tag{4-2}$$

式中，θ 为土壤容重（g/cm³）；M_3 为取土后环刀重（g）；M_4 为环刀重（g）；V 为环刀体积（cm³），本研究所用环刀体积为 100cm³；$A\%$ 为土壤含水率（分析基）。

四、植物体碳储量估测

由于单位质量植物生物量中有机体碳的平均含量均在 0.5 左右（方精云，2000；Houghton et al.，2000a，2000b；马钦彦等，2002），因此本研究一律采用 0.5 作为乔木生物量、灌草生物量、地被物载量与其碳含量之间的换算比例，即碳储量=生物量（载量）×0.5。

五、土壤碳密度测定

采用全碳分析仪（岛津 5000A）测定土壤有机碳含量。土壤剖面 SOC 密度（kg C/m²）的计算公式如下。

$$总 SOC 密度 = \sum d_n \times \theta_n \times C_n \times (1 - \delta_n) / 100 \tag{4-3}$$

式中，C 为土壤有机碳含量（g/kg）；d 为厚度（cm）；θ 为土壤容重（g/cm³）；δ 为直径>2mm 石砾含量（体积%）；n 为土壤层数，若石砾含量低于 10%可以忽略不计（马明东等，2009）。

第四节　不同林龄兴安落叶松人工林群落生物量的估算

一、火干扰迹地不同林龄兴安落叶松人工林群落生物量的估算

由图 4-1 可以看出，乔木生物量变化最明显，呈持续快速增加趋势，最大值出现在 21 年生的兴安落叶松人工林中，为 55.19t/hm²，主要原因是这段时期属于兴安落叶松生长初期，生长速度较快。灌草生物量随林龄增加逐渐减小，从火干扰迹地第 1 年的 15.86t/hm² 下降到火干扰迹地第 21 年的 2.67t/hm²，减少了 83.17%。地被物载量在重度火干扰后基本消失，积累缓慢，变化幅度较小，1 年、9 年、10 年、11 年生人工林林下均无地被物积累，随着人工林林龄的进一步增长，地被物开始积累，但载量仍较低。1 年、9 年、10 年生人工林林下植被生物量较大，这

是由于火干扰迹地阳光充足，适合灌草大量生长，造成群落生物量中林下植被生物量所占比例最大，平均占群落生物量的 76.4%；灌草生物量随着林龄的增长而减少，趋于稳定。群落总生物量呈持续增加的趋势，最大值出现在 21 年生的兴安落叶松人工林中，为 60.93t/hm^2，与刘志刚等（1994）对内蒙古大兴安岭林区兴安落叶松幼龄林研究的结果（61.31t/hm^2）比较接近。

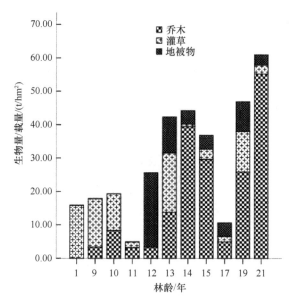

图 4-1　火干扰迹地不同林龄兴安落叶松人工林地上部分生物量的变化

二、湿地改造后不同林龄兴安落叶松人工林群落生物量的估算

由图 4-2 可以看出，乔木生物量变化最明显，呈持续快速增加趋势，最大值出现在 30 年生的兴安落叶松人工林中，为 294.77t/hm^2，年均净生产力 9.83t/（hm^2·年），生长速度较快。灌草生物量随林龄增加而减小，通过湿地改造栽植人工林 14 年后灌草生物量由 23.34t/hm^2 减少为 8.94t/hm^2，减少了 61.7%，在 21 年生以上的人工林中灌草生物量几乎为零，可见湿地改造后种植人工林不利于维持灌草的生长。地被物载量随着林龄增加而增加，30 年生人工林地被物载量可达 22.68t/hm^2，年均增长量为 0.76t/hm^2，表现出一定的碳汇能力。

群落总生物量呈持续增加的趋势，最大值出现在 30 年生的兴安落叶松人工林中，为 317.45t/hm^2，此结果大于鲍春生（2010）用同种方法估测的兴安落叶松天然林的群落生物量；30 年生的群落年平均生产力为 10.58t/hm^2，此结果大于牟长城等（2007）测定的人工落叶松沼泽林群落生产力[3.34 t/（hm^2·年）]，分别是中国人工林平均固碳量[1.91t/（hm^2·年）]（陈泮勤等，2008）和黑龙江省幼龄人工林平均固碳量[2.85t/（hm²·年）]（王光玉，2003）的 5.54 倍和 3.71 倍。说明湿地改造后 30 年生兴安落叶松人工林已表现出强大的碳汇能力，且在 30 年生之前表现出持续增加的趋势。

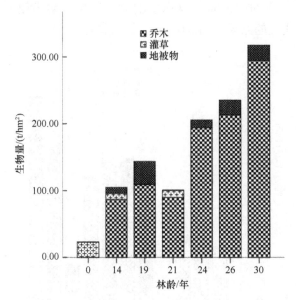

图 4-2　湿地改造后不同林龄兴安落叶松人工林地上部分生物量的变化

第五节　不同林龄兴安落叶松人工林土壤
有机碳储量的研究

一、不同林龄兴安落叶松人工林林下土壤容重与含水率的研究

（一）火干扰迹地不同林龄兴安落叶松人工林林下土壤容重与含水率的研究

　　火干扰打破了大气、植被、地表凋落物和土壤之间的水热平衡，进而改变了土壤的水热状况（Ogee and Brunet，2002）。土壤容重、土壤孔隙度是表征土壤有机结构、通气状况、通水状况的有效指标，不同强度火干扰迹地上，土壤容重和土壤孔隙度是不一样的，而不同年限火干扰后的土壤容重和土壤孔隙度的恢复情况也是不一样的（王光玉，2003；张敏等，2002）。从表 4-3 可以看出，11 个不同林龄的兴安落叶松林土壤平均厚度为 39cm，土壤容重为 0.58～1.36g/cm³，平均为 1.11g/cm³，4 个火干扰迹地土壤容重表现出随土壤深度增加而增加的趋势，与王洪君等（1997）、王友芳等（2006）的研究结果相似。

　　从表 4-3 还可以看出，土壤含水率为 7.3%～35.08%，平均为 18.04%，各林龄人工林含水率基本随着土壤深度的增加而减少。

表 4-3 火干扰迹地不同林龄兴安落叶松样地土壤的物理性质

样地编号（林龄）	土壤层次/cm	土壤容重/（g/cm³）	含水率/%
XL-1（1 年）	50	0.78（0.07）	32.00（7.28）
XL-2（9 年）	50	1.36（0.16）	13.89（0.11）
TH-1（10 年）	50	1.17（0.08）	15.95（2.24）
XL-3（11 年）	50	1.23（0.10）	16.76（0.06）
TH-2（12 年）	20	0.85（0.11）	35.08（0.53）
MH-1（13 年）	40	1.16（0.08）	17.15（3.39）
MH-2（14 年）	30	1.23（0.37）	7.3（0.01）
MH-3（15 年）	50	1.23（0.24）	10.38（1.62）
MH-4（17 年）	40	1.29（0.11）	12.18（1.67）
MH-5（19 年）	10	0.58（0.01）	20.90（0.10）
MH-6（21 年）	40	1.28（0.07）	16.20（1.80）
平均值	39	1.11	18.04

注：土壤容重、含水率列下括号内数据为标准差；下同

（二）湿地改造后不同林龄兴安落叶松人工林林下土壤容重与含水率的研究

从表 4-4 可以看出，湿地改造种植人工林后，与对照湿地相比，除了 21 年生人工林样地以外，土壤平均容重有不同程度的增加，最高为 14 年生人工林（1.35g/cm³）。在所调查的大兴安岭地区样地中，湿地改造后种植的兴安落叶松人工林土壤厚度为 20~60cm，平均为 41cm。土壤容重为 0.12~1.35g/cm³，平均为 0.89g/cm³；土壤含水率在 17.60%~87.35%，平均为 37.63%。

表 4-4 湿地改造后不同林龄兴安落叶松样地土壤的物理性质

样地编号（林龄）	土壤层次/cm	土壤容重/（g/cm³）	含水率/%
JQ-1（0 年）	40	0.83（0.05）	41.83（1.00）
MH-7（14 年）	50	1.35（0.22）	18.82（5.67）
JQ-2（19 年）	50	0.95（0.25）	29.23（6.62）
XL-4（21 年）	40	0.12（0.01）	87.35（1.01）
JQ-3（24 年）	30	0.86（0.14）	28.75（1.25）
XL-5（26 年）	60	1.18（0.14）	17.60（2.68）
XL-6（30 年）	20	0.92（0.08）	41.83（5.31）
平均值	41	0.89	37.63

对比表 4-3 和表 4-4 可知，在所调查的样地中，火干扰迹地人工林和湿地改造后人工林土壤平均厚度相近，火干扰迹地人工林土壤容重大于湿地改造后人工林土壤容重，原因可能是重度火干扰使得土壤表层的有机质被烧掉以后对土壤的孔隙度造成不利影响，总孔隙度降低，土壤板结现象严重，进而导致土壤容重增加；湿地改造后人工林土壤平均含水率约为火干扰迹地人工林土壤含水率的 2 倍。

二、不同林龄兴安落叶松人工林土壤有机碳质量分数的研究

（一）火干扰迹地不同林龄兴安落叶松人工林土壤有机碳质量分数的研究

从表 4-5 可以看出，兴安落叶松林土壤有机碳质量分数基本随土壤深度增加而下降。由 1 年生人工林土壤与其他林龄人工林土壤对比可以看出，火干扰迹地造林使得表层（0～10cm）土壤有机碳质量分数下降，原因可能是火干扰迹地土层较薄，且一般都不是当年造林，第 2 年或者第 3 年才能进行造林，研究区域生长季降水非常集中，且强度较大，所以表层土壤有机碳会随降水产生的径流或水土流失大量损失。造林初期人工林无地被物积累，土壤有机碳损失最快，且没有有效的地被物分解补充，减小幅度最大，本研究中土壤有机碳质量分数减少了60.38%。10～21 年随着乔木生长，地被物积累增加，土壤碳输入途径和量均增加。10～30cm 土壤有机碳质量分数在人工造林 1～17 年总体呈显著减小，而 17～21年已趋于稳定状态。由 30～50cm 土壤有机碳质量分数变化趋势可知，1～15 年持续降低，15～21 年表现为增加，原因可能是根系生长对土壤有机碳的输入作用影响了该层土壤有机碳质量分数。

表 4-5　火干扰迹地不同林龄落叶松人工林土壤有机碳的质量分数

林龄/年	土壤各层次有机碳质量分数/（g/kg）			SOC	平均有机碳质量分数/（g/kg）
	0～10cm	10～20cm	20～30cm	>30cm	
1	158.23（69.23）	74.02（18.91）	42.48（23.29）	15.20（1.30）	61.03
9	18.92（10.34）	6.74（4.93）	9.91（0.86）	8.02（0.59）	10.32
10	62.69（52.62）	17.24（10.16）	9.36（0.52）	4.99（3.56）	19.85
11	63.12（70.26）	12.06（3.37）	7.34（0.10）	5.94（0.10）	18.88
12	11.47（3.47）	4.93（0.10）			8.20
13	40.66（32.56）	10.00（7.64）	8.32（0.10）	7.00（0.10）	16.50
14	23.16（15.43）	9.23（2.94）	6.70（1.99）		13.03
15	61.90（50.74）	18.93（7.47）	8.20（2.34）	2.89（0.53）	18.96
17	52.14（48.78）	13.80（10.08）	7.23（5.40）	7.57（3.52）	20.18
19	69.84（51.65）				69.84
21	50.32（60.79）	14.63（2.66）	12.72（1.76）	11.30（2.99）	20.05
平均值	55.68	18.16	12.47	7.86	25.17

注：括号内为样本标准差

（二）湿地改造后兴安落叶松人工林土壤有机碳质量分数的研究

从表 4-6 可以看出，在 7 块调查样地中，土壤有机碳质量分数均为表层（0～10cm）最大，其中 21 年生湿地改造后人工林土壤碳质量分数较大，原因是该样地终年积水，导致土壤微生物的种类及其活动增加。湿地改造后造林使得表层（0～10cm）土壤有机碳质量分数持续下降（除了 21 年），30 年后首次增加，原因可能是随着乔木生长，地被物积累增加，土壤有机碳的输入增加。0～50cm 层土壤有机碳质量分数基本表现为对照组最大，原因可能与根生长消耗有机质有关。0～19 年生人工林虽然地被物积累较少，但有灌草季节性的分解补充使表层（0～10cm）土壤有机碳损失缓慢。土壤各层次有机碳质量分数总体表现为 0～10cm 最大，20～30cm 最小，原因可能与根系分解的有机质深度有关。

表 4-6　湿地改造后不同林龄落叶松人工林土壤有机碳的质量分数

| 林龄/年 | 土壤各层次有机碳质量分数/（g/kg） | | | SOC | 平均有机碳质量分数/（g/kg） |
	0～10cm	10～20cm	20～30cm	>30cm	
对照	97.86（5.31）	94.80（38.61）	51.43（25.34）	54.74（1.00）	74.71
14	95.91（87.57）	21.54（12.73）	23.94（14.98）	6.56（3.33）	30.90
19	92.62（33.49）	50.19（32.29）	44.93（28.56）	54.49（0.45）	59.34
21	462.72（63.87）	486.47（38.34）	465.73（39.04）	496.90（10.00）	477.96
24	90.10（62.23）	51.04（24.49）	25.93（12.00）		55.69
26	55.92（5.61）	51.20（11.59）	31.75（13.68）	24.70（7.81）	39.00
30	122.92（32.50）	66.73（20.03）			94.83
平均值	145.44	117.42	107.29	128.17	118.92

注：括号内为样本标准差

对比表 4-5 和表 4-6 可以得出，湿地改造后人工林土壤各层次平均有机碳质量分数均大于火干扰迹地人工林土壤各层次平均有机碳质量分数，原因可能与土壤含水率和土壤养分有关。

三、不同林龄兴安落叶松人工林土壤碳储量的研究

（一）火干扰迹地不同林龄兴安落叶松人工林土壤碳储量的研究

1～10 年生兴安落叶松人工林土壤有机碳储量从 206.82t/hm^2 下降到 107.37t/hm^2，下降了 48.1%，10～15 年土壤有机碳储量从 107.37t/hm^2 下降到 89.70t/hm^2，下降了 16.5%，15～21 年土壤有机碳储量从 89.70t/hm^2 上升到 109.79t/hm^2，上升了 22.4%。1～10 年，土壤有机碳大量损失，原因主要来自于火干扰迹地较短时间内有机碳密度最大的表层土壤的有机碳淋溶、分解和转化（宋

长春等，2004）。10～15 年，随着乔木层的生长，凋落物层开始积累，向土壤中输送的有机碳量开始逐步增加，同时减少了表层土壤有机碳的淋溶、分解和转化，土壤有机碳储量缓慢上升；到 21 年，随着树木年龄的进一步增加，产生的凋落物和细根进一步增加，土壤有机碳储量呈快速增加趋势。0～10cm 表层土壤碳储量的变化趋势与 0～50cm 层变化趋势一致，且各样地土壤中 0～10cm 层的碳储量占 0～50cm 层碳储量的 49.66%～70%，平均为 54.03%，即土壤表层有机碳占土壤有机碳储量的 50%以上。因此，火干扰迹地兴安落叶松造林对土壤有机碳储量产生影响最大的在表层，即 0～10cm。

研究火干扰迹地造林地，土壤碳储量最大为火干扰迹地 1 年生兴安落叶松林，土壤有机碳储量为 206.82t/hm^2，低于柴桦-兴安落叶松原始林（351.74t/hm^2）和真藓-兴安落叶松原始林（286.58t/hm^2）土壤总碳储量，高于杜香-兴安落叶松原始林（179.6t/hm^2）和草类-兴安落叶松原始林（118.28t/hm^2）的土壤总碳储量（海龙，2009）。周玉荣等（2000）采用林业部调查规划设计院 1989～1993 年最新统计的我国森林资源清查资料估算我国兴安落叶松林土壤碳密度，为 166.52t/hm^2，该值低于火干扰迹地造林 1 年的土壤有机碳水平，但是高于目前 21 年生兴安落叶松林土壤有机碳储量。研究结果表明，土壤有机碳储量呈先减小后增加的趋势，说明火干扰迹地兴安落叶松林土壤碳库在恢复缓慢，具有较大的碳增汇空间。

从图 4-3 还可以看出，在所调查的火干扰迹地人工林样地中，土壤有机碳储量占生态系统碳储量比例最大，平均为 85.7%。其中，12 年生人工林生态系统碳储量最小，为 25.85t/hm^2。可能是 12 年生人工林土壤较薄，仅 20cm，养分条件较差，加上白桦等先锋树种的侵入，导致物种对资源争夺更加激烈。另外，随着林龄的增加，生态系统碳储量有先减小后增加的趋势。

（二）湿地改造后不同林龄兴安落叶松人工林土壤碳储量的研究

湿地改造后 14 年生兴安落叶松人工林土壤有机碳储量从对照样地的 288.50t/hm^{2}下降到 184.37t/hm^2，下降了 36.1%；0～14 年土壤有机碳大量损失，主要原因是湿地改造过程中，极大地改变了土壤的结构，加快了土壤有机碳的分解。Turner 和 Lambert（2002）研究认为，土壤物理结构的破坏是影响土壤有机碳储量的最重要因素之一。14～19 年，随着凋落物层的积累增加，向土壤中输送的有机碳量开始逐步增加，同时减少了表层土壤有机碳的淋溶、分解和转化，土壤有机碳快速恢复；19 年以后，随着树木年龄的增加，产生的凋落物和细根进一步增加，土壤有机碳储量维持在一个较高的水平，与宋长春等（2004）的研究结果相似。对照及 14 年、19 年、21 年、24 年、26 年、30 年生人工林 20～50cm 土层有机碳储量的变化趋势与 0～50cm 层变化趋势一致，且 6 个林龄中表层（0～10cm）土壤有机碳储量占 0～50cm 层有机碳储量的 19.80%～53.43%，平均为 31.53%，此比例随着林龄的增长有向对照样地（24.76%）接近的趋势，即土壤各层有机碳储量趋于均匀化。各林龄人工林生态系统碳储量均大于对照组生态系统碳储量（217.69t/hm²），表现出一定的固碳能力。土壤有机碳储量所占比例较大，平均为71.5%。其中，26 年生人工林生态系统碳储量最大，为 358.39t/hm²，土壤有机碳储量所占比例为 64.1%；24 年生人工林生态系统碳储量偏低，原因可能与成活密度和土壤厚度等有关。

第六节　不同林龄兴安落叶松人工林碳汇的研究

一、火干扰迹地不同林龄兴安落叶松人工林碳汇的研究

造林后植被碳和土壤有机碳储量的变化是相互联系的，植被形成的凋落物是土壤有机碳储量积累的基础，也为土壤分解提供基质，土壤分解又为植物生长和碳积累提供了更多的养分（汪业勖等，1999）。如图 4-3 所示，火干扰迹地 1～21 年生人工林生态系统碳储量从 214.75t/hm² 下降到了 140.26t/hm²，变化过程与土壤有机碳储量的变化是一致的，土壤有机碳储量分别占生态系统碳储量的 96%和 78%。土壤有机碳储量变化是影响人工林是碳源还是碳汇的重要因素，以往的研究主要集中于植物体部分或生物量部分，而忽视了土壤有机碳储量的变化，仅仅从生物量的变化来判断人工林的碳汇能力是非常片面的。本研究表明，兴安落叶松人工林的土壤有机碳储量大于植物体碳储量，植物体碳储量的增加并不代表兴安落叶松人工林是个"碳汇"，土壤有机碳储量的变化决定了整个人工林生态系统的角色（碳源还是碳汇）。鉴于大面积火干扰迹地人工林出现在 1987 年"5·6"大火以后，故现有的人工林大多处于幼龄林阶段，研究此阶段的人工林最能反映当前大兴安岭地区的实际情况。

土壤中的有机质主要来自于地表枯枝落叶层的分解补充与累积，有机质在土壤剖面中的分布取决于土壤有机物质和腐殖质在渗水作用下于土体中的淋溶、迁移、淀积及在土壤小动物作用下与矿质土体振动、混合的过程（吴蔚东等，1997）。火干扰迹地 0～10 年生兴安落叶松林的碳损失以土壤有机碳储量的减少为主，地上生物量的积累远远低于土壤有机碳储量的损失，总表现为碳的净损失；随着林龄的增长，火干扰迹地兴安落叶松林生态系统碳损失量大大减缓，说明随着林分的生长，灌草植被的进一步恢复，土壤表层有机碳损失减小；随着枯枝落叶层厚度的增加，土壤有机碳输入增加，有机碳输入-输出过程逐渐趋向于平衡；火干扰迹地 15～21 年生兴安落叶松林生态系统地上和地下部分表现出碳的缓慢吸收的趋势，成为真正意义上的"碳汇"。

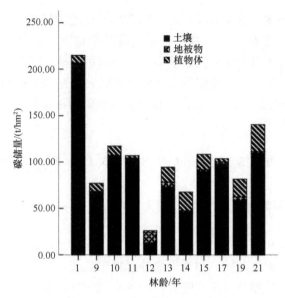

图 4-3　火干扰迹地不同林龄兴安落叶松人工林碳储量的变化

二、湿地改造后不同林龄兴安落叶松人工林碳汇的研究

如图 4-4 所示，湿地对照及湿地改造后 14 年、19 年、21 年、24 年、26 年和 30 年生人工林生态系统总碳储量分别为 206.02t/hm²、236.69t/hm²、334.38t/hm²、286.82t/hm²、244.64t/hm²、358.39t/hm² 和 327.07t/hm²，与土壤有机碳储量的变化规律基本一致，土壤有机碳储量分别占生态系统总碳储量的 94%、78%、79%、83%、58%、64% 和 51%。单从地上部分碳储量看，可见湿地改造后由于人工林的生长固碳，其一直是起着"碳汇"的作用，但若考虑土壤有机碳储量的变化，从生态系统整体上判断其为碳汇还是碳源却有不同的结果。例如，24 年生人工林土壤有机碳储量为 141.85t/hm²，较对照组低了 52.51t/hm²，在很大程度上影响了人工林生态系统的固碳能力，由此可见土壤有机碳储量的变化对生态系统总碳储量的影响较大。鉴于 2000 年后大兴安岭地区大面积人工造林政策被限制，为保护湿地并维持其多样性，改造湿地政策也被禁止，故小于 10 年的大面积湿地改造后造林在大兴安岭地区已不可见。

湿地改造后 14 年生兴安落叶松林的碳损失以土壤有机碳储量的减少为主，但地上部分固碳量[2.33t/（hm²·年）]高于土壤有机碳储量的损失[0.71t/（hm²·年）]，总的表现为碳的净积累；湿地改造后 14 年以上生兴安落叶松林生态系统继续表现为碳的净积累，说明随着群落的生长，根的生长和细根的作用，枯枝落叶层厚度增加，土壤有机碳输入增加，湿地改造后 0～26 年生人工林生态系统总的固碳量达到 5.86t/（hm²·年），远远高于泥炭湿地长期的碳累积速率 0.2～0.3t/（hm²·年）

（Gorham，1991），是一个重要的碳汇。

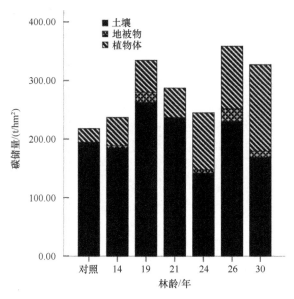

图 4-4　湿地改造后不同林龄兴安落叶松人工林碳储量的变化

第七节　结论与讨论

一、结论

（1）火干扰迹地和湿地改造后人工林乔木生物量、灌草生物量随林龄的增加而表现出相反的变化趋势，即乔木生物量随林龄的增加而增加，灌草生物量随林龄的增加而减少。但这种趋势受多种因素影响，如气候、土壤厚度、养分等。

（2）在所调查的火干扰迹地人工林样地中，1 年生人工林土壤有机碳储量最大，且随着林龄的增加，有先减小后增大的趋势，但到 21 年为止其土壤有机碳储量仍远低于 1 年生人工林土壤有机碳储量；而湿地改造后人工林样地中，土壤碳储量的变化趋势不明显。

（3）在所调查的火干扰迹地人工林样地中，1 年生人工林生态系统碳储量最大，随着林龄的增加，表现出与土壤有机碳储量相同的变化趋势，即先减少后增加；湿地改造后人工林样地中，随着林龄增加，生态系统碳储量逐渐增加，表现出一定的碳汇能力。

（4）大兴安岭地区兴安落叶松人工林的土壤有机碳储量大于植物体碳储量，植物体碳储量的增加并不代表兴安落叶松人工林是个"碳汇"，土壤有机碳储量的变化在很大程度上决定了整个人工林生态系统的角色（碳源还是碳汇）。

二、讨论

本研究仅从生态系统的角度研究了大兴安岭地区火干扰迹地及湿地改造后兴安落叶松人工林地上部分和土壤的碳储量，对地上及地下碳储量的动态变化机制尚不能解释十分清楚。因此，需要进一步对该地区兴安落叶松人工林土壤微生物、土壤呼吸动态及土壤养分的变化进行深入系统研究，掌握其动态变化规律，以进一步解释在这两种不同的初始环境造林后生态系统的恢复过程及碳汇潜力。

第五章　防火措施对林火碳排放影响的定量评价

第一节　引　　言

　　森林对全球生态环境及社会发展具有重要的战略意义，而在多种威胁森林资源的因素中，森林火灾是破坏自然及社会平衡最严重的灾害之一，这一影响在我国尤为严重。大兴安岭是我国最北、面积最大、最具有代表性的现代化国有林区，森林覆盖率达 79.83%，是重要的气候分带。因为大兴安岭地区春秋季节干燥少雨，并且受温带和寒温带季风气候的影响（张瑶，2009），林种又多为针叶树种，阔叶树种占少数，而且非常易燃，所以大兴安岭地区森林火灾发生率极高。1987 年发生特大森林火灾后，大兴安岭地区就把森林防火工作确立为林区的头等大事、领导干部第一位的责任、林区人民第一位的任务常抓不懈，同时森林火灾的预防和消灭也越来越得到重视。近年来，森林火灾不仅对生态和社会系统造成极大影响，也引发了包括气候变化在内的全球大气问题。一方面，从生态学角度看，森林火灾作为一种重要的生态因子，可引起其他生态因子的重新分配，调节和调控森林生态系统的结构和功能，维护某些物种的生存，影响森林演替（Cooper，1961）、生物量和生产力（Crutzen and Andreae，1990）及生物地球化学循环（Andreae，1991；Levine，1991），是我国北方森林演替过程的重要组成部分。另一方面，森林火灾释放的含碳温室气体对大气碳平衡及全球气候变化都具有重要影响，通过森林火灾产生的碳直接增加了大气中 CO_2 的浓度，从而改变了地区性甚至全球性的碳循环，也间接改变了陆地生态系统的碳汇。温室气体的不断增加导致了全球变暖现象的日益明显，而气候变暖又会造成森林火灾发生频率大大增加。20 世纪 70 年代后期，在估算非工业源温室气体的排放量时，人们开始注意到木材的燃烧对全球碳循环的影响（Adams et al.，1977；Wong，1979）。目前国内外都在对森林火灾碳排放进行研究。据估计，由森林火灾产生的碳排放量占全球火灾碳排放量的 15%（van der Werf et al.，2010）。森林是地球上最大的陆地生态系统，是全球生物圈重要的一环，是地球上的碳储库和能源库，是影响气候变化的重要因素，对维系整个地球的生态平衡起着至关重要的作用，是人类赖以生存和发展的资源和环境，而一次森林火灾产生的碳排放量却很可能需要几十年的森林再生才能抵消。对于像我国这种森林资源贫乏的国家来说，森林的重要性更是日益显著。我国土地面积约占世界土地总面积的 7%，而森林面积仅占世界的 4%左右，森林蓄积量还不足世界总量的3%。另外，我国森林资源分布不均，有明显地区差异，如黑龙江省森林覆盖率达33%，而山西省仅为5%（刘诚，1995），整个西部地区森林覆盖率只有东部的1/3。同时，由于自然和历史的原因，我国森林火灾频繁发生，其造成的经济损失大大超过森林资源自身的价值，且严重威胁国家安全和社会的可持续发展。

我国近年来一方面不断注重森林资源保护，加强林业工程建设，使我国的森林覆盖率提高到20.36%；另一方面适时调整森林防火措施，以适应当前气候条件下的林火管理形势。我们在大力开展森林防火工作的同时，必须采用科学有效的方法研究森林火灾，为减少我国甚至是全球的林火碳排放做出贡献。因此，本研究不仅阐述了大兴安岭不同时期森林防火措施对林火发生次数、面积及林火碳排放的影响，也对大兴安岭地区森林火灾减灾效益作出了评价，提出了科学的林火管理建议，希望会对以后的大兴安岭森林防火工作实践起到帮助作用。

第二节　国内外研究概况

一、林火碳排放的相关研究

20世纪70年代后期，在估算非工业源温室气体的排放量时，人们开始注意到木材的燃烧对全球碳循环的影响。到20世纪90年代，林火与气候变化成为林火研究的一个重要领域，这方面的研究成果大量增加（殷丽等，2009），国内外都在对森林火灾碳排放进行研究，特别是对加拿大、俄罗斯和美国阿拉斯加州等北方林区进行研究（Levine et al., 1995）。在国内，从20世纪80年代起，很多学者就开始对林火的空间分布规律，以及气候、植被分布、地形、人口分布等因素对林火活动格局的影响进行大量研究。中国森林火灾释放的CO_2、CO和CH_4分别平均为8.96Tg C/年、1.12Tg C/年和0.109Tg C/年，其中森林火灾较多的黑龙江、内蒙古和云南的这3种气体的排放量占全国的80%以上，森林火灾释放的CO_2和CH_4分别占全国所有碳排放的1.2%和0.35%（王效科等，2001）。田晓瑞等（2003a）根据1991~2000年的森林火灾统计数据和生物量研究结果，计算得到我国森林火灾年均直接排放碳为20.24~28.56Tg，为我国制定合理的林火管理策略提供了参考。胡海清和孙龙（2007）应用排放因子法，完成了对大兴安岭地区1980~1999年主要森林类型灌木、草本和地被物在森林火灾中释放的碳量及含碳温室气体量的估算，得出20年间大兴安岭典型森林类型灌木、草本和地被物层森林火灾释放的总碳量为6.56Tg，年平均为0.33Tg，占全国森林火灾碳释放量的11.55%~16.30%。胡海清等（2007）在对黑龙江省大兴安岭森林火灾时空格局研究的基础上，通过野外调查采样和室内实验分析相结合的方法研究了主要乔木树种1980~

1999 年的碳释放量，得出大兴安岭林区 20 年间森林火灾乔木的碳释放量为 304 万～478 万 t，每年碳释放量平均为 152 万～239 万 t，占全国森林火灾碳释放量的 7.51%～11.81%。孙龙等（2009）得出大兴安岭地区的主要乔木在 1985～2005 年林火中，共计释放碳 13.44～16.58Tg。胡海清等（2012b）估算出大兴安岭 1965～2010 年 46 年间森林火灾所排放的碳为 2930 万 t，年平均排放量为 63.8 万 t，约占全国年均森林火灾碳排放量的 5.46%。

二、林火生态与林火管理的研究进展

20 世纪 50 年代人们开始把火作为一个生态因子，最早见于道本迈尔的《植物与环境》一书。美国林学家戴维斯 1959 年写了一本名为《林火的控制和利用》的书，"林火"一词开始被更多人的接受。"林火"即在林地上自由蔓延的火，包括"森林火灾"和"营林用火"。从 20 世纪 70 年代开始，林火与环境研究得到了迅速发展。1983 年美国的 Chandler、澳大利亚的 Cheney、英国的 Thomas、法国的 Trabaud 和加拿大的 Williams 5 国林火专家合著《林火》一书，内容涉及很多林火生态的研究领域，并将林火生态作为林火管理的理论基础。我国对林火开始进行研究始于 20 世纪 50 年代中期，但是林火生态研究在我国起步较晚，近些年才开始。郑焕能等于 1992 年编写出版了《林火生态》一书，为我国林火与环境研究奠定了基础。20 世纪 90 年代以来，我国林火研究者在火对环境影响方面做了一些研究，并取得了成果。

火是森林生态系统的重要因子，火的发明与应用极大地推动了人类文明的进步。随着人们对火的认识不断深入，开始认识到林火具有两重性，即有害的森林火灾和有益的计划烧除。在全球范围内，世界平均每年发生森林火灾 20 余万次以上，不仅造成森林锐减、环境恶化、土地沙化，而且导致自然灾害频繁发生，给人类的生命财产及自然资源带来巨大损失。国际上每年都召开大型的或区域性的国际会议，专门研讨森林火灾问题（白夜，2002）。在国外，林火管理阶段大约始于 20 世纪 50 年代，可以美国凯恩斯戴维斯（Kennth Davis，1959）所著的《林火控制与利用》（*Forest Fire Control and Use*）一书作为标志。我国现代的用火则大约从 20 世纪 70 年代开始。目前，世界上大多数国家仍处于此阶段。这一阶段的主要特点是：防火设备现代化、林火机具现代化和研究手段现代化；在控制有害的森林火灾的同时，还将火作为经营森林的工具和手段加以利用，变火害为火利。目前世界主要有以下 4 种林火管理模式：北美林火管理模式、北欧林火管理模式、澳大利亚林火管理模式和综合林火管理模式。美国在 1972 年以后采用消灭火灾但允许计划烧除的林火管理政策，有些地区也一直将计划烧除作为主要林火管理工具，并于 1978 年建立了全国统一林火管理系统，设立全国统一监测系统；加拿大一般采用水上飞机喷水灭火，缺少水源的西部利用飞机喷洒化学药剂扑火，同时扑火工具系列化和标准化；北欧建立了集约经营林火管理模式，它的密集公路网有利于森林经营顺利开展，同时主要采用营林防火手段；澳大利亚位于南半球，而且是桉树大国，20世纪60年代研究采用计划烧除，以小火取代、控制高强度树冠火，开展火生态林火管理模式。在新中国成立前我国的森林防火工作未被重视，新中国成立后，虽然国家很重视我国林业和森林防火工作，但由于森林防火资金不足，森林防火工作并未得到有效展开，只在主要林区开展航空护林和进行一些防火规划设计。我国南方在20世纪70年代着手营造防火林带，有一部分目前已郁闭成林，发挥了防火效益。1983年在吉林省召开全国重点火线区域培训班，林区计划烧除、林区林火预报得到迅速发展。1987年，郑焕能在燃烧三要素基础上提出森林燃烧环概念。80年代，东北林业大学提出了综合森林防火模式。国内各地区也在不断完善林火行政管理措施，并对林火监测和预报进行不断研究。步入21世纪后，我国生物防火及生物工程防火得到快速发展。同时，由于目前全球气候变化，我国在不断提出符合我国国情科学的森林防火路径。

第三节　研究目的及数据收集

一、研究目的

通过分析获得1965～2010年大兴安岭森林火灾资料及林火碳排放数据，结合这46年间大兴安岭森林防火措施的变化，研究不同时期森林防火措施对林火发生次数、面积及林火碳排放的影响。同时评价大兴安岭森林火灾减灾效益，以此对该地区森林防火提出一定建议，为大兴安岭地区制定科学合理的林火管理策略提供参考依据。

二、数据收集

（1）大兴安岭1965～2010年森林火灾资料，其中包括全区各处起火时间、起火地点、起火原因、扑灭时间、过火林地面积、扑火工具等。
（2）大兴安岭1965～2010年森林火灾碳排放量估算数据。
（3）大兴安岭1965～2010年森林防火工作的经费投入和支出。

第四节　研究区域概况

大兴安岭地区地处黑龙江省西北部，内蒙古自治区东北部，位于东经

121°12′~127°00′，北纬 50°10′~53°33′。东西横跨 6 个经度，南北纵越 3 个纬度，是我国最北部边疆。北与俄罗斯隔江相望，东南与黑龙江省黑河市、嫩江县接壤，西南与内蒙古自治区鄂伦春族自治旗毗邻，西北与内蒙古自治区以根河市为界，为国家一级自然生态保护区。大兴安岭地区的森林火灾发生率非常高，是我国森林火灾最严重的地区。

一、地形地貌

大兴安岭山脉的东北坡处于根河与嫩江两条地震大断裂带上，位于多年冻土带南部。大兴安岭东北为兴安山地地形区，大兴安岭山地与台原中的大兴安岭北部为台原地貌区，西部为高纬寒冻地貌类型区，东部为高寒侵蚀地貌类型区。地貌由中山、低山、丘陵和山间盆地构成。中山有山脉形态，但分割较碎。低山山形浑圆，地面零碎，较丘陵分布规则。全区地形总势呈东北-西南走向，属浅山丘陵地带，北部、西部和中部高。平均海拔为 573m；最高海拔为 1528.7m，系伊勒呼里山主峰——呼中区大白山；最低海拔为 180m，是呼玛县三卡乡沿江村。伊勒呼里山西东走向，横卧该地区，东低西高，系黑龙江水系和嫩江水系的分水岭。中山区相对海拔为 300~500m，分布于该地区西部和中部的新林区、呼中区、塔河县，山体由一系列宽缓复背斜组成，地形起伏大，切割深。低山区相对海拔为 200~300m，主要分布于岭东的呼玛县和岭南的松岭区、加格达奇区，山体浑圆，山坡和缓，坡角一般为 15°~30°。丘陵区相对海拔为 50~200m，分布于东部、南部和北部，地面呈岗阜状起伏，坡长而缓，坡角一般为 10°~15°。山间盆地分布于全区河谷地带，河谷宽阔，谷底狭窄，直线河谷较多。该地区地貌呈明显的老年期特征，河谷开阔，谷底宽坦，山势和缓，山顶浑圆而分散孤立，从而缺乏形成特殊小气候的条件，大大减弱了植被的复杂性（周以良等，1991）。

二、气候特征

大兴安岭地区气候独特，属寒温带季风气候，又有明显的山地气候特点（吕新双，2006）。气候湿润，夏季多雨。温差较大，夏日昼长夜短，以夏至期间最明显，偶有北极光出现。冬季夜长昼短，时有奇寒。年日照为 2600h，年有效积温为 2100℃。年平均气温在漠河县和呼中区北部，为–4℃，其他地区为–2℃。全年无霜期平均为 80~110 天，极端最低气温为–52.3℃，出现在 1969 年 2 月 13 日；极端最高气温为 36.8℃，出现于 1980 年 6 月 28 日。年均降水量为 460mm，集中在 7~9 月。冬季受蒙古冷高压控制，多来自高纬度的西北风，寒冷干燥，降水量占年降水量 10%。夏季受太平洋高压控制，多有东南季风经过，湿润温凉。春、秋季节受温带和寒温带季风气候的影响，干燥少雨。

三、土壤条件

大兴安岭的土壤种类以落叶松林下发育的棕色针叶林土为主，约占总面积的70%。其次为蒙古栎林、杨树林等阔叶林或针阔混交林下发育的暗棕壤，再次为在草甸下发育的草甸黑土及在低洼积水、半积水的苔草草甸土。全区土壤的分布大体是，由高到低为极少量的高山寒漠土、漂灰土、冻层棕色针叶林土、灰化棕色针叶林土、棕色针叶林土、草甸黑土、腐殖沼泽土、潜育沼泽土，从南到北丘陵区以草甸黑土及蒙古栎林下的暗棕壤为主，中低山区以落叶松林下发育的棕色针叶林土、灰化棕色针叶林土为主，各地沟谷中均有沼泽土分布。从东到西是草甸黑土、暗棕壤、棕色针叶林土、灰化棕色针叶林土。总的来看，大兴安岭地区的土壤分布随着地型地势、植被类型分布及经度、纬度地带性的不同而不同。大兴安岭土壤由于湿度过低、有机质分解不良、地表水湿、有效肥力低，绝大多数适宜树木生长，尤其是在各种棕色针叶林土上适宜落叶松生长。在海拔 300m 左右的沟谷，一、二、三级防地的草甸黑土带适宜发展农业种植业，作物种类简单，只能以麦类和秋菜为主。作物有很好的但很短促的光、热、水条件，可以充分发挥土壤肥力作用，取得较好的收获。

四、植被状况

大兴安岭植物区系分区隶属于北极植物区、欧亚森林植物亚区、大兴安岭地区。组成树种主要有白桦、樟子松、蒙古栎、落叶松等，主要属于东西伯利亚分布型。该植物区系的主要特点是：植物成分比较简单，种数较少，特征种更少。全区有维管束植物 1000～1100 种，其中特征种只有岩高兰、曙南芥属、布袋兰。全区木本植物将近 100 种，而乔木只有 28 种，约占全区植物种数的 2.3%，树种单纯。该地区处在东西伯利亚植物区系、东亚植物区系及蒙古植物区系的过渡带。东西伯利亚成分有兴安落叶松、白桦、狭叶杜香、越橘等，占 50%左右；而东亚植物区系成分，如红皮云杉、黑桦、黄檗等占 40%左右，蒙古区系成分如樟子松、蒙古栎等，占 10%左右。该植物区系植物种类多具有耐寒特征，除落叶松外，如狭叶杜香、兴安杜鹃等，冬季虽不落叶，但叶面卷曲成针状。越橘等常绿阔叶种，生长得很矮，不足 15cm，冬季可以陷没于雪下。中山以上有较多植物种呈矮小匍匐状生长，避风寒；而适宜于温热气候的藤本极少，不足 5%。由于生长季短，夏季日照长，雨热同期，很多植物种生长期短促，如狼毒、白头翁等 5 月萌发，6月即休眠，有些种生长迅速，植物群落的季相变化很快。

大兴安岭地区植物水平分布，除兴安落叶松、白桦等遍布全区外，蒙古栎、黑桦分布在加格达奇到塔河连线以东的地方，樟子松、狭叶杜香大体分布在伊勒呼里山脊附近及其以北海拔 400m 以上的地区。在大白山、小白山、白卡鲁山等，海拔大于 1000m 的中山区，特别是在相对高差较大的地方，垂直分布非常明显的。

五、森林火灾状况

大兴安岭林区位于我国最北部，经营总面积为 8 369 432hm²，截至 2010 年森林覆盖率为 79.83%，为 6 681 317.57hm²，其中林业集团公司面积为 8 027 897hm²，占 95.92%，是我国最重要的林区，但也是我国森林火灾重灾区。早期大兴安岭林内枯枝落叶的长年累积造成林内可燃物数量增多，林内高大枯立木又会造成雷击火，同时由于大兴安岭北部干冷的气候条件及大风，林区森林火灾频繁发生。新中国成立后，中国共产党和各级人民政府非常重视我国林业和森林防火工作，随着护林防火工作的开展，森林火灾发生率大大减少；但是林区人口的增加导致生产和生活用火显著增加，又增加了森林火灾发生的概率。大兴安岭林区开发以后，人为火源和雷击火源共同存在，前者发生导致的森林火灾次数约占 2/3，后者约占 1/3；前者导致的森林过火面积占绝大多数，后者所占比例很小。据统计，1965～2010 年 46 年间大兴安岭共发生森林火灾 1614 次，年均 35.09 次，森林总过火林地面积达 352 万 hm²，年均过火林地面积为 7.65 万 hm²（胡海清等，2012b）。46 年间共发生特大森林火灾 61 次，占总森林火灾次数的 3.8%，可以看出，大兴安岭特大森林火灾成灾率较高。在 1966～1990 年，大兴安岭林区年平均过火土地面积为 2505 万 hm²，年过火率为 30.4‰，年平均过火林地面积为 14.4 万 hm²，年林地过火率为 19.2‰，比全国的 8‰高出 1.4 倍（张瑶，2009）。

第五节　林火统计及森林火灾三率

一、不同等级林火面积

由 1965～2010 年黑龙江省火警火灾登记表统计得到，大兴安岭 46 年间共发生森林火灾 1614 起，森林总过火林地面积达 352 万 hm²。大兴安岭地区 1965～2010 年各年份不同等级林火面积统计见表 5-1。

由表 5-1 可以看出，过火面积最大的一年为 1987 年，为 759 097hm²。1987 年以后，大兴安岭地区森林火灾过火面积急剧减少，直到 2000 年以后才逐渐增加。46 年间森林火警（受害森林面积不足 1hm² 或者其他林地起火的）林火总面积为 255.23hm²；一般森林火灾（1hm²≤受害森林面积＜100hm²）林火总面积为

10 023.23hm^2；重大森林火灾（100hm^2≤受害森林面积＜1000hm^2）林火总面积为 109 478hm^2；特大森林火灾（受害森林面积≥1000hm^2）林火总面积为 3 343 457hm^2。

表 5-1　1965～2010 年各年份不同等级林火面积　　（单位：hm^2）

年份	森林火警	一般火灾	重大火灾	特大火灾	总面积	年份	森林火警	一般火灾	重大火灾	特大火灾	总面积
1965	0	0	0	0	55 940	1988	7.21	35.33	0	0	42.54
1966	0	0	0	546 300	546 300	1989	3.16	0	0	0	3.16
1967	0	70	4470	4100	8640	1990	2.97	196	0	0	198.97
1968	0	176.867	6631.67	4590	11 398.53	1991	1.33	60	0	0	61.33
1969	0.07	270	4400	4590	4670.07	1992	5.39	68.3	0	0	73.69
1970	0	560	4220	0	4780	1993	0.9	63	0	0	63.9
1971	0	80	7680.93	0	7760.93	1994	0.9	78	0	0	78.9
1972	0.33	208	6350	499 433.33	505 991.66	1995	0.92	17	0	0	17.92
1973	1.67	125.4	11 146.67	233 292.67	244 566.4	1996	4.5	86	0	0	90.5
1974	1.67	362.73	4376	21 700	26 440.4	1997	3.22	0	0	0	3.22
1975	0.87	356.33	11 609.67	25 475	37 441.87	1998	15.83	87	0	0	102.83
1976	331.06	795.6	7266.6	106 785	115 178.26	1999	2.03	78.5	0	0	80.53
1977	0.2	70.67	2880	352 909.33	355 860.2	2000	24.71	699.5	1950	17 024	19 698.21
1978	0.53	55.93	2318.67	45 150	47 525.13	2001	8.25	85.4	415.9	0	509.55
1979	6.87	827.33	9760	19 650	30 244.2	2002	40.81	156	0	0	196.81
1980	1.4	307	1710	121 500	123 518.4	2003	8.9	1828.5	807	248 729	251 373.4
1981	2.6	466.2	1566.73	91 509.33	93 544.87	2004	10.34	218.8	0	18 600	18 829.14
1982	37.88	371.6	4273.67	15 100	19 783.14	2005	29.5	217	0	21 746	21 992.9
1983	0.13	58	1960	0	2018.13	2006	4.8	259.4	873	181 529	182 666.2
1984	2.2	114	0	0	116.2	2007	5	158.3	0	0	163.3
1985	3	56.67	2892.13	3842.67	6794.47	2008	1.3	0	0	0	1.3
1986	6.67	580.43	6830.27	0	7417.47	2009	0	0	0	0	0
1987	2.06	105.6	3022.67	755 966.67	759 097	2010	2.62	269	2 941	8525	11 731.62

二、不同等级林火次数

大兴安岭地区 1965～2010 年各年份不同等级林火次数如图 5-1～图 5-3 所示。

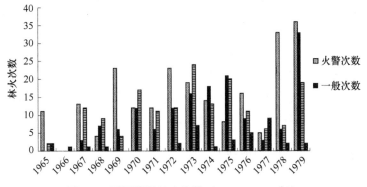

图 5-1　不同等级林火次数（1965～1979 年）

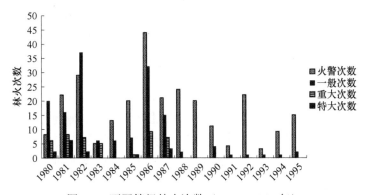

图 5-2　不同等级林火次数（1980～1995 年）

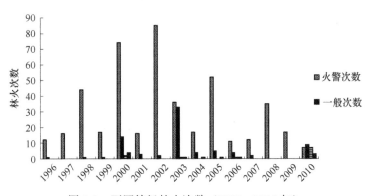

图 5-3　不同等级林火次数（1996～2010 年）

由图 5-1～图 5-3 可看出，46 年间各年份基本为森林火警次数最多，一般森林火灾次数次之，特大森林火灾次数最少，少数几年一般森林火灾次数大于森林火警次数。其中由 1965～2010 年黑龙江省火警火灾登记表统计可知，46 年间共发生森林火警 955 次，一般森林火灾 378 次，重大森林火灾 219 次，特大森林火灾 61 次。2002 年森林火警次数最多，为 85 次，1993 年最少，为 3 次。1987 年以后，森林火警次数出现先减少后增加再逐渐减少的现象。1987～1999 年，未发生重大和特大森林火灾。2000 年以后，共发生森林火警 365 次，一般森林火灾 74 次，重大森林火灾 11 次，特大森林火灾 11 次。由此可见，1987 年发生了严重的森林特大火灾后，大兴安岭森林可燃物消耗严重，因此随后的几年内，都很难发生高频率的林火。直到 2000 年，随着森林植被的逐渐恢复，森林可燃物的量逐渐增多，火干扰频率也因此而增加。

三、大兴安岭森林火灾时间变化分析

1965～2010 年大兴安岭的森林火灾总体呈现先增加后减少再增加再减少的波动变化趋势（图 5-4）。1979 年以前森林火灾发生频繁，次数居高不下，年均森林火灾次数为 44.8 次，年均森林过火面积为 13.3 万 hm^2。1980 年之后森林火灾次数开始出现迅速减少的现象，直至 1993 年森林火灾次数最少，为 4 次。1980～1993 年年均森林火灾次数为 32.2 次，年均森林过火面积为 7.23 万 hm^2。1994 年后森林火灾次数缓慢增加，2000 年森林火灾次数迅速增加，最高峰几乎与 1979 年的时候持平。可以看出，近年来森林火灾过火面积基本得到有效控制，但是火灾次数还是波动极大，加上近年来气候普遍干旱少雨，导致森林火灾又开始频发。1994～2010 年年均森林火灾次数为 34.17 次，年均森林过火面积为 2.98 万 hm^2。

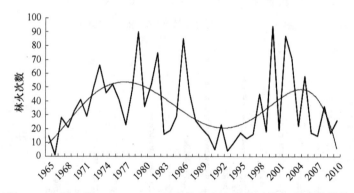

图 5-4　大兴安岭 1965～2010 年森林火灾次数及五次多项式趋势线

四、森林火灾三率

森林火灾三率是指火灾的发生率（10 万 hm^2 森林面积发生森林火灾的次数）、火灾的控制率（每次森林火灾受害的森林面积）和火灾的受害率（受灾的森林面积同森林总面积的千分比）（林志洪和魏润鹏，2005）。大兴安岭地区森林火灾三率趋势变化曲线如图 5-5～图 5-7 所示。

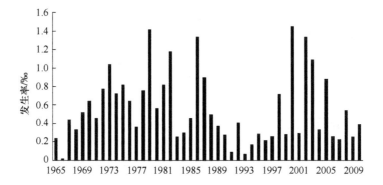

图 5-5　大兴安岭地区 1965~2010 年森林火灾的发生率

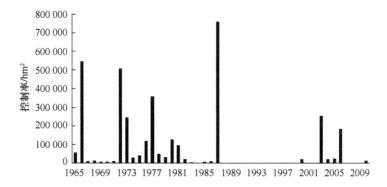

图 5-6　大兴安岭地区 1965~2010 年森林火灾的控制率

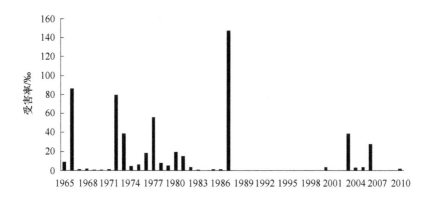

图 5-7　大兴安岭地区 1965~2010 年森林火灾的受害率

　　森林火灾三率的高低可以用来衡量森林防火工作的优劣。从图 5-5~图 5-7 的发展趋势来看，大兴安岭森林火灾三率的情况不容乐观。大兴安岭森林火灾的发生率在 1987 年后出现过短暂的下降，但是在 2000 年时又迅速上升，控制率和受害率的趋势大致相同，均在 1987 年后减少，2000 年以后有小幅度的回升，受害率 20 世纪 60 年代平均每年 19.7‰，70 年代为 21.6‰，80 年代为 18.7‰，90 年代为 13.2‰，2000 年以后为 7.7‰，总体还是呈下降趋势。自 1987 年后大兴安岭地区积极进行森林生态建设、森林资源管护和森林经营，2000 年以后在国家天然林保护工程的直接带动下，大兴安岭的森林覆盖率提高到 79.83%，但是随之带来的发生率上升的问题也很严重。我们必须清醒地认识到，当前大兴安岭地区森林防火管理规范化的现状与越来越严峻的林业建设任务还不完全相适应，仍存在着许多突出的问题，大兴安岭地区的森林防火技术及控制火灾的能力在某些方面还不是很成熟，甚至远远落后于当地日益发展的林业事业，因此，要想更好地护林防火还需做更多的研究和付出更多的努力。

第六节　大兴安岭森林防火措施对林火碳排放的影响

一、大兴安岭森林火灾的独特性

（一）地理位置的独特性

大兴安岭区域辽阔，但是辽阔的地域环境也给森林防火工作造成了一定难度，如对外来火的防御及控制，导致大兴安岭的森林防火任务十分严峻。

大兴安岭乔木树种仅有 28 种，但是分布较广、占比较大的不到 10 种，由此导致森林的抗火能力下降。冰川与洪积作用形成的河谷又多被草甸植物覆盖，也为大兴安岭森林火灾留下隐患。根据国际对森林生态环境恢复的经验，大兴安岭的森林群落一旦遭到破坏，恢复期预测要 120～140 年（许威，2008）。

（二）季节分布的独特性

大兴安岭森林火灾的发生与气象条件的变化密切相关。年尺度上，降水量与过火次数显著相关，气温与过火面积显著相关；月尺度上，气温与过火次数显著相关，风速、相对湿度与过火面积显著相关；日尺度上，过火次数与最高气温显著相关，过火面积与相对湿度显著相关（于文颖等，2009）。春、秋季是大兴安岭一年中风速最大的季节，是林区火灾易发多发季节。夏季湿润，冬季寒冷，春、秋季干旱的气候造成大兴安岭的树木生长缓慢，生长周期短，再加上采伐后恢复困难，极易引起森林火灾，而且易形成特大火灾。大兴安岭防火期为每年的 4 月 20 日至 5 月 20 日，9 月中旬至下雪为止。总结这 46 年来大兴安岭森林火灾的季节分布，可以看到春季火灾次数明显多于秋季火灾次数，春季共发生火灾 1468 次，占 90.95%，秋季火灾为 61 次，占 3.78%。由于 2000 年以后气候异常，在全球变暖趋势的影响下，大兴安岭 2000 年、2002 年、2004 年、2005 年、2006 年及

2008 年开始频繁出现夏季火灾，共发生夏季火灾 85 次，占 5.27%，其中仅 2005 年一年就发生 37 次，33 次是由雷击火导致的。

（三）火源的独特性

大兴安岭火灾的主要火源有 3 种：雷击火、人为火和不明火因。大兴安岭是我国的雷击火灾主要发生地，雷击火灾多集中在春季和夏季，其中雷击火引起的森林火灾的范围最广。在 1965～2010 年这 46 年间雷击火引发的森林火灾为 621 次，占总火灾次数的 38.47%（全国年均雷击火灾发生率仅为 2.47%），比 1965～2002 年雷击火灾占总火灾次数的 35.9% 还高 2.57%。大兴安岭林区发生雷击火多主要有两个原因，一是同这个林区的地理位置、气候特点有内在联系，5 月末 6 月初水气不足，而只要具备易燃条件又容易落雷的地方，极易受到雷阵雨和雷暴的影响形成雷击火；二是同林区的降水量有直接关系，高温少雨年份就极易造成雷击火，如 2002 年夏季大兴安岭林区出现了历史上罕见的高温干旱气候，造成雷击火多发。人为火主要分布在人口分布较多的加格达奇区和新林区等。尤其是 2000 年以来，大兴安岭林区由于长期高温干旱少雨，造成土壤含水率和植被含水率迅速降低，林内可燃物载量提高，以致森林火灾频发，绝大多数是人为火，其次为雷击火。

二、大兴安岭林火碳排放量的估算

我国自 20 世纪 80 年代起开始对林火碳排放量进行研究估算，其中对大兴安岭地区林火碳排放的研究近几年也有许多成果，东北林业大学的胡海清、孙龙、张瑶、魏书精等都对此地进行过研究。本研究为了保持数据前后一致，只采用胡海清等《1965～2010 年大兴安岭森林火灾碳排放的估算研究》一文中的数据。该文得出的结论：1965～2010 年大兴安岭森林火灾排放的碳为 2930 万 t，年平均排放量为 63.8 万 t，约占全国年均森林火灾碳排放量的 5.64%，46 年间森林总过火林地面积为 352 万 hm^2。结合前文统计总结的各年份过火林地面积，可以估算得出各年份的林火碳排放量数据，得到各年份林火碳排放量趋势变化（图 5-8）。

三、大兴安岭森林防火措施对林火碳排放的影响

我国是一个少林国家，但我国又是一个森林火灾比较严重的国家。北方的森林防火形势以大兴安岭为代表，但是大兴安岭气候恶劣，植被易燃，为我国重点火险区。大兴安岭管理部门经过 30 年的探索与学习，使森林防火工作逐渐步入正

轨。目前大兴安岭林区防火组织机构得到了不断完善，群众防火意识得到了普遍提高，林火预报及监测系统显著加强。由图 5-8 可以看到，1987 年大火以后，由于防火措施的不断改进与加强，林火碳排放量与 1987 年以前相比显著减少，这说明大兴安岭的森林防火工作还是取得了不小的进步。但是我们同时也要看到，目前我国与西方国家的先进防火模式相比，森林防火水平还是处在较低阶段。

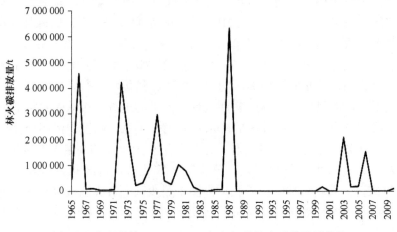

图 5-8　大兴安岭 1965～2010 年各年份林火碳排放量曲线

另外，森林火灾中生物质燃烧释放出大量的 CO_2 等温室气体，对大气中温室气体和气溶胶的增加有显著影响，对全球的碳平衡及气候变暖均有重要影响（魏书精等，2011）。近年来在全球气候变暖及碳减排增汇研究背景下，森林防火在碳减排增汇中起到不容忽视的作用，大兴安岭的森林防火工作也面临着更大的问题及挑战，研究森林防火措施对林火碳排放的影响就具有了时代意义。同时我们还需要认真探索与努力，千方百计加强大兴安岭森林防火现代化，有助于争取在最短时间内迅速提高我国林火管理水平。

（一）1949～1964 年大兴安岭初步开展森林防火工作

新中国成立之前，森林防火未被重视，这也是我国森林防火薄弱的根本原因。新中国成立以后，中国共产党和各级人民政府非常重视我国林业和森林防火工作，加强了对国有森林资源的管护。

1. 林火行政管理

自 1950 年起，呼玛县承担伊勒呼里山北部林区的护林防火责任。同年呼玛县召开人民委员会、林业工作会议，贯彻东北人民政府关于护林防火的规定、政策、法令，落实护林防火领导责任制。一直到 20 世纪 50 年代末，大兴安岭主要是呼玛县及黑河地区积极开展各种森林防火工作。呼玛县于 1950 年开始贯彻护林防火政策法令，开展爱国护林防火教育。1954 年，呼玛县确定 4 月 15 日至 5 月 15 日为护林防火宣传月，年均使全县受教育人数达到上万。同时规定戒严期间进山需有县政府发给的入山证。至 1962 年，呼玛县规定入山人员和作业单位必须到各级护林防火指挥部签订防火合同，领取防火任务，提出保证条件。

2. 林火监测预报

1950 年，呼玛县鄂伦春武装护林队建立，这是大兴安岭第一个武装护林队，分管伊勒呼里山北坡护林防火。至 1964 年，呼玛县境内共建木制瞭望台 26 座，有飞机 2 架，及时为组织扑救和制定扑火方案提供了准确信息和可靠数据。

3. 林火阻隔

1950 年起，呼玛县人民政府规定，县内各村屯、房屋周围开设 30～50m 宽防火道；电话线杆周围打出 6m 见方防火道，由各村屯按界负责。1964 年 10 月，呼玛县按林业部要求参加三卡至嘎拉河战略防火线开设战役，负责了 63km 的点烧任务。

4. 林火通信扑救设备

至 1964 年，呼玛县配备电话机 61 部，收发报机 3 部，防火摩托车 14 台。

（二）1965～1979 年大兴安岭森林防火工作正式全面开展

1. 林火行政管理

第二次开发大兴安岭后，虽然大兴安岭林区在防火机构、队伍建设等方面有所改善，但仍未从根本上摆脱森林防火的原始状态。1965 年 1 月，林业部在大兴安岭会战区设立大兴安岭林业管理局，与大兴安岭地区政府实行政企合一管理体制。大兴安岭开始实行由上至下贯彻政令的方式，加强防火会议的召开，积极传达防火精神。1965 年，大兴安岭林区提出贯彻"预防为主，积极消灭"的护林防火方针（常铁余，1984）。1973 年后，每年召开 1～2 次全区性防火工作会议，传达上级精神，总结前段工作经验教训，安排部署防火任务，奖励防火先进集体和先进个人。在防火期还会召开全区电话会议，时刻讨论交流大兴安岭森林防火的部署工作。

1965 年开始，大兴安岭林区护林防火的宣传教育由防火部门负责，防火期间，张贴标语、布告和发送传单，提醒民众注意防火、遵守各项防火制度。森林防火工作采取了走群众路线的政策，建立护林防火机构，进行林区护林防火事宜统一管理，同时建立森林防火统一登记、统计制度，在林区广泛发动群众进行森林防火和扑火。同年,大兴安岭特区实行防火通行证制度,森林防火责任制也在不断发展,可是由于宣传及管理依然存在缺陷,且防火扑火都是添油式的人海战术,特大火灾的发生依然无法及时控制,如1966年5月17日,在松岭林业局管辖范围内的欧肯河流域,因某些人烧蚂蚁窝跑火,过火林地面积为83.3万 hm^2,其中次生林和过伐林为54.63万 hm^2;出动人数为31 044名,用工为279 396个工日,马400匹,汽车350台,经过47天才将大火全部扑灭(范天良,1992)。20世纪70年代,大兴安岭加强了森林防火宣传教育工作及火源管理,加大介绍防火知识的力度,随处可见防火宣传单、宣传手册及宣传石碑,各电影院在放映前也要进行护林防火宣传教育。1972~1977年,16.7万自流人员涌入大兴安岭林区,因此防火期间大兴安岭增设了堵卡站53处,群众检查站125处,控制私自进山人员。城镇和居民点五级风以上天气禁止生火做饭,防火部门届时升红旗或拉响警报以示警告。1978年,全区自流人员被清离林缘,设点定居。清明节,动员全区专业力量看坟头、设岗卡、开展宣传教育,防止上坟烧纸引起火灾。

2. 林火监测预报

大兴安岭自20世纪50年代开始采用高山瞭望、建设木制瞭望塔及配备望远镜来进行森林火灾的监测预报,大兴安岭特区成立后,境内原建木制瞭望塔多已腐朽,不能使用,又重新修建木制瞭望塔。至1978年全区已有瞭望点140多处。1979年,专业技术人员选用大型角钢研制成永久性瞭望塔,在南瓮河等重点林区开始建造,为林火的监测预报工作提供了方便。

1965年,大兴安岭组建了具176人的森林警察大队,派驻重点林区开展林火预防工作。航空巡护也正在发挥可靠作用,1965年春防期间,呼玛县共发生林火7起,其中飞机巡察发现5起,占71.42%。1970年,森林警察部队扩编至736人,护林营林专业队伍增至713人。20世纪70年代,由加格达奇航空护林站承担全区巡护观察任务。飞机巡护快捷迅速,能及时发现火情并辅助扑灭,是林火监测的重要手段。1975年,农林部根据气象卫星发回的气象云图所显示的热点,向各大林区发出火警预报,提示有关地区采取防范措施,大兴安岭开始正式拥有气象预测,为护林防火提供服务。1976年以后,大兴安岭全面进行了航空护林工作,并成立了森林警察部队和专业扑火队,开展机降灭火和航空化学灭火。1978年初,将全区营林队伍改建为护林防火专业队伍,编制调增至1312人,担负各地预防工作,同时将森林警察部队扩编到1000人,在加格达奇组建具300人的空运扑火队,承担全区机动扑火任务。1977年24h扑灭率提高至83.33%,成灾率降为16.67%。1979年,遇上特殊干旱气候,全年火警火灾达到90次,由于航空扑火出动迅速、扑打及时,24h扑灭率仍达到76.67%,成灾率为23.33%。全面贯彻"打早、打小、打了"的林火扑救方针。

3. 林火阻隔

20 世纪 60 年代，大兴安岭特区境内点烧各类防火线 450km。1971 年，区内多次发生机车甩瓦或喷漏火引发的森林火灾，地区护林防火指挥部要求国铁、森林铁路两侧各开设 50m 防火线。由于沟塘是大兴安岭火灾蔓延的通道，70 年代大兴安岭开始点烧沟塘，达到对林区分割的目的，有计划地开设战略性防火线，完成了 3000km 战略防火线的点烧，但是这个时期用火属经验型，常跑火成灾。

4. 林火通信扑救设备

1965 年时，大兴安岭林火通信设备仅有短波电台一种。至 1979 年，全区组建了三级无线电通信网，共购置 150W 电台 1 部，50W 电台 5 部，15W 电台 91 部，2W 电台 20 部，淘汰部分旧式仪器。

至 1979 年，全区有两轮摩托 23 台，三轮摩托 20 台，主要用于森林防火通信和护林巡护。全区 18 个县级森林防火部门全部装备运输车辆。森林警察部队和专业队伍还装备大小翻斗，用于防火公路养护维修。1979 年大兴安岭林业管理局将林业部拨给大兴安岭林业管理局的退役的 22 辆坦克改装的森林消防车全部配给森林警察部队。

从发生率（发生率=该年林火次数/1965～1979 年林火发生次数）来看，大兴安岭 20 世纪 60 年代为 16.8%；1970～1974 年占 39.6%，1975～1979 年占 43.6%。从燃烧率（燃烧率=该年过火林地面积/1965～1979 年过火林地面积）来看，60 年代为 31.3%；1970～1974 年占 39.4%，1975～1979 年占 29.3%。造成上述现象的原因有两个方面：一是 20 世纪 60 年代新开发的大兴安岭地区，人口少，交通不方便，人员密度小，70 年代生产发展，人口骤增，特别是自流人员盲目流入林区每年达几万人，无形中就使火源增多，面积不断扩大；二是法制不严，火灾泛滥，造成严重损失。1966 年的林火碳排放量高达 4 543 439.15t（图 5-8），是 46 年来的第二个最高点，可见当时森林防火工作的落后。此后，大兴安岭采取了一些森林防火措施，但是由于开展时期较晚、人员管理困难且资金物质匮乏，防火扑火力度不够，许多地区还停留在用镰刀、树枝打火的落后阶段，森林防火工作并未取得令人非常满意的效果。70 年代初，人们意识到火作为一个重要的生态因子，对生物个体、种群、森林群落及森林生态系统等均有很重要的影响（郑焕能和居恩德，1984），而营林用火的发展起始于 80 年代。党的十一届三中全会召开以后，1979 年 6 月大兴安岭林业管理局改为林业部直属企业。

大兴安岭特区成立后，森林防火费用列入育林基金项目。每年按森林防火基础设施建设和购置设备计划投资。1966～1969 年，共投入 2881.1 万元，年均投入 720.27 万元，其中 1968 年最多，当年投入 1179.7 万元；1970～1979 年，共投入

3627.3 万元，年均投入 326.73 万元，总计 6508.4 万元。

总结 1965～1979 年这 15 年间大兴安岭森林火灾情况，至 1979 年大兴安岭有林地面积为 636 万 hm^2，森林覆盖率为 76%，总过火面积为 200 万 hm^2，占有林地面积 31.45%，共发生森林火灾 583 次，年均 38.87 次，年均过火林地面积为 13.3 万 hm^2，过火率为 2.09%。由图 5-4 和图 5-8 可以看到，虽然大兴安岭森林防火工作已大范围开展，但是许多森林防火措施并未到位，再加上当时管理还存在很大漏洞，期间 10 年"四人帮"动乱又严重扰乱了国家制度和秩序的确立，国家森林防火资金紧缺，大兴安岭的防火工作并不尽人意，林火次数及林火碳排放量波动极大。有时每年烧掉几十公顷，有时每年烧掉几千公顷，这主要是随着天气的变化而变化的。干旱年年森林火灾发生频率高，而湿润年年则森林火灾发生频率低（居恩德，1985）。另外在 1966～1979 年，大兴安岭林业管理局人工更新造林的有效面积为 35.5km^2；同期过火林地面积为 19 466km^2，如果死亡率按 30%计算，损失面积为 5839.8km^2，按照这样的粗略计算，在这 14 年间，林火损失的森林面积是有效人工更新造林面积的 165 倍（张凤鸣，1988）。总的来说是烧得多，造得少。1966 年的林火碳排放量仅次于 1987 年，1972 年由于措施不力及气候干旱，又出现了林火碳排放量迅速增多的现象。这 6 年间年均进山扑火军民为 21 633 人次，年均耗用扑火工日为 139 298 个，严重干扰了林区人民的正常生活和工作秩序。1976 年及 1977 年，火灾频发导致总过火面积为 47.1 万 hm^2，林火碳排放量为 391 万 t。至 1977 年，大兴安岭防火检查站增至 115 处，群众堵卡站增至 125 处，防火外站增至 82 处，投放兵力达到 1886 人，仍难以控制火灾上升趋势，如 1977 年 5 月 19 日，呼玛县四道沟发生特大火灾，过火总面积为 16.25 万 hm^2，其中森林面积为 8.125 万 hm^2，出动 2600 人次，飞机 20 架次，机降 15 架次 320 人，车辆 45 台，历时 20 天将火扑灭。除气候干旱导致植被含水率低，林内可燃物载量高，遇大风后火势蔓延速度快的原因外，火源管理及宣传教育不到位，扑火人员及设备的不足也影响了整个火场的部署。1977 年以，大兴安岭的森林防火工作得以恢复平稳发展，虽然一直到 1979 年林火碳排放量依然波动很大，但是总的来说还是呈下降的趋势，几个火灾多发年的林火碳排放量也未再大过 1966 年，其中由于 1978 年组织了防火扑火专业队和机降灭火队伍，大大减少了每次火灾的平均受害面积，另外 1979 年，虽然全年共发生火灾 90 次，但是林火碳排放量只有 25.2 万 t，说明虽然大兴安岭的森林防火工作未见突出效果，但是也已经逐渐步入有序的轨道。

（三）1980～1986 年大兴安岭森林防火工作向现代化探索

我国著名森林防火专家郑焕能教授于 1980 年开始对大兴安岭地区森林火灾规律进行探讨，提出了森林火险等级划分，总结出大兴安岭的 4 个重要火源，分别为雷击火、机车喷、漏火、烧荒火源及吸烟火源，为森林防火工作提出建议，大兴安岭林区的护林防火工作开始不断进步发展。大兴安岭的森林防火工作于20世纪80年代开始步入正轨，从图5-8可以看到，1980~1986年林火碳排放量呈持续减少状态，在某些年份即使林火次数较多也因为发现及扑救及时而鲜有酿成森林重大、特大火灾的，如1982年共发生火灾75次，但是发现扑救比较及时，使重大火灾及特大火灾次数均较1981年减少，林火碳排放量也并未超过1981年。

1. 林火行政管理

经过30年的努力，大兴安岭在林火行政管理方面收到了不小的成效。1982年后，大兴安岭地区行政公署和大兴安岭林业管理局经常召开常务会议，讨论研究护林防火工作。1984年，《中华人民共和国森林法》公布后，护林防火宣传教育工作在全区得以全面进行，地区防火指挥部印刷袖珍本2000册，下发全区学习。1986年铁路与地方部门联防，防御列车跑火酿成森林火灾。加格达奇铁路分局和大兴安岭林业管理局签订联防责任状，各沿线铁路站段同所在县、区、局建立联防责任制，确保防火期间有效控制火源。防火期间，由车长负责检查列车防火设施，发现火灾隐患随时消灭。旅客列车要装纱窗，严控制茶炉、取暖、吸烟等火源。

如图5-4和图5-8所示，由于政策得力，领导重视，防火措施切实有力，加上雨水多等有利自然条件，1980年后大兴安岭火灾面积明显减少，林火碳排放量一直维持在较低范围内。

2. 林火监测预报

1983年9月28日，国家林业部经部长办公室会议通过批准成立大兴安岭森林防火中心，为大兴安岭保护森林资源、控制森林发生大火和特大火提供了有效帮助。这是中国成立的第一个森林防火中心，由加拿大帮助建立，可见我国对大兴安岭地区森林防火工作的重视。

20世纪80年代的大兴安岭为提高预防和控制火灾的能力，开始往"四网""三化"方向发展，即防火瞭望台、通信、防火线和公路网，防火灭火机具化、专业化和科学化（广呈祥，1983）。1980年，利用军队淘汰的坦克成功改装为531森林消防车12台；购置往复式水枪、风力灭火机、扑火指挥车等装备；区内增建林火气象站16处。1984年，专业技术人员设计研制"ZLT-24A型自提中升式"瞭望塔成功。至1985年，在重点林区共修建永久性瞭望塔34座，并安装40倍望远镜、林火定位仪和超短波通信设备，林火预防和扑救的综合能力不断提高。由于新型瞭望塔的使用，1984年森林火灾次数明显减少，林火碳排放量也达到历史最低。1985年，森林火灾及时报火率为47.35%，为历史最高。航空护林也在继续发挥其巨大的预报扑救优势，因其发现火情及时、阻止火情发展成灾而为森林防火和森林资源保护提供更大的帮助。例如，1983 年 5 月 9 日，直升机载运 10 名空运扑火队员巡护至南瓮河区那都里河发现火情，立即降落扑救，2 个多小时就将百亩*火场消灭在初发阶段。直升机返回途中又发现松岭区乌沙其河有火，立即运兵扑救，当晚扑灭。到 1986 年，林火监测仍以飞机巡察为主，飞机巡察发现和报告火情数占总数 95%以上。

20 世纪 80 年代以前，大多数计算机应用于林火管理还属于实验性质，处于初期阶段。到了 80 年代有了飞速的发展和扩大了应用范围，致力于将森林生态系统的管理、山火行为、火的发生、防火技术、火效应和火管理经济学等的研究情报数据综合在一起加以处理，以便制定林火管理方针（金继忠和郝祥林，1984），在大兴安岭林火管理部门也得到了推广，加快了大兴安岭的森林防火工作走向现代化林火管理阶段的脚步。

3. 林火阻隔

20 世纪 80 年代，大兴安岭林区护林防火指挥部制定了打烧防火线标准，点烧防火线工作开始走向正规及专业，不仅提高了防火线的质量，还减少了工日。防火线发挥了重要的作用，及时扑灭了可能发展成特大火灾的 2 次大火。与此同时，大兴安岭森林防火办公室为了改变因烧防火线跑火的被动局面，选用不同浓度的百草枯溶液对各种杂草进行喷洒，收到了较好的效果（金可参，1981）。另外，推广实行了地面点烧防火线和地面喷撒同时进行。

郑焕能提出，如果连年在同一地段用火，会对林地造成破坏，影响生态因子的变化，使森林生态系统难以自我修补，长期下去会使森林植被和生态环境发生变化（特别是土壤发生变化），从而就会使生态平衡失调（汤维波，1984），所以在大兴安岭地区长期定点火干扰防火线是不合适的。因此就必须考虑火的两重性，在防火的同时也要会"用火"，如采用营林用火（营林用火是采用低强度的小火，或分散和局部用火。营林用火是建立在生态学的基础上的，它有助于维持森林生态系统的平衡）不仅起到防火的作用，也会有助于森林植被的恢复。

4. 林火通信扑救设备

1983 年，大兴安岭购置 801 型电台 69 部，更新全区无线电通信设备。1986 年，塔河森林防火办公室将 J-50 拖拉机研制改装成 J-50 水车。

1980～1986 年，全林区森林防火基础设施建设，机具、设备购置投入 7192.13 万元。其中，从育林基金提取 5182.4 万元，林业部拨防火专项经费 1683 万元，"中国、加拿大"合作项目配套资金 320 万元。

总结 1965～1986 年这 22 年间大兴安岭森林火灾情况可以看出，森林火灾相

---

* 1 亩≈666.67m²

对来说还是比较严重的。至 1986 年，大兴安岭有林地面积为 526 万 hm²，森林覆盖率为 62.1%，总过火面积为 226 万 hm²，占有林地面积的 42.96%，共发生森林火灾 895 次，年均 40.68 次，年均过火林地面积为 10.3 万 hm²，过火率为 1.95%，是我国森林火灾最严重的地区。但是从图 5-4 和图 5-8 可以看出，1980～1984 年大兴安岭雨水较充沛，再加上林区各森林防火措施的实施，设备仪器及时更新添加，与 20 世纪 60～70 年代相比森林火灾面积及林火碳排放量呈持续下降趋势，共发生特大火灾 16 次，远小于 70 年代的 50 次。可以看出通过国家及地方的大力支持，大兴安岭的森林防火工作还是很有成效的。60 年代科学家发现，太平洋秘鲁、厄瓜多尔沿岸的水温，每隔 4～7 年比常年水温要增高 3～6℃，每次持续 1～2 年，每次均导致全球性的气候反常（居恩德等，1987）。因为受厄尔尼诺现象的影响，全球大气环流都发生了变化，而大兴安岭地区也受此影响，从而造成了 1985 年及 1986 年全球气候的反常。由于这两年的气候都为干旱少雨，气温高，风力大，极易造成森林火灾，而且造成特大火灾后火场强度大，火势形成后控制非常困难，这两年森林火灾面积及林火碳排放又出现上升趋势。同时，气候的反常也为 1987 年的大兴安岭大火埋下了隐患。

（四）1987 年森林大火

1. 大火发生的必然性

"5·6" 大火的发生是有其必然性的。首先，受太阳黑子活动、厄尔尼诺现象及全球温室效应的影响，从 1985 年以来，大兴安岭北部就出现严重干旱，降水量均比历年平均值少 3% 以上。虽然 1987 年 1～4 月的平均降水量稍高于历年同期水平，但由于 1986 年的干旱积累，气候异常，打破了往年五一前后降一场大雪的规律，只降了一场小雪，相对湿度明显偏低，气候异常干旱，给这场特大火灾的发生、发展提供了充足的条件。同时，大兴安岭北部天然林区由于多年来没有发生过森林大火，过伐林地和沟塘草甸杂草丛生，造成可燃物严重堆积，这样的可燃物积累情况，遇上干旱年，势必会造成森林火灾的发生。另外，在防火期管理工作比较混乱，规章制度执行不严，而且管理人员缺乏广泛系统的培训，缺乏科学知识，必然会造成损失。与此同时，由于大兴安岭控制火灾的能力还非常薄弱，如在这次大火发生时，八级大风就没有预报出来，瞭望塔及飞机数量非常少，再加上之前几年由于点烧防火线经常造成跑火现象而暂停点烧防火线措施，造成这次火灾区几乎没有采取过开设防火线的措施，以上种种原因造成了这次特大火灾。

2. 林火概况及防火措施

1987 年 5 月 6 日，西林吉林业局古莲林场清林民工给割灌机加油，汽油溢出油箱，洒在草地上，启动割灌机时引燃跑火。中午，另外两个清林民工休息时吸烟，烟头余火复燃，17:00 发现时，火势汹汹，已经失去控制。这场大火震惊中外，经历 28 天才彻底扑灭，投入扑火军民 58 800 人，汽车 1300 台，各种机械 116 台，飞机 96 架次，空军飞机 734 架次。过火林地面积为 759 097hm^2，烧毁总面积为 133 万 hm^2，包括 1 个县城、4 个林业局镇及 5 个贮木场，211 人丧生，5 万人无家可归，大火造成的直接损失达 4.5 亿元，间接损失达 80 多亿元，还未包括重建费用和林木再生资源的损失，以及多年后林木减产、林区人员重新安置的费用，如果算上环境恶化，这些损失几乎可以超过 200 亿。大火对大兴安岭北部天然针叶林区的破坏极为严重，主燃烧带过火的林地，不论地形、森林可燃物类型和树木年龄，几乎全部烧死。大火大约烧掉了大兴安岭林区 1/8 的面积，其中林地约占 80%。由于森林环境破坏较严重，这场大火势必会引起该林区森林生态系统中生物、生态因子的混乱，造成森林生态系统的失调。同时还会造成水土流失、沼泽化等问题。仅就森林的恢复而言，如果要恢复到火前森林状态，需要非常长的时间。

1987 年 8 月 23 日，黑龙江省秋季森林防火工作现场会议在大兴安岭地区漠河县召开。随后县、区、局相继召开秋防工作会议，将中央、省、地方防火会议精神直接贯彻到基层、落实到人头。森林警察部队扩编为 1700 人，空运扑火大队增至 8 支、1200 余人；增建专业扑火队伍 10 支、1550 人，全区专业队伍总数达 4562 人。全区增建永久性瞭望塔 44 座，每座塔上配备林火定向定位仪 1 台、15 倍望远镜 1 架、超短波对讲机 2 部及手提发电机、电视机、收录机、清水过滤器等设备，增强测报火情能力，改善瞭望员野外生活。年底，十八站林业局等的 5 座永久性瞭望塔因安全问题报废，全区在用瞭望塔 73 座。同时区内加强地面瞭望设施建设，并配置较为先进的测火设备。林火监测以飞机巡察为主，以地面瞭望为辅。

大火后，大兴安岭林业管理局组织有关专家进行了火灾调查。专家认为"5·6"大火的成因有主观因素，更有客观条件，林内多年积累的采伐剩余物多达 20t/hm^2，成为重要的助燃因素。郑焕能和居恩德（1987）也提出对大兴安岭林区进行计划烧除研究，认为在易燃地区进行计划烧除，既可减少危险可燃物的数量，降低林地的燃烧性，又可起到隔火线的作用，大大提高林业局控制森林火灾的能力，以减少森林火灾造成的损失。计划烧除速度快、省工省时间，其价格远较人工打割、机械翻耕和使用化学灭草剂为低，是一种比较理想的清除林内可燃物及控制森林火灾的方法。

1987 年，大兴安岭林业管理局决定将扑火消耗费用纳入育林基金开支，每年根据实际发生列入育林基金其他项目中核销。是年，国家计划委员会委、林业局和黑龙江省集资 3000 万元，由林业部统一掌握，用于大兴安岭预防和扑救较大森林火灾系统研究项目。大火被扑灭后，从国家到地方均进行了自我反思。我国加强了对全国尤其是大兴安岭林区的防火工作，这场惨痛的教训也使大兴安岭的森林防火工作出现转折。

3. 1987 年林火碳排放

1987 年，大兴安岭地区发生了特大火灾，对森林造成了严重破坏，使生态系统受到了巨大干扰（张瑶，2009）。1987 年，林火碳排放量为 6 313 218.04t，约占46 年总林火碳排放量的 21.54%。

（五）1988～1999 年大兴安岭森林防火工作转折中寻找突破

1988 年 1 月，我国正式颁布了第一部森林防火行政法规——《森林防火条例》，为大兴安岭林区防火工作提供了依据，大兴安岭森林防火走进了一个新时期。

1. 林火行政管理

1988 年，大兴安岭实行第一把火现场会制度，将各地主要领导和防火部门领导集中在火灾现场，共同分析火灾发生的原因，从中找出差距和不足，吸取经验教训。1991 年，全国森林防火现场会议在大兴安岭召开，提出要把森林防火当作关系社会安定、经济发展、生态环境维护的一项重要工作来抓。20 世纪 90 年代共召开 4 次大型森林防火工作会议，会议均积极讨论，针对大兴安岭不断提出新的建议及要求。

《森林防火条例》颁布后，全区结合春季防火开展《森林防火条例》宣传月活动。5 月 6 日被定为"反思日"，届时召开各种"反思会"。号召全区各行各业行动起来，共同开展森林防火宣传教育工作。

1988 年，火源管理实行入山"八不准"，争取将由人为火源引起火灾的概率降到最小。在高火险天气，实行"四停"制度。随后各责任区将所有火源归纳分类为 11 种，将其量化、细化，形成系统责任管理制度。责任制充分发挥其作用，能做到发生人为火灾可以及时查到责任人并对其作出相应处理。1997 年，地区产业结构调整，入山人员大量增加，火源管理工作难度加大。春秋两防期间，加大火源管理力度，组成"三清"工作组近 300 个，清山林 450 万 hm²，清沟 908 条，清河 157 条，封路 625km，清除火险隐患 200 多处，清除违法作业点 16 处，防止人为火灾。

2. 林火监测预报

至 1999 年，全区建成永久性瞭望塔 158 座，1997 年和 1998 年，每年派设 146座瞭望塔，投放兵力 480～490 人。同时修复瞭望塔的费用被列入当年营林资金收支计划。1999 年，在已建瞭望网内比较中心的瞭望塔上，又增设超短波中继站 36

处，使通信联络四通八达，报火精确度达到 100%，实行了目标化管理。至 1999 年，区内共发生林火 166 次，其中飞机巡察发现 80 次，占 48.19%；瞭望观测发现 86 次，占 51.81%，其中有 12 次林火，飞机巡察和瞭望观测同时发现。另外，建成林火遥测自动气象站 19 处，雷电探测站 4 处，直升机加油站 4 处，机降运兵点 45 处，化学灭火基地 2 处，卫星接收终端 1 处，信息处理中心 1 处，远程智能终端工作站 14 处，防火公路和瞭望塔路 2147.8km，各类房舍 107 913m²。

20 世纪 90 年代，大兴安岭林火气象预测工作得到迅速发展，地区森林防火指挥部信息处理中心与国家林业局、地区气象局微机联网，可随时从网上索取卫星林火监测信息。在防火期将各地森林火险等级发给各防火机构以供决策，为各地提前部署森林防火工作提供依据。

3. 林火阻隔

"5·6"大火后，开设防火线被作为防火重要工程来抓。同时林业管理局开始加强林内可燃物治理工作，结束了之前大兴安岭无计划烧除的情况，每年计划烧除面积为 1 万 hm²，列入营林生产计划之中。专职指挥和防火办公室主任亲自抓好此项工作。随后相关政策、规定的实行也推动了计划烧除的发展，1997 年后，林业管理局将采伐剩余物烧除任务正式下达各林业生产部门，每年按采伐面积的 22%比例实施完成。年均计划烧除 3 万 hm²，烧除可燃物 70 万 t。

此时，有人提出我国应开展生物与生物工程防火，绿色防火开始向纵深方向发展，从而深入探讨防火林带的阻火机理。绿色防火指利用绿色植物（主要包括乔木、灌木及草本植物），通过营林造林、补植、引进等措施来减少林内可燃物的积累，改变火环境，增强林分自身的难燃性和抗火性，同时能够阻隔或抑制林火蔓延。在某种意义上，绿色防火亦可称为生物防火。在北方提出了兴安落叶松可作为良好防火树种，改变了过去认为针叶树不能作为防火树种的片面认识，生物防火开始成为未来防火工作的发展方向。1990 年，大兴安岭林业管理局将生物防火林带纳入防火科研基金项目，在古里机械化造林林场营造宽 100m、长 15km 的生物防火林带。选用的树种有兴安落叶松、杨树、赤杨、柳树等。至 1994 年底，全区共营造、改造生物防火林带 1129km。1995 年，大兴安岭林业管理局编制了《生物防火林带工程建设规划方案》，计划总投资 9320 万元，自 1996 年始，每年计划营造或改造生物防火林带 400km。到 1999 年，生物防火林带建设与天然林资源保护工程紧密结合，统筹兼顾，并结合营林生产，清除林下可燃物，形成改建型生物防火林带。

可以看到，大兴安岭地区在这期间开始在林火预防工作上加大力度，努力做到从根本上防止特大火灾的发生，并能在火灾发生时紧急部署，迅速扑灭不必要的火。

4. 林火通信扑救设备

至 1999 年，全区购置 100W 757 型电台 18 部，基础电台 24 部，火场专用电台 13 部，单边带电台 20 部，15W 短波电台 107 部；超短波瞭望塔机、塔台 166 部，各种对讲机 507 部；超短波车载电台 18 部；扑火专用卫星电话设备 1 套；在全区设置超短波中继站 36 处。通信设备附属配件主要有示波器 1 台，信号发生器 2 台，卫星导航仪 1 部，中继站写频仪 10 个，信号识别器 11 套，寻呼机 5 只，双功器 30 个，充电器 100 个，免维护电池 44 组，各类电源 196 副，各类天线 242 副。

至 1999 年，全区购各种水泵 249 台（手提式水泵 43 台），水龙带 14 800m，装配森林消防车；购油锯 239 台，配给全区专业扑火队；购入割灌机 25 台，分别配给加格达奇、松岭、新林、呼中、漠河等地使用。

1988～1992 年，世界银行给予大兴安岭无息贷款 1527.1 万美元，国家林业部拨给配套资金 7448.7 万元，用于森林防火扑火基础设施建设。1989 年始，地区财政局每年按人头标准拨入经费，每年平均拨款 27 万元。1991～1999 年，黑龙江省人民政府拨给大兴安岭 94.8 万元，用于两个中俄森林防火联络站的建设。1991～1999 年，大兴安岭地区共支付 41 105.18 万元，年均支付 4567.24 万元，是经费投入最多的时期，是上个 10 年年均投入的 1.6 倍，1966～1999 年共使用经费 77 225.21 万元（不包括中国、加拿大林火合作项目和世界银行贷款项目投资）。由此可见，为了避免类似的悲剧再次发生及促进防火事业的发展进步，国家及地方对大兴安岭的森林防火工作给予大力支持。

总结 1965～1999 年这 35 年间大兴安岭森林火灾情况，至 1999 年大兴安岭有林地面积为 638 万 hm^2，森林覆盖率为 76.3%，35 年间总过火面积为 301 万 hm^2，占有林地面积的 47.26%，共发生火灾 1153 次，年均 32.94 次，年均过火林地面积为 8.61 万 hm^2，过火率为 1.35%。1988～1999 年，大兴安岭的森林防火工作开始实现由季节性防火转变为全年常抓不懈；由经验型防范转变为科学型防护；由专业部门独家负责转变为全社会齐抓共管；由单一的行政管理转变为责权利结合的责任承包；由一般性号召转变为依法治理 5 个根本转变。初步建成宣传教育、火源管理、监测瞭望、预测预报、林火阻隔、通信联络、扑救指挥、后勤保障八大系统工程，防火扑火综合能力显著提高。1988～1999 年，共发生火警火灾 212 次，一般火灾 15 次，杜绝了重大及以上火灾的发生。24h 扑灭率年均达到 97%，其中有 6 个年份达到 100%，年均林地过火率仅为 0.01‰。如图 5-4 和图 5-8 所示，大兴安岭森林火灾次数、林火面积及林火碳排放均处在历史最低水平，且连续 12 年未发生重大及特大火灾。这也是由 1987 年的大火烧毁了大量的森林可燃物及森林，烧毁的森林很难在短时间内重新恢复造成的。仅这一次大火就将大兴安岭的森林覆盖率从 76% 降低到 61.2%。虽然这 12 年间林火碳排放量很低，但是仅 1987

年一年释放的碳就已经对环境产生了影响。这期间大兴安岭地区也一直在进行营林、造林工作，争取早日将大兴安岭森林面积恢复到火前状态。

（六）2000～2010年大兴安岭森林防火工作面临新挑战

2000年，大兴安岭地区正式开始实施天然林资源保护工程。经过11年的生态建设，大兴安岭的森林覆盖率恢复到79.83%，与此同时全球范围的气候变暖也给大兴安岭森林防火工作带来了新的挑战。

1. 林火行政管理

2000年，大兴安岭地区森林防火指挥部与地区气象局召开全区防火形势分析会，会上指出干旱形势会一直延至8月；9～11月，全区气温仍持续偏高，大风日数偏多，十分不利于防火工作开展。会后各地早部署、早动手，制定防范措施，安排部署防灭火力量。2004年，全区召开春季森林防火工作会议、森林防火专业会议及夏、秋防火电视电话工作会议，使各行各业思想再认识、工作再部署、责任再明确、措施再落实。强调党政军企领导齐抓共管，全社会强化防火工作，要实现真正的积极防火工作。

2000年以后，地区再度加大了森林防火宣传教育工作，增设各种灯箱标语、永久性标语牌、固定宣传站、流动宣传站、防火宣传一条街等，同时更新和粉刷固定标语牌，加大印发防火传单、宣传卡及宣传手册的数量。大兴安岭日报社也开辟了森林防火专栏。

由于此阶段内大兴安岭气温普遍偏高，气候相对干旱，因此需加强火源管理，对在戒严期内未经允许擅入封山戒严区的，无论引发山火与否，一律行政拘留15天。2003年和2004年，全区投资5.3亿元，迁出39 176人，减少人为火源点。同时取消戒严期"停止一切野外作业"的规定，兼顾防火、生产两不误。另外，在戒严期间实行24h火源监控，争取将人为火灾的发生降到最低。

2. 林火监测预报

2001年春防期间，全区投入瞭望塔151座，投放兵力495人，共发生火警火灾17起，均及时发现。6月，瞭望塔增至162座，兵力增至520人，坚持观察瞭望，以弥补无飞机巡护之不足。但是同时发现，虽然大兴安岭地区现有瞭望塔155座，但分布不合理，瞭望覆盖面积占总面积的88.48%，尚有11.6%为瞭望盲区，因此编制了新建瞭望塔的可行性研究报告。此后，大兴安岭的瞭望塔数量逐年增加，瞭望监测与飞机巡察紧密结合，使及时发现率与报火准确率均达到100%。

21世纪，利用飞机巡护观察火情仍为林火监测的重要手段。至2004年，全区共发生林火292次，其中飞机巡察发现190次，占65.06%，其中有75次林火，瞭望观测和飞机巡察同时发现报告。至 2007 年，大兴安岭共投入使用了瞭望塔 167 座，检查站 113 处，外站 86 处，永久性机降点（含停机坪）49 处，飞机加油站 4 处，配合以卫星林火探测网络终端等数字系统，大兴安岭林火预报实现了自动化，防火监测的覆盖面积提高到了 100%。

3. 林火阻隔

2000 年后，大兴安岭防火隔离带工程建设渐趋规范化、科学化。2003 年有 3 起山火进城通报后，开展了镇村隔离带建设战役。但是大量地点烧防火线也带来了其他问题，2003 年因防火线复燃共引起森林火灾 20 次，占当年林火总次数的 28.2%。2004 年，全区抓住春、秋两季有利时机，共点烧各类防火线 3441.7km，有效减少了当年森林火灾的发生次数。但是因大兴安岭境外计划烧除产生跑火导致森林火灾的现象也越发频繁。2004 年秋季，黑河市点烧防火线失控跑火引发的特大面积森林火灾，成为新中国成立以来受害面积最大的因计划烧除跑火引发的森林火灾。这场大火越界烧入大兴安岭境内，烧毁呼玛县内有林地 1.86 万 hm^2。这场大火火灾面积之大、范围之广、火点之多为近年少有。2005 年秋季，呼玛县也因天气变化造成计划烧除失控跑火形成特大火灾，受害森林面积为 2.1 万 hm^2，烧毁房屋 37 户，140 人受灾。

在此期间，绿色防火得到迅速发展，截至 2004 年，大兴安岭共营造、改造生物防火林带 4729km，不仅减少了森林火灾带来的直接经济损失，还减少了用于防火、灭火所需的巨大投资，具有重大的生态意义及社会意义。

4. 林火通信扑救设备

至 2010 年，全区加大各种林火通信扑救设备的购进，共有 100W 电台 56 部，35W 以下电台 102 部；超短波电台 12 部，对讲机 200 部，便携式对讲机 100 部；车载电台 306 部；中继站 44 处；卫星电话 120 部。2000～2004 年，购置可视电话系统 1 套，车载导航仪 2 台，传真机 2 台，通信车 12 台。

1987 年"5·6"大火扑救期间，J-50 水车发挥了作用，此后全区普遍推广改装，到 2004 年底，共有改造水车 37 台，水车 3 台，水泵 257 台，水龙带 50 300m，油锯 330 台，割灌机 55 台。

至 2010 年，大兴安岭有林地面积为 668 万 hm^2，森林覆盖率为 79.83%，总过火林地面积为 352 万 hm^2，占有林地面积的 52.74%，共发生火灾 1614 次，年均 35.09 次，年均过火林地面积为 7.65 万 hm^2，过火率为 1.15%。经过防火工作的不断加强及森林植被恢复，大兴安岭 46 年间过火率越来越小。由图 5-8 可知，2000～2010 年大兴安岭林火碳排放也呈现出波动状态。2003 年林火碳排放量最大，为 2 090 609.09t，这一年的 3 月下旬以后，各地区相继发生多起草甸森林火灾。另外，2006 年的林火碳排量为 1 519 188.66t，这一年主要是由于松岭地区砍都河 798 高地发生雷击火造成了特大森林火灾。从火源情况分析，2000～2010 年大兴安岭林区共发生雷击火灾 278 次，林地过火面积为 20.3 万 hm²，其中特大火灾 6 次，重大火灾 5 次。另外，随着天然林资源保护工程的全面开展，林业产业结构的战略调整，生态建设的迅速发展，大兴安岭林区林农业矛盾日益突出，人为火源的问题也较之前突出。与 1970～2004 年相比，2005～2010 年大兴安岭人为火源中火车甩瓦、放炮、熏蚊子、上坟烧纸、小孩玩火 5 种火源已被彻底控制。但是烧防火线、吸烟等火源有上升趋势（宫莉，2012）。这 11 年间由人为火源造成的森林火灾为 126 次，林地过火面积为 29.2 万 hm²，超过了雷击火引起的森林火灾的次数。其中烧防火线、吸烟及烧荒是近年来的主要人为火源。同时，气候因素也不得不引起人们的重视，2005 年以后，由于受厄尔尼诺和拉尼娜现象影响，大兴安岭林区年平均气温与历史同期相比高 2℃左右，干旱和大风天数也逐年增多（宫莉，2012）。2000 年以后，大兴安岭林区火警火灾最早发生时间和最晚时间分别提前和滞后了近一个月。气候干旱成为导致近年来大兴安岭森林火灾频发的重要原因。2007 年发生在大兴安岭罕诺河林场的森林大火就是由于人吸烟，林区降水偏少，气候异常干燥，森林火险等级偏高等因素引起的。

5. 有效利用计划烧除技术

国外以美国、加拿大和澳大利亚进行计划烧除技术研究和应用比较早，目前已在林业经营中大面积采用。美国、加拿大和澳大利亚等林业发达国家把计划烧除的作用总结为 7 方面：减少可燃物积累，降低林地火险，预防森林火灾；控制森林病虫害；促进森林的天然更新；抑制非目的植物；复壮山特产品和牧草；保护野生动物的栖息环境；保护自然生态系统（刘广菊，2003）。我国南方炼山造林也已有悠久历史，而黑龙江省于 20 世纪 70 年代对大兴安岭林区进行大规模点烧防火线。2005 年以来，黑龙江省森林防火指挥部根据当时的气候特点，暂时停止了计划烧除工作（王立夫，2007），后至 2010 年秋季大兴安岭才恢复计划烧除工作。

在全球气候变暖背景下，许多学者也考虑到了因森林火灾产生的碳排放对大气碳循环产生的影响，并通过研究对此提出相关的对策。Guillermo 等（2011）在阿根廷研究了以 10 年为期的松叶林的碳排放量，在两种不同方案下进行对比，即只有自然林火发生及无林火发生但是应用了计划烧除技术的林地的碳排放量，得出了结论，应用了计划烧除的林地的 CO_2 排放量比未进行计划烧除的林地少 44%。Christine 等（2010）认为在美国西部，气候的变化和林地管理措施导致了林火强度和规模的增加，而减少 CO_2 排放量的一个有效方法是应用计划烧除技术，不仅可以减少可燃物载量，而且可以减少释放到大气中的碳。此方法适用于干燥的温带森林系统。研究认为，计划烧除可以减少美国西部 18%～25% 的 CO_2 排放量，虽然没有考虑大范围实施这种措施的可行性和重复火干扰累积的碳排放量，但依然可以为以后的林火碳排放减少提供可能。Caroline（2007）通过研究认为，在多火灾发生的国家，通过计划烧除技术可以使 CO_2 排放量显著减少，在超过 5 年的时间内，欧洲地区平均每年通过森林火灾排放的 CO_2 量大约为 1100 万 t，而应用计划烧除技术后平均每年为 600 万 t，几乎减少了 50%。这意味着地中海地区的国家值得考虑将这项技术应用在碳减排上。

在国内，高仲亮等（2010）通过分析计划烧除对种子、叶、树种、森林群落演替的作用和影响，肯定计划烧除，特别是低强度的计划烧除可以促进森林碳的吸收和固定，提高森林碳汇能力，并估算了计划烧除 CO_2 释放量及火干扰后林下植物恢复的碳汇量。同时以云南景谷县思茅松林为对象，以追求最大固碳效率为出发点，研究和评价计划烧除林和常规林 2 种森林管理模式林下各类可燃物含水率、载量、碳贮量和腐殖层厚度等。实验结果表明，通过计划烧除可增加森林的固碳量，达到森林增汇效益（高仲亮等，2011）。目前在大兴安岭地区仅知道应用计划烧除可以为大兴安岭森林防火工作提供帮助，总的来说还是利大于弊的，计划烧除不仅能对森林更新、森林病虫害控制及农牧业生产产生效益，还是有效减少可燃物载量的重要途径，是目前减少森林可燃物累积最经济实用和生态适用的方法，更是一项积极主动的预防和减少森林火灾发生的技术措施，同时可产生经济效益和自然景观效益。因此，提倡在大兴安岭继续实施研究计划烧除技术，科学地部署计划烧除工作，规范点烧技术，可有效利用计划烧除技术来减少林下可燃物，降低森林火险，以期在预防森林火灾发生的同时增加森林碳库容积，从而提高森林的碳汇能力，减少林火碳排放。

第七节　大兴安岭森林火灾减灾和成本效益的估算

森林火灾致使森林资源和生态环境受到破坏，不仅造成直接经济损失，还严重制约造林绿化和生态环境建设进程（张起威，2009）。作为我国最大的国有林区，研究大兴安岭的森林火灾损失及效益很重要，有利于提高人们对防治森林火灾重要性的认识，有利于把握森林火灾的损失程度，是做好森林火灾善后管理的关键（王霓虹等，2006），可以为大兴安岭地区制定合理的防火投入及支出提供依据。

一、大兴安岭森林火灾减灾效益的估算

（一）大兴安岭森林火灾损失情况

森林火灾损失是指因森林火灾造成的用货币或其他方式表示的损失（蔡慧颖，

2012)。分为直接损失和间接损失两部分，在这里直接损失包括林木资源损失、木材损失、固定资产损失、流动资产损失等，间接损失包括停减产损失、灾后处理费用、现场施救费用、环境和资源损失。

1. 直接损失

选取 1977~1986 年及 1995~2004 年这两个时间段进行对比，为了便于比较，将这两个时间段估算的损失均取平均值。由于受获取资料及数据限制，在这里只采用立木资源损失。如果仅考虑资源损失中的立木损失，立木蓄积量按照按每公顷蓄积 30m³ 来估算，火灾对立木的烧伤全部按照中度烧伤木计，可选择价值损失系数为 0.7，林价根据目前林业部门的精神及实施的林价制度标准，以 150 元/m³作为计算林木损失额的林价，得到估算结果。

2. 间接损失

间接经济损失主要涉及环境和资源损失。环境和资源损失包括动植物资源损失，涵养水源效益的损失，保持水土效益的损失、微生物及土坡理化性质的损失，森林吸收 CO_2 效益的损失，因森林火灾释放的碳的损失，森林净化大气效益的损失及其他生态资源损失。在目前全球变暖的气候背景下，森林吸收 CO_2 效益的损失及因森林火灾释放的碳的损失得到重视。按照国际上现有的研究来看，森林吸收 CO_2 的效益，主要是利用碳汇这个指标来进行计量。这里根据张涛在《森林生态效益补偿研究》一文中的研究，采用平均森林碳汇率为每年每公顷 1.13t 对森林碳汇量进行测算，按照每吨 165 元计价，估算大兴安岭森林火灾损失的环境和资源价值。可以得知，1977~1986 年大兴安岭森林火灾损失的环境和资源价值年均为 1280.56 万元，1995~2004 年年均为 542.37 万元，损失数额很大。应该指出的是，在计算碳汇量的时候是根据火场面积而非火灾次数计算活林木损失量，这是因为火灾次数多少不能实际反映火灾损失的真正情况，火灾损失的另一个重要影响因素是火灾损失程度；而火灾损失的林木也不能更切实地反映碳汇量，这是因为各种林木碳汇能力各不相同，不同林分的碳汇能力也各不相同，所以利用过火林地面积这个指标来估算碳汇量更为贴近实际（张起威，2009）。因森林火灾释放的碳的损失前文中已有估算，大兴安岭森林火灾损失估算如表 5-2 所示。

表 5-2 大兴安岭森林火灾损失估算

时间段	过火面积/hm²	立木损失/m³	碳汇损失/t	林火碳排放损失/t
1995~2004	29 090.21	872 706.3	32 871.94	241 935.94
1977~1986	68 682.22	206 0467	77 610.91	57 1212.7

（二）大兴安岭森林防火成本费用投入

大兴安岭森林防火成本费用投入主要包括护林防火基础设施建设（包括瞭望塔、航空护林站、防火中心、重点火险区、森林消防队伍、物资储备库、林火阻隔系统建设等）、购置森林扑火机具及通信设备（包括马车、摩托车、消防车、飞机、扑火服装、扑火机具、有线电话线路、无线短波通信、卫星通信、图片通信等）及扑救费用成本，即成本费用=防火成本+监测成本+扑救成本。大兴安岭1966～1986 年年均森林防火投入（包括监测成本）为 899.32 万元，扑救费用成本为 62.72 万元；1995～2004 年年均森林防火投入（包括监测成本）为 6395.89 万元，扑救费用成本为 2563.02 万元。各年森林防火成本费用投入变化趋势如图 5-9 所示，可以看出，森林防火成本费用投入总体上呈上升趋势。

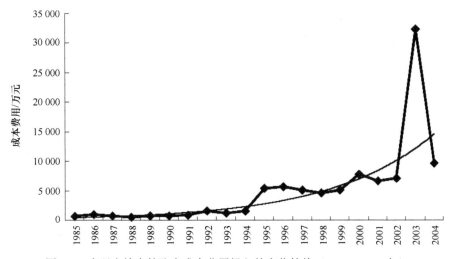

图 5-9　大兴安岭森林防火成本费用投入的变化趋势（1985～2004 年）

（三）大兴安岭森林火灾减灾效益估算

减灾效益定义为在无防火要素投入时的森林火灾损失减去投入防火要素时的森林火灾损失（林其钊等，1998）。但是在实际中很难找到一处或一个地区无防火要素投入的森林，而且由于 1966 年以前大兴安岭森林火灾资料记录不全面，因此将 1977～1986 年作为 1995～2004 年的对照期，根据这两个时间段间森林防火投入及森林火灾损失的变化来估算分析大兴安岭森林火灾减灾效益。所得年均大兴安岭森林防火投入及森林火灾损失情况如表 5-3 所示。

表 5-3　年均森林防火投入及森林火灾损失情况

时间段	防火投入/万元	扑救费用成本/万元	过火面积/hm²	立木损失/m³	碳汇/t	林火碳排放损失/t
1995~2004	6395.89	2563.02	29 090.21	872 706.3	32 871.94	241 935.94
1977~1986	899.32	62.72	68 682.22	2 060 466.6	77 610.91	571 212.70
差值	5496.57	2500.3	−39 592.01	−1 187 760.3	−44 738.97	−329 276.76

在这里大兴安岭森林火灾减灾效益估算采用的公式如下：

森林火灾减灾效益=立木损失变化值+碳汇变化值+因林火碳排放量减少的损失−扑救费用变化值−防火投入变化值≈1.22 亿元

由此可知，与 1977~1986 年相比，1995~2004 年大兴安岭年均森林火灾减灾效益为 1.22 亿元，说明大兴安岭森林火灾的减灾效益还比较可观。

二、大兴安岭森林火灾成本效益的估算

大兴安岭的森林防火工作一直在坚持贯彻"打早、打小、打了"的灭火方针，在防火工作开展初期，由于较低的防火投入，监测预报系统建设的落后，导致发现火情时已经到了很难扑救的程度，往往会造成大面积的森林火灾（唐春枫，1998）。因此要想把森林火灾控制在初发阶段，就必须依靠监测、通信与扑救手段的现代化来实现，也就是依靠科学技术与较大的投入水平来实现我国的林火扑救（路长和林其钊，1999）。46 年来大兴安岭森林防火工作的投入总体上呈上升趋势，目前大兴安岭的森林火灾及时发现率与报火准确率均达到 100%。现就获得的资料对 1966~1999 年大兴安岭的森林火灾成本效益进行分析。

（一）采用人力扑救森林火灾平均损失与成本的估算

大兴安岭过火林地蓄积量按每公顷蓄积 30m³ 计算，1995~2004 年共发生森林火灾 400 次，总过火林地面积为 290 902hm²，年均火灾次数为 40 次，每次火灾的过火林地面积为 727hm²；防火总投入为 64 000 万元，年均为 6400 万元；依然仅考虑火灾资源损失中的立木损失，火灾对立木的烧伤全部按照中度烧伤木计，选择价值损失系数为 0.7 并假定平均林价为 150 元/m³，则森林火灾每公顷立木资源损失为 3150 元；因碳汇损失的价值为 5590 元，那么每公顷的环境损失为 8740 元，资源与环境损失总值为 11 890 元。因为这里仅仅考虑立木损失及由立木损失对环境产生的影响，所以实际上的损失将会大于这个数字（路长和林其钊，1999）。

按照已知的防火投入水平及人力扑救方式可知，大兴安岭平均每次森林火灾扑救需要 610 人，扑救时间为 2 天，每人每次的扑火费用投入为 145 元，平均每次火灾的扑救成本为 176 900 元。

黑龙江省政府给大兴安岭地区下达的指标为每次火灾过火林地面积不超过

70hm^2，每年的火灾次数不超过 50 次。如果想达到能够在火灾发生后 10min 发现火情，扑救力量也能够在 20min 之内到达火场并在过火面积达到 70hm^2 之前彻底将森林火灾扑灭，那么 50 人扑救一天所需的费用为 7250 元，加上将扑火人员及时运送到火场的 20 000 元，则扑救成本为 27 250 元，也就是扑救一次火灾的变动成本为 27 250 元，每年的固定成本为 6400 万元。

如果按照平均每年 6400 万元的防火投入一次性投入 6.4 亿元保证未来 10 年均能达到上述目标，大兴安岭森林防火的减灾效益可表示为

减灾效益=年均火灾发生次数×[（资源与环境损失+扑救费用）投入前的−（资源与环境损失+变动成本）投入后的] − 一年固定成本（路长和林其钊，1999）　（5-1）

因此，

年减灾效益=50×[（727×11 890+176 900）−（70×11 890+27 250）] − 64 000 000

　　　≈33.4 亿元　　　　　　　　　　　　　　　　　　　　　　　　（5-2）

由式（5-1）和式（5-2）可知，如果在 1999 年时一次性投入 6.4 亿元不仅能在未来 10 年都完成黑龙江省所规定的火灾指标，还会获得 33.4 亿元的年减灾效益，远大于之前计算获得的 1.22 亿元。

（二）投资回报率

将 10 年间的净减灾效益 22.85 亿元转换成现值 PV（路长和林其钊，1999）计算如下。

$$PV = E \sum_{n=0}^{9} \left[1/(1+i)^n \right] \qquad （5-3）$$
$$=3340 \times 10^6 \times 8.108$$
$$=270.8 \text{ 亿元}$$

式中，PV 为净现值，E 为每年的减灾效益，为 33.4 亿元；i 为机会成本，取 5%；n 为用 6.4 亿元的投资所建设的防火设施的使用年限，为 10 年。所以，

$$投资回报率 \alpha = \frac{PV}{投资总额} \times 100\% （路长和林其钊，1999） \qquad （5-4）$$
$$=270.8/6.4 \times 100\%$$
$$=42.3 \text{ 倍}$$

由结果可知，投资回报率为 1∶42.3，相当于在以后的 10 年内每投资 1 元可以产生 42.3 元的经济效益。

第八节　结　　论

1987 年以前，大兴安岭地区各等级林火面积较大，林火发生频率较高，1987

年以后，各等级林火面积及林火次数显著减少，直到 2000 年以后才有显著增加。对森林火灾三率的研究发现，在大兴安岭地区森林覆盖率提高的情况下，火灾三率也都相应上升。

大兴安岭森林火灾具有独特性，体现在地理位置的独特，季节分布的独特，火源的独特。大兴安岭是我国雷击火的主要发生地，2005 年以后点烧防火线、吸烟及烧荒是主要人为火源。

20 世纪 60～70 年代森林防火政策刚刚起步，各方面不完善，森林防火投资非常少，林火碳排放量居高不下，年际间波动大，年均碳排放量为 1 110 417t；1980～1986 年森林防火政策得以慢慢普及，管理相对严格，设备设施补充加强，林火碳排放量呈下降趋势，年际间波动较缓，年均碳排放量为 300 819.94t；1988～1999 年大兴安岭森林防火政策迅速发展，总结经验教训，完善各种规章制度，并且加大现代化投资建设，各年份间林火碳排放量几乎无变化，年均碳排放量为 523t；2000～2010 年大兴安岭地区积极防火、用火，引进先进的仪器设备，加大对防火工作建设的资金投入，但是一方面由于森林可燃物载量增多，另一方面在全球气候变暖、干旱少雨的形势影响下，重新出现重大及特大火灾，年均碳排放量为 383 453.5t，甚至多于 1980～1986 年的年均碳排放量，但是总体上与 60、70 及 80 年代相比还是大幅下降的，由此得知森林防火政策的加强可以有效减少林火碳排放量。

与 1977～1986 年相比，1955～2004 年大兴安岭年均森林火灾减灾效益为 1.22 亿元，其中因林火碳排放的减少及森林碳汇增加而获得的生态价值非常可观。大兴安岭森林防火成本费用投入总体上呈逐年上涨的趋势。1999 年如果一次性投入 6.4 亿元，不仅可以获得每年的火灾次数不超过 50 次，每次火灾过火林地面积不超过 70hm^2，还能达到在火灾发生 10min 内发现火情，20min 内将扑救力量运送到火场的指标，并且投资所建设的防火设施有 10 年的使用年限，那么达到目标时大兴安岭的森林火灾扑救工作的每次火灾实际需要成本与每次火灾政府投入扑救成本之比为 17 690：2725（约为 6.5：1），大兴安岭的年减灾效益为 33.4 亿元，投资回报率为 42.3 倍。因此建议大兴安岭地区继续加强防火投入及建设，以便获得更大的投资回报率。

本研究对大兴安岭森林防火措施对林火碳排放影响的讨论还未完全展开，未形成完整的定量评价体系，而且对大兴安岭森林火灾的减灾效益只是进行了估算，想要探求大兴安岭森林防火的最佳投入点还需要继续深入研究。

参 考 文 献

白夜. 2002. 森林灭火技战术的研究. 哈尔滨: 东北林业大学硕士学位论文.

包慧君. 2010. 兴安落叶松森林土壤碳排放特征的研究. 呼和浩特: 内蒙古农业大学硕士学位论文.

鲍春生. 2010. 兴安落叶松林生态系统生产力和碳通量研究. 呼和浩特: 内蒙古农业大学硕士学位论文.

蔡春铁, 黄建辉. 2006. 四川都江堰地区桢楠林、杉木林和常绿阔叶林土壤 N 库的季节变化. 生态学报, 26(8): 2540-2548.

蔡慧颖. 2012. 森林火灾损失评估方法的研究. 哈尔滨: 东北林业大学硕士学位论文.

曹国良, 张小曳, 王丹, 等. 2005. 中国大陆生物质燃烧排放的污染物量. 中国环境科学, 25(4): 389-393.

曹慧娟. 1992. 植物学. 北京: 中国林业出版社: 52-54.

常铁余. 1984. 建国三十五年森林防火成就显著. 森林防火, (Z2): 2-4.

陈爱京, 黄海云, 张璞, 等. 2011. 北疆积雪参数特征分析. 沙漠与绿洲气象, 5(4): 5-8.

陈国潮, 何振立, 黄昌勇. 2002. 红壤微生物生物量碳周转及其研究. 土壤学报, 39(2): 152-160.

陈泮勤. 2004. 地球系统碳循环概述. 北京: 科学出版社.

陈泮勤, 王效科, 王礼茂. 2008. 中国陆地生态系统碳收支与增汇对策. 北京: 科学出版社: 165-168.

陈珊, 张常钟, 刘东波, 等. 1995. 东北羊草草原土壤微生物生物量的季节性变化及其与土壤生境的关系. 生态学报, 15(1): 91-94.

陈婷, 温远光, 孙永萍, 等. 2005. 连栽桉树人工林生物量和生产力的初步研究. 广西林业科学, 34(1): 8-12.

陈文新. 1989. 土壤和环境微生物学. 北京: 北京农业大学出版社: 18-21.

崔骁勇, 陈佐忠, 陈四清. 2001. 草地土壤呼吸研究进展. 生态学报, 12(2): 315-325.

崔晓阳, 郝敬梅, 赵山山, 等. 2012. 大兴安岭北部试验林火影响下土壤有机碳含量的时空变化. 水土保持学报, (5): 195-200.

戴伟. 1994. 人工油松林火烧前后土壤化学性质变化的研究. 北京林业大学学报, 16(1): 102-105.

邓光瑞. 2006. 大兴安岭森林可燃物燃烧气体释放的研究. 哈尔滨: 东北林业大学博士学位论文, 18-26.

丁宝永, 刘世荣, 蔡体久. 1990. 落叶松人工林群落生物生产力的研究. 植物生态学与地植物学学报, 14(3): 226-236.

丁爽, 王传宽. 2009. 春季解冻期不同纬度兴安落叶松林的微生物生物量. 应用生态学报, 20(9): 2072-2078.

范建荣, 周万村, 高世忠. 1995. 遥感与模糊评判的森林火灾后生态监测评价中的应用. 遥感技术与应用, 10(4): 42-47.

范天良. 1992. 我区森林防火工作的回顾. 森林防火, 34(03): 28-29.

方东明, 周广胜, 蒋延玲, 等. 2012. 基于 CENTURY 模型模拟火烧对大兴安岭兴安落叶松林碳动态的影响. 应用生态学报, 23(9): 2411-2421.

方晰, 田大伦, 项文化. 2002. 速生阶段杉木人工林碳素密度、贮量和分布. 林业科学, 38(2): 14-19.

方精云. 2000. 中国森林生产力及其对全球气候变化的响应. 植物生态学报, 24(5): 513-517.

方精云, 陈安平, 赵淑清, 等. 2002. 中国森林生物量的估算: 对 Fang 等 Science 一文(Science, 2001, 291: 2320～2322)的若干说明. 植物生态学报, 26(2): 243-249.

方精云, 朴世龙, 赵淑清. 2001. CO_2: 失汇与北半球中高纬度陆地生态系统的碳汇. 植物生态学报, 25(5): 594-602.

冯林, 杨玉琪. 1985. 兴安落叶松原始林三种林型生物量的研究. 林业科学, 21(1): 86-91.

冯宗炜, 陈楚莹, 张家武. 1982. 湖南会同地区马尾松林生物量的测定. 林业科学, 18(2): 127-134.

冯宗炜, 王效科, 吴刚. 1999. 中国森林生态系统的生物量和生产力. 北京: 科学出版社: 54-95.

高素华, 叶一舫. 1994. 大兴安岭火灾迹地的植被与温度场. 林业科学, 30(1): 74-78.

高仲亮, 周汝良, 李浩, 等. 2011. 思茅松林区计划烧除对土壤碳贮量的影响. 安徽农业科学, 39(12): 7135-7137, 7158.

高仲亮, 周汝良, 王军国, 等. 2010. 计划烧除对森林碳汇的影响分析. 森林防火, 26(23): 5-38.

耿玉清, 周荣伍, 李涛, 等. 2007. 北京西山地区林火对土壤性质的影响. 中国水土保持科学, 5(5): 66-70.

宫莉. 2012. 新形势下大兴安岭林区人为火源管理浅析. 森林防火, (1): 22-24.

谷会岩, 金靖博, 陈祥伟, 等. 2010. 不同火烧强度林火对大兴安岭北坡兴安落叶松林土壤化学性质的长期影响. 自然资源学报, 25(7): 1114-1121.

广呈祥. 1983. 我国的森林防火及其发展趋势. 森林防火, (1): 7-10.

郭爱雪, 郭亚芬, 崔晓阳. 2011. 大兴安岭马尾松林下土壤在不同火烧强度下的养分变化. 东北林业大学学报, 39(5): 69-71.

郭福涛, 胡海清, 彭徐剑. 2010. 1980-2005 年大兴安岭森林火灾灌木、草本和地被物烟气释放量的估算. 林业科学, 46(1): 78-83.

郭银宝, 许小英. 2005. 祁连林区不同植被类型下三种土壤微生物群落的数量分布. 青海农林科技, (3): 16-18.

国家林业局. 2010. 应对气候变化林业行动计划. 北京: 中国林业出版社.

国庆喜, 张锋. 2003. 基于遥感信息估测森林的生物量. 东北林业大学学报, 31(2): 13-16.

海龙. 2009. 兴安落叶松原始林和采伐后恢复林分的碳汇能力研究. 呼和浩特: 内蒙古农业大学硕士学位论文.

韩铭哲. 1987. 兴安落叶松人工生物量和生产力的探讨. 华北农学报, 2(4): 134-138.

何娜. 2010. 落叶松和白桦人工林土壤呼吸动态及其对压实的响应. 哈尔滨: 东北林业大学硕士学位论文.

何振立. 1994. 土壤微生物量的测定方法: 现状和展望. 土壤学进展, 22(4): 3644.

何振立. 1997. 土壤微生物量及其在养分循环和环境质量评价中的意义. 土壤, (2): 61-69.

贺红士, 常禹, 胡远满, 等. 2010. 森林可燃物及其管理的研究进展与展望. 植物生态学报, 34(6): 741-752.

黑龙江森林编辑委员会. 1993. 黑龙江森林. 哈尔滨: 东北林业大学出版社.

侯景儒, 郭光裕. 1993. 矿床统计预测及地质统计学的理论与应用. 北京: 冶金工业出版社.

胡海清. 2003. 大兴安岭原始林区林木火疤的研究. 自然灾害学报, 12(4): 68-72.

胡海清. 2005. 林火生态与管理. 北京: 中国林业出版社.

胡海清, 郭福涛. 2008. 大兴安岭森林火灾中主要乔木树种含碳气体释放总量的估算. 应用生态学报, 19(9): 1884-1890.

胡海清, 李敖彬. 2008. 小兴安岭主要乔、灌木燃烧过程的烟气释放特征. 应用生态学报, 19(7): 1431-1436.

胡海清, 孙龙. 2007. 1980-1999 年大兴安岭灌木、草本和地被物林火碳释放估算. 应用生态学报, 18(12): 2647-2653.

胡海清, 孙龙, 国庆喜, 等. 2007. 大兴安岭 1980-1999 年乔木燃烧释放碳量研究. 林业科学, 43(11): 82-88.

胡海清, 魏书精, 金森, 等. 2012a. 森林火灾碳排放计量模型研究进展. 应用生态学报, 23(5): 1423-1434.

胡海清, 魏书精, 孙龙. 2012b. 1965-2010 年大兴安岭森林火灾碳排放的估算研究. 植物生态学报, 36(7): 629-644.

胡海清, 魏书精, 孙龙. 2012c. 大兴安岭 2001-2010 年森林火灾碳排放的计量估算. 生态学报, 32(17): 5373-5386.

胡海清, 魏书精, 孙龙. 2012d. 大兴安岭呼中区 2010 年森林火灾碳排放的计量估算. 林业科学, 48(10): 109-119.

胡海清, 张富山, 魏书精, 等. 2013a. 火干扰对土壤呼吸的影响及测定方法研究进展. 森林工程, 29(1): 1-8.

胡海清, 魏书精, 孙龙, 等. 2013b. 气候变化、火干扰与生态系统碳循环. 干旱区地理, 36(1): 58-76.

胡海清, 魏书精, 魏书威, 等. 2012e. 气候变暖背景下火干扰对森林生态系统碳循环的影响. 灾害学, 27(4): 37-41.

黄从德, 张国庆. 2009. 人工林碳储量影响因素. 世界林业研究, 22(2): 34-38.

黄麟, 邵全琴, 刘纪远. 2010. 1950-2008 年江西省森林火灾的碳损失估算. 应用生态学报, 21(9): 2241-2248.

贾乃光, 张青, 李永慈. 2006. 数理统计. 北京: 中国林业出版社.

贾庆宇, 王宇, 李丽光. 2011. 城市生态系统-大气间的碳通量研究进展. 生态环境学报, 20(10): 1569-1574.

贾淑霞. 2006. 落叶松和水曲柳人工林土壤呼吸比较研究. 哈尔滨: 东北林业大学硕士学位论文.

姜培坤. 2005. 不同林分下土壤活性有机碳库研究. 林业科学, 41(1): 10-13.

姜培坤, 周国模, 徐秋芳. 2002a. 雷竹高效栽培措施对土壤碳库的影响. 林业科学, 38(6): 6-11.

姜培坤, 徐秋芳, 俞益武. 2002b. 土壤微生物量碳作为林地土壤肥力指标. 浙江林学院学报, 19(1): 17-19.

姜勇, 诸葛玉平, 梁超, 等. 2003. 火烧对土壤性质的影响. 土壤通报, 34(1): 65-69.

蒋高明, 黄银晓. 1997. 北京山区辽东栎林土壤释放 CO_2 的模拟实验研究. 生态学报, 17(5): 477-482.

蒋延玲. 2001. 全球变化的中国北方林生态系统生产力及其生态系统公益. 北京: 中国科学院博士学位论文, 54-55.

焦燕, 胡海清. 2005. 黑龙江省 1980-1999 年森林火灾释放碳量的估算. 林业科学, 41(6): 109-113.

金继忠, 郝祥林. 1984. 电子计算机在森林防火中的应用. 森林防火, (Z2): 25-26.

金可参. 1981. 应用百草枯开设防火隔离带. 林业科技, (2): 18-20.

金森. 2006. 遥感估测森林可燃物载量的研究进展. 林业科学, 42(12): 63-67.

金森, 胡海清. 2002. 黑龙江省林火规律研究 I 林火时空动态与分布. 林业科学, 38(1): 88-94.

居恩德. 1985. 森林防火的发展. 森林防火, (1): 31-34.

居恩德, 邱雪颖, 曲绍义. 1987. 大兴安岭发生特大森林火灾的必然性. 东北林业大学学报, 2(15): 31-38.

孔繁花, 李秀珍, 王绪高, 等. 2003. 林火迹地森林恢复研究进展. 生态学杂志, 22(2): 60-64.

孔繁花, 李秀珍, 尹海伟. 2005. 大兴安岭北坡林火迹地森林景观格局的变化. 南京林业大学学报(自然科学版), 29(2): 33-37.

乐炎舟. 1965. 青海高寒地区烧灰的效果. 土壤通报, 5: 37-40.

李阜. 1996. 土壤微生物学. 北京: 中国农业出版社: 109-129.

李纫兰, 缪启龙, 王绍强, 等. 2009. 突发性火灾对南方湿地松人工林土壤碳储量的影响. 资源科学, 31(4): 674-680.

李秀珍, 王绪高, 胡远满, 等. 2004. 林火因子对大兴安岭森林植被演替的影响. 福建林学院学报, 24(2): 182-187.

李杨, 黄国宏, 史奕. 2003. 大气 CO_2 浓度升高对农田土壤微生物及其相关因素的影响. 应用生态学报, 14(12): 2321-2325.

李玉昆, 邓光瑞. 2006. 大兴安岭三种森林类型地表可燃物燃烧气体排放量的研究. 林业科技, 31(6): 28-31.

李云玲, 谢英荷, 洪坚平. 2004. 生物菌肥在不同水分条件下对土壤微生物生物量碳、氮的影响. 应用与环境生物学报, 10(6): 790-793.

李正才, 徐德应, 杨校生, 等. 2008. 北亚热带 6 种森林类型凋落物分解过程中有机碳动态变化. 林业科学研究, 21(5): 675-680.

梁凤仙, 顾钟炜. 1993. 遥感技术在大兴安岭火烧迹地森林冻土环境变化调查中的应用. 冰川冻土, 15(1): 27-33.

林丽莎, 韩士杰, 2005. 王跃思长白山阔叶红松林土壤 CO_2 释放通量. 东北林业大学学报, 33(1): 11-13.

林其钊, 任晓宇, 王清安, 等. 1998. 关于林火管理经济学的研究与探讨. 林业科学, 34(5): 89-95.

林启美, 吴玉光, 刘焕龙. 1999. 熏蒸法测定土壤微生物量碳的改进. 生态学杂志, 18(2): 63-66.

林志洪, 魏润鹏. 2005. 南方人工林森林火灾发生和危害之评估. 广东林业科技, 21(4): 70-74.

刘斌, 田晓瑞. 2011. 大兴安岭呼中森林大火碳释放估算. 林业资源管理, (3): 47-51.

刘诚. 1995. 气象卫星在我国森林火灾监测中的应用. 中国航天, (10): 3-7.

刘广菊. 2003. 计划烧除在森林经营中应用的初步研究. 哈尔滨: 东北林业大学硕士学位论文.

刘洪升, 刘华杰, 王智平, 等. 2008. 土壤呼吸的温度敏感性. 植物科学进展, 27(4): 51-69.

刘慧, 成升魁, 张雷. 2002. 人类经济活动影响碳排放的国际研究动态. 地理科学进展, 21(5): 420-429.

刘绍辉, 方精云, 清田信. 1998. 北京山地温带森林的土壤呼吸. 植物生态学报, 22(2): 119-126.

刘世荣. 1990. 兴安落叶松人工林群落生物量及净初级生产力的研究. 东北林业大学学报, 18(2): 40-46.

刘寿坡. 1986. 大兴安岭林区的森林土壤//张万儒, 刘寿坡, 李昌华, 等. 中国森林土壤. 北京:
    科学出版社: 6-111.

刘文娜, 吴文良, 王秀斌, 等. 2006. 不同土壤类型和农业用地方式对土壤微生物量碳的影响.
    植物营养与肥料学报, 12(3): 406-411.

刘颖, 韩士杰. 2009. 长白山四种森林土壤呼吸的影响因素. 生态环境学报, 18(3): 1061.

刘永春, 陈喜全, 崔晓阳. 1987. 塔河林业局土壤性质及其利用. 东北林业大学学报, (S4): 6-22.

刘再清, 陈国海. 1995. 五台山华北落叶松人工林生物生产力与营养元素的积累. 林业科学研究,
    8(1): 88-93.

刘志刚, 马钦彦, 潘向丽. 1994. 兴安落叶松天然林生物量及生产力的研究. 植物生态学报,
    18(4): 325-337.

刘志华, 常禹, 贺红士, 等. 2009a. 模拟不同森林可燃物处理对大兴安岭潜在林火状况的影响.
    生态学杂志, 228(8): 1462-1469.

刘志华, 常禹, 贺红士, 等. 2009b. 火控制政策对大兴安岭森林景观、可燃物动态及火险的长期
    影响. 生态学杂志, 28(1): 70-79.

刘志华, 杨健, 贺红士, 等. 2011. 黑龙江大兴安岭呼中林区火烧点格局分析及影响因素. 生态
    学报, 31(6): 1669-1677.

陆炳, 孔少飞, 韩斌, 等. 2011. 2007 年中国大陆地区生物质燃烧排放污染物量. 中国环境科学,
    31(2): 186-194.

陆玉宝. 2006. 兴安落叶松天然林林分结构与生产力特征的研究. 呼和浩特: 内蒙古农业大学硕
    士学位论文.

路长, 林其钊. 1999. 林火预防与扑救投资的成本效益分析. 火灾科学, 8(4): 25-30.

罗菊春. 1995. 从两个国际学术会议看"全球变化"与"森林经营"研究的现状. 北京林业大
    学学报, 17(2): 111-112.

罗春菊. 2002. 大兴安岭森林火灾对森林生态系统的影响. 北京林业大学学报, 24(5): 101-107.

骆介禹. 1988. 关于林火强度计算的情况. 森林防火, (4): 13-15.

吕爱锋. 2006. 火干扰与生态系统碳循环——区域分析与模拟. 北京: 中国科学院博士学位论文,
    49-69.

吕爱锋, 田汉勤. 2007. 气候变化、火干扰与生态系统生产力. 植物生态学报, 31(2): 242-251.

吕爱锋, 田汉勤, 刘永强. 2005. 火干扰与生态系统碳循环. 生态学报, 25(10): 2734-2743.

吕新双. 2006. 黑龙江大兴安岭主要乔木树种火灾碳释放研究. 哈尔滨: 东北林业大学硕士学位
    论文, 3-12.

马明东, 李强, 罗承德, 等. 2009. 卧龙亚高山主要森林植被类型土壤碳汇研究. 水土保持学报,
    23(2): 127-131.

马钦彦, 张学培, 韩海荣, 等. 2000. 山西太岳山森林土壤夏日 CO_2 释放速率的研究. 北京林业
    大学学报, 22(4): 89-91.

马钦彦, 陈遐林, 王娟, 等. 2002. 华北主要森林类型建群种的含碳率分析. 北京林业大学学报,
    24(5/6): 96-100.

孟春, 王俭, 狄海廷. 2011. 白桦和落叶松人工林生长季节土壤 CO_2 排放通量及主要影响因素.
    东北林业大学学报, 39(4): 56-61.

牟守国. 2004. 温带阔叶林、针叶林和针阔混交林土壤呼吸的比较研究. 土壤学报, 41(4):
    564-570.

牟长城, 杨明, 倪志英, 等. 2007. 不同恢复途径对大兴安岭森林沼泽群落结构与生产力的影响. 东北林业大学学报, 35(5): 27-31.

潘维俦, 李利村, 高正衡. 1979. 2个不同地域类型杉木林的生物产量和营养元素分布. 中南林业科技, (4): 12-14.

彭佩钦, 吴金水, 黄道友. 2006. 洞庭湖区不同利用方式对土壤微生物生物量碳氮磷的影响. 生态学报, 26(7): 2261-2267.

彭少麟, 刘强. 2002. 森林凋落物动态及其对全球变暖的响应. 生态学报, 22(9): 1534-1544.

彭少麟, 郭志华, 王伯荪. 2000. 利用 GIS 和 RS 估算广东植被光利用率. 生态学报, 20(6): 903-909.

朴河春, 洪业汤, 袁芷云, 等. 2000. 贵州喀斯特地区土壤中微生物量碳的季节性变化. 环境科学学报, 20(1): 106-110.

朴河春, 洪业汤, 袁芷云. 2001. 贵州山区土壤中微生物生物量是能源物质碳流动的源与汇. 生态学杂志, 20(1): 33-37.

齐光, 王庆礼, 王新闯, 等. 2011. 大兴安岭地区兴安落叶松人工林植物碳贮量. 应用生态学报, 22(2): 273-279.

邱扬, 李湛东, 张玉钧, 等. 2006. 火干扰对大兴安岭北部原始林下层植物多样性的影响. 生态学报, 26(9): 2863-2869.

邱扬, 李湛东, 张玉钧, 等. 2003. 大兴安岭北部原始林兴安落叶松种群世代结构的研究. 林业科学, 39(3): 15-22.

阮宏华, 姜志林, 高苏铭. 1997. 苏南丘陵主要森林类型碳循环研究——含量与分布规律. 生态学杂志, 16(6): 17-21.

沙丽清, 邓继武, 谢克金, 等. 1998. 西双版纳次生林火烧前后土壤养分变化的研究. 植物生态学报, 22(6): 513-517.

邵帅, 韩春兰, 王秋兵, 等. 2012. 大兴安岭天然针叶林不同强度火干扰10年后土壤有机碳含量变化. 水土保持学报, 26(5): 201-205.

史宝库, 金光泽, 汪兆洋. 2012. 小兴安岭 5 种林型土壤呼吸时空变异. 生态学报, 32(17): 5416-5428.

单延龙, 张姣. 2009. 吉林省1969~2004年森林火灾释放碳量的估算. 林业科学, 45(7): 84-89.

舒立福, 田晓瑞, 李红. 1998. 世界森林火灾状况综述. 世界林业研究, (6): 41-47.

舒立福, 田晓瑞, 马林涛. 1999. 林火生态的研究与应用. 林业科学研究, 12(4): 422-427.

宋长春, 王毅勇, 阎百兴, 等. 2004. 沼泽湿地开垦后土壤水热条件变化与碳、氮动态. 环境科学, 25(3): 150-154.

孙家宝, 胡海清. 2010. 大兴安岭兴安落叶松林火烧迹地群落演替状况. 东北林业大学学报, 38(5): 30-33.

孙龙, 张瑶, 国庆喜, 等. 2009. 1987年大兴安岭林火碳释放及火后 NPP 恢复. 林业科学, 45(12): 100-104.

孙龙, 赵俊, 胡海清. 2011. 中度火干扰对白桦落叶松混交林土壤理化性质的影响. 林业科学, 47(2): 103-110.

孙明学, 贾炜炜. 2009. 塔河林业局林火对植被的影响. 植物研究, 29(4): 481-487.

孙向阳, 乔杰, 谭笑. 2001. 温带森林土壤中的 CO_2 排放通量. 东北林业大学学报, 29(1): 34-39.

孙玉军, 张俊, 韩爱惠, 等. 2007. 兴安落叶松(*Larix gmelini*)幼中龄林的生物量与碳汇功能. 生态学报, 27(5): 1756-1762.

孙长忠, 沈国舫. 2001. 我国主要树种人工林生产力现状及潜力的调查研究Ⅱ. 桉树、落叶松及樟子松人工林生产力研究. 林业科学研究, 14(6): 657-667.

汤维波. 1984. 试谈东北内蒙林区森林防火发展战略. 森林防火, (Z2): 5-7, 9.

唐春枫. 1998. 保卫兴安岭——扑救阿尔山森林大火实录. 森林防火, (2): 30-31.

唐燕飞, 王国兵, 阮宏华. 2008. 土壤呼吸对温度的敏感性研究综述. 南京林业大学学报(自然科学版), 32(1): 124-128.

陶水龙, 林启美, 赵小蓉. 1998. 土壤微生物量研究方法进展. 土壤肥料, 5: 15-18.

田贺忠, 赵丹, 王艳, 等. 2011. 中国生物质燃烧大气污染物排放量. 环境科学学报, 31(2): 349-357.

田洪艳, 周道玮, 孙刚. 1999. 草原火烧后地温的变化. 东北师范大学学报(自然科学版), (1): 103-106.

田晓瑞, 舒立福, 阿力甫江. 2003a. 林火研究综述(Ⅲ)——ENSO 对森林火灾的影响. 世界林业研究, 16(5): 22-25.

田晓瑞, 舒立福, 王明玉. 2003b. 1991-2000 年中国森林火灾直接释放碳量估算. 火灾科学, 12(1): 6-10.

田晓瑞, 舒立福, 王明玉, 等. 2006a. 卫星遥感数据在林火排放模型中的应用. 安全与环境学报, 6(4): 104-108.

田晓瑞, 舒立福, 王明玉, 等. 2006b. 林火与气候变化研究进展. 世界林业研究, 19(5): 38-42.

田晓瑞, 殷丽, 舒立福, 等. 2009a. 2005-2007 年大兴安岭林火释放碳量. 应用生态学报, 20(12): 2877-2883.

田晓瑞, 王明玉, 殷丽, 等. 2009b. 大兴安岭南部春季火行为特征及可燃物消耗. 林业科学, 45(3): 90-95.

汪业勖, 赵士洞, 牛栋. 1999. 陆地土壤碳循环的研究动态. 生态学杂志, 18(5): 29-35.

王光玉. 2003. 杉木混交林水源涵养和土壤性质研究. 林业科学, 39(专刊 1): 15-20.

王国兵, 阮宏华, 唐燕飞, 等. 2008. 北亚热带次生栎林与火炬松人工林土壤微生物生物量碳的季节动态. 应用生态学报, 19(1): 37-42.

王国兵, 阮宏华, 唐燕飞, 等. 2009. 森林土壤微生物生物量动态变化研究进展. 安徽农业大学学报, 36(1): 100-104.

王海淇, 郭爱雪, 邸雪颖. 2011. 大兴安岭林火点烧对土壤有机碳和微生物量碳的即时影响. 东北林业大学学报, 39(5): 72-76.

王洪君, 宫芳, 郑宝仁, 等. 1997. 落叶松人工林的土壤理化性质. 东北林业大学学报, 25(3): 75-79.

王立夫. 2007. 关于黑龙江省实施计划烧除问题的探讨. 森林防火, (3): 33-35.

王明玉, 舒立福, 宋光辉. 2011. 大兴安岭小尺度草甸火燃烧效率. 生态学报, 31(6): 1678-1686.

王霓虹, 吕瑞, 傅学杰. 2006. 森林火灾损失评估系统的研究与实现. 东北林业大学学报, 34(6): 31-33.

王庆丰, 王传宽, 谭立何. 2008. 移栽自不同纬度的落叶松(*Larix gmelinii* Rupr.)林的春季土壤呼吸. 生态学报, 28(5): 1883-1892.

王仁铎, 胡光道. 1988. 线性地质统计学. 北京: 地质出版社.

王绍强, 朱松丽, 周成虎. 2001. 中国土壤土层厚度的空间变异性特征. 地理研究, 20(2): 161-169.

王小利, 苏以荣, 黄道友, 等. 2006. 土地利用对亚热带红壤低山区土壤有机碳和微生物碳的影响. 中国农业科学, 39(4): 750-757.

王效科, 冯宗炜, 庄亚辉. 2001. 中国森林火灾释放的 CO_2、CO 和 CH_4 研究. 林业科学, 37(1): 90-95.

王效科, 庄亚辉, 冯宗炜. 1998. 森林火灾释放的含碳温室气体量的估计. 环境科学进展, 6(4): 1-15.

王绪高, 李秀珍, 贺红士. 2008. 1987 年大兴安岭特大火灾后不同管理措施对落叶松林的长期影响. 应用生态学报, 19(4): 741-752.

王绪高, 李秀珍, 贺红士, 等. 2004. 大兴安岭北坡落叶松林火后植被演替过程研究. 生态学杂志, 23(5): 35-41.

王绪高, 李秀珍, 贺红士, 等. 2005. 1987 年大兴安岭特大火灾后北坡森林景观生态恢复评价. 生态学报, 25(11): 3098-3106.

王绪高, 李秀珍, 孔繁花. 2003. 大兴安岭北坡火烧迹地自然与人工干预下的植被恢复模式初探. 生态学杂志, 22(5): 30-34.

王岩, 沈其荣, 史瑞和, 等. 1996. 土壤微生物量及其生态效应. 南京农业大学学报, 19(4): 45-51.

王友芳, 王有利, 胡立霞. 2006. 落叶松人工林土壤因子变化规律的研究. 林业勘查设计, 139(3): 43-45.

王岳. 1996. 国外林火强度计算方法. 森林防火, (1): 43-44.

王政权. 1999. 地统计学及在生态学中的应用. 北京: 科学出版社.

王遵娅, 丁一汇, 何金海, 等. 2004. 近 50 年来中国气候变化特征的再分析. 气象学报, 62(2): 228-236.

魏书精, 胡海清, 孙龙. 2011b. 气候变化对我国林火发生规律的影响. 森林防火, (1): 30-34.

魏书精, 胡海清, 孙龙. 2011c. 森林防火在碳减排增汇中的作用及对策. 森林防火, (22): 43.

魏书精, 胡海清, 孙龙, 等. 2011a. 气候变化背景下我国森林防火工作的形势及对策. 森林防火, (2): 1-4.

魏书精, 胡海清, 孙龙, 等. 2012. 气候变化背景下我国森林可燃物可持续管理的形势及对策. 森林防火, (2): 22-25.

魏书精, 罗碧珍, 孙龙, 等. 2014. 黑龙江省温带森林火灾碳排放的计量估算. 生态学报, 34(11): 3048-3063.

魏书精, 孙龙, 胡海清. 2013a. 森林生态系统土壤呼吸空间异质性及影响因子研究进展. 生态环境学报, 22(4): 689-704.

魏书精, 孙龙, 魏书威, 等. 2013b. 气候变化对森林灾害的影响及防控策略. 灾害学, 28(1): 36-64.

吴德友. 1995. 热带亚热带地区若干植物种的抗火性研究. 生物防火研究. 哈尔滨: 东北林业大学出版社: 125-128.

吴刚, 冯宗伟. 1995. 中国寒温带、温带落叶松林群落生物量的研究概述. 东北林业大学学报, 23(1): 95-101.

吴蔚东, 黄春昌, 王景明, 等. 1997. 江西省主要林型下土壤有机质及 N 素的状况与剖面分布. 江西农业大学学报, 19(3): 90-95.

吴艺雪, 杨效东, 余广彬. 2009. 两种热带雨林土壤微生物生物量碳季节动态及其影响因素. 生态环境学报, 18(2): 658-663.

吴仲民, 李意德, 曾庆波, 等. 1998. 尖峰岭热带山地雨林 C 素库及皆伐影响的初步研究. 应用生态学报, 9(4): 341-344.

解伏菊, 肖笃宁, 李秀珍. 2005. 基于NDVI 的不同火烧强度下大兴安岭林火迹地森林景观恢复. 生态学杂志, 24(4): 368-372.

徐德应, 郭泉水, 阎洪. 1997. 气候变化对中国森林影响研究. 北京: 中国科学技术出版社.

徐华勤, 章家恩, 冯丽芳, 等. 2009. 广东省不同土地利用方式对土壤微生物量碳氮的影响. 生态学报, 29(8): 4113-4117.

徐化成. 1998. 中国大兴安岭森林. 北京: 科学出版社.

徐化成. 2004. 森林生态与生态系统经营. 北京: 化学工业出版社: 26-33.

徐化成, 李湛东, 邱扬. 1997. 大兴安岭北部地区原始林火干扰历史的研究. 生态学报, 17(4): 337-343.

徐小锋, 田汉勤, 万师强. 2007. 气候变暖对陆地生态系统碳循环的影响. 植物生态学报, 31(2): 175-188.

许威, 洪亚军, 林浩, 等. 2008. 基于大兴安岭森林防火特殊性的问题与对策探讨. 吉林林业科技, 37(2): 32-35.

许文强, 陈曦, 罗格平, 等. 2011. 土壤碳循环研究进展及干旱区土壤碳循环研究展望. 干旱区地理, 34(7): 614-620.

闫平, 高述超, 刘德晶. 2008. 兴安落叶松林 3 个类型生物及土壤碳储量比较研究. 林业资源管理, (3): 77-82.

严超龙. 2008. 火干扰对重庆亚热带森林植被及土壤的影响. 重庆: 西南大学硕士学位论文.

杨芳, 吴家森, 钱新标, 等. 2006. 不同施肥雷竹林土壤微生物量碳的动态变化. 浙江林学院学报, 23(1): 70-74.

杨国福, 江洪, 余树全, 等. 2009. 浙江省1991-2006森林火灾直接碳释放量的估算. 应用生态学报, 20(5): 1038-1043.

杨金艳, 王传宽. 2006a. 土壤水热条件对东北森林土壤表面 CO_2 通量的影响. 植物生态学报, 30(2): 286-294.

杨金艳, 王传宽. 2006b. 东北东部森林生态系统土壤呼吸组分的分离量化. 生态学报, 26(6): 1640-1647.

杨旭静, 应金花. 1999. 收获与迹地清理对二代杉木幼林生长影响初报. 福建林学院学报, 19(2): 174-177.

易志刚, 蚁伟民, 周丽霞, 等. 2005. 鼎湖山主要植被类型土壤微生物生物量研究. 生态环境, 14(5): 727-729.

殷丽. 2009. 大兴安岭林火释放碳量的估算. 北京: 中国林业科学研究院硕士学位论文, 1-5.

殷丽, 田晓瑞, 康磊, 等. 2009. 林火碳排放研究进展世界林业研究, 22(3): 46-51.

于立忠, 朱教君, 史建伟, 等. 2005. 辽东山区人工阔叶红松林植物多样性与生产力研究. 应用生态学报, 16(12): 2225-2230.

于文颖, 周广胜, 赵先丽, 等. 2009. 大兴安岭林区火灾特征及影响因子. 气象与环境学报, 25(4): 1-5.

余雪标, 徐大平, 龙腾, 等. 1999. 连栽桉树人工林生物量及生产力结构的研究. 华南热带农业大学学报, 5(2): 10-17.

俞慎, 李振高. 1994. 熏蒸提取法测定土壤微生物量研究进展. 土壤学进展, 22(6): 42-50.

俞新妥, 杨玉盛. 1992. 林火与水土流失. 世界林业研究, (3): 30-35.

苑增武, 丁先山. 2000. 樟子松人工林生物生产力与密度的关系. 东北林业大学学报, 28(1): 21-24.

张凤鸣. 1988. 谈大兴安岭的林火管理. 森林防火, (4): 8.

张慧东, 尤文忠, 邢兆凯, 等. 2009. 暖温带-中温带过渡区落叶松人工林土壤呼吸特征研究. 内蒙古农业大学学报(自然科学版), 3: 24-28.

张慧东, 周梅, 赵鹏武, 等. 2008. 寒温带兴安落叶松林土壤呼吸特征. 林业科学, 44(9): 142-145.

张建烈. 1985. 火对土壤的影响. 森林防火, (2): 38-40.

张俊. 2008. 兴安落叶松人工林群落结构、生物量与碳储量研究. 北京: 北京林业大学硕士学位论文.

张连举, 王兵, 刘苑秋, 等. 2007. 大岗山四种林型夏秋季土壤呼吸研究. 江西农业大学学报, 29(1): 72-84.

张敏, 胡海清. 2002. 林火对土壤微生物的影响. 东北林业大学学报, 30(4): 44-46.

张敏, 胡海清, 马鸿伟. 2002. 林火对土壤结构的影响. 自然灾害学报, 11(2): 138-143.

张其水, 俞新妥. 1992. 连栽杉木林生长状况的调查研究. 福建林学院学报, 12(3): 334-338.

张起威. 2009. 内蒙古森林火灾减灾效益评价. 呼和浩特: 内蒙古农业大学硕士学位论文.

张维. 2003. A. I. D. 法和梯度分析法评价树种抗火性的效果比较. 云南林业科技, (4): 42-50.

张宪全. 2005. 东北地区落叶松人工林土壤呼吸的时空异质性研究. 上海: 华东师范大学硕士学位论文.

张小全, 侯振宏. 2003. 森林、造林、再造林和毁林的定义与碳计量问题. 林业科学, 39(2): 145-152.

张新时. 1993a. 研究全球变化的植被-气候分类系统. 第四纪研究, 2: 157-169.

张新时. 1993b. 植被的 PE(可能蒸散)指标与植被-气候分类系统(三)——集中主要方法与 PEP 程序介绍. 植物生态与地植物学报, 17(2): 197-207.

张瑶. 2009. 大兴安岭 26 年间林火对森林植被碳收支的影响. 哈尔滨: 东北林业大学硕士学位论文.

张义辉, 李洪建, 荣燕美, 等. 2010. 太原盆地土壤呼吸的空间异质性. 生态学报, 30(23): 6606-6612.

赵彬, 孙龙, 胡海清, 等. 2011. 兴安落叶松林火后对土壤养分和土壤微生物生物量的影响. 自然资源学报, 26(3): 450-459.

郑焕能. 1994. 森林防火. 哈尔滨: 东北林业大学出版社: 47-50, 78-79, 246.

郑焕能, 贾松青, 胡海清. 1986. 大兴安岭林区的林火与森林恢复. 东北林业大学学报, 14(4): 1-7.

郑焕能, 居恩德. 1984. 火在森林生态平衡中的作用. 森林防火, (Z1): 12-15, 19.

郑焕能, 居恩德. 1987. 大兴安岭林区计划火干扰的研究. 森林防火, (2): 2-4.

郑焕能, 骆介禹, 耿玉超. 1988. 几种林火强度计算方法的评价. 东北林业大学学报, 16(5): 103-108.

钟春棋, 曾从盛, 仝川. 2010. 不同土地利用方式对闽江口湿地土壤活性有机碳的影响. 亚热带资源与环境学报, 5(4): 64-70.

周道玮, Ripley E A. 1996. 松嫩草原不同时间火干扰后环境因子变化分析. 草业学报, 3(3): 68-75.

周道玮, 姜世成, 田洪艳, 等. 1999a. 草原火烧后土壤含水率的变化. 东北师范大学学报(自然科学版), (1): 97-102.

周道玮, 岳秀泉, 孙刚, 等. 1999b. 草原火干扰后土壤微生物的变化. 东北师范大学学报(自然科学版), (1): 118-124.

周非飞, 林波, 刘庆, 等. 2009. 青藏高原东缘不同林龄云杉林冬季土壤呼吸特征. 应用与环境生物学报, 15(6): 761-767.

周莉, 李保国, 周广胜. 2005. 土壤有机碳的主导影响因子及其研究进展. 地球科学进展, 20(1): 99-105.

周瑞莲, 张普金, 徐长林. 1997. 高寒山区火烧土壤对其养分含量和酶活性的影响及灰色关联分析. 土壤学报, 34(1): 89-96.

周以良, 等. 1991. 中国大兴安岭植被. 北京: 科学出版社: 3-6.

周以良, 乌弘奇, 陈涛, 等. 1989. 按植物群落生态学特性, 加速恢复大兴安岭火干扰迹地的森林. 东北林业大学学报, 17(2): 1-10.

周玉荣, 于振良, 赵士洞. 2000. 我国森林生态系统碳贮量和碳平衡. 植物生态学报, 24(5): 518-522.

周振宝. 2006. 大兴安岭主要可燃物类型生物量与碳储量的研究. 哈尔滨: 东北林业大学硕士学位论文.

朱志建, 姜培坤, 徐秋芳, 等. 2006. 不同森林植被下土壤微生物量碳和易氧化态碳的比较. 林业科学研究, 19(4): 523-526.

Acea M J, Carballas T. 1996. Changes in physiological groups of microorganisms in soil following wildfire. Microbial Ecology, 20(1): 33-39.

Adams J A S, Mantovani M S M, Lundell L L. 1977. Wood versus fossil fuel as a source of excess carbon dioxide in the atmosphere: a preliminary report. Science, 196: 54-59.

Adams M A, Polglase P J, Attiwill P M, et al. 1989. In situ studies of nitrogen mineralization and uptake in forest soils; some comments on methodology. Soil Biology and Biochemistry, 21: 423-429.

Adedeji F O. 1983. Effect of fire on soil microbial activity in nigerian southern Guinea savanna. Revue Decologie Et De Biologie Du Sol, 20: 483-492.

Akimoto H. 2003. Global air quality and pollution.Science, 302: 1716-1719.

Alauzis M V, Mazzarino M J, Raffaele E, et al. 2004. Wildfires in NW patagonia: long-term effects on a Nothofagus forest soil. Forest Ecology and Management, 192(2-3): 131-142.

Allen A S, Andrews J A, Finzzzi A C, et al. 2000. Effects of Free-air CO_2 enrichment (face) on belowground processes in a Pinus taeda forest. Ecological Applications, 10(2): 437-448.

Allen A S, Schlesinger W H. 2004. Nutrient limitations to soil microbial biomass and activity in Loblolly pine forests. Soil Biology and Biochemistry, 36: 581-589.

Almendros G, Martin F, Gonzalez-Vila F J. 1988. Effect of fire on humic and lipid fractions in a dystric xerochrept in Spain. Geoderma, 42(2): 115-127.

Almendros G, Polo A, Lobo M, et al. 1984. Contribucion al estudio de la influencia de los incendios forestales en las caracteristicas de la materia organica del suelo. I: transformaciones del humus por ignicion en condiciones controladas de laboratorio. Revue d'Ecologie et de Biologie du Sol, 21(2): 145-160.

Amiro B A, Macpherson J I, Desjardins R L, et al. 2003. Post-fire carbon dioxide fluxes in the western Canadian foreal forest: evidence from towers, aircraft and remote sensing. Agricultural and Forest Meteorology, 115: 91-107.

Amiro B D, Chen J M, Liu J. 2000. Net primary productivity following forest fire for Canadian ecoregions. Canadian Forest Research, 30: 939-947.

Amiro B D, Todd J B, Wotton B M, et al. 2001. Direct carbon emissions from Canadian forest fires 1959-1999. Canadian Journal of Forest Research, 31: 512-525.

Anderson I C, Levine J S. 1988. Enhanced biogenic emissions of nitric and nitrous oxide following surface biomass burning. Journal of Geophysical Research D, 93: 3893-3898.

Anderson J M. 1973. Carbon dioxide evolution from two temperate deciduous woodland soils. J Appl Ecol, 10: 361-375.

Anderson J P E, Domsch K H. 1978. A physiological method for the quantitative measurement of microbial biomass in soils. Soil Biology and Biochemistr, 10: 215-221.

Anderson T H, Domsch K H. 1993. The metabolic quotient for $CO_2(qCO_2)$ as a specific activity parameter to assess the effects of environment conditions, such as pH, on the microbial biomass of forest soils. Soil Biology and Biochemistry, 22: 251-255.

Andersson M, Michelsen A, Jensen M, et al. 2004. Tropical savannah woodland: effects of experimental fire on soil microorganisms and soil emissions of carbon dioxide. Soil Biology and Biochemistry, (36): 849-858.

Andersson S, Nilsson S I, Saetre P. 2000. Leaching of dissolved organic carbon (DOC) and dissolved organic nitrogen (DON) in mor humus as affected by temperature and pH. Soil Biology and Biochemistry, 32(1): 1-10.

Andreae M O, Merlet P. 2001. Emission of trace gases and aerosols from biomass burning. Global Biogeochemical Cycles, 15(4): 955-966.

Andreae M. 1991. Biomass Burning-Its History, Use, and Distribution and Its Impact on Environmental Quality and Global Climate.Global Biomass Burning-Atmospheric, Climatic, and Biospheric Implications (A 92-37626 15-42). Cambridge: MIT Press: 3-21.

Andreu V, Rubio J L, Forteza J, et al. 1996. Postfire effects on soil properties and nutrient losses. International Journal of Wildland Fire, 6(2): 53-58.

Andriesse J P, Koopmans T T. 1984. A monitoring study on nutrient cycles in soils used for shifting cultivation under various climate conditions in tropical Asia I: the influence of simulated burning on form and availability of plant nutrients. Agriculture, Ecosystems & Environment, 12(1): 1-16.

Aragao L E O, Shimabukuro Y E. 2010. The incidence of fire in Amazonian forests with implications for REDD. Science, 328: 1275-1278.

Araki S. 1993.Effect on soil organic matter and soil fertility of the chitemene slash-and-burn practice used in northern Zambia. Soil Organic Matter Dynamics and Sustainability of Tropical Agriculture, 367-375.

Arno S F, Fiedler C E. 2005. Mimicking Nature's Fire: Restoring Fire-Prone Forests in the West. Washington D C: Island Press.

Arnold S S, Fernandez L J, Rustad L E, et al. 1999. Microbial response of an acid forest soil to experimental soil warming. Biology and Fertility of Soils, 30: 239-244.

Arrhenius S. 1898. The effect of constant influences upon physiological relationships. Scandinavian Archives of Physiology, 8: 367-415.

Atkin O K, Edwards E J, Loveys B R. 2000.Response of root respiration to changes in temperature and its relevance to global warming. New Phytol, 147(1): 141-154.

Auclair A N D, Carter T B. 1993. Forest wildfire as a recent source of CO_2 at northern latitudes. Canadian Journal of Forest Research, 23: 1528-1536.

Bad A D, Mart C. 2003. Plant ash and heat intensity effects on chemical and physical properties of two contrasting soils. Arid Land Research and Management, 17(1): 23-41.

Bachelet D, Neilson R P, Lenihan J M, et al. 2001. Climate change effects on vegetation distribution and carbon budget in the United States. Ecosystem, 4: 164-185.

Bailey V L, Smith J L, Bolton H. 2002. Fungal-to-bacterial ratios in soils investigated for enhanced C sequestration. Soil Biology and Biochemistry, 34: 997-1007.

Baldocchi D D. 2003. Assessing the eddy covariance technique for evaluating carbon dioxide exchange rates of ecosystems, past, present and future. Global Change Biology, 9(4): 479-492.

Banning N C, Murphy D V. 2008. Effect of heat-induced disturbance on microbial biomass and activity in forest soil and the relationship between disturbance effects and microbial community structure. Applied Soil Ecology, 40(1): 109-119.

Bardgett R D, Lovell R D, Hobbs P J, et al. 1999. Seasonal changes in soil microbial communities along a fertility gradient of temperate grasslands. Soil Biology and Biochemistry, 31: 1021-1030.

Bardgett R D, Usher M B, Hopkins D W. 2005. Biological Diversity and Function in Soils. Cambridge: Cambridge University Press: 173-175.

Bastias B A, Xu Z, Cairney J W G. 2006. Influence of long-term repeated prescribed burning on mycelial communities of ectomycorrhizal fungi. New Phytologist, 172: 149-158.

Bedard-Haughn A, Jongbloed F, Akkerman J, et al. 2006. The effects of erosional and management history on soil organic carbon stores in ephemeral wetlands of hummocky agricultural landscapes. Geoderma, 135: 296-306.

Bell R L, Binkley D. 1989. Soil nitrogen mineralization and immobilization in response to periodic prescribed fire in a loblolly pine plantation. Canadian Journal of Forest Research, 19: 816-820.

Benizri B, Amiau D. 2005. Relationship between plants and soil microbial communities in fertilized grasslands. Soil Biology and Biochemistry, 37: 2055-2064.

Bentson G B, Bazzaz F A. 1995. Belowground positive and negative feedbacks on CO_2 growth enrichment. Plant and Soil, 187(2): 119-131.

Berg B, Wessén B, Ekbohm G. 1982. Nitrogen level and decomposition in *Scots pine* needle litter. Oikos, 38(3): 291-296.

Berry L J. 1949. The influence of oxygen tension on the respiratory rate in different segments of onion roots. Journal of Cellular and Comparative Physiology, 33(1): 41-66.

Bijayalaxmi N D, Yadava P S. 2006. Seasonal dynamics in soil microbial biomass C, N and P in a mixed-oak forest ecosystem of Manipur, North-East India. Applied soil Ecology, 31: 220-227.

Billings S A, Richter D D, Yarie J. 1998. Soil carbon dioxide fluxes and profile concentrations in two boreal forests. Can J Forest Res, 28(12): 1773-1783.

Birdsey R A. 1992. Carbon storage and accumulation in United States forest ecosystems. United States Department of Agriculture Forest Service. General Technical Report WO-092.

Blackstone N W. 1987. Allometry and relative growth: pattern and process in evolutionary studies. Systematic Zoology, 36(1): 76-78.

Blank R R, Zamudio D C. 1998. The influence of wildfire on aqueous extractable soil solutes in forested and wet meadow ecosystems along the eastern front of the Sierra-Nevada Range. Calif Int J Wildland Fire, 8: 79-85.

Bohn H L. 1976. Estimate of organic carbon in world soils. Soil Science Society of America Journal, 40(3): 468-470.

Bolin B, Degens E T. 2001. The global biogeochemical carbon cycle. Geophysical Research Letter, 8: 555-558.

Bollen G J. 1969. The selective effect of heat treatment on the microflora of a greenhouse soil. Netherlands Journal of Plant Pathology, 75: 157-163.

Bonan G B. 1989. A computer model of the solar radiation, soil moisture, and soil thermal regimes in boreal forests. Ecol Model, 45(4): 275-306.

Bonan G B, Cleve K V. 1992. Soil temperature, nitrogen mineralization, and carbon source-sink relationships in boreal forests. Can J Forest Res, 22(5): 629-639.

Bond-Lamberty B, Wang C, Gower S T. 2004. Contribution of root respiration to soil surface CO_2 flux in a boreal black spruce chronosequence. Tree Physiol, 24(12): 1387-1395.

Bonnicksen T M. 2009. Impacts of California wildfires on climate and forests: a study of seven years of wildfires (2001-2007). FCEM Report 3. The Forest Foundation. Auburn, California. 22.

Boone R D. 1994. Light-fraction soil organic matter: origin and contribution to net nitrogen mineralization. Soil Biology and Biochemistry, 26(11): 1459-1468.

Boone R D, Nadelhoffer K J, Canary J D. 1998. Root exert a strong influence on the temperature sensitivity of soil respiration. Nature, 396: 570-572.

Borken W, Beese F, Brumme R, et al. 2002a. Long-term reduction in nitrogen and proton inputs did not affect atmospheric methane uptake and nitrous oxide emission from a German spruce forest soil. Soil Biol Biochem, 34(11): 1815-1819.

Borken W, Xu Y J, Davidson E A, et al. 2002b. Site and temporal variation of soil respiration in European beech, Norway spruce, and Scots pine forests. Global Change Biology, 8(12): 1205-1216.

Bousquet P, Peylin P, Ciais P, et al. 2000. Regional changes in carbon dioxide fluxes of land and oceans since 1980. Science, 290: 1342-1346.

Bouwmann A, Germon J. 1998. Special issue: soils and climate change: introduction. Biology and Fertility of Soils, 27(3): 219.

Bowden R D, Nadelhoffer K J, Boone R D, et al. 1993. Contributions of aboveground litter, belowground litter, and root respiration to total soil respiration in a temperate mixed hardwood forest. Can J For Res, 23(7): 1402-1407.

Bradstock R A, Bedward M, Cohn J S. 2006. The modeled effects of differing fire management strategies on the conifer Callitris verrucosa within semi-arid mallee vegetation in Australia. Journal of Applied Ecology, 43: 281-292.

Brandis K, Jacobson C. 2003. Estimation of vegetative fuel loads using Landsat TM imagery in New South Wales, Australia. International Journal of Wildland Fire, 12: 185-194.

Bremer D J, Ham J M, Owensby C E, et al. 1998. Responses of soil respiration to clipping and grazing in a tallgrass prairie. J Environ Qual, 27(6): 1539-1548.

Brigitte A B, Zhiqun Q H, Tim B, et al. 2006. Influence of repeated prescribed burning on the soil fungal community in an eastern Australian wet sclerophyll forest. Soil Biology & Biochemistry, 38(12): 3492-3501.

Britta W, Hooshang M. 2001. Soil CO_2 efflux and root respiration at three sites in a mixed pine and spruce forest: seasonal and diurnal variation. Canadian Journal of Forest Research, 31(5): 786-796.

Brookes P C, Landman A, Pruden G, et al. 1985. Chloroform fumigation and the release of soil nitrogen: a rapid direct extraction method to measure microbial biomass nitrogen in soil. Soil Biology and Biochemistry, 17: 837-842.

Brookes P C, Powlson D S, Jenkinson D S. 1982. Measurement of microbial biomass phosphorus in soil. Soil Biology and Biochemistry, 14: 319-329.

Brooks P D, Grogan P, Templer P H, et al. 2011. Carbon and nitrogen cycling in snow-covered environments. Geography Compass, 5(9): 682-699.

Brooks P D, Schmidt S K, Williams M W. 1997. Winter production of CO_2 and N_2O from alpine tundra: environmental controls and relationship to inter-system C and N flux. Oecologia, 110(3): 403-413.

Buchmann N. 2000. Biotic and abiotic factors controlling soil respiration rates in *Picea abie*s stands. Soil Biology and Biochemistry, 32(11-12): 1625-1635.

Buchmann N. 2001. Large-scale forest girdling shows that current photosynthesis drives soil respiration. Nature, 2411(6839): 789-792.

Bunnell F L, Tait D E N, Flanagan P W, et al. 1977. Microbial respiration and substrate weight loss-I: a general model of the influences of abiotic variables. Soil Biol Biochem, 9(1): 33-40.

Burgan R E, Klaver R W, Klaver J M. 1998. Fuel models and fire potential from satellite and surface observations. International Journal of Wildland Fire, 8: 159-170.

Burke R A, Zepp R G, Tarr M A, et al. 1997. Effect of fire on soil-atmosphere exchange of methane and carbon dioxide in Canadian boreal forest sites. J Geophys Res, 102(D24): 29289-29300.

Burton A J, Pregitzer K S, Zogg G P, et al. 1998. Drought reduces root respiration in sugar maple forests. Ecol Appl, 8(3): 771-778.

Burton A J, Pregitzer K S. 2003. Field measurements of root respiration indicate little to no seasonal temperature acclimation for sugar maple and red pine. Tree Physiology, 23: 273-280.

Burton A J, Zogg G P, Pregitzer K S, et al. 1997. Effect of measurement CO_2 concentration on sugar maple root respiration. Tree Physiol, 17(7): 421-427.

Burton A, Pregitzer K, Ruess R, et al. 2002. Root respiration in north American forests: effects of nitrogen concentration and temperature across biomes. Oecologia, 131(4): 559-568.

Butterly C R, Bünemann E K, McNeill A M, et al. 2009. Carbon pulses but not phosphorus pulses are related to decreases in microbial biomass during repeated drying and rewetting of soils. Soil Biol Biochem, 41(7): 1406-1416.

Cahoon D R Jr, Stocks B J, Levine J S, et al. 1994. Satellite analysis of the severe 1987 forest fires in northern China and southeastern Siberia. Journal of Geophysical Research, 97: 805-814.

Callaway R M, Delucia E H, Thomas E M, et al. 1994. Compensatory responses of CO_2 exchange and biomass allocation and their effects on the relative growth rate of *Ponderosa pine* in different CO_2 and temperature regimes. Oecologia, 98(2): 159-166.

Campbell C D, Cameron C M, Bastias B A, et al. 2008. Long term repeated burning in a wet sclerophyll forest reduces fungal and bacterial biomass and responses to carbon substrates. Soil Biology & Biochemistry, 40: 2246-2252.

Campbell J, Donato D, Azuma D, et al. 2007. Pyrogenic carbon emission from a large wildfire in oregon, United States. Journal of Geophysical Research, 112: doi: 10.1029/2007JG000451.

Cao M K, Prince S D, Tao B, et al. 2005. Regional pattern and interannual variations in global terrestrial carbon uptake in response to changes in climate and atmospheric CO_2. Tellus, 57: 210-217.

Carlyle J C, Than U B. 1988. Abiotic controls of soil respiration beneath an eighteen-year-old *Pinus radiata* stand in south-eastern Australia. J Ecol, 76(3): 654-662.

Caroline N. 2007. Potential for CO_2 emissions mitigation in Europe through prescribed burning in the context of the Kyoto Protocol. Forest Ecology and Management, (251): 164-173.

Carreira J A, Niell F X, Lajtha K. 1994. Soil nitrogen availability and nitrification in Mediterranean shrublands of varying fire history and successional stage. Biogeochemistry, 26(3): 189-209.

Certini G. 2005. Effects of fire on properties of forest soils: a review. Oecologia, 143: 1-10.

Chandler C, Williams D, Trabaud L, et al. 1983. Fire in Forestry. Vol. 1: Forest Fire Behavior and Effects. New York: Jong Wiley & Sons, Inc: 605.

Chang Y, He H S, Bishop I, et al. 2007. Long-term forest landscape responses to fire exclusion in the

Great Xing'an Mountains, China. International Journal of Wildland Fire, 16(1): 34-44.

Chen G C, He Z L, Yao H Y. 1999. Study on seasonal change of red soil microbial biomass. Journal of Zhejiang University, 25(4): 387-388.

Chen M, Zhu Y, Su Y, et al. 2007. Effects of soil moisture and plant interactions on the soil microbial community structure. European Journal of Soil Biology, 43: 31-38.

Chen T H, Chiu C Y, Tian G L. 2005. Seasonal dynamics of soil microbial biomass in coastal sand dune forest. Pedobiologia, 49: 645-653.

Chen W, Chen J, Cihlar J. 2000. An integrated terrestrial ecosystem carbon-budget model based on changes in disturbance, climate, and atmospheric chemistry. Ecological Modeling, 135: 55-79.

Chen Y, Randerson J T, Morton D C, et al. 2011. Forecasting fire season severity in south America using sea surface temperature anomalies. Science, 334: 787-791.

Chittleborough D, Smettem K, Cotsaris E, et al. 1992. Seasonal changes in pathways of dissolved organic carbon through a hillslope soil (Xeralf) with contrasting texture. Soil Research, 30(4): 465-476.

Choi S D, Chang Y S, Park B K. 2006. Increase in carbon emissions from forest fires after intensive reforestation and forest management programs. Science of the Total Environment, 372: 225-235.

Choromanska U, DeLuca T H. 2001. Prescribed fire alters the impact of wildfire on soil biochemical properties in a *Ponderosa pine* forest. Soil Science Society of America Journal, 65(1): 232-238.

Christ M J, David M B. 1996. Temperature and moisture effects on the production of dissolved organic in a spodosol. Soil Biol Biochem, 28: 1191-1199.

Christensen N L. 1973. Fire and the nitrogen cycle in California Chaparral. Science, 181: 66-68.

Christensen N L. 1987. The biogeochemical consequences of fire and their effects on the vegetation of the coastal plain of the Southeastern United States. In the Role of Fire in Ecological Systems, 1-21.

Christine W, Hurteau M D. 2010. Prescrobed fire as a means of reducing forest carbon emissions in the western United States. Environ Science Technol, 44(6): 1926-1932.

Clarholm M. 1985. Interactions of bacteria, protozoa and plants leading to mineralization of soil nitrogen. Soil Biology and Biochemistry, 17: 181-187.

Clarholm M. 1993. Microbial biomass P, labile P, and acid phosphatase activity in the humus layer of a spruce forest, after repeated additions of fertilizer. Biology and Fertility of Soils, 8: 128-133.

Clark J S. 1988. Effect of climate change on fire regimes in northwestern Minnesota. Nature, 334: 233-235.

Clay G D, Worrall F, Fraser E D. 2009. Effects of managed burning upon dissolved organic carbon (DOC) in soil water and runoff water following a managed burn of a UK blanket bog. Journal of Hydrology, 367(1): 41-51.

Cochran W G. 1977. Sampling Techniques. New York: John Wiley & Sons Inc.

Cofer W R III, Levine J S, Winstead E L, et al. 1990. Gaseous emissions from Canadian boreal forest fires. Atmospheric Environment. Part A. General Topics, 24: 1653-1659.

Cofer W R III, Winstead E L, Stocks B J, et al. 1996. Emissions from boreal forest fires: are the atmospheric impacts underestimated. *In*: Levine J S. Biomass Burning and Global Change. vol. 2. Cambridge: the MIT Press: 834-839.

Cofer W R III, Winstead E L, Stocks B J, et al. 1998. Crown fire emissions of CO_2, CO, H_2, CH_4 and TNMHC from a dense jack pine boreal forest fire. Geophysical Research Letters, 25: 3919-3922.

Conard S G, Sukhinin A L, Stocks B J, et al. 2002. Determining effects of area burned and fire severity on carbon cycling and emissions in Siberia. Climatic Change, 55: 197-211.

Concilio A, Ma S, Ryu S-R, et al. 2006. Soil respiration response to experimental disturbances over 3 years. Forest Ecol Manag, 228(1-3): 82-90.

Contin M, Corcimaru S, Nobili D M, et al. 2000. Temperature changes and the ATP concentration of the soil microbial biomass. Soil Biology and Biochemistry, 32: 1219-1225.

Cook F J, Orchard V A. 2008. Relationships between soil respiration and soil moisture. Soil Biology and Biochemistry, 40(5): 1013-1018.

Cooper C F.1961. The ecology of fire.Sci America, 204: 150-160.

Corbet A S. 1934. Studies on tropical soil microbiology: II. The bacterial numbers in the soil of the malay peninsula. Soil Science, 38: 407-416.

Costanza R, d'Arge R, de Groot R, et al. 1997. The value of the world's ecosystem services and natural capital. Nature, 387: 253-260.

Covington W W, Sackett S S. 1992. Soil mineral nitrogen changes following prescribed burning in *Ponderosa pine*. Forest Ecology and Management, 54: 175-191.

Cox P M, Betts R A, Jones C D, et al. 2000. Acceleration of global warming due to carbon-cycle feedbacks in a coupled climate model. Nature, 408(6809): 184-187.

Craine J M, Gelderman T M. 2011. Soil moisture controls on temperature sensitivity of soil organic carbon decomposition for a mesic grassland. Soil Biol Biochem, 43(2): 455-457.

Craine J, Wedin D, Chapin F. 1999. Predominance of ecophysiological controls on soil CO_2 flux in a Minnesota grassland. Plant Soil, 207(1): 77-86.

Cronan C S. 2003. Belowground biomass, production, and carbon cycling in mature Norway spruce, Maine, USA. Canadian Journal of Forest Research, 33(2): 339-350.

Cronan C S, Aiken G R. 1985. Chemistry and transport of soluble humic substances in forested watersheds of the Adirondack Park, New York. Geochimica et Cosmochimica Acta, 49(8): 1697-1705.

Crookshanks M E G, Taylor G, Broadmeadow M. 1998. Elevated CO_2 and tree root growth: contrasting responses in *Fraxinus excelsior*, *Quercus petraea* and *Pinus sylvestris*. New Phytologist, 138(2): 241-250.

Crutzen P J, Andreae M O. 1990. Biomass burning in the tropics: impact on the atmospheric chemistry and biogeochemical cycles. Science, 250: 1669-1678.

Crutzen P J, Heidt L E, Krasnec J P, et al. 1979. Biomass burning as a source of the atmospheric gases CO, H_2, N_2O, NO, CH_3Cl, and COS. Nature, 282: 253-256.

Currie W S, Aber J D. 1997. Modeling leaching as a decomposition process in humid montane forests. Ecology, 78(6): 1844-1860.

Czimczik C I, Trumbore S E, Carbone M S, et al. 2006. Winston changing sources of soil respiration with time since fire in a boreal forest. Global Change Biology, 12(6): 957-971.

Dalal R, Chan K. 2001. Soil organic matter in rainfed cropping systems of the Australian cereal belt. Soil Research, 39(3): 435-464.

Daniel G N. 1999. Fire effects on belowground sustainability: a review and synthesis. Forest Ecology and Management, 122: 51-57.

Davidson E A, Belk E, Boone R D. 1998. Soil water content and temperature as independent or confounded factors controlling soil respiration in a temperate mixed hardwood forest. Global Change Biol, 4(2): 217-227.

Davidson E A, de Araujo A C, Artaxo P, et al. 2012. The Amazon basin in transition. Science, 481: 321-328.

Davidson E A, Janssens I A. 2006. Temperature sensitivity of soil carbon decomposition and feedbacks to climate change. Nature, 440: 165-173.

Davidson E A, Janssens I A, Luo Y Q. 2006. On the variability of respiration in terrestrial ecosystems:

moving beyond Q_{10}. Global Change Biology, 12(2): 154-164.

Davidson E A, Savage K, Verchot L V, et al. 2002. Minimizing artifacts and biases in chamber-based measurements of soil respiration. Agr Forest Meteorol, 113(1-4): 21-37.

Davidson E A, Verchot L V, Cattânio J H, et al. 2000. Effects of soil water content on soil respiration in forests and cattle pastures of eastern Amazonia. Biogeochemistry, 48(1): 53-69.

Davis K P. 1959. Forest fire, control and use. Ecology, 42(3): 609.

De Groot W J, Landry R, Kurz W A, et al. 2007. Estimating direct carbon emissions from Canadian wildland fires. International Journal of Wildland Fire, 16: 593-606.

De Groot W J, Pritchard J M, Lynham T J. 2009. Forest floor fuel consumption and carbon emissions in Canadian boreal forest fires. Canadian Journal of Forest Research, 39: 367-382.

de Vasconcelos S S, Fearnside P M, de Alencastro Graca P M L, et al. 2013. Forest fires in southwestern Brazilian Amazonia: estimates of area and potential carbon emissions. Forest Ecology and Management, 291: 199-208.

DeBano L F. 2000. The role of fire and soil heating on water repellency Ⅰ wildland environments: a review. Journal of Hydrology, 231-232: 195-206.

Defossé G E, Loguercio G, Oddi F J, et al. 2011. Potential CO_2 emissions mitigation through forest prescribed burning: a case study in Patagonia, Argentina. Forest Ecology and Management, 261(12): 2243-2254.

Deka H K, Mishra R R. 1983. The effect of slash burning on soil microflora. Plant and Soil, 73(2): 167-175.

Devi N B, Yadava P. 2006. Seasonal dynamics in soil microbial biomass C, N and P in a mixed-oak forest ecosystem of Manipur, North-east India. Applied Soil Ecology, 31(3): 220-227.

Diaz-fierros V F, Benito R E, Perez M R. 1987. Evaluation of the USLE for the prediction of erosion in burnt forest areas in Galicia (NW Spain). Catena, 14(1): 189-199.

Dick R P. 1992. A review: long-term effects of agricultural systems on soil biochemical and microbial parameters.Agric Ecosyst Environ, 40: 25-36.

Dikici H, Yilmaz C H. 2006. Peat fire effects on some properties of an artificially drained peat land. Journal of Environmental Quality, 35(3): 866-870.

Dilly O, Blume H P, Sehy U, et al. 2003. Variation of stabilized, microbial and biologically active carbon and nitrogen in soil under contrasting land use and agricultural management practices. Chemosphere, 52(3): 557-569.

Dixon R K, Brown S, Houghton R A, et al. 1994. Carbon pools and flux of global forest ecosystems. Science, 263: 185-190.

Dixon R K, Krankina O N. 1993. Forest fires in Russia: carbon dioxide emission to the atmosphere. Canadian Journal Forest Research, 23: 700-705.

Domisch T, Finer L, Lehto T, et al. 2002. Effect of soil temperature on nutrient allocation and mycorrhizas in *Scots pine* seedlings. Plant and Soil, 239: 173-185.

Doran J W, Mielke I N, Power J F. 1990. Microbial activity as regulated by soil water-filled pore space. Ecology of soil microorganisms in the microhabitat environments. International Society of Soil Science, 94-99.

Dumontet S, Dinel H, Scopa A, et al. 1996. Post-fire soil microbial biomass and nutrient content of a pine forest soil from a dunal Mediterranean environment. Soil Biology and Biochemistry, 28(10): 1467-1475.

Dunn P H, Barro S C, Poth M.1985. Soil moisture affects survival of microorganisms in heated chaparral soil. Soil Biology & Biochemistry, 17: 143-148.

Duràn J, Rodríguez A, Fernández-Palacios J M, et al. 2008. Changes in soil N and P availability in a

Pinus canariensis fire chronosequence. Forest Ecology and Management, 256(3): 384-387.

Dylk W J, Cole D W. 1994. Strategies for determining consequence of harvesting and associated practices on long-term productivity. *In*: Duck W J. Impacts of forest harvesting on long-term Site Productivity. London: Chapman and Hall: 13-40.

Dyrness C T, Van Cleeve K, Levison J D. 1989. The effect of wildfire on soil chemistry in four forest types in interior Alaska. Canadian Journal of Forest Research, 19(11): 1389-1396.

Edwards N T. 1982. The use of soda-lime for measuring respiration rates in terrestrial systems. Pedobiologia, 23(5): 321-330.

Edwards N T. 1991. Root and soil respiration responses to ozone in *Pinus taeda* L. seedlings. New Phytol, 118(2): 315-321.

Edwards N T, Sollins P. 1973. Continuous measurement of carbon dioxide evolution from partitioned forest floor components. Ecology, 54(2): 406-412.

Ekblad A, Björn B, Holn A, et al. 2005. Forest soil respiration rate and δ13C is regulated by recent above ground weather conditions. Oecologia, 143(1): 136-142.

Epron D, Farque L, Lucot É, et al. 1999. Soil CO_2 efflux in a beech forest: dependence on soil temperature and soil water content. Ann For Sci, 56(3): 221-226.

Fahnestock J T, Jones M H, Welker J M. 1999. Wintertime CO_2 efflux from artic soil: implications for annual carbon budgets. Global Biogeochemistry Cycle, 13: 775-779.

Fan J, Hao M D. 2003. Effects of long-term rotation and fertilization on soil microbial biomass carbon and nitrogen. Res Soil Water Cons, 10(10): 85-87.

Fang C, Moncrieff J B. 1999. A model for soil CO_2 production and transport 1: model development. Agr Forest Meteorol, 95(4): 225-236.

Fang C, Moncrieff J B. 2001. The dependence of soil CO_2 efflux on temperature. Soil Biology and Biochemistry, 33(2): 155-165.

Fang C, Smith P, Moncrieff J B, et al. 2005. Similar response of labile and resistant soil organic matter pools to changes in temperature. Nature, 433(7021): 57-59.

Fang J Y, Chen A P, Peng C H, et al. 2001. Changes in forest biomass carbon storage in China between 1949 and 1998. Science, 292: 2320-2322.

Fearnside P M, de Alencastro Graca P M L, Filho N L, et al. 1999. Tropical forest burning in Brazilian Amazonia: measurement of biomass loading, burning efficiency and charcoal formation at Altamira, Para. Ecology and Management, 123: 65-79.

Federer P, Sticher H. 1994. Composition and speciation of soil solution collected in a heavy-metal polluted calcareous soil. Zeitschrift Fur Pflanzenernahrung Und Bodenkunde, 157(2): 131-138.

Fern N I, Cabaneiro A, Carballas T. 1999. Carbon mineralization dynamics in soils after wildfires in two Galician forests. Soil Biology and Biochemistry, 31(13): 1853-1865.

Fernández I, Cabaneiro A, Carballas T. 1997. Organic matter changes immediately after a wildfire in an Atlantic forest soil and comparison with laboratory soil heating. Soil Biology and Biochemistry, 29(1): 1-11.

Fierer N, Jackson R B. 2006. The diversity and biogeography of soil bacterial communities. Proceedings of the national Academy of Sciences, 103: 626-631.

Finney M A, Mchugh C W, Grenfell I C. 2005. Stand- and landscape-level effects of prescribed burning on two Arizona wildfires. Canadian Journal of Forest Research, 35: 1714-1722.

Fitter A H, Graves J D, Self G K, et al. 1998. Root Production, turnover and respiration under two grassland types along an altitudinal gradient: influence of temperature and solar radiation. Oecologia, 114(1): 20-30.

FitzPatrick E A. 1984. Micromorphology of Soils. London: Chapman and Hall.

Flanagan P, Veum A. 1974. Relationships between respiration, weight loss, temperature and moisture in organic residues on tundra. Soil Organisms and Decomposition in Tundra, 249-277.

Flannigan M D, Krawchuk M A, Groot W J D, et al. 2009. Implications of changing climate for global wildland fire. International Journal of Wildland Fire, 18(5): 483-507.

Forlking S, Goulden M L, Wofsy S C, et al. 1996. Modelling temporal variability in the carbon balance of a spruce/moss boreal forest. Global Change Biology, 2(4): 343-366.

Fosberg M A, Cramer W, Brovkin V, et al. 1999. Strategy for a fire module in dynamic global vegetation models. International Journal of Wildland Fire, 9: 79-84.

Franzluebbers A J, Haney R L, Honeycutt C W, et al. 2001. Climatic influences on active fractions of soil organic matter. Soil Biol Biochem, 33(7-8): 1103-1111.

Fraser R H, Li Z. 2002. Estimating fire-related parameters in boreal forest using spot vegetation. Remote Sensing of Environment, 82: 95-110.

French N H F, de Groot W J, Jenkins L K, et al. 2011. Model comparisons for estimating carbon emissions from North American wildland fire. J Geophys Res, doi: 10.1029/2010JG001469.

French N H F, Goovaerts P, Kasischke E S. 2004. Uncertainty in estimating carbon emissions from boreal forest fires. Journal of Geophysical Research, 109(D14S08): 1-12.

French N H F, Kasischke E S, Hall R J. 2008. Using Landsat data to assess fire and burn severity in the north American boreal forest region: an overview and summary of results. International Journal of Wildland Fire, 17: 443-462.

French N H F, Kasischke E S, Williams D G. 2003. Variability in the emission of carbon-based trace gases from wildfire in the Alaskan boreal forest. Journal of Geophysical Research, doi: 10.1029/2001JD000480.

Fritze H, Pennanen T, Kitunen V. 1998. Characterization of dissolved organic carbon from burned humus and its effects on microbial activity and community structure. Soil Biology and Biochemistry, 30(6): 687-693.

Funk D W, Pullman E R, Peterson K M, et al. 1994. Influence of water table on carbon dioxide, carbon monoxide, and methane fluxes from Taiga Bog microcosms. Global Biogeochem Cy, 8(3): 271-278.

Garcia F O, Rice C W. 1994. Microbial biomass dynamics in tallgrass prairie. Soil Science Society America Journal, 58: 816-823.

Garten Jr C T, Post III W, Hanson P J. 1999. Forest soil carbon inventories and dynamics along an elevation gradient in the southern Appalachian Mountains. Biogeochemistry, 45(2): 115-145.

Giai C, Boerner R E J. 2007. Effects of ecological restoration on microbial activity, microbial functional diversity, and soil organic matter in mixed oak forests of southern Ohio, USA. Applied Soil Ecology, 35(2): 281-290.

Giardina C P, Ryan M G. 2000. Evidence that decomposition rates of organic carbon in mineral soil do not vary with temperature. Nature, 404(6780): 858-861.

Goldammer J G, Jenkins M J. 1990. Fire in ecosystem dynamics: Mediterranean and northern perspectives. Bioscience, 41(8): 584-586.

Gonzalez-Perez J A, Gonzalez-Vila F J, Almendros G, et al. 2004. The effect of fire on soil organic matter-a review. Environment International, 30: 855-870.

Gonzálezvila F J, González J A, Polvillo O, et al. 2002. Nature of refractory forms of organic carbon in soils affected by fires. Pyrolytic and spectroscopic approaches. Millpress science publishers.

Gorham E. 1991. Northern peatlands: role in the carbon cycle and probable responses to climatic warming. Ecological Applications, 1: 182-195.

Gordon M A, Schlentner R E, Cleve K V. 1987. Seasonal patterns of soil respiration and CO_2

evolution following harvesting in the white spruce forests of interior Alaska. Can J Forest Res, 17(4): 304-310.

Gower S T, Krankina O, Olson R J, et al. 2001. Net primary production and carbon allocation patterns of boreal forest ecosystems. Ecol Appl, 11(5): 1395-1411.

Granier A, Ceschia E, Damesin C, et al. 2000. The carbon balance of a young beech forest. Funct Ecol, 14(3): 312-325.

Grissino-mayer H D. 1999. Modeling fire interval data from the American southwest with the Weibull distribution. International Journal of Wildland Fire, 9: 37-50.

Grogan P, Mattews A. 2002. A modelling analysis of the potential for soil carbon sequestration under short rotation coppice willow bioenergy plantations. Soil Use and Management, 18(3): 175-183.

Guillermo B, Belén B. 2011. Ulcerative colitis in smokers, non-smokers and ex-smokers. World Journal of Gastroenterology, 17(22): 2740.

Gundale M J, Deluca T H, Fiedler C E, et al. 2005. Restoration treatments in a Montana ponderosa pine forest: effects on soil physical, chemical and biological properties. Forest Ecology & Management, 213(1-3): 25-38.

Guo D, Mou P, Jones R H, et al. 2002. Temporal changes in spatial patterns of soil moisture following disturbance: an experimental approach. Journal of Ecology, 90(2): 338-347.

Gurney K R, Eckels W J. 2011. Regional trends in terrestrial carbon exchange and their seasonal signatures. Tellus, 63: 328-339.

Haei M, Rousk J, Llstedt U, et al. 2011. Effects of soil frost on growth, composition and respiration of the soil microbial decomposer community. Soil Biologe and Biochemistry, 43(10): 2069-2077.

Halvorson J J, Bolton H, Smith J L, et al. 1994. Geostatistical analysis of resource islands under *Artemisia tridentata* in the shrub-steppe. Western North American Naturalist, 54(4): 313-328.

Hamman S T, Burke I C, Knapp E E. 2008. Soil nutrients and microbial activity after early and late season prescribed burns in a sierra nevada mixed conifer forest. Forest Ecology and Management, 56: 367-374.

Hamman S T, Burke I C, Strombe M E, et al. 2007. Relationships between microbial community structure and soil environmental conditions in a recently burned system. Soil Biology and Biochemistry, 39(7): 1703-1711.

Hank A M, Michael G R. 1997. A physiological basis for biosphere-atmosphere interactions in the boreal forest: an overview. Tree Physiology, 17: 491-499.

Hanson P J, Edwards N T, Garten C T, et al. 2000. Separating root and soil microbial contributions to soil respiration: a view of methods and observations. Biogeochemistry, 48: 115-146.

Hao W M, Ward D E, Olbu G, et al. 1996. Emissions of CO_2, CO, and hydrocarbons from fires in diverse African savanna ecosystems. J Geophys Res, 101(D19): 23577-23584.

Harden J W, Trumbore S E, Stocks B J, et al. 2000. The role of fire in the boreal carbon budget. Global Change Biol, 6(Suppl.1): 174-184.

Hart S C, Deluca T H, Newman G S, et al. 2005. Post-fire vegetative dynamics as drivers of microbial community structure and function in forest soils. Forest Ecology and Management, 220: 166-184.

Hassol S. 2004. Impacts of A Warming Arctic-Arctic Climate Impact Assessment. Cambridge: Cambridge University Press.

Hatten J, Zabowski D. 2009. Changes in soil organic matter pools and carbon mineralization as influenced by fire severity. Soil Science Society of America Journal, 73(1): 262-273.

Heisler J L, Briggs J M, Knapp A K, et al. 2004. Direct and indirect effects of fire on shrub density and aboveground productivity in a mesic grassland. Ecology, 85: 2245-2257.

Hernández T, García C, Reinhardt I. 1997. Short-term effect of wildfire on the chemical, biochemical and microbiological properties of Mediterranean pine forest soils. Biol Fertil Soils, 25: 109-116.

Hernández T, García C, Reinhardt I. 1997. Short-term effect of wildfire on the chemical, biochemical and microbiological properties of Mediterranean pine forest soils. Biology and Fertility of Soils, 25(2): 109-116.

Hibbard K A, Law B E, Reichstein M, et al. 2005. An analysis of soil respiration across northern hemisphere temperate ecosystems. Biogeochemistry, 73(1): 29-70.

Hicke J A, Asner G P, Kasischke E S, et al. 2003. Postfire response of north American boreal forest net primary productivity analyzed with satellite observations. Global Change Biology, 9: 1145-1157.

Higgins P A T, Jackson R B, Des Rosiers J M, et al. 2002. Root production and demography in a california annual grassland under elevated atmospheric carbon dioxide. Global Change Biol, 8(9): 841-850.

Hillel D J. 1998. Environmental Soil Physics. San Diego: Academic Press.

Hinzman L D, Fukuda M, Sandberg D V, et al. 2003. Frostfire: an experimental approach to predicting the climate feedbacks from the changing boreal fire regime. Journal of Geophysical Research, 108(D1): 8153.

Hobbie S E. 1996. Temperature and plant species control over litter decomposition in Alaskan Tundra. Ecol Monogr, 66(4): 503-522.

Hoelzemann J J, Schultz M G, Brasseur G P, et al. 2004. Global wildland fire emission model (GWEM): evaluating the use of global area burnt satellite data. Journal of Geophysical Research, doi: 10.1029/2003JD003666.

Högberg P. 2010. Is tree root respiration more sensitive than heterotrophic respiration to changes in soil temperature? New Phytologist, 188(1): 9-10.

Högberg P, Nordgren A, Buchmann N, et al. 2001. Large-scale forest girdling shows that current photosynthesis drives soil respiration. Nature, 411(6839): 789-792.

Hook P B, Burke I C. 1995. Evaluation of methods for estimating net nitrogen mineralization in a semiarid grassland. Soil Science Society of America Journal, 59: 831-837.

Horwath W R, Pregitzer K S, Paul E A. 1994. 14C allocation in tree-soil systems. Tree Physiol, 14(10): 1163-1176.

Hossain A K M A, Raison R J, Khanna P K. 1995. Effects of fertilizer application and fire regime on soil microbial biomass carbon and nitrogen, and nitrogen mineralization in an Australian subalpine eucalypt forest. Biology and Fertility of Soils, 19: 246-252.

Houghton J T, Meira Filho L G, Callander B A, et al. 1996. Climate Change 1995: the Science of Climate Change. Cambridge: Cambridge University Press.

Houghton J T, Ding Y, Griggs D J, et al. 2001. Climate Change 2001: the Scientific Basis. Cambridge: Cambridge University Press.

Houghton R A, Stole D L, Nobre C A, et al. 2000a. Annual fluxes of carbon from deforestation and regrowth in the Brazilian Amazon. Nature, 403: 301-304.

Houghton R A, Hackler J L, Lawrence K T. 1999. The U.S. carbon budget: contributions from land-use change.Science, 285: 574-578.

Houghton R, Hackler J, Lawrence K. 2000b. Changes in terrestrial carbon storage in the United States. 2: the role of fire and fire management. Global Ecology and Biogeography, 9(2): 145-170.

Howard D M, Howard P J A. 1993. Relationships between CO_2 evolution, moisture content and temperature for a range of soil types. Soil Biol Biochem, 25(11): 1537-1546.

Hudak A T, Morgan P, Bobbitt M J, et al. 2007. The relationship of multispectral satellite imagery to immediate fire effects. Fire Ecology, 3: 64-90.

Hulme M, Wighley T, Tao J, et al. 1992. Climate Change due to the Greenhouse Effect and Its Implications for China. Gland: WWF: 57.

Hungate B A, Hart S C, Selmants P C, et al. 2007. Soil responses to management, increased precipitation, and added nitrogen in *Ponderosa pine* forests. Ecological Applications, 17: 1352-1365.

Huxley J S. 1932. Problems of Relative Growth. New York: Dial Press: 1-9.

Ice G G, Neary D G, Adams P W. 2004. Effects of wildfire on soils and watershed processes. Journal of Forestry, 102(6): 16-20.

Ilstedt U, Giesler R, Nordgren A, et al. 2003. Change in soil chemical and microbial properties after a wildfire in a tropical rainforest in Sabah, Malaysia. Soil Biology and Biochemistry, 35: 1071-1078.

Ino Y, Monsi M. 1969. An experimental approach to the calculation of CO_2 amount evolved from several soils. Jpn J Bot, 20: 153-188.

IPCC (Intergovernmental Panel on Climate Change). 2007. Climate Change 2007: the Science of Climate Change. Cambridge: Cambridge University Press.

IPCC. 2001a. Climate Change 2001: Impacts, adaptation, and vulnerability. A Report of Working Group II of the Intergovenmental Panel on Climate Change. Geneva, Switzerland.

IPCC. 2001b. Climate Change 2001: the Scientific Basis. Contribution of Working Group I to the Third Assessment Report of IPCC.

Isaaks E H, Srivastava R M. 1989. An Introduction to Applied Geostatistics. New York: Oxford University Press.

Isaev A S, Korovin G N, Bartalev S A, et al. 2002. Using remote sensing to assess Russian forest fire carbon emissions. Climatic Change, 55: 235-249.

Ito A, Penner J E. 2004. Global estimates of biomass burning emissions based on satellite imagery for the year 2000. J Geophys Res, doi: 10.1029/2003JD004423.

Janssens I A, Lankreijer H, Matteucci G, et al. 2001. Productivity overshadows temperature in determining soil and ecosystem respiration across European forests. Global Change Biol, 7: 269-278.

Janssens I A, Pilegaard K I M. 2003. Large seasonal changes in Q_{10} of soil respiration in a beech forest. Global Change Biol, 9(6): 911-918.

Janzen H, Campbell C, Brandt S A, et al. 1992. Light-fraction organic matter in soils from long-term crop rotations. Soil Science Society of America Journal, 56(6): 1799-1806.

Jenkinson D S. 1976. The effects of biocidal treatments on metabolism in soil. IV. The decomposition of fumigated organisms in soil. Soil Biology & Biochemistry, 8: 203-208.

Jenkinson D S. 1987. The determination of microbial biomass carbon and nitrogen in soil C advances in nitrogen cycling in agricultural ecosystem. International Symposium, Brishane, Australia, 1115.

Jenkinson D S. 1988. Determination of microbial biomass carbon and nitrogen in soil. *In*: Wilson J R. Advances in Nitrogen Cycling in Agricultural Ecosystems. Wallingford: CAB International, 368-386.

Jenkinson D S, Ladd J N. 1981. Microbial biomass in soil: measurement and turnover. *In*: Paul A E, Ladd J N. Soil Biochemistry. New York: Dekker: 415-471.

Jenkinson D S, Oades J M. 1979. A method for measuring adenosine triphosphate in soil. Soil Biology and Biochemistry, 11(2): 193-199.

Jenkinson D S, Powlson D S. 1976. The effects of biocidal treatments on metabolisms in soil. V. A method for measuring soil biomass. Soil Biology and Biochemistry, 8: 189-213.

Jenkison D S, Adams D E, Wild A. 1991. Model estimates of CO_2 emissions from soil in response to global warming. Nature, 351: 304-306.

Jiang F, Sun H, Lin B, et al. 2009. Dynamic changes of topsoil organic carbon in subalpine spruce plantation at different succession stages in western Sichuan Province. Yingyong Shengtai Xuebao, 20(11): 2581-2587.

Jinbo Z, Changchun S, Shenmmin W. 2007. Dynamics of soil organic carbon and its fractions after abandonment of cultivated wetlands in northeast China. Soil and Tillage Research, 96(1): 350-360.

Jobb G E G, Jackson R B. 2000. The vertical distribution of soil organic carbon and its relation to climate and vegetation. Ecological Applications, 10(2): 423-436.

Joergensen R G, Brookes P C. 1990. Ninhydrin-reactive nitrogen measurements of microbial biomass in 0.5 mol K_2SO_4 soil extracts. Soil Biology and Biochemistry, 22(8): 1023-1027.

Joergensen R G, Brookes P C, Jenkinson D S. 1990. Survival of the microbial biomass at elevated temperatures. Soil Biology and Biochemistry, (22): 1129-1136.

John T. 2000. Marcia lambert change in organic carbon in forest plantation soils in eastern Australia. Forest Ecology and Management, (133): 231-247.

Johnson D, Geisinger D, Walker R, et al. 1994. Soil CO_2, soil respiration, and root activity in CO_2 fumigated and nitrogen fertilized ponderosa pine. Plant Soil, 165(1): 129-138.

Jokinen H K, Kiikkil O, Fritze H. 2006. Exploring the mechanisms behind elevated microbial activity after wood ash application. Soil Biology and Biochemistry, 38(8): 2285-2291.

Jolicoeur P. 1963. The multivariate generalization of the allometry equation. Biometrics, 19(3): 497-501.

Jonasson S, Castro J, Michelsen A. 2004. Litter, warming and plants affect respiration and allocation of soil microbial and plant C, N and P in arctic mesocosms. Soil Biol Biochem, 36(7): 1129-1139.

Jonasson S, Michelsen A, Schmidt I K, et al. 1999. Responses in microbes and plants to changed temperature, nutrient, and light regimes in the Arctic. Ecology, 80: 1828-1843.

Joshi V. 1991. Biomass Burning in India, in Global Biomass Burning: Atmospheric, Climatic and Biospheric Implications. Mass: the MIT Press: 185-196.

Justice C O, Giglio L, Korontzi S, et al. 2002. The MODIS fire products. Remote Sensing of Environment, 83: 244-262.

Kang S, Doh S, Lee D, et al. 2003. Topographic and climatic controls on soil respiration in six temperate mixed-hardwood forest slopes, Korea. Global Change Biol, 9(10): 1427-1437.

Kardol P, Cornips N J, Van Kempen M M L, et al. 2007. Microbe-mediated plant-soil feedback causes historical contingency effects in plant community assembly. Ecological Monographs, 77: 147-162.

Kasischke E S. 2000. Boreal Ecosystems in the Global Carbon Cycle. Fire, Climate Change, and Carbon Cycling in the Boreal Forest. New York: Springer: 19-30.

Kasischke E S, Bruhwiler L P. 2003. Emissions of carbon dioxide, carbon monoxide, and methane from boreal forest fires in 1998. Journal of Geophysical Research, doi: 10.1029/2001JD000461.

Kasischke E S, Christensen N L, Stocks B J. 1995a. Fire, global warming, and the carbon balance of boreal forests. Ecological Applications, 5(2): 437-451.

Kasischke E S, French N H F, Bourgeau C, et al. 1995b. Estimating release of carbon from 1990 and 1991 forest fires in Alaska. Journal of Geophysical Research, 100: 2941-2951.

Kasischke E S, Hyer E J, Novelli P C. 2005. Influences of boreal fire emissions on Northern Hemisphere atmospheric carbon and carbon monoxide. Global Biogeochemical Cycles, doi: 10.1029/2004GB002300.

Kasischke E S, Johnstone J F. 2005. Variation in postfire organic layer thickness in a black spruce forest complex in interior Alaska and its effects on soil temperature and moisture. Canadian Journal of Forest Research, 35(9): 2164-2177.

Kasischke E S, O'Neill K P, French N F, et al. 2000. Controls on patterns of biomass burning in Alaskan boreal forests. Aspen Bibliography, 138: 173-196.

Kasischke E S, Stocks B J. 2000. Fire, Climate Change, and Carbon Cycling in the Boreal Forest. New York: Springer: 377-389.

Kaufman Y J, Setzer A, Ward D, et al. 1992. Biomass burning airborne and spaceborne experiment in the Amazonas (BASE-A). Journal of Geophysical Research, 97: 14581-14599.

Kaye J P, Romany J, Vallejo V R. 2010. Plant and soil carbon accumulation following fire in Mediterranean woodlands in Spain. Oecologia, 164(2): 533-543.

KeeleY J E, Fotheringham C J, Morais M. 1999. Reexamining fire suppression impacts on brushland fire regimes. Science, 284: 1829-1832.

Keith H, Jacobsen K L, Raison R J. 1997. Effects of soil phosphorus availability, temperature and moisture on soil respiration in *Eucalyptus pauciflora* forest. Plant Soil, 190(1): 127-141.

Kelliher F M, Lloyd J, Arneth A, et al. 1999. Carbon dioxide efflux density from the floor of a central Siberian pine forest. Agr Forest Meteorol, 94(3-4): 217-232.

Kelting D L, Burger J A, Edwards G S. 1998. Estimating root respiration, microbial respiration in the rhizosphere, and root-free soil respiration in forest soils. Soil Biol Biochem, 30(7): 961-968.

Kennday A C, Papendick R I. 1995. Microbial characteristics of soil quality. Soil and Water Conservation, 50(3): 243-248.

Ketterings Q M, Bigham J M, Laperche V. 2000. Changes in soil mineralogy and texture caused by slash-and-burn fires in Sumatra, Indonesia. Soil Science Society of America Journal, 64(3): 1108-1117.

King J S, Hanson P J, Bernhardt E, et al. 2004. A multiyear synthesis of soil respiration responses to elevated atmospheric CO_2 from four forest FACE experiments. Global Change Biol, 10(6): 1027-1042.

King J S, Pregitzer K S, Zak D R, et al. 2001. Fine-root biomass and fluxes of soil carbon in young stands of paper birch and trembling aspen as affected by elevated atmospheric CO_2 and tropospheric O_3. Oecologia, 128(2): 237-250.

Kirschbaum M U F. 1995. The temperature dependence of soil organic matter decomposition, and the effect of global warming on soil organic C storage. Soil Biology and Biochemistry, 27: 753-760.

Klose L S. 2002. Mobile and readily available C and N fractions and their relationship to microbial biomass and selected enzyme activities in a sandy soil under different management systems. Journal of Plant Nutrition and Soil Science, 165: 9-16.

Knapp A K, Conard S L, Blair J M. 1998. Determinants of soil CO_2 flux from sub-humid grassland effect of fire and fire history. Ecological Applications, 8: 760-770.

Knicker H. 2007. How does fire affect the nature and stability of soil organic nitrogen and carbon? A Review. Biogeochemistry, 85(1): 91-118.

Knoepp J D, Swank W T. 1995. Comparison of available soil nitrogen assays in control and burned forest sites. Soil Science Society of America Journal, 59: 1750-1754.

Knorr W, Prentice I C, House J I, et al. 2005. Long-term sensitivity of soil carbon turnover to warming. Nature, 433(7023): 298-301.

Korontzi S, Roy D P, Justice C O, et al. 2004. Modeling and sensitivity analysis of fire emissions in southern Africa during SAFARI 2000. Remote Sensing of Environment, 92: 255-275.

Kosugi Y, Mitani T, Itoh M, et al. 2007. Spatial and temporal variation in soil respiration in a southeast Asian tropical rainforest. Agricultural and Forest Meteorology, 147(1): 35-47.

Kovacic D A, Swift D M, Ellis J E, et al. 1986. Immediate effects of prescribed burning on mineral soil nitrogen in *Ponderosa pine* of New Mexico. Soil Science, 141: 71-75.

Kucera C L, Kirkham D R. 1971. Soil respiration studies in tallgrass prairie in Missouri. Ecology, 52(5): 912-915.

Kurt W A, Apps M J. 1999. A 70-year retrospective analysis of carbon fluxes in the Canadian forest sector. Ecological Applications, 9: 526-547.

Kutiel P, Naveh Z. 1987. The effect of fire on nutrients in a pine forest soil. Plant and Soil, 104: 269-274.

Kutiel P, Naveh Z, Kutiel H. 1990. The effect of a wildfire on soil nutrients and vegetation in an aleppo pine forest on mount carmel, Israel. *In*: Goldammer J G, Jenkins M J. Fire in Ecosystem Dynamics: Mediterranean and Northern Perspectives. The Hague: SPB Academic Publishing: 85-94.

Kuzyakov Y. 2006. Sources of CO_2 efflux from soil and review of partitioning methods. Soil Biology & Biochemistry, 38: 425-448.

Ladd J N, Amato M. 1989. Relationship between microbial biomass carbon in soil sand absorbance (260nm) of extracts of fumigated soils. Soil Biology and Biochemistry, 21: 457-459.

Laidler K J. 1972. Unconventional applications of the Arrhenius law. J Chem Edu, 49(5): 343.

Lal R. 2004. Soil carbon sequestration impacts on global climate change and food security. Science, 304: 1623-1627.

Lambin E F, Goyvaerts K, Petit C. 2003. Remotely-sensed indicators of burning efficiency of savannah and forest fires. International Journal of Remote Sensing, 24: 3105-3118.

Landgraf D, Klose S. 2002. Mobile and readily available C and N fractions and their relationship to microbial biomass and selected enzyme activities in a sandy soil under different management systems. Journal of Plant Nutrition and Soil Science, 165: 9-16.

Landsberg J J, Gower S T. 1997. Applications of Physiological Ecology to Forest Management. CA: Academic Press: 21-46.

Langenfelds R L, Francey R J, Pak B C, et al. 2002. Interannual growth rate variations of atmospheric CO_2 and its $\delta^{13}C$, H_2, CH_4, and CO between 1992 and 1999 linked to biomass burning. Global Biogeochemical Cycles, doi: 10.1029/2001GB001466.

Laporte M F, Duchesne L C, Morrison I K. 2003. Effect of clearcutting, selection cutting, shelterwood cutting and microsites on soil surface CO_2 efflux in a tolerant hardwood ecosystem of northern Ontario. Forest Ecol Manag, 174(1-3): 565-575.

Laurie A T, Mary A A, Ruth D Y. 1999. Forest floor microbial biomass across a northern hardwood successional sequence. Soil Biology and Biochemistry, 31(3): 431-439.

Laursen K K, Hobbs P V, Radke L F. 1992. Some trace gas emission from north American biomass fires with an assessment of regional and global fluxes from biomass burning. Journal of Geophysical Research, 97: 20687-20701.

Lavigne M B, Foster R J, Goodine G. 2004. Seasonal and annual changes in soil respiration in relation to soil temperature, water potential and trenching. Tree Physiol, 24(4): 415-424.

Lavoue D, Stocks B J. 2011. Emissions of air pollutants by Canadian wildfires from 2000 to 2004. International Journal of Wildland Fire, 20: 17-34.

Law B E, Baldocchi D D, Anthoni P M. 1999. Below-canopy and soil CO_2 fluxes in a ponderosa pine forest. Agr Forest Meteorol, 94(3-4): 171-188.

Lehner B, Döll P. 2004. Development and validation of a global database of lakes, reservoirs and wetlands. Journal of Hydrology, 296(1): 1-22.

Levine J S. 1991. Global Biomass Burning: Atmospheric, Climate and Biospheric Implications. Mass: the MIT Press: 3-21.

Levine J S, Cofer W R Ⅲ, Cahoon D R Jr, et al. 1995. Biomass burning: a driver for global change. Environmental Science & Technology, 29: 120-125.

Lewis S A, Hudak A T, Ottmar R D, et al. 2011. Using hyperspectral imagery to estimate forest floor consumption from wildfire in boreal forests of Alaska, USA. International Journal of Wildland Fire, 20: 255-271.

Liang N, Nakadai T, Hirano T, et al. 2004. In situ comparison of four approaches to estimating soil CO_2 efflux in a northern larch (*Larix kaempferi* Sarg.) forest. Agr Forest Meteorol, 123(1-2): 97-117.

Liechty E, Kuuseoks E, Mroz G D. 1995. Dissolved organic carbon in northern hardwood stands with differing acidic inputs and temperature regimes. Journal of Environmental Quality, 24(5): 927-933.

Lin G, Ehleringer J R, Rygiewicz P T, et al. 1999. Elevated CO_2 and temperature impacts on different components of soil CO_2 efflux in Douglas-fir terracosms. Global Change Biol, 5(2): 157-168.

Lindroth A, Grelle A, Monren A S. 1998. Long-term measurements of boreal forest carbon balance reveal large temperature sensitivity. Global Change Biology, 4: 443-450.

Linn D M, Doran J W. 1984. Effect of water-filled pore space on carbon dioxide and nitrous oxide production in tilled and nontilled soils. Soil Sci Soc Am J, 48(6): 1267-1272.

Lipson D A, Schmidt S K, Monson R K. 1999. Links between microbial population dynamics and nitrogen availability in an alpine ecosystem. Ecology, 80(5): 1623-1631.

Liptzin D, Williams M W, Filippa G, et al. 2009. Process-level controls on CO_2 fluxes from a seasonally snow-covered subalpine meadow soil, niwot ridge, colorado. Biogeochemistry, 95(1): 151-166.

Liski J, Ilvesniemi H, Mäkelä A, et al. 1999. CO_2 emissions from soil in response to climatic warming are overestimated: the decomposition of old soil organic matter is tolerant of temperature. Ambio, 28: 171-174.

Liski J, Nissinen A, Erhard M, et al. 2003. Climatic effects on litter decomposition from Arctic tundra to tropical rainforest. Global Change Biology, 9: 575-584.

Liu D, Wang Z, Zhang B, et al. 2006. Spatial distribution of soil organic carbon and analysis of related factors in croplands of the black soil region, Northeast China. Agriculture, Ecosystems & Amp; Environment, 113(1-4): 73-81.

Liu X, Wan S, Su B, et al. 2002. Response of soil CO_2 efflux to water manipulation in a tallgrass prairie ecosystem. Plant Soil, 240(2): 213-223.

Lloyd J, Taylor J. 1994. On the temperature dependence of soil respiration. Funct Ecol, 8(3): 315-323.

Lovell R D, Jarvis S C, Bardgett R D. 1995. Soil microbial biomass and activity in long-term grassland: effects of management changes. Soil Biology and Biochemistry, 27: 969-975.

Lv A, Tian H, Liu M, et al. 2006. Spatial and temporal patterns of carbon emissions from forest fires in China from 1950 to 2000. Journal of Geophysics Research, doi: 10.1029/2005JD006198.

Luan J, Liu S, Zhu X, et al. 2012. Roles of biotic and abiotic variables in determining spatial variation of soil respiration in secondary oak and planted pine forests. Soil Biology and Biochemistry,

44(1): 143-150.

Lucht W, Prentice I C, Myneni R B, et al. 2002. Climatic control of the high-latitude vegetation greening trend and Pinatubo effect. Science, 296: 1687-1689.

Lundegårdh H. 1927. Carbon dioxide evolution of soil and crop growth. Soil Sci, 23(6): 417-453.

Lundquist E J, Jackson L E, Scow K M, et al. 1999. Changes in microbial biomass and community composition, and soil carbon and nitrogen pools after incorporation of rye into three California agricultural soils. Soil Biology and Biochemistry, 31(2): 221-236.

Luo Y, Hui D, Zhang D. 2006. Elevated CO_2 stimulates net accumulations of carbon and nitrogen in land ecosystems: a meta-analysis. Ecology, 87(1): 53-63.

Luo Y, Zhou X. 2006. Soil Respiration and the Environment. Boston: Elsevier Academic Press.

Maier C A. 2001. Stem growth and respiration in loblolly pine plantations differing in soil resource availability. Tree Physiol, 21(16): 1183-1193.

Maier C A, Kress L W. 2000. Soil CO_2 evolution and root respiration in 11 year-old loblolly pine (*Pinus taeda*) plantations as affected by moisture and nutrient availability. Can J Forest Res, 30(3): 347-359.

Marinari S, Mancinelli R, Campiglia E, et al. 2006. Chemical and biological indicators of soil quality in organic and conventional farming systems in central Italy. Ecol Indic, 6: 701-711.

Marland G, Fruit K, Sedjo R. 2001. Accounting for sequestered carbon: the question of permanence. Environmental Science & Policy, 4(6): 259-268.

Marrinan M J, Edwards W, Landsberg J. 2005. Resprouting of saplings following a tropical rainforest fire in northeast Queens land, Australia. Austral Ecology, 30: 817-826.

Mary B, Recous S, Robin D. 1998. A methods for calculating nitrogen fluxes in soil using 15N tracing. Soil Biol Biochem, 30: 1963-1979.

Massman W J, Frank J M, Mooney S J. 2010. Advancing investigation and physical modeling of first-order fire effects on soils. Fire Ecology, 6(1): 36-54.

Matheron G. 1963. Principles of geostatistics. Economic Geology, 58(8): 1246-1266.

Matzner E, Borken W. 2008. Do freeze-thaw events enhance C and N losses from soils of different ecosystems? A review. Eur J Soil Sci, 59(2): 274-284.

Mcdowell N G, Marshall J D, Hooker T D. 2005. Estimating CO_2 flux from Snowpacks at three sites in the rocky mountains. Tree Physiology, 20: 745-753.

Mcdowell W H, Likens G E. 1988. Origin, composition, and flux of dissolved organic carbon in the Hubbard Brook Valley. Ecological Monographs, 58(3): 177-195.

McGuire A D, Apps M, Chapin F S, et al. 2004. Land cover disturbances and feedbacks to the climate system in Canada and Alaska. Land Change Science, 6: 139-161.

McGuire A D, Melillo J M, Joyce L A. 1995a. The role of nitrogen in the response of forest net primary production to elevated atmospheric carbon dioxide. Annu Rev Ecol Syst, 26: 473-503.

McGuire A D, Melillo J M, Kicklighter D W, et al. 1995b. Equilibrium responses of soil carbon to climate change: empirical and process-based estimates. J Biogeogr, 22: 785-796.

McGuire A D, Sitch S, Clein J S, et al. 2001. Carbon balance of the terrestrial biosphere in the twentieth century: analyses of CO_2, climate and land use effects with four process-based ecosystem models. Global Biogeochemical Cycles, 15(1): 183-206.

McGuire A D, Anderson L G, Christensen T R, et al. 2009. Sensitivity of the carbon cycle in the Arctic to climate change. Ecological Monographs, 79(4): 523-555.

McNabb D, Swanson F. 1990. Effects of fire on soil erosion. *In*: Walstad J D, Radosevich S R, Sandberg D V. Natural and Prescribed Fire in Pacific Northwest Forests. Corvallis: Oregon State University Press: 159-176.

Meiklejohn J. 1955. The effect of bush burning on the microflora of a Kenya upland soil. Journal of Soil Science, 6(1): 111-118.

Melillo J M, Mcguire A D, Kicklighter D W, et al. 1993. Global climate change and terrestrial net primary production. Nature, 363: 234-240.

Melillo J M, Steudler P A, Aber J D, et al. 2002. Soil warming and carbon-cycle feedbacks to the climate system. Science, 298(5601): 2173-2176.

Michael J G, Thomas H D L, Carl E F, et al. 2005. Restoration treatments in a montana ponderosa pine forest: effects on soil physical, chemical and biological properties. For Ecol Manage, 213(1-3): 25-38.

Michalek J L, French N H F, Kasischke E S, et al. 2000. Using Landsat TM data to estimate carbon release from burned biomass in an Alaskan spruce forest complex. International Journal of Remote Sensing, 21: 323-338.

Michelsen A, Andersson M, Jensen M, et al. 2004. Carbon stocks, soil respiration and microbial biomass in fire-prone tropical grassland, woodland and forest ecosystems. Soil Biology and Biochemistry, 36: 1707-1717.

Mielnick P C, Dugas W A. 2000. Soil CO_2 flux in a tallgrass prairie. Soil Biol Biochem, 32(2): 221-228.

Mikan C, Schimel J, Doyle A. 2002. Temperature controls of microbial respiration above and below freezing in arctic tundra soil. Soil Biologe and Biochemistry, 34(11): 1785-1795.

Mitri G H, Gitas I Z. 2004. A semi-automated object-oriented model for burned area mapping in the Mediterranean region using Landsat-TM imagery. International Journal of Wildland Fire, 13: 367-376.

Moffat A S.1997. Resurgent forests can be greenhouse gas sponges. Science, 277: 315-316.

Moghaddas E Y, Stephens S L. 2007. Thinning, burning, and thin-burn fuel treatment effects on soil properties in a sierra nevada mixed conifer forests. Forest Ecology and Management, 250: 156-166.

Monleon V J, Choromack K, Landsberg J D. 1997. Short- and long-term effects of prescribed underburning on nitrogen availability in Ponderosa pine stands in central oregon. Can J For Res 27: 369-378.

Monson R K, Burns S P, Williams M W. 2006a. The contribution of beneath-snow soil respiration to total ecosystem respiration in a high-elevation, subalpine forest. Global Biogeochemistry Cycles, doi: 10. 1029/2005GB002684.

Monson R K, Lipson D L, Bums S P, et al. 2006b. Winter forest soil respiration controlled by climate and microbial community composition. Nature, 439: 711-714.

Monson R K, Sparks J P, Rosenstiel T N, et al. 2005. Climatic influences on net ecosystem CO_2 exchange during the transition from wintertime carbon source to springtime carbon sink in a high-elevation subalpine forest. Oecologia, 146: 130-147.

Moore T R, Trofymow J A, Taylor B, et al. 1999. Litter decomposition rates in Canadian forests. Global ChangevBiology, 5(1): 75-82.

Moosavi S C, Crill P M. 1997. Controls on CH_4 and CO_2 emissions along two moisture gradients in the Canadian boreal zone. J Geophys Res, 102(D24): 29261-29277.

Moraes E C, Franchito S H, Brahmananda R V. 2004. Effects of biomass burning in Amazonia on climate: a numerical experiment with a statistical-dynamical model. Journal of Geophysical Research: Atmospheres, 109(D5): 385-399.

Morgan J A. 2002. Looking beneath the surface. Science, 298: 1903-1904.

Morley S, Grant C, Hobbs R, et al. 2004. Long-term impact of prescribed burning on the nutrient status and fuel loads of rehabilitated bauxite mines in western Australia. Forest Ecology & Management, 190(2-3): 227-239.

Mortonl D C, Le Page Y, DeFries R, et al. 2013. Understorey fire frequency and the fate of burned forests in southern Amazonia. Philosophical Transactions of the Royal Society, 368: 20120163.

Moss R H, Edmonds J A, Hibbard K A, et al. 2010. The next generation of scenarios for climate change research and assessment. Nature, 463: 747-756.

Mouillot F, Narasimha A, Balkanski Y, et al. 2006. Global carbon emissions from biomass burning in the 20th century. Geophysical Research Letters, doi: 10.1029/2005GL024707.

Mouillot F, Rambal S. Joffer R. 2002. Simulating climate change impacts on fire frequency and vegetation dynamics in a Mediterranean-type ecosystem. Global Change Biology, 8: 423-437.

Mullen R M, Springer A E, Kolb T E. 2010. Complex effects of prescribed fire on restoring the soil water content in a high-elevation riparian meadow, Arizona. Restoration Ecology, 14: 242-250.

Nakane K, Kohno T, Horikoshi T. 1996. Root respiration rate before and just after clear-felling in a mature, deciduous, broad-leaved forest. Ecol Res, 11(2): 111-119.

Neal A S, Kevin R T, Ford-Robertson J. 1999. Soil carbon storage in plantation forests and pastures: land-use change implications. Tellus, (51B): 326-335.

Neary D G, Klopatek C C, Debano L F, et al. 1999. Fire effects on belowground sustainability: a review and synthesis. Forest Ecology and Management, 122(1-2): 51-71.

Nepstad D C, Verssio A, Alencar A, et al. 1999. Large-scale impoverishment of Amazonian forests by logging and fire. Nature, 398: 505-508.

Nilsson S, Schopfhauser W. 1995. The carbon-sequestration potential of a global afforestation program. Climate Change, 30: 267-293.

Nobel P S. 2005. Physicochemical and environmental plant physiology. The Netherlands: Elsevier Academic Press.

Norby R J, O'Neill E G, Hood W G, et al. 1987. Carbon allocation, root exudation and mycorrhizal colonization of *Pinus echinata* seedlings grown under CO_2 enrichment. Tree Physiol, 3(3): 203-210.

Norby R J, Luo Y. 2004. Evaluating ecosystem responses to rising atmospheric CO_2 and global warming in a multi-factor world. New Phytologist, 162: 281-293.

Nunan N, Morgan M A, Herlihy M. 1998. Ultraviolet absorbance (280 nm) of compounds released from soil during chloroform fumigation as an estimate of the microbial biomass. Soil Biology and Biochemistry, 30(12): 1599-1603.

O'Donnell J A, Merritt R T, Harden J W, et al. 2009. Interactive effects of fire, soil climate, and moss on CO_2 fluxes in black spruce ecosystems of interior Alaska. Ecosystems, 12(1): 57-72.

O'Neill K P, Kasischke E S, Richter D D. 2003. Seasonal and decadal patterns of soil carbon uptake and emission along an age sequence of burned black spruce stands in interior Alaska. Journal of Geophysical Research, 108: 8155-8170.

Oades J K, Jenkinson D S. 1979. Adenosine triphosphate content of the soil microbial biomass. Soil Biology and Biochemistry, 11(2): 201-204.

Ocio T A, Brookes P C. 1990. An evaluation of methods for measuring the microbial biomass in soils following recent additions of wheat straw and the characterization of the biomass that develops. Soil Biology and Biochemistry, 22: 685-694.

Ogee J, Brunet Y A. 2002. Forest floor model for heat and moisture including a litter layer. Journal of Hydrology, 255: 212-233.

O'Neill K P, Kasischke E S, Richter D D. 2002. Environmental controls on soil CO_2 flux following fire in black spruce, white spruce, and aspen stands of interior Alaska. Canadian Journal of

Forest Research, 32(9): 1525-1541.

O'Neill K, Kasischke E, Richter D. 2003. Seasonal and decadal patterns of soil carbon uptake and emission along an age sequence of burned black spruce stands in interior Alaska. J Geophys Res, 108(D1): 8155.

Orchard V A, Cook F J. 1983. Relationship between soil respiration and soil moisture. Soil Biol Biochem, 15(4): 447-453.

Ottmar R D, Sandberg D V. 2003. Predicting forest floor consumption from wildland fire in boreal forests of Alaska-preliminary results; proceedings of the The First National Congress on Fire Ecology, Prevention and Management, Stn. Misc, F, Tall Timbers Res.

Overpeck J T, Rind D, Goldberg R. 1990. Climate-induced changes in forest disturbance and vegetation. Nature, 343: 51-53.

Page S E, Siegert F, Rieley J O, et al. 2002. The amount of carbon released from peat and forest fires in Indonesia during 1997. Nature, 403: 61-65.

Papendick R, Campbell G. 1981. Theory and Measurement of Water Potential [in Soil, Organic Materials, Plants, Seeds, and Microorganisms]. Madison: Soil Science Society of America Special Publications: 1-22.

Pardini G, Gispert M, Dunjó G. 2004. Relative influence of wildfire on soil properties and erosion processes in different mediterranean environments in NE Spain. Sci Total Environ, 328: 237-246.

Parton W J, Scurlock J M O, Ojima D S, et al. 1995. Impact of climate change on grassland production and soil carbon worldwide. Global Change Biol, 1(1): 13-22.

Paul E A, Clark F E. 1996. Soil Microbiology and Biochemistry. New York: Academic Press.

Paul J W, Beauchamp E G. 1996. Soil microbial biomass C, N mineralization and N uptake by corn in dairy cattle slurry and uea amended soils. Canadian Journal of Soil Science, 76: 469-472.

Paul K I, Jacobsen K, Koul V, et al. 2008. Predicting growth and sequestration of carbon by plantations growing in regions of low-rainfall in southern Australia. Forest Ecology and Management, (254): 205-216.

Paul K I, Polglase P J, Nyakuengama J G, et al. 2002. Change in soil carbon following afforestation. For Ecol Man, 168: 241-257.

Pausas J G. 2004. Changes in fire and climate in the eastern Iberian Peninsula (Mediterranean Basin). Climatic Change, 63: 337-350.

Pereira J M C, Pereira B S, Barbosa P, et al. 1999. Satellite monitoring of fire in the EXPRESSO study area during the 1996 dry season experiment: active fires, burnt area, and atmospheric emissions. J Geophys Res, 104(D23): 30701-30712.

Peterjohn W T, Melillo J M, Bowles F P, et al. 1993. Soil warming and trace gas fluxes: experimental design and preliminary flux results. Oecologia, 93(1): 18-24.

Peterjohn W T, Melillo J M, Steudler P A, et al. 1994. Responses of trace gas fluxes and N availability to experimentally elevated soil temperatures. Ecol Appl, 4(3): 617-625.

Phillips J D. 1986. Measuring complexity of environmental gradients. Vegetatio, 64(2-3): 95-102.

Piao S, Ciais P, Friedlingstein P, et al. 2008. Net carbon dioxide losses of northern ecosystems in response to autumn warming. Nature, 451(7174): 49-52.

Pietikäinen J, Fritze H. 1995. Clear-cutting and prescribed burning in coniferous forest: comparison of effects on soil fungal and total microbial biomass, respiration activity and nitrification. Soil Biol Biochem, 27: 101-109.

Post W M, Emanuel W R, Zinke P, et al. 1982. Soil carbon pools and world life zones. Nature, 298: 156-159.

Potter C S, Randerson J T, Field C B, et al. 1993. Terrestrial ecosystem production: a process model based on global satellite and surface data. Global Biogeochemical Cycles, 7(4): 811-842.

Potter C, Brooks-Genovese V, Klooster S, et al. 2002. Biomass burning emissions of reactive gases estimated from satellite data analysis and ecosystem modeling for the Brazilian Amazon region. J Geophys Res, doi: 10.1029/2000JD000250.

Powlson D S. 1987. Measurement of soil microbial biomass provides a nearly indication of changes in total organic matter due to straw in corporation. Soil Biology and Biochemistry, 19: 159-164.

Pregitzer K S, Burton A J, King J S, et al. 2008. Soil respiration, root biomass, and root turnover following long-term exposure of northern forests to elevated atmospheric CO_2 and tropospheric O New Phytol, 180(1): 153-161.

Pregitzer K S, King J S, Burton A J, et al. 2000. Responses of tree fine roots to temperature. New Phytol, 147(1): 105-115.

Prentice K C, Fung I Y. 1990. The sensitivity of terrestrial carbon storage to climate change. Nature, 346: 48-51.

Prieto-Fernández A, Acea M J, Carballas T. 1998. Soil microbial and extractable C and N after wildfire. Biology and Fertility of Soils, 27(2): 132-142.

Prieto-Fernández A, Villar M C, Carballas M. 1993. Short term effects of a wildfire on the nitrogen status and its mineralization kinetics in an atlantic forest soil. Soil Biology and Biochemistry, 25(12): 1657-1664.

Prober S M, Thiele K R, Lunt I D. 2007. Fire frequency regulates tussock grass composition, structure and resilience in endangered temperate woodlands. Austral Ecology, 32: 808-824.

Raich J W, Bowden R D, Steudler P A. 1990. Comparison of two static chamber techniques for determining carbon dioxide efflux from forest soils. Soil Sci Soc Am J, 54(6): 1754-1757.

Raich J W, Potter C S, Bhagawati D. 2002. Interannual variability in global soil respiration. Global Change Biology, 8(8): 800-812.

Raich J W, Schlesinger W H. 1992. The global carbon dioxide flux in soil respiration and its relationship to vegetation and climate. Tellus, 44(B): 81-99.

Raison R J. 1979. Modification of the soil environment by vegetation fires, with particular reference to nitrogen transformations: a review. Plant and Soil, 51: 73-108.

Raison R, Khanna P, Woods P. 1985. Mechanisms of element transfer to the atmosphere during vegetation fires. Canadian Journal of Forest Research, 15(1): 132-140.

Rashind G. 1987. Effects of fire on soil carbon and nitrogen in a Mediterranean oak forest of Algeria. Plant and Soil, 103(1): 89-93.

Rastogi M, Singh S, Pathak H. 2002. Emission of carbon dioxide from soil. Current Science, 82(5): 510-517.

Rayment M, Jarvis P. 2000. Temporal and spatial variation of soil CO_2 efflux in a Canadian boreal forest. Soil Biology and Biochemistry, 32(1): 35-45.

Reichstein M, Rey A, Freibauer A, et al. 2003. Modeling temporal and large-scale spatial variability of soil respiration from soil water availability, temperature and vegetation productivity indices. Global Biogeochem Cy, 17(4): 1104.

Reichstein M, Tenhunen J D, Roupsard O, et al. 2002. Severe drought effects on ecosystem CO_2 and H_2O fluxes at three Mediterranean evergreen sites: revision of current hypotheses? Global Change Biol, 8(10): 999-1017.

Reiners W A. 1968. Carbon dioxide evolution from the floor of three Minnesota forests. Ecology, 49(3): 471-483.

Ren J, Xu C Y, Lin Y M. 2009. Seasonal dynamics of root respiration of *Fraxinus mandushurica*

Rupr. seedlings with different nitrogen rates. Acta Ecologica Sinica, 29(8): 4169-4178.

Riano D, Meier E, Allgower B, et al. 2003. Modeling airborne laser scanning data for the spatial generation of critical forest parameters in fire behavior modeling. Remote Sensing of Environment, 86: 177-186.

Richter D D, Markewitz D, Trumbore S E, et al. 1999. Rapid accumulation and turnover of soil carbon in a re-establishing forest. Nature, 400: 56-58.

Richter D D, O'Neill K P, Kasischke E S. 2000a. Postfire stimulation of microbial decomposition in black spruce (*Picea mariana* L.) forest soils: a hypothesis. Ecological Studies, 33(4): 197-213.

Richter D D, O'Neill K P, Kasischke E S. 2000b. Stimulation of soil respiration in burned black spruce (*Picea mariana* L.) forest ecosystems: a hypothesis//Kasischke E S, Stocks B J. Fire, Climate Change, and Carbon Cycling in the North American Boreal Forest. New York: Springer: 164-178.

Robertson G P. 1987. Geostatistics in ecology: interpolating with known variance. Ecology, 68(3): 744-748.

Robichaud P R. 2000. Fire effects on infiltration rates after prescribed fire in northern rocky mountain forests, USA. Journal of Hydrology, 231-232: 220-229.

Robinson J R. 1989. On uncertainty in the computation of global emissions from biomass burning. Climatic Change, 14: 243-262.

Rocha A V, Shaver G R. 2011. Burn severity influences postfire CO_2 exchange in Arctic tundra. Ecological Applications, 21(2): 477-489.

Rochette P, Desjardins R L, Pattey E. 1991. Spatial and temporal variability of soil respiration in agricultural fields. Canadian Journal of Soil Science, 71(2): 189-196.

Rochette P, Flanagan L, Gregorich E. 1999. Separating soil respiration into plant and soil components using analyses of the natural abundance of carbon-13. Soil Science Society of America Journal, 63(5): 1207.

Rodeghiero M, Cescatti A. 2005. Main determinants of forest soil respiration along an elevation/temperature gradient in the Italian Alps. Global Change Biol, 11(7): 1024-1041.

Rodhe H. 1990. A comparison of the contribution of various gases to the greenhouse effect. Science, 284: 1217-1219.

Romanyà J, Khanna P K, Raison R J. 1994. Effects of slash burning on soil phosphorus fractions and sorption and desorption of phosphorus. Forest Ecology and Management, 65(2-3): 89-103.

Rossi R E, Mulla D J, Journel A G, et al. 1992. Geostatistical tools for modeling and interpreting ecological spatial dependence. Ecological Monographs, 62(2): 277-314.

Rothstein D E, Yermakov Z, Buell A L. 2004. Loss and recovery of ecosystem carbon pools following stand-replacing wildfire in Michigan jack pine forests. Canadian Journal of Forest Research, 34(9): 1908-1918.

Ruehr N K, Knohl A, Buchmann N. 2010. Environmental variables controlling soil respiration on diurnal, seasonal and annual time-scales in a mixed mountain forest in Switzerland. Biogeochemistry, 98(1): 153-170.

Running S W. 2006. Is global warming causing more, larger wildfires. Science, 313: 927-928.

Russell C A, Voroney R P. 1998. Carbon dioxide efflux from the floor of a boreal aspen forest. I. Relationship to environmental variables and estimates of C respired. Can J Soil Sci, 78(2): 301-310.

Rustad L E, Campbell J L, Marion G M, et al. 2001. A meta-analysis of the response of soil respiration, net nitrogen mineralization, and aboveground plant growth to experimental ecosystem warming. Oecologia, 126(4): 543-562.

Rustad L E, Fernandez I J. 1998. Experimental soil warming effects on CO_2 and CH_4 flux from a low elevation spruce-fir forest soil in Maine, USA. Global Change Biol, 4(6): 597-605.

Ryan M G, Hubbard R M, Pongracic S, et al. 1996. Foliage, fine-root, woody-tissue and stand respiration in *Pinus radiata* in relation to nitrogen status. Tree Physiol, 16(3): 333-343.

Ryan M G, Lavigne M G, Gower S T. 1997. Annual carbon cost of autotrophic respiration in boreal forest ecosystems in relation to species and climate. Journal of Geophysical Research, 102(D24): 28871-28883.

Sabine C L, Heimann M, Artaxo P, et al. 2003. Current status and past trends of the carbon cycle // Field C, Raupach M, Dickinson R, et al. Toward CO_2 Stabilization: Issues, Strategies, and Consequences. Washington DC: Island Press.

Samantha M, Carl G, Richard H, et al. 2004. Long-term impact of prescribed burning on the nutrient status and fuel loads of rehabilitated bauxite mines in western Australia. For Ecol Manage, 190(2-3): 227-239.

Sánchez M L, Ozores M I, López M J, et al. 2003. Soil CO_2 fluxes beneath barley on the central Spanish plateau. Agr Forest Meteorol, 118(1-2): 85-95.

Savage K, Moore T R, Crill P M. 1997. Methane and carbon dioxide exchanges between the atmosphere and northern boreal forest soils. J Geophys Res, 102(D24): 29279-29288.

Savage S. 1974. Mechanism of fire-induced water repellency in soil. Soil Science Society of America Journal, 38(4): 627-652.

Savin M C, Görres J H, Neher D A, et al. 2001. Biogeophysical factors influencing soil respiration and mineral nitrogen content in an old field soil. Soil Biol Biochem, 33(4-5): 429-438.

Sawamoto T, Hatano R, Yajima T, et al. 2000. Soil respiration in siberian taiga ecosystems with different histories of forest fire. Soil Science and Plant Nutrition, 46(1): 31-42.

Schaffers A P. 2002. Soil, biomass, and management of demi-natural vegetation. Plant Ecology, 158: 247-268.

Schimel D S, Braswell B H, Holland E A, et al. 1994. Climatic, edaphic, and biotic controls over storage and turnover of carbon in soils. Global Biogeochem Cycles, 8(3): 279-293.

Schimel J P, Gulledge J M. 1998. Microbial community structure and global trace gases. Global Change Biology, 4: 745-758.

Schimel J P, Gulledge J M, Clein-Curley J S, et al. 1999. Moisture effects on microbial activity and community structure in decomposing birch litter in the Alaskan Taiga. Soil Biology and Biochemistry, 31: 831-838.

Schlentner R E, Cleve K V. 1985. Relationships between CO_2 evolution from soil, substrate temperature, and substrate moisture in four mature forest types in interior Alaska. Can J Forest Res, 15(1): 97-106.

Schlesinger W H. 1997. Biogeochemistry: An Analysis of Global Change. New York: Academic Press.

Schlesinger W H, Bernhardt E S. 1997. Biogeochemistry: an analysis of global change. Quarterly Review of Biology, 54(4): 353-423.

Schlesinger W H, Andrews J A. 2000. Soil respiration and the global carbon cycle. Biogeochemistry, 48(1): 7-20.

Schoch P, Binkley D. 1986. Prescribed burning increased nitrogen availability in a mature loblolly pine stand. Forest Ecology and Management, 14: 13-22.

Schultz M G, Heil A, Hoelzemann J J, et al. 2008. Global wildland fire emissions from 1960 to 2000. Global Biogeochem Cycles, doi: 10.1029/2007GB003031.

Schulze E D, Freibauer A. 2005. Carbon unlocked from soils. Nature, 437: 205-206.

Scott N A, Tate K R, Ford-Robertson J, et al. 1999. Soil carbon storage in plantation forests and pastures: land-use change implications. Tellus, 51B: 326-335.

Seaside P M. 1999. Forests and global warming mitigation in Brazil: opportunities in the Brazilian forest sector for responses to global warming under the "development mechanism". Biomass and Bioenergy, 16: 171-189.

Seiler W, Crutzen P J. 1980. Estimates of gross and net fluxes of carbon between the biosphere and the atmosphere from biomass burning. Clim Change, 2: 207-247.

Shaver G R, Canadell J, Chapin F S, et al. 2000. Global warming and terrestrial ecosystems: a conceptual framework for analysis. Bio Science, 50: 871-882.

Shen S M, Brookes P C, Jenkinson D S. 1987. Soil respiration and the measurement of microbial biomass C by the fumigation technique in fresh and in air-dried soil. Soil Biology and Biochemistry, 19: 153-158.

Sheng H, Yang Y S, Chen G S, et al. 2007. The dynamic response of plant root respiration to increasing temperature and global warming. Acta Ecologica Sinica, 27(4): 1596-1605.

Shvidenko A Z, Nilsson S, Rojikov V A, et al. 1996. Carbon budget of the Russian boreal forests: a systems analysis approach to uncertainty//Apps M J, Price D T. Forest Ecosystems, Forest Management and the Global Carbon Cycle. Berlin: Springer: 145-162.

Silvestrini R A, Soares-Filho B S, Nepstad D, et al. 2011. Simulating fire regimes in the Amazon in response to climate change and deforestation. Ecological Applications, 21: 1573-1590.

Silvola J, Alm J, Ahlholm U, et al. 1996. The contribution of plant roots to CO_2 fluxes from organic soils. Biology and Fertility of Soils, 23(2): 126-131.

Simard D G, Fyles J W, Pare D, et al. 2001. Impacts of clearcut harvesting and wildfire on soil nutrient status in the Quebec boreal forest. Canadian Journal of Soil Science, 81: 229-237.

Sims P L, Bradford J A. 2001. Carbon dioxide fluxes in a southern plains prairie. Agicultural and Forest Meteorology, 109(2): 117-134.

Singh J S, Gupta S R. 1977. Plant decomposition and soil respiration in terrestrial ecosystems. Bot Rev, 43(4): 449-528.

Singh R S. 1994. Changes in soil nutrients following burning of dry tropical savanna. International Journal of Wildland Fire, 4: 187-194.

Singh R S, Srivastava S C, Raghubanshi A S, et al. 1991. Microbial C, N and P in dry tropical savanna: effects of burning and grazing. Journal of Applied Ecology, 28: 869-878.

Sinha P, Hobbs P V, Yokelson R J, et al. 2004. Emissions from miombo woodland and dambo grassland savanna fires. Journal of Geophysical Research, doi: 10.1029/2004JD004521.

Skopp J, Jawson M D, Doran J W. 1990. Steady-state aerobic microbial activity as a function of soil water content. Soil Sci Soc Am J, 54(6): 1619-1625.

SMIC (Study of Man's Impact on Climate). 1971. Report on the Study of Man's Impact on Climate: Inadvertent Climate Modification. Mass: MIT Press.

Smith D W, James T D. 1978. Characteristics of prescribed burns and resultant short-term environmental changes in *Populus tremuloides* woodland in Southern Ontario. Can J Bot, 56: 1782-1791.

Smith J L, Paul E A. 1991. The significance of soil microbial biomass estimations//Bollag J M, Stotzky G. Soil Biochemistry. New York: Marcel Dekker Inc: 359-396.

Smithwick E A H, Turner M G, Mack M C, et al. 2005. Postfire soil N cycling in northern conifer forests affected by severe, stand-replacing wildfires. Ecosystems, 8(2): 163-181.

Soja A J, Cofer W R, Shugart H H, et al. 2004. Estimating fire emissions and disparities in boreal

Siberia (1998-2002). Journal of Geophysical Research, doi: 10.1029/2004JD004570.

Solomon S, Plattner G K, Knutti R, et al. 2009. Irreversible climate change due to carbon dioxide emissions. Proceedings of the National Academy of Sciences of the United States of America, 106(6): 1704-1709.

Sommerfeld R A, Massman W J, Musselman R C. 1996. Diffusional flux of CO_2 through snow: spatial and temporal variability among alpine-subapine sites. Global Biogeochemical Cycles, 10: 473-482.

Song Y, Chang D, Liu B, et al. 2010. A new emission inventory for nonagricultural open fires in Asia from 2000 to 2009. Environmental Research Letters, doi: 10.1088/1748-9326/5/1/014014.

Stock W D, Lewis O A M. 1986. Soil nitrogen and the role of fire as a mineralizing agent in a south African coastal fynbos ecosystem. Journal of Ecology, 74: 317-328.

Streets D G, Yarber K F, Woo J H, et al. 2003. Biomass burning in Asia: annual and seasonal estimates and atmospheric emissions. Global Biogeochemical Cycles, 17(4): 1099-1119.

Sulzman E W, Brant J B, Bowden R D, et al. 2005. Contribution of aboveground litter, belowground litter, and rhizosphere respiration to total soil CO_2 efflux in an old growth coniferous forest. Biogeochemistry, 73(1): 231-256.

Sun L, Hu H, Guo Q, et al. 2011. Estimating carbon emissions from forest fires during 1980 to 1999 in Daxing'an Mountain, China. African Journal of Biotechnology, 10: 8046-8053.

Sun L, Hu T, Ji H K, et al. 2014. The effect of fire disturbance on short-term soil respiration in typical forest of Greater Xing'an Range, China. Journal of Forestry Research, 25(3): 613-620.

Sundquist E T. 1993. The global carbon dioxide budget. Science, 259: 934-940.

Suzuki S, Ishizuka S, Kitamura K, et al. 2006. Continuous estimation of winter carbon dioxide efflux from the snow surface in a deciduous broadleaf forest. Journal of Geophysical Research, 111(17): 148-227.

Takakai F, Desyatkin A R, Larry Lopez C M, et al. 2008. Influence of forest disturbance on CO_2, CH_4 and N_2O fluxes from larch forest soil in the permafrost taiga region of eastern Siberia. Soil Science & Plant Nutrition, 54(6): 938-949.

Tan W W, Sun L, Hu H Q, et al. 2012. Effect of fire disturbances on soil respiration of *Larix gmelinii* Rupr. forest in the Da Xing'an Mountain during growing season. African Journal of Biotechnology, 11(21): 4833-4840.

Tang X L, Zhou G Y, Liu S G. 2006. Dependence of soil respiration on soil temperature and soil moisture in successional forests in southern China. Journal of Integrative Plant Biology, 48(6): 654-663.

Tans P P, Fung I Y, Takabashi T. 1990. Observational constrains on the global atmospheric CO_2 budge. Science, 247: 1431-1438.

Tedeschi V, Rey A, Manca G, et al. 2006. Soil respiration in a mediterranean oak forest at different developmental stages after coppicing. Global Change Biology, 12(1): 110-121.

Tessier L, Gregorich E G, Topp E. 1998. Spatial variability of soil microbial biomass measured by the fumigation extraction method, and KEC as affected by depth and manure application. Soil Biol Biochem, 30: 1369-1377.

Thierron V, Laudelout H. 1996. Contribution of root respiration to total CO_2 efflux from the soil of a deciduous forest. Can J Forest Res, 26(7): 1142-1148.

Thomas S M, Cook F J, Whitehead D, et al. 2000. Seasonal soil-surface carbon fluxes from the root systems of young *Pinus radiata* trees growing at ambient and elevated CO_2 concentration. Global Change Biol, 6(4): 393-406.

Tian H Q, Melillo J M, Kicklighter D W, et al. 1998. Effect of interannual climate variability on carbon storage in Amazonian ecosystems. Nature, 396: 664-667.

Tian X, Shu L, Wang M. 2003. Direct carbon emissions from Chinese forest fires, 1991-2000. Fire Safety Science, 12(1): 6-10.

Tingey D T, Phillips D L, Johnson M G. 2000. Elevated CO_2 and conifer roots: effects on growth, life span and turnover. New Phytol, 147(1): 87-103.

Trabaud L. 1983. The effects of different fire regimes on soil nutrient levels in quercus coccifera garrigue. *In*: Kruger F J, Mitchell D T, Jarvis J U M. Mediterranean-Type Ecosystems: the Role of Nutrients. New York: Springer: 235-243.

Trumbore S. 2000. Age of soil organic matter and soil respiration: radiocarbon constraints on belowground C dynamics. Ecol Appl, 10(2): 399-411.

Turner J, Lambert M. 2002. Change in organic carbon in forest plantation soil in eastern Australia. Forest Ecology and Management, 133: 231-247.

Turpin H W. 1920. The carbon dioxide of the soil air. Cornell University Agricultural Experiment Station Memoir, 32: 319-362.

Turquety S, Logan J A, Jacob D J, et al. 2007. Inventory of boreal fire emissions for North America in 2004: importance of peat burning and pyroconvective injection. Journal of Geophysical Research, doi: 10.1029/2006JD007281.

Tyler U, Falkengren-Grerup U. 1993. The importance of soil acidity, moisture, exchangeable cation pools and organic matter solubility to the cation composition of beech forest (*Fagus sylvatica* L.) soil solution. J Plant Nutr Soil Sci, 156: 365-370.

van der Werf G R, Randerson J T, Collatz G J, et al. 2003. Carbon emissions from fires in tropical and subtropical ecosystems. Global Biogeochemical Cycles, 9: 547-562.

van der Werf G R, Randerson J T, Collatz G J, et al. 2004. Continental-scale partitioning of fire emissions during the 97/98 El Nino. Science, 303: 73-76.

van der Werf G R, Randerson J T, Giglio L, et al. 2006. Interannual variability in global biomass burning emissions from 1997 to 2004. Atmos Chem Phys, 6: 3423-3441.

van der Werf G R, Randerson J T, Giglio L, et al. 2010. Global fire emissions and the contribution of deforestation, savanna, forest, agricultural, and peat fires (1997-2009). Atmospheric Chemistry and Physics, 10: 11707-11735.

Van Reenen C A, Visser G J, Loos M A. 1992. Soil microorganisms and activities in relation to season, soil factors and fire. Soil Biology, 93: 258-272.

Vance E D, Brookes P C, Jenkinson D S. 1987a. An extraction method for measuring soil microbial biomass C. Soil Biology and Biochemistry, 19: 703-707.

Vance E D, Brookes P C, Jenkinson D S. 1987b. Microbial biomass measurements in forest soils: the use of the chloroform fumigation-incubation method in strongly acid soils. Soil Biology and Biochemistry, 9: 697-702.

Van't Hoff M J H. 2015. Etudes de dynamique chimique. Recueil des Travaux Chimiques des Pays-Bas, 3(10): 333-336.

Vázquez F J, Acea M J, Tarsy C. 2010. Soil microbial populations after wildfire. FEMS Microbiology Ecology, 13(2): 93-103.

Vázquez F J, Petrikova V, Villar M C, et al. 1996. Use of poultry manure and plant cultivation for the reclamation of, burnt soils. Biology and Fertility of Soils, 22(3): 265-271.

Verburg P S J, Van Dam D, Hefting M M, et al. 1999. Microbial transformations of C and N in a boreal forest floor as affected by temperature. Plant and Soil, 208: 187-197.

Vincent G, Shahriari A R, Lucot E, et al. 2006. Spatial and seasonal variations in soil respiration in a temperate deciduous forest with fluctuating water table. Soil Biology and Biochemistry, 38(9): 2527-2535.

Wahren C A, Papst W A, Williams R J. 2001. Early post-fire regeneration in subalpine heath land and grass land in the Victorian Alpine National Park, south-eastern Australia.Austral Ecology, 26: 670-679.

Wan S Q, Hui D F, Luo Y Q. 2001. Fire effects on nitrogen pools and dynamics in terrestrial ecosystems: a meta-analysis. Ecological Applications, 11(5): 1349-1365.

Wan S, Hui D, Wallace L, et al. 2005. Direct and indirect effects of experimental warming on ecosystem carbon processes in a tallgrass prairie. Global Biogeochem Cycles, 19(2): GB2014.

Wan S, Luo Y. 2003. Substrate regulation of soil respiration in a tallgrass prairie: results of a clipping and shading experiment. Global Biogeochem Cycles, 17(2): 1054.

Wang C K, Yang J Y, Zhang Q Z. 2006. Soil respiration in six temperate forests in China. Global Change Biology, 12(11): 2103-2114.

Wang C, Bond-Lamberty B, Gower S T. 2002. Soil surface CO_2 flux in a boreal black spruce fire chronosequence. J Geophys Res, 107(D3): 8224-8232.

Wang C, Gower S T, Wang Y, et al. 2001. The influence of fire on carbon distribution and net primary production of boreal *Larix gmelinii* forests in north-eastern China. Global Change Biol, 7(6): 719-730.

Wang F E, Chen Y X, Tian G M, et al. 2004. Microbial biomass carbon, nitrogen and phosphorus in the soil profiles of different vegetation covers established for soil rehabilitation in a red soil region of southeastern China. Nutrient Cycling in Agroecosystems, 68: 181-189.

Wang Q K, Wang S L. 2006. Microbial biomass in subtropical forest soils: effect of conversion of natural secondary broad-leaved forest to *Cunninghamia* lanceolata plantation. Journal of Forestry Research, 17(3): 197-200.

Wang W, Peng S S, Wang T, et al. 2010. Winter soil CO_2 efflux and its contribution to annual soil respiration in different ecosystems of a forest-steppe ecotone, north China. Soil Biology and Biochemistry, 42: 451-458.

Wang X G, He H S, Li X Z. 2007. The long-term effects of fire suppression and reforestation on a forest landscape in Northeastern China after a catastrophic wildfire. Landscape and Urban Planning, 79(1): 84-95.

Wang Y, Shen Q R, Yang Z M, et al. 1996. Size of microbial biomass in soil of China. Pedosphere, 6(3): 265-272.

Wardle D A. 1992. A comparative assessment of factors which influence microbial biomass carbon and nitrogen levels in soil. Biological Reviews, 67: 321-358.

Wardle D A, Bardgett R D, Klironomos J N, et al. 2004. Ecological linkages between aboveground and belowground biota. Science, 304: 1629-1633.

Weber M G. 1990. Forest soil respiration after cutting and burning in immature aspen ecosystems. Forest Ecology and Management, 31: 1-14.

Webster R.1985. Quantitative spatial analysis of soil in the field//Stewart B A. Advances in Soil Science. New York: Springer: 1-70.

Wiedinmyer C, Hurteau M D. 2010. Prescribed fire as a means of reducing forest carbon emissions in the western United States. Environmental Science & Technology, 44(6): 1926-1932.

Wiedinmyer C, Quayle B, Geron C, et al. 2006. Estimating emissions from fires in north America for air quality modeling. Atmospheric Environment, 40(19): 3419-3432.

Wiedinmyer C, Hurteau M D. 2010. Prescribed fire as a means of reducing forest carbon emissions in the western United States. Environ Sci Technol, 44(6): 1926-1932.

Williams M A, Rice C W, Owensby C E. 2000. Carbon dynamics and microbial activity in tall grass prairie exposed to elevated CO_2 for 8 years. Plant and Soil, 227: 127-137.

Winjum J K, Schreeder P E. 1997. Forest plantations of the world: their extent, ecological attributes, and carbon storage. Agricultural and Forest Meteorology, 84(1-2): 153-167.

Wong C S. 1978. Atmospheric input of carbon dioxide from burning wood. Science, 200: 197-200.

Wong C S. 1979. Carbon input to the atmosphere from forest fires. Science, 204: 209-210.

Woodall C W, Liknes G C. 2008. Climatic regions as an indicator of forest coarse and fine woody debris carbon stocks in the United States. Carbon Balance and Management, 3: 5.

Wu J, Brookes P C, Jenkinson D S. 1993. Formation and destruction of microbial biomass during the decomposition of glucose and ryegrass in soil. Soil Biology and Biochemistry, 25(10): 1435-1441.

Wu J, Joergensen R G, Pommerening B, et al. 1990. Measurement of soil microbial biomass C by fumigation-extraction: an automated procedure. Soil Biology and Biochemistry, 22(8): 1167-1169.

Xu L, Baldocchi D D, Tang J. 2004. How soil moisture, rain pulses, and growth alter the response of ecosystem respiration to temperature. Global Biogeochem Cycles, 18(4): GB4002.

Xu M, Qi Y. 2001b. Spatial and seasonal variations of Q_{10} determined by soil respiration measurements at a Sierra Nevadan forest. Global Biogeochemical Cycles, 15(3): 687-696.

Xu M, Qi Y. 2001a. Soil-surface CO_2 efflux and its spatial and temporal variations in a young ponderosa pine plantation in northern California. Global Change Biol, 7(6): 667-677.

Xu W, Wan S. 2008. Water-and plant-mediated responses of soil respiration to topography, fire, and nitrogen fertilization in a semi-arid grassland in northern China. Soil Biology and Biochemistry, 40: 679-687.

Yamagata Y, Alexandrov G A. 2001. Would forestation alleviate the burden of emission reduction? An assessment of the future carbon sink from ARD activities. Climate Policy, 1: 27-40.

Yamamoto S, Saigusa N, Murayama S, et al. 2001. Long-term result of flux measurements from a temperature deciduous forest site//Proceeding of International Workshop for Advanced Flux Network and Flux Evaluation.Sapporo, ASAHI Printing CO, 5-10.

Yang J. 2006. Study on dynamics of organic carbon of *Deyeuxia angutifolia* wetland ecosystem in Sanjiang Plain. Changchu: Ph. D. thesis. Graduate School of Chinese Academy of Sciences, Northeast Institute of Geography and Agricultural Ecology.

Yim M H, Joo S J, Shutou K, et al. 2003. Spatial variability of soil respiration in a larch plantation: estimation of the number of sampling points required. Forest Ecology and Management, 175(1-3): 585-588.

Yuste J C, Janssens I A, Carrara A, et al. 2003. Interactive effects of temperature and precipitation on soil respiration in a temperate maritime pine forest. Tree Physiol, 23(18): 1263-1270.

Zak D R, Pregitzer K R, Curtis P S, et al. 1993. Elevated CO_2 and feedback between carbon and nitrogen cycles. Plant and Soil, 151: 105-107.

Zak D R, Tilman D, Parmenter R R, et al. 1994. Plant-production and soil- microorganism in late-successional ecosystems-a continental-scale study. Ecology, 175: 2333-2347.

Zhang Y H, Wooster M J, Tutubalina O, et al. 2003. Monthly burned area and forest fire carbon emission estimates for the Russian Federation from SPOTVGT. Remote Sensing of Environment, 87: 1-15.

Zhou T, Shi P, Hui D, et al. 2009. Global pattern of temperature sensitivity of soil heterotrophic respiration (Q_{10}) and its implications for carbon-climate feedback. Journal of Geophysical Research, 114(G2): 271-274.

Zhou H X, Zhang Y D, Sun H L, et al. 2007. Soil respiration in temperate secondary forest and *Larix gmelinii* plantation in northeast China. Chinese Journal of Applied Ecology, 18(12): 2668.

Zhuang Q L. Mcguire A D, O'Neill K P, et al. 2003a. Modeling soil thermal and carbon dynamics of a fire chronosequence in interior Alaska. Journal Geophysical Research, doi: 10.1029/2001JD 001244.

Zhuang Q, McGuire A D, Melillo J M, et al. 2003b. Carbon cycling in extratropical terrestrial ecosystems of the northern Hemisphere during the 20th century: a modeling analysis of the influences of soil thermal dynamics. Tellus B, 55(3): 751-776.

Zinn Y L, Dimas V S, Resck J E, et al. 2002. Soil organic carbon as affected by afforestation with *Eucalyptus* and *Pinus*in the Cerrado region of Brazil. For Ecol Man, 166: 285-294.

Zogg G P, Zak D R, Pregitzer K S, et al. 2000. Microbial immobilization and the retention of anthropogenic nitrate in a northern hardwood forest. Ecology, 81(7): 1858-1866.

Zsolnay A. 1996. Dissolved humus in soil waters. Humic Substances in Terrestrial Ecosystems, 171-223.